U0232131

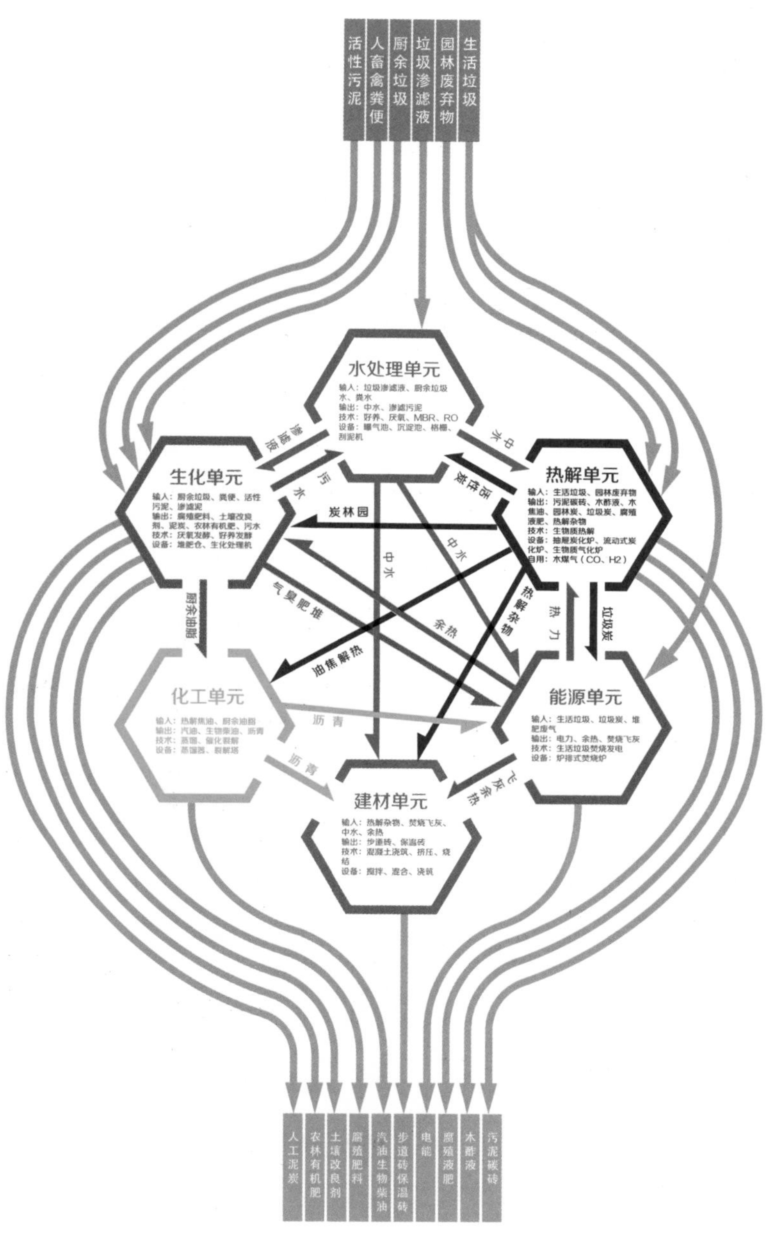

城市新陈代谢物质循环利用原理

1. 技术单元

2. 输入输出端

3. 内部流向

4. 外部流向

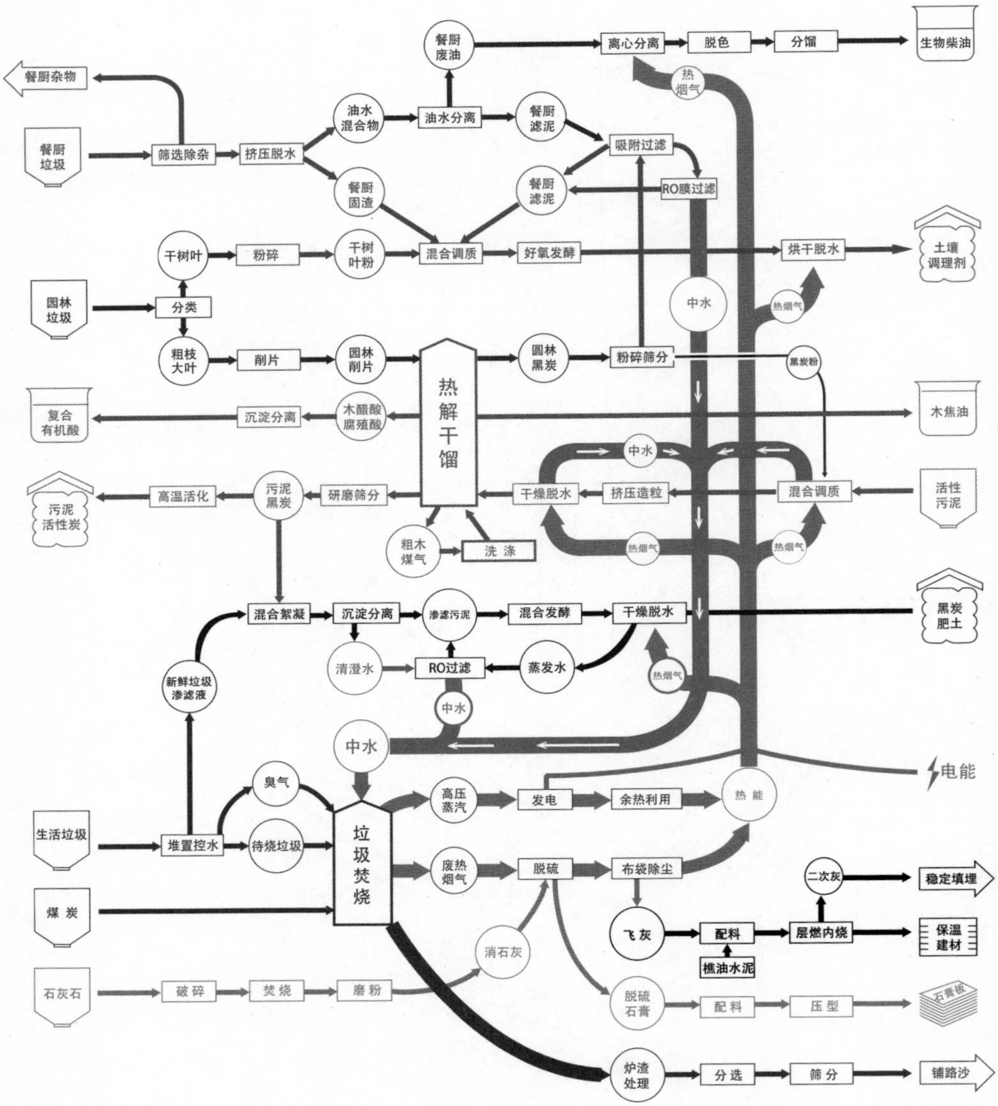

餐厨废油
离心分离
脱色
分馏
生物柴油
热烟气
餐厨杂物
油水混合物
油水分离
餐厨滤泥
餐厨垃圾
筛选除杂
挤压脱水
吸附过滤
餐厨固渣
餐厨滤泥
RO膜过滤
干树叶
粉碎
干树叶粉
混合调质
好氧发酵
烘干脱水
土壤调理剂
园林垃圾
分类
中水
热烟气
粗枝大叶
削片
园林削片
热解干馏
园林黑炭
粉碎筛分
黑炭粉
复合有机酸
沉淀分离
木醋酸腐殖酸
木焦油
中水
污泥活性炭
高温活化
污泥黑炭
研磨筛分
干燥脱水
挤压造粒
混合调质
活性污泥
粗木煤气
洗涤
热烟气
热烟气
混合絮凝
沉淀分离
渗滤污泥
混合发酵
干燥脱水
黑炭肥土
清澄水
RO过滤
蒸发水
热烟气
新鲜垃圾渗滤液
中水
中水
电能
臭气
高压蒸汽
发电
余热利用
热能
生活垃圾
堆置控水
待烧垃圾
垃圾焚烧
废热烟气
脱硫
布袋除尘
二次灰
稳定填埋
煤炭
飞灰
配料
层燃内烧
保温建材
蕉油水泥
石灰石
破碎
焚烧
磨粉
消石灰
脱硫石膏
配料
压型
石膏板
炉渣处理
分选
筛分
铺路沙

城市生物质新陈代谢技术模式

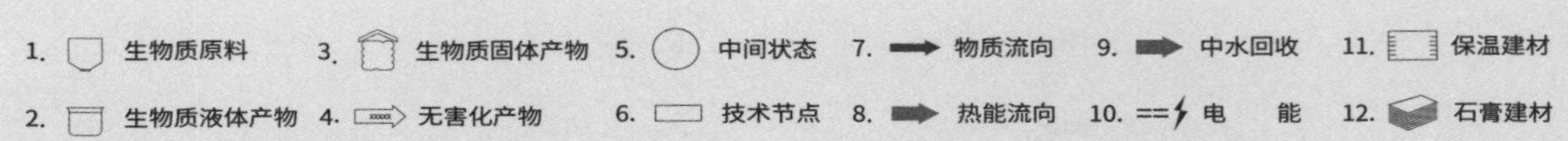

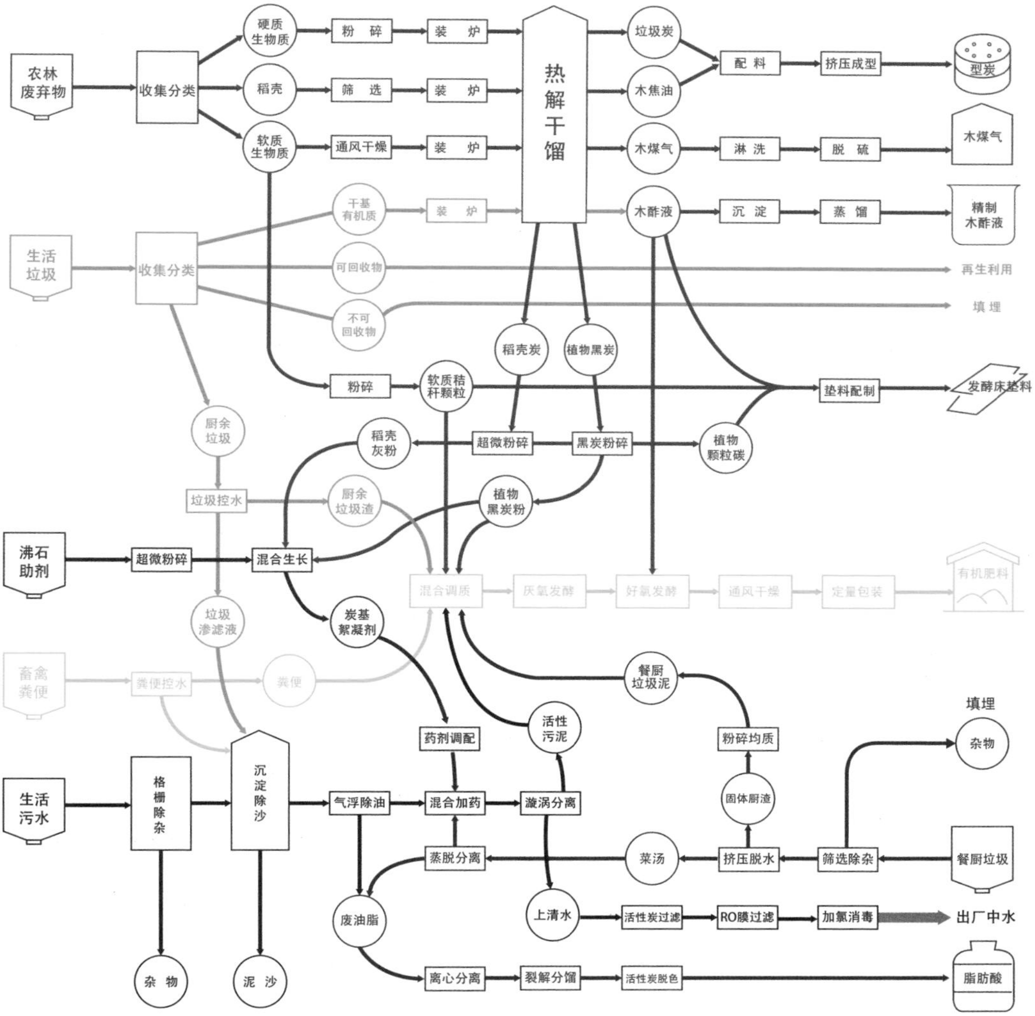

农林废弃物 → 收集分类 → 硬质生物质 / 稻壳 / 软质生物质
硬质生物质 → 粉 碎 → 装 炉
稻壳 → 筛 选 → 装 炉
软质生物质 → 通风干燥 → 装 炉
热解干馏
垃圾炭、木焦油 → 配 料 → 挤压成型 → 型炭
木煤气 → 淋 洗 → 脱 硫 → 木煤气
木酢液 → 沉 淀 → 蒸 馏 → 精制木酢液
生活垃圾 → 收集分类 → 干基有机质 → 装 炉
可回收物 → 再生利用
不可回收物 → 填 埋
稻壳炭、植物黑炭
粉碎 → 软质秸秆颗粒 → 垫料配制 → 发酵床垫料
超微粉碎、黑炭粉碎
稻壳灰粉、植物颗粒碳、植物黑炭粉
厨余垃圾 → 垃圾控水 → 厨余垃圾渣
沸石助剂 → 超微粉碎 → 混合生长 → 炭基絮凝剂
混合调质 → 厌氧发酵 → 好氧发酵 → 通风干燥 → 定量包装 → 有机肥料
垃圾渗滤液
畜禽粪便 → 粪便控水 → 粪便
生活污水 → 格栅除杂 → 沉淀除沙 → 气浮除油 → 混合加药 → 漩涡分离
格栅除杂 → 杂 物
沉淀除沙 → 泥 沙
药剂调配
活性污泥
餐厨垃圾泥
粉碎均质
固体厨渣
餐厨垃圾 → 筛选除杂 → 挤压脱水 → 菜汤 → 蒸脱分离
筛选除杂 → 杂物 → 填埋
废油脂 → 离心分离 → 裂解分馏 → 活性炭脱色 → 脂肪酸
上清水 → 活性炭过滤 → RO膜过滤 → 加氯消毒 → 出厂中水

城镇生物质新陈代谢技术模式

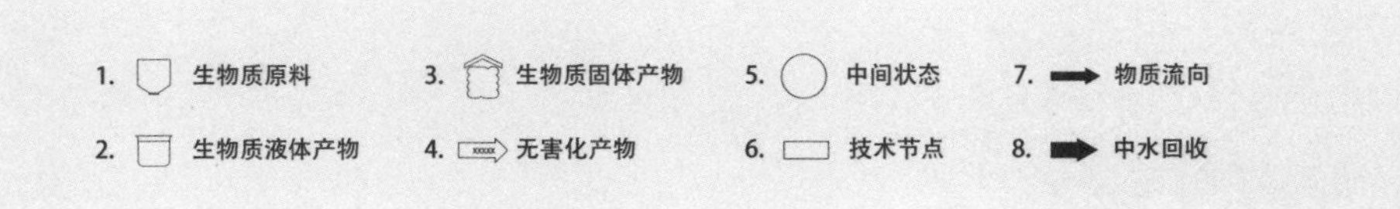

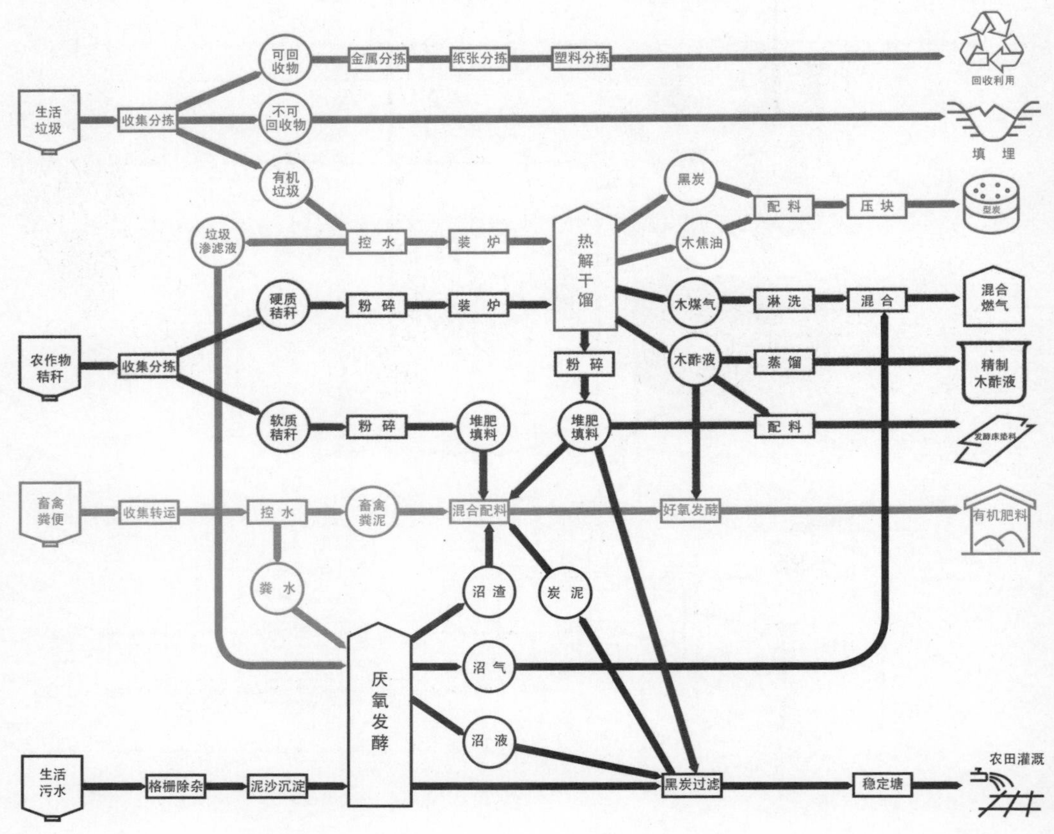

农村生物质新陈代谢技术模式

循环城市

北京环境危机与城市新陈代谢系统构建

黄海涛　著

中国水利水电出版社
www.waterpub.com.cn

内 容 提 要

本书以北京为例，首次系统分析了现代城市环境危机的主要物质因素：雾霾、生活垃圾、活性污泥、餐厨垃圾、垃圾渗滤液、粪便、园林绿化废弃物等，对这些环境问题的危害、成因、治理技术进行了系统评价，指明了其产生根源是城市新陈代谢综合症。人口暴涨、环境承载极限、资源短缺是城市发展的限制条件。要实现城市的可持续发展，必须向大自然学习，建立符合自然物质代谢规律的城市新陈代谢系统，使进入城市的各种能源、物质能够得到有效利用，并最终还原成人类社会和自然环境能够利用的水、炭、金属、塑料等物质。作者大胆预言：自然资源再生产业是未来社会的朝阳产业，循环城市是现代城市发展的必由之路，是未来生态文明社会的奠基石。

本书可作为高等院校环境、地理、生态、城市规划、城市管理等专业的参考书，还可为环保人士、城市规划者、城市管理者、生态保护者、科研人员、商业精英开拓视野提供有益启示。

图书在版编目（CIP）数据

循环城市 ： 北京环境危机与城市新陈代谢系统构建 / 黄海涛著. -- 北京 ： 中国水利水电出版社，2015.1
ISBN 978-7-5170-2911-3

Ⅰ. ①循… Ⅱ. ①黄… Ⅲ. ①城市环境－环境危机－环境管理－研究－北京市 Ⅳ. ①X321.21

中国版本图书馆CIP数据核字(2015)第023232号

策划编辑：杨庆川　责任编辑：杨庆川　封面设计：李　佳

书　　名 循环城市：北京环境危机与城市新陈代谢系统构建
作　　者 黄海涛　著
出版发行 中国水利水电出版社
（北京市海淀区玉渊潭南路 1 号 D 座 100038）
网　址：www.waterpub.com.cn
E-mail：mchannel@263.net（万水）
sales@waterpub.com.cn
电　话：（010）68367658（发行部）、82562819（万水）
经　　售 北京科水图书销售中心（零售）
电话：（010）88383994、63202643、68545874
全国各地新华书店和相关出版物销售网点
排　　版 北京万水电子信息有限公司
印　　刷 北京蓝空印刷厂
规　　格 170mm×240mm　16 开本　22 印张　395 千字　4 彩插
版　　次 2015 年 1 月第 1 版　2015 年 1 月第 1 次印刷
印　　数 0001—3000 册
定　　价 68.00 元

凡购买我社图书，如有缺页、倒页、脱页的，本社发行部负责调换

PREFACE

序言

掘金北京“城市矿山”

人类社会的历史就是一部发掘利用自然资源的历史。

自然资源包括自然界的一切物质资源和自然产生过程，通常是指在一定技术经济环境条件下对人类有益的资源。随着人口剧增，全球对资源的需求也不断扩大，自然资源的开发利用强度也越来越高。起源于18世纪的工业革命，使人类进入了开发利用自然资源的新阶段。人类在最近二百多年中开发利用的自然资源，比过去一切世代开发利用的总和还要多，由此创造了比过去所有时代都更多的财富。

工业革命催生了现代城市，现代城市又极大地促进了工业发展，二者犹如一对孪生兄弟互相促进，由此推动了人类社会的繁荣发展。现代城市扩张吸引了大量人口进入，目前全世界已经有一半多人口居住在城市，城市由此成为现代社会最大的自然资源消耗区域。借助于强大的机械力量，大量自然资源从几千米深的地下和海洋深处被发掘出来，运到城市消耗利用。石灰石进入城市变成了高楼大厦、公路桥梁，铁矿石进入城市变成了汽车、家电，煤炭进入城市变成了电力、热能，石油进入城市变成了汽油、塑料，粮食、蔬菜、水果进入城市变成了粪便、垃圾……这些自然资源经过人类的消费利用，最终进入城市周围的垃圾填埋场，变成一座座垃圾山包围着城市，成为我们每天不得不面对的大难题。

联合国环境规划署发布的一份报告显示：经过工业革命200多年的掠夺式开采，全球80%以上可作为工业原料的矿产资源，已从地下转移到地上，并以“垃圾”的形态堆积在我们周围，总量高达数千亿吨，而且每年以100亿吨的数量在增加。人类如果不减少废弃物的排放，我们的生存空间就会被“垃圾”堆满。

一切自然资源都有可利用的价值，所有城市废弃物都是可再生利用的资源，对垃圾的认识可以衡量一个国家的文明程度。人类社会在经济发展过程中产生了大量现代工业废弃物，它包括蕴藏于城市各个角落的废旧机电设备、电线电缆、通讯工具、汽车、家电、电子产品、金属和塑料包装物等。这些废弃物通过一定的技术手段能够提取出可以循环利用的钢铁、有色金属、贵金属、塑料、橡胶等资源，如同堆积在城市里的矿山。1988年，日本东北大学南条道夫教授针对废弃资源再生循环利用，提出了"城市矿山"这一形象概念。

1994年，我在日本出版了《垃圾经济学》一书，阐述了"垃圾是放错了位置的资源"的思想。什么是资源呢？资源是指自然界和人类社会中可以用以创造物质财富和精神财富的具有一定量的积累的客观存在形态，包括土地资源、矿产资源、森林资源、海洋资源、石油资源、人力资源、信息资源、可再生资源等。令人欣慰的是，全国有上千万人从事再生资源的开发利用，从垃圾堆中分拣出大量的废金属、废塑料、废纸张、废橡胶等，再把它们转化为新资源重新利用。开发"城市矿山"已成为社会各界的广泛共识，城市矿产产业已成为全球发展最快的产业之一。

毫无疑问，拥有2100多万常住人口的首都北京也蕴藏着丰富的"城市矿产"。2013年北京市产生了657万吨生活垃圾、7000万吨建筑垃圾、520万吨园林绿化废弃物、140万吨活性污泥、210万吨餐厨垃圾、1125万吨工业废物、200万吨垃圾渗滤液、60万吨垃圾渗滤泥。此外还产生了500万吨废旧物资，其中废纸270万吨、废塑料75万吨、废旧轮胎700万条、废旧电器7万吨、报废汽车30万吨。这些城市废弃物如能循环利用，不仅可以减少环境污染，而且能部分替代原生矿产资源，对北京的和谐宜居之都建设具有重要战略意义。

目前，世界范围内的"城市矿山"开发主要集中在废纸、废塑料、废橡胶、废旧电子、报废汽车、废旧纺织品和工业固体废弃物等人工合成物质方面，对于活性污泥、餐厨垃圾、粪便、垃圾渗滤液、垃圾渗滤泥、园林绿化废弃物等自然有机代谢废物的研究还处在浅层次，开发利用才刚刚起步。

《循环城市：北京环境危机与城市新陈代谢系统构建》一书的出现，为开发"城市矿山"化解城市环境危机提供了全新的解决方案。该书不仅系统介绍了废金属、废纸、废旧塑料等"城市矿产"的开发前景，还系统分析了引发城市环境危机的主要物质因素，对生活垃圾、活性污泥、垃圾渗滤液、工业固体废物等城市有机废弃物的产生原因、成分构成、危害程度、产生总量、主要处理技术进行了重点研究，并且进一步指明了这些城市废弃物综合作用的必然结果——"城市新陈代谢综合症"。对于城市新陈代谢废弃物的处理，作者采用兼收并蓄的方法，对现有环保技术进行整合，创造性地提出了"城市新陈代谢系统"这一新理论。城市新陈代谢系统是按照生态学的物质循环和能量流动方式，对城市区域内自然、人类、社会产生的新陈代谢废物进行分类整理、集中处理、再循环利用的工程技术体系，它实现了群落内部、群落之间、生产生活之间、人类社会与自然界、城市乡村之间的物质循环和能量梯次使用。

对于北京市的新陈代谢废弃物，城市新陈代谢系统采用的技术原理是对这些污染物进行消毒、钝化，解决病毒、重金属的残留与危害，然后加工成对环境有益的土壤改良剂、盐碱地治理剂，用于沙化土壤改良、盐碱地治理、有机农业生产。这里的关键技术是有机代谢废弃物的热解干馏技术，通过热解干馏将垃圾、污泥中的病毒分解，使其中的重金属失去活性不能被作物吸收，从而不能进入食物链。这些物质经过热解干馏分别成为植物黑炭、热解气体、热解液。其中植物黑炭用于改良土壤、固碳，热解气体继续用于垃圾的治理，热解液具有腐殖酸性质，可以作为液体肥料。这样就将城市的有机废弃物变成了农田生态系统的营养液，实现了城市环境治理与农田生态保育两大目标。

《循环城市：北京环境危机与城市新陈代谢系统构建》一书运用系统化的创新思维，将城市里的各种新陈代谢废弃物集中起来，按照不同的特性进行分类处理，再通过一定的技术流程进行相互作用，用“废物”治理“废物”，最终实现资源化利用的目标。从循环城市、城市新陈代谢系统、技术群落、循环城市群等概念的提出，到“螳螂捕蝉”“同流合污”“吃干榨尽”“以毒攻毒”“煮豆燃萁”等技术原则的总结，再到“园林绿化废弃物生产泥炭”“医疗垃圾制造复合型融雪剂”“餐厨垃圾制造有机肥”“垃圾渗滤液制造盐碱地改良剂”等技术的创立，都体现了理论与技术的原创性。本书是中国传统生态文明思想与现代系统科学的有机融合，是集成性创新方法的成功应用，其前景令人欢欣鼓舞。

古人诗云：不识庐山真面目，只缘身在此山中。现代人看不清楚城市全貌也是因为所站高度不够。高度决定视野，视野奠定格局，格局支撑战略，战略决定成败。《循环城市：北京环境危机与城市新陈代谢系统构建》一书对北京环境危机的分析解读，精微处触及城市雾霾、生活垃圾、活性污泥，鞭辟入理作出细致分析，宏大处囊括这些废弃物的总量、危害程度、产生原因，高屋建瓴给出解决方案，那就是构建城市新陈代谢系统，将所有城市废弃物综合利用起来，变成对生态环境有益的物质，进而实现城市与农业环境的物质代谢和有效循环。

在未来较长时间内，城市化进程是影响中国与世界的重大事件，其作用范围之大还难以估量。循环城市理论的创立必将引领中国城市化发展进入循环时代，有助于经济社会环境的可持续发展。《循环城市：北京环境危机与城市新陈代谢系统构建》是一部影响中国城市化进程的创新之作、战略之作。

欣喜之余，乐为此序。

致公党中央科技委员会　主任
北京市市容市政管理委员会　副总工程师　王维平

引领与嘉勉

生态文明社会是一种理想的社会制度，是人类饱尝了工业文明副作用之后的理性思辨。西方的学者们尽管看到了这个必然趋势，却把实现这个理想的目标锁定在东方的中国，因为他们知道在现行资本主义制度的土壤上不可能结出生态文明的硕果。中国不仅有“天人合一”的生态文明种子，还有农业文明长期积淀的土壤，更具备中国特色社会主义制度的保护和浇灌，可以说，实现人类历史上第一个生态文明国度非中国莫属。《循环城市：北京环境危机与城市新陈代谢系统构建》中的城市新陈代谢系统构建为生态文明的实现提供了工程方面的基础。

著名生态文明学者、环境保护部副部长　潘岳

资本主义工业化发展方式改变了人类的文明进程，但是其线性增长的发展模式也蕴含着天然的副作用，这就是城市生态系统与农田生态系统的“新陈代谢断裂”，其实马克思早在一百多年前就注意到这个问题了。今天的资本主义世界尽管利用全球化、高科技解决了许多自身的矛盾，却仍然没有解决“新陈代谢断裂”这个基本问题，使之演化成全球性的生态环境灾难。社会主义也需要运用工业化、城市化的重要手段来实现经济发展和社会进步，但是却不能把生态环境问题转嫁给别的国家和我们的后代，这个问题必须由当代人自己消化。城市新陈代谢理论的创立为全球性生态环境危机的解决提供了一种全新的思路，使马克思所担忧的“新陈代谢断裂”问题有了比较现实的答案，是科学发展观的重要内涵，也为有中国特色社会主义理论体系建设提供了更加丰富的材料。

北京大学中国特色社会主义理论体系研究中心副主任、教授　夏文斌

粮食安全是国家安全的基石，是重中之重。我国耕地有限，工业化和城镇化对土地的争夺已经不是单纯控制可以解决的。超负荷的粮食生产使农田生态系统的营养物质大量流失，有机质不断下降，不得不依靠大量补充化肥来维持农业生产。长期下来的结果就是：土壤板结、重金属积累、地力下降、农业化学品效率降低、食物品质下降，进而可能威胁国民健康。从总体上看，农业生态环境局部改善、整体恶化的势头没有明显改变。《循环城市：北京环境危机与城市新陈代谢系统构建》中的城市新陈代谢系统可以将生活垃圾、活性污泥、餐厨垃圾等城市有机代谢废弃物转化成无毒无害的农田营养物质，改良土壤、增强地力，消除面源污染，提高粮食产量和质量，解决了城市向农田的物质反哺问题，确实值得期待。

中国工程院院士、中国农业科学院原院长　王连铮

首都经济圈建设面临的重大问题有水危机、环境污染和生态保育。水危机包括：水资源短缺、水污染严重和洪水季节的洪涝灾害。生活垃圾的污染是一种公认的城市病，目前世界上有了新的观点，即城市垃圾实际上是“城市矿山”，可以回收再利用。开发“城市矿山”，可以收到减少自然资源开采、消耗和减轻垃圾污染等多重效果，是发展循环经济的重要组成部分。《循环城市：北京环境危机与城市新陈代谢系统构建》一书对于水资源的利用，对于城市生活垃圾、活性污泥、餐厨垃圾、垃圾渗滤液、园林绿化废弃物等城市新陈代谢废弃物的资源化利用，提出了系统的解决方案，这就是城市新陈代谢系统的构建，将这些废弃物转化成农田生态系统的营养物质，对于周围生态系统的保育有着重要意义。该书立论正确，观点鲜明，内容丰富，文字生动，真是一本很有价值的好书，我完全支持这个中国特色的理论创新。

中国工程院院士、清华大学教授　钱易

北京正在建设国际一流的和谐宜居之都。衡量和谐宜居的一个重要标准就是生态环境质量，这恰恰是最难解决的一个系统性问题。与北京高速发展的城市建设和人口过快膨胀相比，生态环境治理的相对滞后影响了城市运行的总体质量。对于世界级的大都市而言，除了经济总量、国际影响力等因素，城市的竞争力还体现在生态总体质量上。城市新陈代谢系统的构建将大大改善城市环境质量，促进城市区域体系生态环境优化，提升整个区域的发展质量，将有助于北京走出一条具有中国特色的世界城市可持续发展之路。

北京国际城市发展研究院院长、中央党校研究员　连玉明

致　谢

这本书的写作源于我的乒乓球好友、北京环卫集团第二分公司总经理陈永生的提议。2008 年夏天，打完一场球后，永生说，老黄，现在城市的环境问题已经很严重了，北神树填埋场已经填了大半，不能老是这么堆在城市里，我们应该从更大的范围更高的视角来看待城市垃圾，垃圾处理不能只靠填埋、焚烧这几种办法，必须采用新的技术思路。于是我们商定从技术角度对城市的环境危机进行研究，争取弄出一个整体解决方案，一种顶层设计。

我们总共搜集了 1100 多篇技术文献，300 多本参考书目，搜集的资料有 5000 多万字。这些技术文献既有国内的也有国外的，包括公开发表的科技论文、专利技术文献、技术法规、工艺技术规程等。对城市环境问题的梳理用了整整一年的时间，包括污水、污泥、生活垃圾、垃圾渗滤液、渗滤污泥、城市粪便、餐厨垃圾、地沟油、园林绿化废弃物、农业生物质等十几类城市有机废弃物，还有废塑料、废纸、报废汽车、废旧电子电器、废钢铁等“城市矿产”。对已有技术的适用性、使用效果、工艺技术成熟度也进行了初步的评估。

我们先后走访了北京主要的垃圾转运站、垃圾填埋场、垃圾焚烧厂、粪便消纳站、污水处理厂、污泥堆肥场、渗滤液处理厂、餐厨垃圾堆肥场、园林绿化废弃物处理机构等几十个单位，对现行的主要工艺进行了细致的分析评估，对北京新陈代谢废弃物的处理水平有了较为清晰的认识。

对于城市环境危机的根源用一个什么词汇表述呢？由于我和永生都患有糖尿病，这种代谢失调导致的疾病困扰着一亿多中国人，受此启发，我们把城市环境危机的根源归结为“城市新陈代谢综合症”。对于治理城市环境危机的整体性工程系统，我们把它命名为“城市新陈代谢系统”，希望使城市的生活垃圾、活性污泥、餐厨垃圾、园林绿化废弃物等都能得到很好地利用。

虽然这本书由我执笔写成，但并非仅仅由我来完成的，还有很多人提供了宝贵意见。北京环卫集团总经理办公室主任梁燕妮女士多次参与我们的讨论，书名“循环城市”就是她确定的。海淀区环卫中心的孙卫东、郑秀山、孙开开、胡志鹏、李立新、王宝平，石景山环卫中心的张华、杨斌，通州污物处理站的程宝民先生，昌平污水处理中心的朱振华、庄伟先生都身处环保一线，他们的实际经验对本书帮助很大。

对于城市环境危机的认识，我们也吸收了许多专家观点。北京环卫科研所的教授级高工苏昭辉先生是生活垃圾处理专家，北京排水集团教授级高工周军先生是污水处理专家，北京建材研究总院杨飞华博士是建筑垃圾处理专家，北京排水集团高工周国胜先生是污泥处理专家，中国农业科学院土肥所研究员程宪国先生是土壤保护专家，中国农业科学院蔬菜花卉研究所研究员李宝聚先生是植保专家，北京林业大学教授孙向阳先生是园林绿化废弃物处理专家，北京市昌平区农业技术推广中心高级农艺师陈怀勐先生是蔬菜种植专家，他们在各自领域的卓越成果和专业理论给我们很多启发，使我们获益良多。

北京市市容市政管理委员会副总工程师王维平先生是中国著名的城市垃圾处理专家、“垃圾经济学”的创始人之一，对我们的研究成果颇为赞赏，对本书的理论体系、技术原理、工艺装备都仔细询问，并亲自撰写序言。

环境保护部副部长潘岳先生是著名生态文明学者，清华大学教授、中国工程院院士钱易先生是著名环保学者，北京大学教授夏文斌先生是中国特色社会主义理论研究著名学者，中国工程院院士、中国农业科学院原院长王连铮先生是著名农业学者，北京国际城市发展研究院院长、中央党校研究员连玉明先生是著名世界城市学者，他们杰出的学术思想、宽阔的人文情怀让我们能更上层楼登高望远，他们为本书题写的推荐语令我们欢欣鼓舞。

北京环卫集团总经理张农科先生是一位作家、经济学博士，对本书的写作给予了宝贵支持，鼓励我们开扩思路、勇于创新，并审阅了全部书稿。他对于城市新陈代谢系统的建立非常支持，对于生活垃圾提取物治理沙化土地和盐碱地十分关注，认为这是城市环境保护与自然生态恢复的最佳结合方式。北京环卫集团已经率先启动了“城市矿山”开发工程。

球友王耀东先生是《文汇报》高级记者，文笔流畅、行文严谨，先后多次审阅书稿，挥笔斧正，并对本书的参考文献进行了整理，一一核定。好友孙宏兵先生是《金融文化》的副总编，尽管工作繁忙，还是抽出宝贵时间审阅了全书，提出了重要修改意见。中国水利水电出版社万水出版分社社长杨庆川女士十分关心本书的写作进度，经常询问，并主动担任本书的出版人。

我的家人、我的同事给予了我很大的宽容，因为写作我错过了许多重要的场合，我感谢他们的支持，如果没有身边人的支持和理解，我很难静下心来写作。我的父亲是一位作家，在修身立志和写作上给了我深刻影响，经常来电话询问书稿的进展。我的母亲是一位环保达人，坚持垃圾分类几十年，她的行为影响了周围许多人，本书也是对她老人家最好的纪念。

对于各位大师、好友的关心支持，在此一并致谢，是他们给了我们前行的力量和信心，让我们能把这一课题完成。金无足赤，一项新理论的创立肯定是一个不断纠错的过程，所有在事实上、阐释上和引用上出现的错误皆归于我。

黄海涛

2014年10月于北京玉泉书斋

PREFACE

前言

循环城市：生态文明社会的奠基石

诺贝尔经济奖得主美国经济学家斯蒂格列茨预言，21 世纪对世界影响最大的有两件事，一是美国的高科技产业，二是中国的城市化运动。

无论过去、现在，还是将来，城市在我们所面临的一切政治、经济、社会、环境、卫生和文化问题中，都居于核心地位。当今世界有一半人口居住在城市，20 世纪 80 年代末以来，全球城市化步伐一直在加快，预计到 2050 年还将有 30 亿人加入城市市民的行列。2011 年，中国城市人口第一次超过农村，标志着中国城市化进程进入快车道。中国社会科学院预测，到 2030 年将有 5 亿农村人口在中国史无前例的城市化过程中实现向城市居民的身份转换。

中国的城市化将是一场波澜壮阔、空前复杂的过程，其作用和影响尚无法准确预测。人类上一次迁徙大潮发生在欧洲和美洲新大陆，时间从 18 世纪中叶到 20 世纪初，直接造成了人类在思想、政治、科技与社会福利方面的巨变。大规模的城市化造就了法国大革命和工业革命，并带来了两个世纪巨大的政治与社会变革。到 21 世纪末，人类将成为一个主要生活在城市的物种。未来人们对于 21 世纪最鲜明的记忆，除了气候变化，大概就是这场后无来者的人口大迁徙。

一、城市和城市化进程

城市人口集中，工商业发达，以非农业人口为主体，是政治、经济、文化的中心，是人类最伟大的发明之一，是人类文明的重要标志。城市的历史已有数千年之久，诞生于人类开始定居生活的农耕时代。早期城市的生产力水平不高，可供城市居民需要的农产品数量有限，规模受到限制，主要分布在灌溉发达、利于农业生产或便于征收农产品的地带，一般是行政、宗教、军事或手工业中心。农耕时代的城市人口增长缓慢，直到 1800 年，世界城镇人口仅占总人口的 3%。

自从人类创造了城市，城市也在不断改变人类的生存文明。城市是一个国家与世界发生往来的桥头堡，是经济增长的发动机。全球物质、服务、资金与信息的交流主要是在城市之间展开的，不同的城市已被大规模的交通、通信网络连接起来。正是这种与世界的广泛连接创造了大量的财富，也决定了社会的财富和权力主要集中在城市区域。城市已经成为促进全球化、社会政治、经济增长、气候变化以及环境保护等因素互动的节点。

城市化或城镇化，是指人口从农村向城市聚集、传统乡村社会向工业和服务业为主的现代城市社会转变的历史过程，包含人口比重的转变、人口素质的转变、人口职业的转变、产业结构的转变、土地及地域空间的变化。经济发展是城市化的内生动力，其中农业生产力发展是城市兴起和成长的前提，工业化是城市化的主导力量，第三产业是城市化进程的重要推动力。城市化是人类进步的必然过程，是人类社会结构变革的一条重要线索。只有经过城市化洗礼，人类才能迈向更加辉煌的时代。

城市化程度是衡量一个国家和地区经济、社会、文化、科技水平的重要标志，也是衡量社会组织程度和管理水平的重要标志。城市化能创造较多的就业机会，大量吸收农村剩余人口，有效带动广大农村发展，改善地区产业结构。城市化能够提高工业生产效率，使城市化获得持续推进的动力。现代化大城市越来越成为主要的科技创新基地和信息交流中心，成为提高区域整体发展水平的驱动器。城市文化向农村扩散和渗透，也影响着农村的生产生活方式，并提高农村的对外开放程度，有利于城市与农村的交流，缩小城乡发展差距，最终促进城市与农村的共同繁荣。

工业化推动是近代城市化的一个重要特点。18 世纪中叶的工业革命浪潮，极大地加快了近代世界的城市化进程。农民不断涌向新的工业中心，城市获得了前所未有的发展。英国在 1900 年成为世界上第一个城市化国家。1920 年，美国成为又一个城市化国家。第二次世界大战后，资本主义国家经济出现快速增长，殖民地半殖民地国家纷纷独立，经济迅速发展，这大大加快了全球城市化的进程。1950 年，世界城市化率上升到 29.2%。20 世纪 70 年代之后，高速发展了 300 多年的西方工业化快车开始减速，与之偕行的城市化过程随后也趋于稳定，发展中国家接棒成为世界城市化的主体。拉美城市化起步于 20 世纪 40 年代，到 2000 年的短短 60 年内，其城市化率就达到 75.3%。目前美英等国的城市化率已超过 90%。

纵观西方发达国家历史可以发现，城市化过程一般经历城市化、郊区城市化、逆城市化、再城市化四个阶段。一是集中趋向的城市化阶段，中心城市人口和经济迅速增长，在城市中心区形成高度集聚；二是郊区城市化阶段，在工商业继续向大城市中心集中的同时，郊区人口增长超过了中心市区；三是逆城市化阶段，在郊区城市化继续发展的同时，中心市区显现衰落景象，出现人口净减少；四是再城市化阶段，中心市区经济复兴，人口出现重新回升。

一些已经高度城市化的国家和地区，由于人口流动形成了新的经济、社会发展中心，这个过程就是二次城市化。这种人口向大城市集中的趋势表明，发达国家和地区空间布局正在进行重组，形成一种群岛现象。

在二次城市化过程中，大城市不断吞并周围的中小城市，形成罕见的城市群。城市的经济功能已不再由孤立的城市来体现，而是由以一个中心城市为核心，同与其保持着密切经济联系的一系列中小城市组成的城市群来体现了。[1]它不是过去意义上几个并列城市的叠加，而是布局比较合理的城市群落。在一个城市群落里面，有国际化大都市，有国家中心城市，有地区中心城市，有中小城市，还有小城镇和较大的乡镇。这些城市群落将更多依靠城市之间建立的共有体系、共享体系、共同发展体系，共同提升一个城市群落的城市化水平和城市化质量。这些城市群的经济、信息、服务互相交融、互相依托，有着极大的聚集效应。

二、城市生态环境危机

人类在享受城市化种种福利的同时，也遭遇意想不到的危机。城市化在工业化时代通常被视为污染与环境破坏的同义词。大量的人口、工业、汽车聚集在城市，自然会消耗大量的自然资源和能源，也会对水、大气和土地造成严重污染，但同时也是治理污染的最佳地点。

城市化先驱、老牌资本主义国家英国是一个典型。工业革命之前的英国是诗情画意、美丽宁静的乡村社会，工业革命之后则变成了机器轰鸣、厂房遍地、烟囱林立的城市社会。大量人口涌入城市，城市却无法提供相应的住房、卫生、公共设施，导致城市空气污染，污水横流，垃圾如山。如果说工业化是伦敦戴上“雾都”帽子的祸首，那么城市化就是泰晤士河沦落为一条污浊不堪“臭河”的罪魁。恩格斯在《英国工人阶级状况》一书中对曼彻斯特做了形象的描绘：“流经利兹的艾尔克河，像一切流经工业城市的河流一样，流入城市的时候是清澈见底的，而在城市另一端流出的时候却又黑又臭，被各色各样的脏东西弄得污浊不堪了……艾尔克河的支流布拉德福河，曾是男孩们捕鱼的乐园，也被工业化的浪潮熏染得通体黝黑。”

一百多年来，饱尝环境危机恶果的英国从宏观和微观层面入手，试图破解与城市化伴生的环境污染问题。从 19 世纪开始，英国通过立法限制城市污染物的排放，对城市下水道系统进行彻底的更新改造。20 世纪把大量污染企业疏散出城市。21 世纪以来更是在治理汽车尾气造成的大气污染方面绞尽脑汁：征收拥堵税，设立低排放区，减少路面扬尘，建设公园绿地，推广自行车项目，鼓励混合动力车。英国在节能减排、营造绿色生态城市方面可谓不遗余力。

西方发达国家 300 多年的工业化和城市化进程，为它们带来了巨大的繁荣，大大地改善了城市居民的生活条件，但其财富的积累是以掠夺世界各地的自然资源并导致当地生态系统的退化和社会的贫困为代价换来的。西方发达国家消耗了地球上绝大多数的自然资源，并把开采和利用这些资源的废弃物遗留在城市周围。在廉价和低效率使用这些资源和能源之后，还将大量有害气体排向大气中，造成气候变暖这个严重的全球气候危机。西方工业化时代的城市化对环境的负面影响可能会持续世世代代，有些影响甚至数百年后都难以恢复。

前事不远，吾属之师。中国正在进行历史上规模最大、速度最快的城市化过程，并且已进入非常重要的转型时期。英国的探索之途为世界城市化建设提供了可借鉴的经验教训。照一照英国这面镜子，反思一下非常有必要。

令人遗憾的是，当年发生在英国伦敦、迈达斯、曼彻斯特等城市的生态环境危机正在今天的中国重演。作为中国首都的北京也未能幸免：雾霾围城，垃圾成堆，污水污泥未经处置随意倾倒，生活垃圾产生的渗滤液臭气熏天，不良消费习惯导致餐厨垃圾大量产生，城市的扩张使园林废弃物的处理量和处理难度增加，生活垃圾分类推广步履艰难、成效难现……从全国来看，这种城市化与工业化共同催生的生态环境危机形势更为严峻，所要付出的治理代价将更大。

首先，中国的城市化并没有同步解决环境污染问题。许多大中城市因发展过快，机动车持续增加，致使大气中悬浮颗粒物、二氧化硫、氮氧化物持续增长。城市垃圾分类工作推进缓慢，垃圾处理水平低，全国垃圾堆存侵占土地总面积已达 5 亿平方米，约折合 75 万亩耕地。中国每增加单位 GDP 的废水排放量比发达国家高四倍，单位工业产值产生的固体废弃物比发达国家高十多倍。

其次，中国的城市化偏重城市发展的数量和规模，忽略资源环境承载能力。有些城市盲目扩张城市规模，放大城市功能，在经济总量增大的同时，使全国大跨度的调水、输电、输气、治污的压力越来越大，其中缺水带来的问题尤为突出。目前全国 664 座城市中有 400 多座是缺水的，其中 110 座严重缺水。严重缺水导致过度开采地下水，进而造成大面积的地面沉降。

第三，越来越多的城市在空间形态上形成环城布局，这直接或间接地带来了包括交通拥挤、房价过高、污染加重等一些所谓的城市病。20 世纪 70 年代以来我国城市的扩张过程有明显的相似性：平原地区城市多以中心区为起点进行环形扩张；位于大江大河两岸的城市，更多向两端扩展；还有一些城市是双向对接，城市向郊区扩张，郊区向城区扩张。

三、城乡新陈代谢断裂

城市化过程是人类对自然环境占有、开拓和改造的过程，更是人类对区域生命系统认同、协同与适应的过程。如果没有文化的诗情画意，没有地方的风土人情，没有环境的新陈代谢，城市只是一片没有生机的水泥森林。

城市繁荣、奢华、时尚、洁净的背后，隐藏着人类城市化进程遗留的诸多问题：单纯以经济利益为前提，缺少城市可持续发展理念形成了能源危机；大量占用耕地资源形成了粮食危机；巨量燃烧化石能源导致超额碳排放形成了气候危机；无限制用水形成了水资源危机等。这些问题综合作用的结果就是全球生态危机的爆发，如果不能解决这些问题，人类的可持续发展只能是梦想。美国过程哲学家大卫•格里芬说："如果放任生态危机，人类文明将在全球追求无节制的发展中走向终结。"

俗话说，眼前无路想回头。当气候变暖、灾难频发、生物多样性减少这样全球尺度的问题出现时，人类不得不反省和检讨自己的行为与过失。是什么原因导致雾霾遮天、垃圾围城、污水横流、土壤污染？

这些工业化与城市化发展过程中出现的环境问题，马克思早在一百多年前就已经观察到，并分析了它的根源。马克思在《资本论》中指出："大土地所有制使农业人口减少到不断下降的最低限度，而在他们的对面，则造成不断增长的拥挤在大城市中的工业人口。由此产生了各种条件，这些条件在社会的以及由生活的自然规律决定的物质变换的过程中造成了一个无法弥补的裂缝，于是就造成了地力的浪费，并且这种浪费通过商业而远及国外。"

西方著名的生态社会主义学家福斯特对马克思新陈代谢断裂理论做了精辟的归纳：资本主义在人类和地球的新陈代谢关系中催生出无法修补的裂缝，而地球是大自然赋予人类的永久性的生产条件；这就要求新陈代谢关系的系统性恢复成为社会生产的固有法则；然而，资本主义制度下的大规模农业和远程贸易加剧并扩展了这种新陈代谢的断裂；对土壤养分的浪费体现在城市的污染和排泄物上……马克思坚持认为，“人的自然的新陈代谢所产生的排泄物”，以及工业生产和消费的废弃物，作为完整的新陈代谢循环的一部分，需要返还于土壤。

中国城市的发展能力很大，但是城市承载能力却很有限，城市功能也不完备，城市服务能力还有很多欠缺。按照目前的发展速度，中国城市化进程将在2030年前后基本完成。那时中国总人口将达到15亿，城市人口将超过11.5亿。

根据北京2013年城市人口新陈代谢废弃物的产生水平，我们预计2030年全国11.5亿城市人口新陈代谢废弃物产生量分别是：生活污水690亿立方米、活性污泥5500万吨、生活垃圾4亿吨、垃圾渗滤液1.2亿吨、渗滤污泥3000万吨、餐厨垃圾4200万吨、粪便8400万吨。其中活性污泥、有机生活垃圾、渗滤污泥、餐厨垃圾、粪便等固体、泥体废弃物约为3.7亿吨。这些物质进入城市时是各种食物，经城市人口消费代谢后变成废弃物。它们既是农田生态系统向城市生态系统转移的物质，又是城市与农村物质代谢断裂的产物。如果这些有机代谢废弃物不能得到有效处理，堆积在城市周围，将造成无法估量的生态环境灾难。

工业化与城市化过程中，城市环境危机不仅表现为农田生态系统与城市生态系统的新陈代谢断裂，使土壤中的有机养分流失，还表现为固体废弃物堆存导致各种重金属、有毒化学品和有机污染物通过污水排放，造成了大范围农田耕地污染，更进一步扩大了这个“断裂”。

我国的土壤污染已经出现了有毒化工和重金属污染由工业向农业转移、由城市向农村转移、由地表向地下转移、由上游向下游转移、由水土污染向食物链转移的趋势。严重的土壤污染不仅直接影响粮食品质和产量，也对污染区域的居民健康造成长期危害，甚至影响了社会稳定和农业、农村可持续发展。据国土资源部披露，目前我国已经有1.5亿亩耕地受到污染，占18亿亩耕地的8.3%，其中，中重度污染的土地达到5000万亩，治理这些土地需要耗费10万亿元之巨。

我们今天决不能走这样的老路。

四、循环时代，一个必要的转折期

20世纪70年代，西方发达国家先后完成了工业化与城市化进程，进入了一个新的发展阶段。美国著名社会学家丹尼尔•贝尔依据对美国社会的观察，准确地预见了这个即将来临的新阶段，并命名为工业化后社会。

工业化后社会是工业社会进一步发展的产物，关键变量是信息和知识，主要经济部门是以加工和服务为主导的第三产业甚至第四、第五产业，诸如运输业、公共福利事业、贸易、金融、保险、房地产、卫生、科学研究与技术开发等。在这个社会中，服务经济而非产品经济是主体，专业技术阶层成为社会中坚力量，对技术的控制与鉴定是一种决定性因素，决策过程更多依靠“智能技术”，总的来说，知识占据社会的中心地位，是变革与发展的源泉。

丹尼尔•贝尔认为，正如工业化并没有使农业从社会中消失，工业化后也不会使工业生产从社会中消失。社会经济中依然存在着三个部分：工业化前、工业化和工业化后。工业化前部分是以天然生产业为主，其经济基于农业、矿业、渔业、林业和基于煤炭、石油、天然气开采的能源产业；工业化部分是以加工业为主，利用能源和机械技术大量制造物品；工业化后部分是以程序处理为主，在这里电信和计算机对于信息和知识的交换起着全局性的战略作用。

40 多年过去了，他所预测的图景已经呈现，西方世界正运行在工业化后社会的轨道上。紧随着发达国家的脚步，当今中国正处在他预测的“未来”时代里，或者更准确地说，站在工业化后社会的门槛上。一方面，我们正在恶补工业化和城市化过程中落下的课程；另一方面，我们还要面向未来争取在以知识和创新为主要特征的工业化后世界中争得一席之地。

2013 年，中国的国内生产总值达到 56.9 万亿元，继续稳居世界第二大经济体。2011 年中国成为世界第一制造业大国，有 130 多种工业品的产量居世界第一，还在 2013 年成为世界第一贸易大国。但是，在如此之多世界第一的背后，我们消耗了世界上最多的铁矿资源、铜矿资源，挖掘了世界上最多的煤炭，排放了全球最多的温室气体。与发达国家现代化进程一样，我国城市化进程同样具有高能源消费、高排放的特征。城市人口的能源消费大约是农村人口的 3.5 ～ 4 倍，城市化进程推动大规模城市基础设施和住房建设，所需要的大量水泥和钢铁只能在国内生产，因为没有任何其他国家能够为我国提供如此大规模的钢材和水泥，因此，我国的城市化对高耗能产业的需求是刚性的。如果持续下去，中国需要一个半以上的地球资源来弥补中国城市化发展和百余年资本积累缓冲对环境的影响。毫无疑问，我们必须要改变现有的发展模式。

中国地域辽阔，人口众多，城市化是不可避免的现实道路。中国特色的城市化发展模式应该解决三大历史性问题：工业化后社会的基础结构完善、资源环境约束下的循环经济模式完善、人类—自然新陈代谢关系的系统性修复。

首先，要建设面向未来的社会基础结构体系。按照丹尼尔•贝尔的理论，后工业化社会包含交通运输、动力设施、电信三类基础结构，以及一个连接这三部分的强大信息网络。但这个基础结构存在先天性的不足。传统工业化生产方式是线性的，进入城市的大量物质、能源、食物经过人类的消费变成了废弃物堆存在城市周边无法消化，越积越多，终成灾难。我们需要建设第四类基础结构，即城市废弃物处理系统，负责污水、污泥、粪便、生活垃圾的资源化利用。

其次，要建立城市自然资源再生产业。工业革命以来，人类已经开采了全部可利用资源的80%，这些资源产生的废弃物就堆积在城市里，其中包含了大量的铁、铜、铝、黄金等金属元素，如果能将这些“城市矿产”回收利用，将产生巨大的价值。针对城市废弃物的利用，德国建立了完善的资源回收系统，日本创立了“静脉产业”，这些实践催生了“循环经济”理论和自然资源再生产业。

第三，要建设城市新陈代谢系统。当今地球已经成为一个拥有70亿人口的大家庭，为了维持这个大家庭，我们已经消费了整个地球生命支持系统25%左右的初级生物产品、40%的陆地生物产品。我们强迫土地进行高强度的粮食生产，其直接结果是土壤中有机质的大量流失。这无疑是在加速我们赖以生存的生物种群的灭绝，加速地球走向灭亡。土壤表层薄薄的有机质是地球几百万年积累的营养物质，非常珍贵，人类必须对供养我们的土壤生态系统进行回报。每年人类消费代谢的有机废弃物有20多亿吨，如果把它重新利用起来回报给农田，就可以使人类得到持续的回报，这样的新陈代谢才是最好的生存方式。

当我们解决了这些问题，也就基本实现了经济社会的循环型发展，进入一个崭新的资源循环利用的循环时代。循环时代同数字时代、低碳时代一样将成为工业化后社会的典型特征。循环时代不是一个独立的社会形态，它是工业化社会与新社会形态之间的转折时期和过渡形态，是新社会必备的基本特征。

五、循环城市，生态文明社会的奠基石

生态危机实质上是人性危机，使人与自然发生了本质分裂，而人与自然是无法分割的，人类社会必须与自然世界和谐相处。工业化时代的文明模式，已经无法正确处理人与自然的关系，它不可能从根本上解决全球性的、整体性的生态危机，人类正在面临新一轮的文明转型，走向生机勃勃的生态文明。

生态危机在城市的病态表现就是城市新陈代谢综合症，它是指城市的食物、

有机化合物产品、化石能源、建筑材料等物质在使用过程中发生了分解、降解方面的障碍，在环境里形成了一定程度上的积累，超过了城市的环境承载力。要破解城市的生态环境危机，就必须增强城市的物质代谢功能，建立城市的新陈代谢系统。

城市新陈代谢系统，是按照生态学的物质循环和能量流动方式，对城市区域内自然、人类、社会产生的新陈代谢废弃物进行分类整理、集中处理、再循环利用的工程技术体系，它实现了群落内部、群落之间、生产生活之间、人类与自然界之间、城市乡村之间的物质循环和能量梯次使用。城市新陈代谢系统是城市自然、人类、社会的有机组成部分，可以使城市生态系统处于和谐有序的健康状态。城市新陈代谢系统的技术重点在于废物交换和资源综合利用，其目标是实现系统内生产的污染物低排放甚至“零排放”，从而形成循环型产业集群。它以整个社会的物质循环为着眼点，构筑了包括生产、生活领域的全社会大循环。它通过建立城市与乡村之间、人类社会与自然环境之间的循环经济圈，在整个社会内部建立起生产与消费的物质能量大循环，完善了“生产—交换—消费—代谢”的再生产过程，构筑了符合循环经济原理的新型社会体系，实现了经济效益、社会效益和生态效益的最大化。

以城市新陈代谢系统为核心的循环城市理论为现代城市的可持续发展指明了方向。循环城市是人、自然、社会高度和谐的人类—自然复合生态系统。精益生产、便捷交换、合理消费、自然代谢是循环城市的主要特征。精益生产要求从设计、加工实现原料无浪费，余料可利用；便捷交换要求缩短交易环节，降低流通成本；合理消费要求节约成美德，物品可交换，精神文化消费是主流；自然代谢要求所有进入城市的原料、产品在生命周期后都得到无害化的分解，成为自然环境的新生物质，便于自然环境吸收利用。城市新陈代谢系统是城市的物质代谢主体，自然资源再生产成为城市一个主要生产部门。

中国的城市化进程是人类历史上一次人类与自然界关系调整的重要机遇。世界生态城市学会会长理查德•瑞吉斯特对我们寄予了无限希望：“世界上没有哪个国家有中国这么多的人口和这么大的资源潜力去建设一个比当今工业化国家好得多的生态城市，希望中国能借鉴工业化国家城市发展的前车之鉴，在汽车城和生态城、机械城和人性城之间做出明智的选择，后来居上。”

生态城市，是一种趋向尽可能降低对于能源、水或是食物等必需品的需求量，也尽可能降低废热、二氧化碳、甲烷与废水排放的城市。从生态学的观点，城市是以人为主体的生态系统，是一个由社会、经济和自然三个子系统构成的复合系统。一个符合生态规律的生态城市应该是结构合理、功能高效、关系协调的城市生态系统。结构合理是指人口密度适中，土地利用合理，环境质量良好，森林绿地充足，基础设施完善，自然保护有效；功能高效是指资源有效配置、物力投入经济、人力发挥充分、物流有序畅通、信息流快速便捷；关系协调是指人和自然协调、社会关系协调、城乡发展协调、资源用补协调、环境胁迫和环境承载力协调。生态城市应该是环境清洁优美，生活健康舒适，人人皆尽其才，物物皆尽其用，地地皆尽其利，人类与自然环境实现良性循环的城市。

到 21 世纪末期，中国的城市人口将占总人口的 80%。要在仅占全国 2% 面积却消耗全国 80% 以上资源的城市中实现可持续发展，实为一项很难解决的课题。我们没有足够的资源总量来支撑高消耗的生产方式，没有足够的环境容量来承载高污染的生产方式。因此必须强化全民的资源环境危机意识，必须发展循环经济以提高资源使用效率，必须发展清洁生产以降低生产过程中的污染成本，必须发展绿色消费以减少消费过程对生态的破坏，必须发展新能源以实现生产方式的彻底超越。唯有如此，才能建立起一个全新的社会，培育出一个全新的人与自然、人与人双重和谐的生态文明。

生态文明，是人类在适应、利用、改造、保护自然的过程中，遵循人、自然、社会和谐发展这一客观规律，所创造的全部物质成果与精神成果；是人类与自然和谐共生、良性互动、持久繁荣的社会进步状态。生态文明强调人的自觉与自律，强调人与自然环境的相互依存、相互促进、共处共融，既追求人与生态的和谐，也追求人与人的和谐，而人与人的和谐是人与自然和谐的前提。可以说，生态文明是人类对传统文明形态，特别是工业文明进行深刻反思的成果，是人类文明形态和文明发展理念、道路和模式的重大进步。

未来的中国生态文明架构应该由多个生态经济圈构成，每个生态经济圈是一个分布比较合理的城市群落，其中有国际化大都市、国家中心城市、地区中心城市，有中小城市、小城镇和较大乡镇。城市群落之间通过交通体系、资源体系、物流体系、信息体系、循环体系这些共有体系、共享体系来实现共同发展。这些城市群落中，循环城市是最基本的建设标准，有些条件较好的城市则可以建设成生态城市，整个城市群落是一个循环城市体系。通过对循环城市群的优化设计、改造，最终建设成生态城市群，形成生态经济圈。这些生态经济圈与周边区域生态系统的进一步融合就共同完成了社会主义生态文明的物质基础建设。

世界城市学者萨斯基亚·萨森对全球生态环境危机有着深刻认识，他一针见血地指出："城市消耗着越来越多的自然资源，并不断排放污染。这种景象并不是一个必然结果，而是城市规划过程中没有考虑到生态问题的缘故。因此，必须对城市加以改变，使之能为应对全球生态危机提供解决之道。这是一个政治议程。"解决全球生态环境危机，城市需要给出正确答案。

城市化和工业化把人类变成所有生态系统中最重要的消费者，人类正在以各种直接或间接的方式改变自然界的各种生态系统。全球生态危机究竟是源自城市的密度，也就是说它的形式，还是源自城市发展模式，也就是包括交通、建筑、垃圾、取暖与制冷、食物消费、工业生产过程等内容因素？毫无疑问，是后者。城市化本身并没有什么不好，只是由于我们集体创造的各种城市体系与进程，使我们一步步走进危机四伏的危险境地。

如今，大城市群如同漂浮在地球表面的一座座群岛，构成生物圈中独特的社会和生态系统。在城市的空间里，一些对环境极具破坏力的力量与环境可持续发展的强烈需要在这里发生激烈的碰撞。我们需要关注两点：一是城市治理必须与城市化在环境方面的可持续发展要求相适应，二是这种适应性意味着要对城市与自然之间交织的各种生态系统高度重视。这些生态系统的每一个节点都能够成为沟通城市与自然的桥梁与纽带。我们必须将城市及城市化进程纳入解决全球生态环境危机的整体方案之中，使城市与自然生态形成互动。这些互动及其所涉及的众多领域将构成一个新兴的社会和生态系统——生态文明社会。

今天的北京已经成为全球城市网络中的一个关键枢纽，正在积聚着巨大的能量，发挥着强大的影响力。如果把生态文明社会比作一座顶天立地的摩天大厦，那么循环城市群就是其毫无疑问的基础。万丈高楼平地起。有了良好的基础，何愁高楼不冲天。社会主义生态文明是伟大的中国梦，它必将照亮现实。

CONTENT

目录

城市代谢废弃物并非"无用之物"，发现、认识、利用其价值就可以变成再生资源。应抓住"第六次浪潮"中资源的稀缺和低效使用的巨大市场机遇，确立全新的指导思想、科学理论、技术体系和商业运营模式，从根本上解决活性污泥、餐厨垃圾、生活垃圾、垃圾渗滤液等重大环境问题。

破解北京城市发展的困局，要以生态文明建设为目标，运用循环经济思想，建立由农业循环、工业循环、城市循环、人类与自然循环构成的循环城市群。新的首都经济圈将实现城市群之间良好的分工互动，整个区域生态环境的和谐统一，成为生态社会主义循环城市群的样板，国际一流的和谐宜居之都。

第一部分 北京亚健康

城市化与工业化的双重代价

城市是人类最富有创造力的伟大发明之一，现代工业的兴起和城市化的迅速发展，是人类科学技术进步和改造自然巨大能力的重要标志。城市大幅度地改变了人类生态环境的组成与结构，改变了物质循环和能量转化的过程。虽然城市的集约化提高了人类的社会效率，改善了人类的物质生活条件，但与此同时也带来了复杂的生态环境问题。

城市化和工业化是一对孪生兄弟，二者是同步发展的。城市化和工业化这两种社会过程互为因果，可以交互引起对方的螺旋式上升。城市环境危机就是二者相互推动造成的严重恶果。工业化时代，城市特别是大中城市是工业生产集中的地域载体，也是生态环境矛盾的多发区。首先，维持城市的运转需要自然界大量的物质供给和输入，这些常常是超越城市所在区域自然生态环境负荷能力的。其次，城市工业生产与城市居民生活排出的大量废弃物，又是常常超出城市区域生态环境自然净化能力的。再次，城市的铺装路面和密集建筑物等构成的人工物理环境，也破坏和降低了城市自然生态系统的调节净化能力。

城市作为集中的污染源，也加重和加速着农业文明时代已经开始的土地资源的破坏和丧失。城市中的化学工业生产的各种农用化学生产资料，尽管提高了农业的综合生产能力，却降低了土地的自然生产力，造成了前所未有的土地和农产品污染。城市工业生产和居民生活排出的大量固体废弃物侵占了城市大面积农田，城市工业排放的废气酿成大范围的酸雨，城市工业和居民产生的废水污水流入江河湖泊，严重地污染了广大地区的农田、水域、草原和森林。

当人们一次次高举双手，欢呼雀跃，陶醉于对自然界的胜利之后，自然界都对我们进行了无情的报复。饱尝了一次又一次教训，人们终于意识到自己办了不少蠢事，虽然眼前的小范围生活越来越好，但从长远的、更宽广的视角来看，人类的生态环境却越来越糟糕。

01 第一章 北京遭遇十面“霾”伏！

2013年元月以来，从北京开始的雾霾天气向全国蔓延，导致中国六分之一的国土被雾霾覆盖。雾霾难治，因为它时有时无、时轻时重，从地面升起向整个大气层扩散，无法收拢，只能靠老天开恩。

随着污染的加剧，大城市人“享受”雾霾的天数越来越多。北京连续多次的严重雾霾之后，从中央到地方，真正感觉到了压力。雾霾面前，所有人都是平等的。你可以用着昂贵的空气净化器，但你不可能永远呆在家里；你可以戴着高科技过滤口罩，但你也会面临氧气不足和细菌侵袭的风险。

雾霾天上罩，根源地上来。我国科学家已经找到了雾霾的主要来源，分别是土壤尘、燃煤、生物质燃烧、汽车尾气与垃圾焚烧、工业污染和二次无机气溶胶。这些污染物主要是燃煤电厂、水泥厂、钢铁厂、机动车尾气、燃烧农作物秸秆排放的，要想治理雾霾，必须治理这些污染源。

大自然以其独有的方式让人类为不顾一切的膨胀付出代价。只有尊重自然，尊重人类发展的每一个历史环节，才是深刻认识和治理环境问题的关键。

北京雾霾引发全球高度关注！

“那是一种沁入人心深处的黑暗，是一种铺天盖地的氛围。”狄更斯曾对雾都伦敦这样描述。然而，同样的“景象”如今却在中国重复上演：2013，雾霾几乎席卷大半个中国，104 个城市重度“沦陷”，平均雾霾天创 52 年之最；多地橙色、红色预

警不断，PM2.5 增至 700、1000，爆表的“霾”纪录，令人震惊。“应急”措施难管用，“霾天”却成常态化。

2013 年 1 月 13 日 10 时 35 分，北京市气象台发布历史上首个霾橙色预警信号。据悉，北京部分市霾的预警等级分黄色和橙色两个级别，橙色是霾预警信号的最高等级。在北京城区的 35 个空气质量监测站中，大部分的 PM2.5 浓度在 400 至 500 之间，东南部的几个子站的监测数值维持在 600 至 700 之间的高浓度，周六晚 8 时北京城区空气污染指数更是达到惊人的 755。

2013 年 1 月 28 日，中国中东部地区又出现了大范围的雾霾天气，导致空气质量持续下降。中央气象台在大雾预警之外，也同时发布了霾橙色预警信号，这也是中国首次发布单独的霾预警。1 月 29 日国家环保部通报，全国灰霾面积继续扩大，达到 143 万平方千米。灰霾覆盖了中国华北及中东部地区的北京、天津、河北、河南、山东、江苏、安徽、湖北、湖南等省市。

针对北京出现的雾霾天气，英国广播公司网站、路透社、德国《明镜》周报、美联社、美国《纽约时报》网站等全球主要新闻媒体第一时间都在主要版面用醒目标题予以报道。

对于中国的雾霾天气，国际人士也纷纷发出善意的告诫。英国作家——《发明污染：1800 年以来英国的煤炭、烟雾和文化》一书作者托尔谢姆说，为了自己和邻国，中国最好从英国的错误中吸取教训。

伦敦政治经济学院气候问题研究学者沃德告诫：“解决空气质量问题不可能一夜实现，需要政府坚定决心，拿出并落实规划。北京乃至中国的环境问题其实还是和经济发展水平有关，但当政者不能觉得能凑合就凑合，而忽略了城市环境需要不断升级的必要”。

一年过去了，令人烦恼的雾霾还是一次又一次地“光临”中国大地，“呵护”首都北京。2014 年 2 月底，持续一周的雾霾天气又引起全球媒体的“大吐槽”。

“北京被危险的空气污染所覆盖——再次”，美国《发现》杂志网站 23 日用这样的标题强调中国雾霾的严重与频繁。

法新社 24 日称，危险的雾霾连日来覆盖包括北京在内的华北地区，中国国家气象局周一发布华北大部地区雾霾黄色预警，这是该地区连续第 5 天空气重污染达到危害健康的危险水平。

德国《明镜》周刊 24 日报道说，雾霾笼罩了中国近 15% 的土地。在中国北方，人们正遭受雾霾之苦。北京首次发出 4 级预警体系中第二高的警戒级别橙色警报，医院里肺病患者人数增加。报道还刊登了两张照片：雾霾中的北京，一些

人在一块巨大屏幕前看“日出”和“蓝天”。

韩国 MBC 电视台说，中国东部迎来今年最严重的雾霾，波及 143 万平方千米，是朝鲜半岛的 7 倍之大。北京连续多天笼罩在雾霾中，大街上人流稀少，但地下商场和地铁里人流攒动。

“中国的污染到了不可忍受的程度。这就像一个烟民到了必须马上戒烟的地步，否则就会患肺癌。”美国《商业周刊》23 日援引中国国家应对气候变化战略研究和国际合作中心一名专家的话说。

加拿大广播公司称，中国部分地区空气污染达到危险程度引发许多公众愤怒。有微博网友表示：“北京雾霾持续这么多天，我感觉很长时间没看到太阳了。环境呀，你是要让人死还是活？”

那么，雾霾到底是什么，它又是怎么形成的呢？

雾霾，飘在低空的“ABC”

严格地说，雾（Fog）和霾（Haze）是两个不同的概念。虽然它们都是漂浮在大气中并造成大气能见度下降的颗粒物，但是从学术上讲，它们是不同类型的粒子：雾是湿粒子，霾是干粒子。在气象上通常以湿度来区分它们：当空气相对湿度高于某个值（比如 80%）时发生的能见度降低现象就称为雾，低于这个值时就称为霾。

“大量极细微的干尘粒等均匀地浮游在空中，使水平能见度小于 10 千米的空气普遍浑浊现象，霾使远处光亮物体微带黄、红色，使黑暗物体微带蓝色。”中国气象局《地面气象观测规范》这样对“霾”做出定义。2010 年颁布的《中华人民共和国气象行业标准》则给出了更为技术性的判识条件：“当能见度小于 10 千米，排除了降水、沙尘暴、扬尘、浮尘天气现象造成的视程障碍，且空气相对湿度小于 80%，即可判识为霾。”

通常人们会认为，雾主要是由水滴组成的，虽然影响能见度，但是对健康影响不大；而霾主要是由含有多种有毒有害的化学组分的颗粒物组成的，会直接危害人体健康。“但实际上，在湿度大、不利于扩散的重污染过程中，很难区分是雾还是霾，”北京大学环境模拟与污染控制国家重点实验室主任胡敏教授说。在污染物排放较多的地区，大气颗粒物的化学成分和性质非常复杂，雾和霾往往是你中有我、我中有你，它们还会随环境条件的变化而相互转化，很难简单地用某个相

对湿度值将其区分开，所以我们现在经常将这样的天气统称为雾霾天。

当人们对雾霾议论纷纷的时候，有专家指出，治理大气污染，必须把“大气棕色云团”的大背景考虑进去。科学家们发现这块面积巨大，悬挂在高空的污染物，与全球气候、水循环、人体健康和农业问题等都密切相关。

大气棕色云团（Atmospheric Brown Cloud）英文简称“ABC”。ABC 现象可以追溯到 1995—1999 年国际科学合作项目“印度洋实验研究”。当时科学家发现，在印度洋、南亚、东南亚和东亚上空，覆盖着一层 3 千米厚，相当于美国陆地面积大小的棕色污染物，其中包含多种颗粒物和气体，如含碳颗粒物、有机颗粒物、硫酸盐、沙尘、硝酸盐和铵盐等，其主要来源是化石燃料和生物燃料的燃烧。

2002 年 8 月，联合国环境规划署宣布正式启动国际 ABC 研究项目。联合国环境规划署棕色云团科学工作组成员、中国科学院院士石广玉指出，大气棕色云团实际上是工业革命以来，随着工业的发展，人为排放的增加，结合气候条件综合作用后形成的污染物。雾霾天气和大气棕色云团不是分开的两个概念，北京市在冬季出现的雾霾天气也是大气棕色云团。在中国，不仅北京有雾霾，其他城市也有，雾霾绝对是一个全国性的问题。

中国科学院大气物理研究所的专家，在离地面 1000 米至 2000 米的大气边界层，采集到不同高度的颗粒物，通过分析这些颗粒物的元素组成和形态特点，发现在北京上空粒径 1 微米以上的颗粒物中，源自建筑工地和燃煤电厂的比例约占 20%，局部地区及外地输送过来的沙尘约占 40%，而更细的颗粒物，如 PM1 更多是来自化工排放。北京大气中直径小于 1 微米的颗粒物中，大约有三分之一是含碳粒子，这些颗粒物主要来自矿物燃烧和汽车尾气。

专家们的研究结果还显示了这样的信息：北京离地面 600 米以下的大气污染比较严重，600 米以上的大气比较干净。在平静稳定的天气条件下，颗粒物在大气边界层底部大量堆积，600 米处的层界像一个锅盖一样，阻碍了地层污染物的扩散和输送。而如果没有这么多颗粒物在大气低层堆积，低层大气会吸收更多的太阳辐射，大气边界层就能逐渐升高，ABC 的高度也会随之升高。当大气边界层的高度超过 1000 米以上，污染物就比较容易扩散了。

PM2.5是何方妖魔鬼怪？

人类现在还无法控制天气，所以要消除污染，就必须从控制污染排放源入手。

因此，首先要弄清楚大气中的颗粒物是从哪里来的。可喜的是，经过长达十多年研究，我国大气科学家已经基本摸清细粒子身世。

空气中悬浮颗粒物分为大粒径颗粒物（粒径在 11 ～ 100 微米）和可吸入颗粒物(粒径小于等于 10 微米，即 PM10)。PM10 又分粗颗粒物(粒径在 2.5 ～ 10 微米）和细颗粒物（粒径小于等于 2.5 微米，即 PM2.5)，PM2.5 也称可入肺颗粒物。

PM2.5 来源广泛，成因复杂，包括自然过程和人为排放过程，主要是人为排放。自然来源包括：风扬尘土、火山灰、森林火灾、漂浮的海盐、细菌等。人为排放部分包括化石燃料（煤、汽油、柴油、天然气）和生物质（秸秆、木柴）等燃烧、道路和建筑施工扬尘、工业粉尘、餐饮油烟等污染源直接排放的颗粒物，也包括由一次来源排放出的气态污染物（主要有二氧化硫、氮氧化物、氨气、挥发性有机物等）转化生成的二次颗粒物。PM2.5 相比 PM10，二者来源基本相同；但 PM2.5 中二次颗粒物所占比例较大。胡敏教授介绍说："在北京，大气中的 PM2.5 都是二次来源的。在污染严重的时候，二次来源的可以占到 2/3。"

2014 年 4 月，北京市环保局披露了北京大气细颗粒物 (PM2.5) 来源的最新解析结果。通过模型解析，北京全年 PM2.5 来源中，区域传输约占 28% ～ 36%，本地污染排放占 64% ～ 72%。在北京本地 PM2.5 污染中，机动车、燃煤、工业生产、扬尘为主要来源。机动车占 31.1%，燃煤占 22.4%，工业生产占 18.1%，扬尘占 14.3%，餐饮、汽车修理、畜禽养殖、建筑涂装等其他排放约占 14.1%。这其中，机动车对 PM2.5 的贡献是综合性的，既包括直接排放的 PM2.5 及其气态前体物，也包括间接排放的道路交通扬尘等。从主要成分看，北京市空气中 PM2.5 成分主要为有机物、硝酸盐、硫酸盐、地壳元素和铵盐等，分别占 PM2.5 质量浓度的 26%、17%、16%、12% 和 11%。

在北京，机动车除了会排放一次颗粒物外，对大气中形成二次颗粒物的挥发性有机物和氮氧化物的贡献也占了约一半，但在二氧化硫这个指标上的影响倒不是太大，这是因为北京的机动车排放标准比较高，相应的要求汽油的含硫量低。从硫含量来看，北京刚刚实行的京 V 标准要求硫含量低于 10ppm，上海、江苏、珠三角等地实行的国 IV 标准则要求硫含量低于 50ppm，我国其余大部分地区仍然实行国 III 标准，要求含硫量低于 150ppm。也就是说，我国大部分地区允许的油品含硫量是北京标准的 15 倍，因此对大气二氧化硫的含量而言，来自机动车排放的部分也比北京多。这些弥散在大气中的二氧化硫不但对人体健康有害，而且在一定的条件下会转变成硫酸盐颗粒物，称为 PM2.5 的二次来源。

中国用了 30 年走过了发达国家 200 年的工业化历程，大气污染也因此就有

了积聚特征，被学术界称为“复合型污染”。“复合型污染”就像是人得了综合症，临床症状有很多，PM2.5 就是症状的综合反映之一。各种病因之间也有千丝万缕的联系——大气中有多种污染物，污染物之间还可以互相转换。这种综合症下，如果不摸清楚所有的病症，盲目地治疗一个症状就可能会加重另一种症状——减少某种污染物可能会导致另一种污染物浓度升高。

雾霾，为何如此眷顾北京？

近年来，我国许多城市和区域雾霾出现频率逐年增加，颗粒物浓度超标严重。美国航空航天局公布的一张卫星遥感图，显示了 2001—2006 年全球 PM2.5 的平均浓度。PM2.5 浓度最高的区域出现在北非、东亚和我国。我国华北、华东和华中地区 PM2.5 的浓度接近 80 微克 / 米^3，超过了撒哈拉沙漠。

世界卫生组织对比了全球 2003—2010 年 1099 个具体城市地区 PM10 的年均浓度，结果显示：浓度最低的是加拿大的怀特霍斯、美国的克利尔莱克和圣菲，只有 6 微克 / 米^3。而中国省会城市中空气质量最好的海口市 PM10 的年均浓度为 38 微克 / 米^3，排在第 824 位，北京排在第 1052 位，最差的兰州则排在了 1075 位，是倒数第 25 位。作为中国的首都、曾经历过 2008 年奥运会考验的北京，竟然落到了 1000 名之外，这个结果实在是出乎人们的意料。

对于这个结果，北京市环保局前副局长杜少中的一番话做了最好的解释。他说：“北京的空气质量，按照四项大气污染物二氧化硫、一氧化碳、二氧化氮、PM10 年日均浓度总体评价，从来没有达过标。环境质量和自己比有进步；和应该达到的标准，和好的城市差距很大；仍需努力。”

对于京津冀地区雾、霾天气突然加重的现象，中央气象台首席预报员马学款从季节、湿度、地形等影响因素进行了解释：首先是因近几天冷空气势力弱，近地面风力小、大气层结稳定，空气中污染物的扩散条件差，容易形成积聚效应；其次，弱东南风的水汽输送和地面蒸发，致近地面空气相对湿度快速增大，进而引起能见度急剧下降，也是雾、霾加重的重要原因；第三，特殊的地形和大气环境特点，也是形成雾、霾天气的重要影响因素。京津冀地区西侧是太行山脉，北侧是燕山山脉，地形条件相对闭塞，在静稳天气下的地面弱南风、东南风气流的条件下，本地排放和外部输送的污染物容易在山前堆积，所以太行山、燕山围成的北京湾前面的小平原地区空气污染最重。

中国科学院大气物理研究所的王跃思研究员是雾霾研究的专家，他主持的“京津渤区域复合污染过程、生态毒理效应及控制修复原理”课题，揭示了北京大气灰霾污染的主要来源，即周边工业燃煤污染排放输送，加上本地机动车交通污染排放。其中，机动车为北京城市 PM2.5 的最大来源，约为四分之一；其次为燃煤和外来输送，各占五分之一。王跃思还指出，2014 年 2 月霾污染过程与 2013 年 1 月相比，污染物浓度总体下降 20% ~ 30%，但大气能见度没有明显下降，因此公众直观感觉严重程度与去年 1 月相同。

中国科学院院士、中国气象局原局长秦大河在谈到雾霾时，从产业结构等方面进行了解析。他认为主要是四个问题：一是能源的禀赋。中国是一个以煤作为主要能源的国家，很长时间内煤占能耗的比例大约保持在 70% 上下，而煤是一个污染大户。二是产业结构。比如钢铁、石灰、水泥等都是高能耗、高污染的产业，这些产业产生的雾霾更多。三是汽车保有量的增长。汽车尾气的排放，特别是柴油车、黄标车的排放，以及油品供应的标号不足，产生了大量的细颗粒物质，导致雾霾天气。四是自然扬尘。除了在工地上发生一些扬尘，更多的是自然界的。

秦大河还指出，就本底来说中国的自然扬尘是比较高的，因为我国处在温带季风气候区，北方有干旱的草原和戈壁沙漠，一般本底值用 PM2.5 来说大概在 60 ~ 80 左右，这个数字高于南方（南方大概是 30 ~ 40）；更高于欧洲（欧洲是 10 ~ 20）。如果北京城市工地和其他作业导致更多的扬尘，势必增加雾霾。

黄标车，大气污染的罪魁祸首

环境保护部发布的《2013 年中国机动车污染防治年报》，公布了 2012 年全国机动车污染排放状况。年报显示，我国已连续四年成为世界机动车产销第一大国，机动车污染已成为我国空气污染的重要来源，是造成灰霾、光化学烟雾污染的重要原因，机动车污染防治的紧迫性日益凸显。

近年来，我国机动车保有量持续增长。与 2011 年相比，全国机动车保有量增加了 7.8%，达到 22382.8 万辆；其中，汽车 10837.8 万辆，低速汽车 1145 万辆，摩托车 10400 万辆。

随着机动车保有量的快速增长，我国城市空气开始呈现出煤烟和机动车尾气复合污染的特点。由于机动车大多行驶在人口密集区域，尾气排放直接影响

群众健康。2012 年，全国机动车排放污染物 4612 万吨，但四项污染物排放总量与 2011 年基本持平，其中氮氧化物 640 万吨，颗粒物 62.2 万吨，碳氢化合物 438.2 万吨，一氧化碳 3471.7 万吨。汽车是污染物总量的主要贡献者，其排放的氮氧化物和颗粒物超过 90%，碳氢化合物和一氧化碳超过 70%。

在汽车排放的污染物中，黄标车是最大的贡献者。虽然黄标车只占汽车保有量的 13.4%，但是却排放了 58.2% 的氮氧化物、81.9% 的颗粒物、52.5% 的一氧化碳和 56.8% 的碳氢化合物。与现行的国 V 排放标准相比，一辆黄标车的尾气排放相当于 28 辆达标车辆的排放。治理黄标车是治理大气污染的重中之重。

什么是黄标车呢？未达到国 I 排放标准的汽油车，或排放标准达不到国Ⅲ的柴油车，都被称为高污染排放车辆，又因其贴的是黄色环保标志，因此称为黄标车。如果按出厂年份来区分，那么在 1996 年以前出厂的国产车辆以及在 1998 年以前出厂的进口车辆被称为黄标车。

由于黄标车具有尾气排放量大、浓度高、排放稳定性差的特点，因此各地曾出台多种举措加以治理。但治理的效果却差强人意。这是因为一方面黄标车报废的相关补贴远远不够，自然无法让消费者心甘情愿地主动淘汰；另一方面车况参差不齐以及利益驱使等原因造成黄标车仍然有一定的生存空间。所以，在拥有巨量黄标车的情况下，头痛医头的做法是无法解决污染增长问题的。要想彻底解决黄标车问题，还是要斩钉截铁并且多管齐下。

要想从根本上淘汰黄标车，对黄标车进行治理，就要大范围禁止黄标车上路、禁止黄标车进入二手车市场流通、对黄标车报废更新采取适当的补贴。在此种情况下，相关部门要引导黄标车车主主动报废现有车辆，因此加大补贴力度必不可少。在鼓励补贴政策下，黄标车车主会看到环保与经济利益的结合点，会更愿意自觉淘汰自己的黄标车。只有这样才能堵住高污染、高排污车辆的生存之路。

针对移动源排放已成为影响中国空气质量突出因素的现状，国务院批准发布的《大气污染防治行动计划》提出要加强城市交通管理，北京、上海、广州等特大城市要严格限制机动车保有量。同时提升燃油品质，加速黄标车和老旧车辆淘汰，到 2017 年，全国范围黄标车基本淘汰。还要强化车辆环保监管，加速推进低速汽车转型升级，大力推广使用新能源汽车。各地区和有关部门纷纷制定机动车污染防治计划，从新车环境准入、黄标车加速淘汰、车用燃料清洁化等方面采取综合措施，扎实推进工作。

空气污染，西方国家先尝苦头

空气污染这样的环境公害是北京独有的吗？西方国家在工业化过程中就没有出现空气环境污染的问题吗？答案是否定的，西方主要发达国家在工业化进程中都经历了大规模的环境公害事件，并留下了惨痛的教训。

英国是资本主义工业化发展最早的国家，也是当时环境污染最严重的国家。主要的污染物质是燃煤所产生的烟尘和二氧化硫废气，以及无机化学工业、印染业排放的含氯、含硫、含酸和含碱废水。由于大量用煤，伦敦在 1873 年发生了有文献记载的第一次重大环境污染事件。在煤烟毒雾下，200 多人受害死亡。1880 年、1892 年伦敦发生了更严重的煤烟污染事件，夺去了 1000 多人的生命。格拉斯哥、曼彻斯特等城市也发生过类似事件。

第二次世界大战之后，世界人口迅速向城市和城镇集中，全球各种族之间也开始了互相交融，形成了一个不可逆的趋势。当前，世界城镇化水平已超过 50%，有一半以上的人口居住在城市。但城镇化带来的，尤其是大城市雾霾问题，一度成了人类新的生存挑战。

1930 年 12 月，比利时迎来了 20 世纪有记录以来最早的大气污染惨案。在建有诸多重型工厂的马斯河谷出现逆温层，雾层尤其浓厚。在这种气候反常变化的第 3 天，这一河谷地段的居民有几千人呼吸道发病，有 63 人死亡，为同期正常死亡人数的 10.5 倍。发病者包括不同年龄的男女，症状是：流泪、喉痛、声嘶、咳嗽、呼吸短促、胸口窒闷、恶心、呕吐。

1952 年 12 月开始，英国伦敦发生“雾霾事件”。从 12 月 5 日到 12 月 8 日的 4 天里，伦敦市死亡人数达 4000 人。在 12 月 9 日之后，由于天气变化，毒雾逐渐消散，但在此之后两个月内，有近 8000 人因为烟雾事件而死于呼吸系统疾病。数据表明，死亡高峰与二氧化硫及烟尘的浓雾高峰基本一致。

同年同月，美国洛杉矶发生“光化学烟雾事件”，洛杉矶市 65 岁以上的老人死亡 400 多人。1955 年 9 月，由于大气污染和高温，短短两天之内，65 岁以上的老人又死亡 400 余人，许多人出现眼睛痛、头痛、呼吸困难等症状。

1955 年，日本四日市发生“四日市哮喘病事件”，十多家石油化工厂排放的含二氧化硫的气体和粉尘，使昔日晴朗的天空变得污浊不堪。1961 年，呼吸系统疾病开始在这一带发生，并迅速蔓延。据报道患者中慢性支气管炎占 25%，哮喘病患者占30%，肺气肿等占15%。到1964年这里曾经有3天烟雾不散，哮喘病患者中不少人因此死去。1967年一些患者因不堪忍受折磨而自杀。1970年患者达500多人。1972年全市哮喘病患者871人，死亡11人。

伦敦、洛杉矶、东京等城市治理雾霾的过程，实际上就是其国家经济从高能耗低效率走向低能耗高效率的过程，是其经济转型升级的过程，是良性城镇化的过程。有很多种方法值得此时的中国借鉴和学习。但有一点可以确信，雾霾并没有让英国、美国、日本等陷入长久的环境危机，也没有阻止这些国家成为发达国家，更没有剥夺这些国家人民的后代享受清洁空气、青山绿水的权利。

纵观全球各地的环境治理方法，实际上都是从有效监测开始的。中国目前还没有走完第一步，即有效监测这一步。美国1963年通过《清洁空气法案》。1997年修订，在环境空气质量标准中增加了关于PM2.5含量的指标。2006年9月，美国环保署对PM2.5标准进行了修订和更新，规定PM2.5的24小时浓度均值为不超过0.035毫克/米^3，年周期内的标准为小于等于0.015毫克/米^3；PM10的年均值，仅规定了24小时平均浓度限值，为0.15毫克/米^3。

与西方发达国家相比，治理雾霾我国才刚刚起步，但会迎头赶上。

PM2.5，健康的“隐形杀手”！

雾霾对人体健康的最大危害，主要是细颗粒物，PM2.5在各种空气污染中对人类健康的危害最大。流行病学研究表明，无论是短期还是长期暴露在颗粒物环境中，都会对健康产生不利影响。钟南山表示，从国内研究来看，只有少数可信论据，主要引发的是人的心血管和呼吸系统疾病。去年夏天发表在《美国科学院院报》上，关于淮河以南以北的降尘浓度研究显示，由于有供暖燃煤的区别，淮河以北预期寿命短了5.52年。假如灰霾中混杂着有害物质，就会对健康产生直接危害，包括对神经系统、心血管系统、呼吸系统、内分泌系统的破坏。

一是伤肺。雾霾空气中，有灰尘和煤烟等诸多直径在2.5微米以下的悬浮微粒。它们能通过呼吸系统，直接进入并黏附在人体上下呼吸道和肺叶中。同时，雾霾天气导致近地层紫外线减弱，容易使得空气中病菌的活性增强，细颗粒物会“带着”细菌、病毒，来到呼吸系统的深处，造成感染。中国气象局广州热带海洋气象研究所研究员吴兑在《大气环境》发表的论文认为，近30年我国肺癌发病率增长了4倍，与灰霾天增加曲线基本吻合。长期暴露在细粒子（PM2.5）

污染环境中，七八年以后罹患肺癌而死亡的风险就会增高很多。

二是伤心脏。雾霾天气“伤心”程度更高。在炎症反应中，人体内的血小板增多、活化、凝聚，导致血流变缓，血液的凝固性增加。因此，经常暴露在PM2.5污染的环境中，就可能出现动脉硬化，形成血栓，最终导致心肌梗死。哈佛大学公共卫生学院证明，阴霾天中的颗粒污染物不仅会引发心肌梗死，还会造成心肌缺血或损伤。美国调查了2.5万名有心脏病或心脏不太好的人，发现PM2.5增加10微克/米^{3}后，病人病死率会提高10%～27%。医生发现，如心衰病人呼吸困难或短促时，心衰会更严重。

三是伤血管。雾霾天空气中污染物多，气压低，也容易诱发心血管疾病的急性发作。比如雾大的时候，水汽含量非常高，如果人们在户外活动，汗液不容易排出，从而导致胸闷、血压升高。而且，浓雾天气压比较低，人会产生一种烦躁的感觉，血压自然会有所增高。另外，雾天往往气温较低，一些高血压、冠心病患者从温暖的室内突然走到寒冷的室外，血管热胀冷缩，也可使血压升高，导致中风、心肌梗死的发生。

四是伤大脑。雾霾不仅伤害人体器官，更在无形之中影响着神经系统。美国第65届老年医学会年会有个结论，空气中PM2.5增加10微克/米^3，人的脑功能就会衰老3年。2002年，美国北卡罗莱纳大学教堂山分校的研究人员的研究就认为，持续生活在空气污染严重的地区，会对呼吸和嗅觉神经元造成损害，并可能使认知障碍症等神经退行性疾病的发病年龄更低。德国研究人员乌尔里希·兰福特对399名68～79岁、曾在德国鲁尔区生活过20年以上妇女的研究表明，长期遭受交通源带来的PM2.5污染，确实增加了她们罹患认知障碍症的风险。

人体的生理结构决定了对PM2.5没有任何过滤和阻拦能力，而PM2.5对人类健康的危害却随着医学研究的新发现，暴露出其恐怖的一面。世界卫生组织下属的国际癌症研究机构2013年10月17日发布报告，首次指认大气污染“对人类致癌”，并视其为普遍和主要的环境致癌物。

2012年12月18日，北京大学公共卫生学院潘小川教授研究团队和国际环保组织“绿色和平”在京联合发布《PM2.5的健康危害和经济损失评估研究》报告。该报告估算，2012年，北京、上海、广州、西安4个城市因PM2.5污染造成的早死人数总计超过8500人，因早死而致的经济损失达68.2亿元。

民众吐槽与理性面对

面对北京近年的连续雾霾，有的人默然承受了，有的人奋起急呼着，有的人自我调侃，有的人则积极行动，还有的人理性思考。看似有的人积极有的人消极，但内在的责任心却未必能分伯仲。无论民众，还是媒体，都是责任在肩。差异背后反映的是，认识决定方式，行动决定结果。

央视主播张泉灵在播完雾霾天气新闻之后作上一首打油诗，一改新闻的严肃，流露出些许幽默：“月朦胧，鸟朦胧，空气雾霾浓。山朦胧，树朦胧，喉咙有点痛。花朦胧，叶朦胧，医院排长龙。灯朦胧，人朦胧，宅家发大梦！”

崔永元连续炮轰阴霾天气，还笑称自己是“雾都孤儿”：“今天才意识到是双重杯具，一是生活在雾都，二是个孤儿。”

网上流传着一首词——《水调歌头·北京雾霾》也调侃着北京的雾霾：“北京风光，千里朦胧，万里尘飘，望三环内外，浓雾莽莽，鸟巢上下，阴霾滔滔！车舞长蛇，烟锁跑道，欲上六环把车飙，需晴日，将车身内外，尽心洗扫。空气如此糟糕，引无数美女戴口罩，惜一罩掩面，白化妆了！唯露双眼，难判风骚。一代天骄，央视裤衩，只见后座不见腰。尘入肺，有不要命者，还做早操！”

“空气质量播报员”的SOHO中国董事长潘石屹在雾霾天里“为PM2.5四处奔走”。潘石屹自曝的微博配图显示，他在某处机场高速离收费处不远停车，用相机拍摄雾霾天。

央视微博则痛批北京市政府治理雾霾不力。央视财经：北京政府，别趁着大雾装瞎！连续几天的沉默，说明了一个问题，严重雾霾天气多了，民众自然就会麻木，社会也会熟视无睹，但央视财经提醒的是，政府不能当瞎子，它必须要肩负起自己的责任，守土要有责，莫无知！无畏！无为！所以，央视财经大声的问一句，这里，还有人管雾霾吗？

民众的吐槽反映的是对雾霾天气关注和无奈，媒体的大声疾呼是责任和民意的表达，都是必要的、也是可以理解的，但政府改善空气质量的决心和一直以来的坚持努力也不能被忽视。去年以来，北京市政府在治理大气污染方面的措施之多、标准之严、行动之快都可以说是史无前例的。

全国政协常委、人口资源环境委员会副主任，中国科协副主席，中国气象局原局长秦大河在谈及治理雾霾时说，雾霾天气消耗要取决于能源结构的变化、

产业结构的变化以及全体人民共同努力的结果。30 年太久，三五年也不现实，需要一定的历史时期。

中国工程院院士钟南山信心十足地说 :“雾霾绝对是一个举国体制，各行各业需要同时行动。光是攻坚战解决不了，还需要持久战，这是一个主导思想。这一点上我是乐观的，中国的体制，是全世界是没法比的，只要有些东西举国体制干什么，什么都干得到！英国伦敦差不多花了 20 几年，但中国不用，如果真的能够落实，5 年大家会有感觉到的效果，虽然不能说达标了，但起码会感觉到。”

北京市长王安顺在北京市政协举行的经济发展专题座谈会上说 :“为了到 2017 年能够天蓝、水清、地绿，我看一万亿元值得。因为这是为民生，还大家最基本的生存条件，阳光、空气、水，这就是政府要投资干的事。”

事实上，雾霾的成因有社会的积累问题，也有自然的气候规律问题，有一地的问题，也有较大区域的问题，它在长期中形成，也需在长期中解决。当对问题有所认识和有所判定后，淡定而不慌乱的应对就会在机制中体现。政府对雾霾的应对正是这样，其背后默默的努力一刻也没停止，要不要拉警报的定夺也越来越审慎和稳健。雾霾的治理需要长期过程，关键是一步一步坚持下去。

02 第二章 垃圾围城，如何突出重围？

垃圾，是现代以来城市化的产物。地球正在进入垃圾时代。垃圾充斥着我们世界的每一个角落。生产垃圾、承受垃圾似乎是当代人类的宿命。

自然界中本没有垃圾的概念。垃圾是人类制造的，城市则是垃圾的主要生产基地。垃圾的产生速度随着城市化进程以加速度的方式猛增。全球范围内，垃圾的处理主要有填埋、堆肥及焚烧三种方法。

垃圾填埋产生的臭气严重影响周边环境的空气质量，既污染环境、浪费资源又造成安全隐患，还消耗大量土地资源。垃圾焚烧尾气污染严重，烟气中的氯化氢会腐蚀焚烧炉，会产生二噁英，增加烟气处理的难度和成本。垃圾堆肥受垃圾分类程度的影响较大，会有大量臭气产生。

许多人都知道，垃圾是放错了位置的资源。那么，垃圾放到什么位置才能成为资源呢？人类还需要找到更好的解决办法。

王久良：镜头指向垃圾场

生活在城市的人们对身边的事物常常熟视无睹，习以为常。大多数人每天早出晚归，奔波在从居住地到工作场所的路上。寒来暑往，很多人因为工作繁忙已经不记得周围的环境有什么

变化了。只有很少的人眯起眼睛，在城市的角落里以独特的视角，默默地观察着城市的变迁。

2008 年 10 月起，自由摄影家王久良用一年多的时间，跑遍了北京周边大大小小的几百座垃圾场，在耗费了 400 个 120 胶卷之后，他从总共 4000 张照片中选取了一部分，发表了题为《垃圾围城》的摄影作品。这些照片以大全景的方式记录了北京城市生活垃圾无序倾倒的情况，给观者以巨大的震撼，这个作品随后在多个摄影展上获得大奖，引起了中国社会各个阶层的强烈反响。

画面中，奶牛在严重污染了的温榆河饮水；在北京的“菜篮子”大兴区，垃圾转运站周围，就是一片片大棚蔬菜种植区；周末度假的人，在污水横流的河流边烧烤，在臭气冲天的河边拍摄婚纱照，摆出各种造型，一位新娘抓住的绵羊，刚从垃圾堆中爬出来。当我们吃涮羊肉的时候，也许这些羊肉就来自在垃圾场上“扫荡”的绵羊，这些羊不停地生病，羊倌们也不断给它们注射抗生素。

王久良用一年多的时间把一个城市的垃圾现状记录给我们看，令我们震惊。我们在无边无际的垃圾背后看到的是那些现代景观的崛起，它们是那么美丽妖娆，甚至让我们忘记了自己正在被垃圾所吞噬。

如果说王久良给我们呈现的是大都市鲜亮外衣下遍布身体的疮疤，那么著名摄影评论家鲍昆对这些图片的解读则是揭开伤口，再往上面撒些盐末，让人痛彻心扉，终身难忘。他在为王久良《垃圾围城》作品展览撰写的前言——《现代的皮屑》中这样写道：

“垃圾，是现代以来城市化的产物。当人类告别田园般的自然经济生活之后，人类开始为了自己不能满足的欲望生产垃圾。尤其是机器时代以后，人类垃圾的生产能力就像是获得了爆发力，因为我们所有使用和享受的一切物质器物最终的命运是变成垃圾。也就是说，有多少物质化的生活用品就会有多少垃圾，它们是完全成正比的一组对称物。每一处优美漂亮的景观必然会伴生另一半丑陋的垃圾。资本主义更是让人类垃圾的生产规模化了，资本增值的代价就是垃圾的规模化。钞票的积累离不开垃圾的累积，财富是建立在垃圾之上的。

无休止的欲望，无穷的垃圾，地球正在进入垃圾时代。垃圾充斥着这个世界的每一个角落。生产垃圾、承受垃圾似乎是当代人类的宿命。人们对垃圾的存在视而不见、充耳不闻。垃圾多了，无处安放，于是人们焚烧它、掩埋它，在垃圾堆上铺上草坪，盖上新房，继续下一轮的垃圾生产。也有人说，垃圾是资源，可以变废为宝，垃圾的生产于是又获得理由，并为资本的扩张找到了新的投资热点。其实这一切的背后都是资本利益的作祟，因为它无休止地向前滚动，

滚动中抖落的皮屑就是垃圾。

垃圾污染环境，垃圾又是资源，围绕着垃圾的是利益和政治。国家之间、地区之间为垃圾博弈不断。一些人靠垃圾为生，也有人因为垃圾而致富，更有人因垃圾而倒下。垃圾最后成为政治。”

王久良作品在各地的巡展广受好评，引起了人们的深刻思考。人类为什么会制造如此多的垃圾？应该怎样对待垃圾？我们的明天还要被垃圾包围吗？

垃圾的历史有多久？

垃圾是什么呢？回答是多种多样的。上了岁数的老奶奶会说：垃圾就是破烂儿，又破又烂的东西就是垃圾。年长的人会说：垃圾就是没有用的东西。年轻人也许会说：垃圾，不就是没人要东西吗？没错儿，通俗地讲，垃圾就是又破又烂又没有用，还要扔掉的东西。

在自然界中是没有垃圾这个概念的，生态系统中的死亡或者被丢弃的部分会自然地成为其他生物的养料，或通过菌类回收其有用的资源，尤其是碳、氮和氧。比如，石油就是通过自然过程回收的一堆有机垃圾。因此从某种意义上说，垃圾是人类自己制造的，而城市则是垃圾的主要生产基地。垃圾的产生速度随着城市化进程的发展以加速度的方式猛增。

垃圾的历史可以追溯到上古时期，自有人类历史以来就有垃圾问题，因为世界上没有一个人不排垃圾。中国早在1万多年前的半坡遗址上就有垃圾坑。城市出现之后，垃圾问题就更加突出。历史记载，中国汉朝就已经有专门的环卫职工了，那时候的垃圾成分很简单，主要是秽土和残羹剩饭，运到郊野后很容易地自然降解了，垃圾问题并不突出。南宋末年，吴自牧《梦梁录》卷十二《河舟》记载：更有垃圾粪土之船，成群搬运而去。在上个世纪六七十年代，城市里的垃圾数量还不是太多，由于经济发展水平所限，人们的剩余食物几乎没有，其他衣物也都是“新三年，旧三年，缝缝补补又三年”。人均产生的垃圾量每天不过是100～300克。而今北京人每天产生的垃圾量达到了900克，与发达国家人均每天的垃圾量相当了。

在垃圾数量猛增的同时，其成分也越来越复杂：1975年，全世界44%的城市垃圾是无机类垃圾，到1985年无类垃圾下降到31%，1995年为29%；与之相反的是纸张和塑料的比例在增加，此外还有工业固体废物等等，这些垃圾是有害的，或者至少应该在重新利用或者销毁前加以处理。比较而言，北京市的状况还要糟糕一些。北京市环境卫生科学研究所2012年的数据显示：工业固体废物占垃圾总量的62.41%；生活固体废物即生活垃圾占36.72%，而生活垃圾中有机类垃圾约占50%左右。

如果我们不想让自己生活在垃圾场包围的环境中，我们就必须放弃“使用-丢弃”的模式,而采取“使用-回收”,乃至“更好使用以减少垃圾”的方式。“如果我们不约束自己，大自然就会约束我们。”美国加利福尼亚州的加里·李斯发出了令人深省的警告。他认为，人类应该向大自然学习那种无垃圾的运作方式，当然这不仅需要新的技术，更需要人类采用全新的思维方式。

当前处理垃圾的国际潮流是“综合性废物管理”，就是动员全体民众参与3R行动,把垃圾的产生量减少下来。3个R的行动口号是:①减少浪费(Reduce)；②物尽其用（Reuse）；③回收利用（Recycle)。当全社会的消费者都这样做时，生活垃圾的总量和城市处理垃圾的负担就会大大减少，垃圾填埋场的使用寿命就会延长。由此节约了土地，降低了垃圾污染的威胁。

虽然现状不容乐观，但是也并非毫无希望，世界野生生物基金会和环境联盟组织的环保活动、北京地球村环境文化中心组织的垃圾分类活动，以及环保产品的涌现……种种迹象表明，一场垃圾清理的总动员已经拉开序幕。

垃圾生产，与经济发展同步

随着城市规模的不断扩大，城市人口的日益增长以及人民生活水平的不断提高，城市生活垃圾的产生量在逐渐增大，同时其组成也发生了较大的变化，主要表现在无机组分比例逐渐下降，有机垃圾成分不断增加。

深圳等南方城市生活垃圾的有机成分已达到60%～95%，上海的垃圾有机成分也达57.2%。北京市的垃圾中无机物含量由1986年的50.0%下降到1996年的30.0%，垃圾中可回收利用的成分由1986年的12.5%上升到1996年的25.0%。其中塑料含量变化最大，1986年垃圾中的塑料为1.6%，1995年上升为5.0%。垃圾容重由1978年700千克/米^{3}降低到1996年的300千克/米^3。

一项专门研究表明：从1989年到2000年，城市生活垃圾中各组分均有较大的变化。主要表现在灰土、砖瓦呈明显的下降趋势，这是因为燃煤居民区大范围减少,双气居民区的增加使得垃圾中的无机组分有了明显降低。可回收物(如

塑料、玻璃、纸类、金属和织物）所占比例明显升高，占垃圾的40%左右。食品呈明显增加趋势，从1989年的32.6%增加到2000年44.2%。

垃圾处理问题是随着人口在空间的集聚（城镇化）、不可分解垃圾的增多、垃圾数量的巨量增加而逐步凸现的。随着科学技术进步，人类合成了众多诸如塑料之类的不可分解或需要很长时间才能分解的化合物，加之人口的空间集聚，使得在狭小的空间区域产生了密集的垃圾。如此就产生了垃圾的成份和数量远远超出了大自然的自我净化能力，从而出现了垃圾集聚、垃圾围城等非均衡现象。在现有技术条件下，尽管资源回收的广度和深度已经有了长足的进步，但是总体上来看，垃圾还是一种会给人们带来痛苦感受的“负经济品”。垃圾处理能够清洁人们的居住环境，防止病毒、细菌的滋生和扩散，是人类生活所必须的，因而是一项价值创造活动，是现代人类社会所不可或缺的生产活动。

生活垃圾处理专指垃圾中由居民排弃的各种废弃物（不包括市政设施与修建垃圾）的处理，包括为了运输、回收利用所进行的加工过程。处理的目的是使垃圾的形态和组成更适于处置要求。例如为了便于运输和减少费用，常进行压缩处理；为了回收有用物质，常需加以破碎处理和分选处理。如果采用焚烧或土地填埋作最终处置方法，也需对垃圾先作适当的破碎、分选等处理，使处置更为有效。生活垃圾的处理应遵循减量化、资源化、无害化的原则。

全球范围内，垃圾的处理方式有很多，而且各有利弊。目前主要有填埋、堆肥及焚烧三种处理方法。在欧洲国家垃圾的处理就分为三种类型：法国和丹麦大力提倡垃圾焚烧；荷兰、德国和奥地利等国在侧重于垃圾回收再利用的同时，也投资于垃圾焚烧；而另外一些国家，诸如英国、爱尔兰、西班牙、意大利，几乎全依赖填埋，其比例从83%上升到94%。

中国目前的状况是以掩埋为主，同时进行垃圾堆肥，最后进行垃圾焚烧。2009年北京市就产生了生活垃圾680万吨，总体积达1210万立方米，相当于6座景山。其中填埋了400万吨，占59%；堆肥20万吨，占3%；焚烧了80万吨，占12%。北京市生活垃圾日产生量1.83万吨，但全市垃圾处理能力仅1.27万吨/日，缺口较大。其主要原因是北京的垃圾资源化水平较低，垃圾分类不够，垃圾处理仍以填埋为主，焚烧和生化处理比例很低。

按照现在垃圾的产生量和填埋速度，北京市大部分垃圾填埋场将在4至5年内填满封场。据专家分析预测，单就解决垃圾填埋问题，从2011年到2020年，北京就需要3200亩土地，这导致每年损失1600吨粮食产量。

非正规垃圾场：北京的“第七环”

早期城市生活垃圾的产生由于政府管理较少，基本处于随意倾倒的状态，这就导致城市周边形成了众多的垃圾堆、垃圾山。这些垃圾堆中，砖瓦、秽土、煤渣等无机成分比较多。上个世纪70年代以来北京市相继做了3次航空遥感观测，发现沿着三环四环分布的50平方米以上的垃圾堆竟有7000多座。

进入新世纪后，北京又先后进行了2次航空遥感观测，发现三四环附近的垃圾堆已经随着城市的开发建设消失了。这是由于城市的迅速膨胀，过去修建的许多并不符合环保要求的垃圾填埋场已经逐渐被归入北京城区的版图内，仅北京四环路与五环路之间就拥有类似的自然简易垃圾填埋场30多个，这些垃圾场又随着土地的开发消失了，被埋在了一幢幢高楼大厦下面了。

2008年，在一张卫星地图上，王久良用黄色标签将自己拍摄过的四五百处非法垃圾填埋场标注出来：在北京中心城区外五环和六环路附近又形成了新的垃圾存放地带，有人因此“戏称”为北京的“第七环”。

王久良不是最早关注非正规垃圾场的人。早在2004年的北京市政协会议上，政协委员林少迈、李少华、张延庆、鲁安怀等人就提出议案，呼吁有关部门应用高科技手段遏制“垃圾围城”的步伐，尽早使北京走出“垃圾围城”。

北京市政协委员、北京大学地球与空间科学学院教授鲁安怀经过调查后认为，北京市垃圾填埋场引起的地下水污染状况令人担忧。由于这些垃圾场直接位于砂层之上，与地下水之间没有稳定的隔水层保护，使垃圾渗滤液进入地下水中，地下水遭受污染，目前垃圾场对周围环境和饮用水资源构成严重威胁。

2000年北天堂垃圾场周围十多平方千米范围内的地下水已经不能饮用。而一旦地下水或地表水受到污染，人工修复净化几乎是不可能的。鲁安怀对造成污染问题的原因进行分析时认为有三种原因造成渗漏：一是由于任意堆放直接污染地下水；二是仅防止水体和无机污染物渗漏，而有机物的泄漏是污染的关键；三是现行的人造防渗膜接口处寿命有限，容易渗漏等。

这些非正规垃圾场的存在对于北京市居民生活用水构成了极大的隐患。2005年10月，北京市市政市容管理委员会在全市范围内开展了非正规垃圾场数量及垃圾存量的调查统计。结果显示：北京市垃圾存量200吨以上的非正规垃圾填埋场1011处，其中正在运营的约占总数的91%，已封场关闭的约占总数的9%。这些非正规垃圾填埋场中存量大于5000吨的有425座。这些垃圾填埋场以生活垃圾和建筑垃圾为主，总囤积量在7717万吨，占地面积达到2万亩。

目前，北京市每天产生生活垃圾1.8万吨，处理设施总设计能力为1.75万吨/日。8座大型垃圾处理设施处于超负荷运行状态，最高负荷率达246%，不仅造成渗滤液难以处理、臭味难以控制，而且还大大缩短了垃圾处理设施的使用寿命，7座垃圾卫生填埋场将在2～3年内填满封场。

“十二五”时期，北京将加快推进生活垃圾焚烧和生化处理设施建设。北京将用3年时间投资523亿元推进垃圾处理设施的建设，届时，生活垃圾日处理能力将达23100吨、餐厨垃圾日处理能力将达2750吨。北京市将采用世界先进成熟的技术工艺和标准，重点解决渗滤液浓缩液处理、资源化处理工艺及除臭等技术难题，3年内逐步建成40座垃圾处理设施，治理非正规垃圾填埋场253处。

刮骨疗毒，刀尖伸向北天堂

为了彻底改善北京的环境质量，建设人文北京、绿色北京，北京市科委委托北京市环境卫生科学研究所和北京市勘察设计院有限公司联合进行了《北京市非正规垃圾场的现状调查和整治规划》的课题研究，结合航空遥感、现场探测方式，初步摸清了北京市非正规垃圾场的总体情况。

北京市环卫科研所负责该课题研究的高级工程师苏昭辉介绍说：“北京市非正规垃圾场的总数超过1011个，大多分布在城乡结合部的郊野。这些地方的垃圾随意堆放、垃圾成分复杂，对周围环境和地下水造成了严重的威胁。对于这些非正规的垃圾场，我们将采用减量搬迁技术、输氧抽气处理技术、防渗帷幕封闭技术进行整治。治理1011处非正规垃圾场需要投资42亿元，到2013年已完成治理量的65%，完成投资27.3亿元，预计2015年底完工。”

2005年5月，丰台区花乡富锦家园丁先生致电北京市政府便民电话中心反映，在丰台区老庄乡北天堂村和永和庄村处有两个露天垃圾场，每天放出恶臭，气味难闻，对周边居民的生活影响很大，希望封闭垃圾场，还“净”于民。

丁先生所指的北天堂垃圾场位于卢沟桥乡北天堂村附近，是北京市唯一一个建在五环内的垃圾处理设施。场内共有5个填埋坑，原来都是砂石坑。从1985年开始，丰台城区产生的生活垃圾就填埋于此。其中，1号、2号坑全部是自然填埋。2002年，1号、2号坑填满，又启用了3号坑。3号坑按照简易卫生填埋场建设，只对坑底进行了防渗处理，填埋的垃圾依然没有处理。2005 年 3 号坑被填满。此后启用的 4 号、5 号坑，按照国家标准的卫生垃圾填埋场进行建设和填埋作业。

2010 年，北京市政府启动非正规垃圾填埋场治理工程，北天堂被列为试验项目。将 1、2 号坑里已填埋 20 多年的陈腐垃圾挖出来，进行无害化处理。陈年垃圾挖出来后先筛分，25% 是轻质可燃物，主要是塑料等可资源化利用的成分；50% 是腐殖土，可用于山体恢复和园林植树；25% 是骨料，主要是建筑垃圾，在填埋场修路时候就利用了。

在北天堂垃圾填埋场巨大的垃圾坑里，作业面露出黑色的陈腐垃圾，挖掘机、垃圾筛分设备正在作业。随着筛分设备发出的轰轰响声，塑料、建筑垃圾、腐殖土等成分，从不同的出口被吐出来。虽然作业面大，但走在场区里，已经基本闻不到多少异味了。2011 年 6 月，1 号坑完成治理。腾出来的大坑，被改建成残渣卫生填埋场，在 2012 年 4 月投入使用；2 号坑于 2013 年 5 月完成治理任务。

2013 年 4 月 1 日，北京市首家能将垃圾渗滤液 100% 变成中水的垃圾渗滤液处理厂——丰台区生活垃圾循环经济园渗滤液处理厂正式投产，日处理规模 600 吨，可以解决整个园区的渗滤液处理问题。该厂将对全市垃圾渗滤液处理设施建设起到示范作用。

这项投资 5 亿元、历时三年的北天堂非正规垃圾治理项目已在 2013 年底前完工，已填埋、未经处理的 360 万立方米陈腐垃圾全部得到无害化处理。丰台区还以现有的北天堂填埋场、永合庄填埋场和已运营的垃圾预处理筛分场为基础，规划建设“丰台区生活垃圾循环经济园”，对全区的生活垃圾、园林垃圾、果蔬垃圾、建筑垃圾等进行统筹处理。

北神树：第一座垃圾填埋场即将关闭

北京市第一个生活垃圾填埋场——北神树垃圾填埋场位于北京东南五环外，占地 26 公顷，自 1994 年投入使用以来，已经填埋生活垃圾 750 万吨，最高峰时期，每天进场的垃圾超过 2000 吨，将于 2013 年底填满封场。在北神树垃圾填埋场栽满了松树，覆盖了绿草的垃圾山顶端，装满垃圾的重型卡车盘旋而上，然后将满车垃圾倾泻到已经日渐狭小的填埋坑里。而按目前的填埋量，北京其余七座垃圾填埋场将会在两年至三年内填满封场。届时，将有 4000 万吨的生活

垃圾被填埋在这里。北京市政部门一位负责人说："未来，我们将面对的是垃圾无处可埋的局面。"

北京最早开始构建现代化的垃圾处理体系，是在上世纪 90 年代；而最初的现代化垃圾处理设施的"家底"，则源自德国政府援助的 3900 万马克。在德国专家的协助下，北京市最后确定了卫生填埋的处理方案，德方也援建了两个填埋场（北神树、安定）、两个转运站（马家楼、小武基）和南宫堆肥场。随着城市化水平的迅速提高，以及人口迁移的增加，北京市人口急剧膨胀，这套体系很快就不堪重负了，面临着崩溃的尴尬局面。

2010 年，《科学美国人》杂志进行了一个专题策划——"10 大发明让世界变得更糟"，其中包括全球都在采用的废物处理方式：垃圾填埋。

填埋法是指利用天然地形或人工构造，形成一定空间，将垃圾填充、压实、覆盖达到储存的目的。垃圾填埋处理具有投资小、运行费用低、操作设备简单、可以处理多种类型的垃圾等特点。目前全球垃圾填埋处理的比例超过 85%。但由于目前的生活垃圾仍然未实行分类分拣，填埋处理的对象多为混合垃圾，因此填埋法存在以下问题：混合垃圾中的大部分可回收物、可焚烧物或可堆肥物等被一并填埋，不能再生利用，资源利用率低；混合垃圾渗出液会污染地下水及土壤，处理成本高；垃圾堆放产生的臭气严重影响周边环境的空气质量，大多数垃圾填埋场产生的填埋气体直接排入大气，既污染环境、浪费资源又造成安全隐患，目前能够对填埋气体进行资源化利用的填埋场不足 3%；混合垃圾大量占用填埋场的空间资源，导致填埋场占地面积大，消耗大量土地资源；填埋场处理能力有限，服务期满后仍需投资建设新的填埋场。

每年，北京人制造的生活垃圾为 680 万吨，其中只有 300 万吨被回收或制造堆肥，相当于总量的 44%。其余的垃圾都被送到了阿苏卫、北神树、六里屯等几个大型填埋场，这里本质上是将垃圾转化成有毒物质和温室气体的大工厂：雨水落下来通过表面的覆盖层，从中间的垃圾缝隙中滤过，带走其中的化学物质和重金属，并且将这些有毒成分带到破裂的防渗层下面注入附近的地下水源。同时厌氧菌将有机物质转化为甲烷，这是一种比二氧化碳还强劲 23 倍的温室气体。

我国传统的垃圾填埋倾倒方式是一种"污染物转移"方式。而现有的垃圾处理场的数量和规模远远不能适应城市垃圾增长的要求，大部分垃圾仍呈露天集中堆放状态，对环境的即时和潜在危害很大，污染事故频出，问题日趋严重。垃圾简单转移堆放侵占了大量土地，对农田破坏严重。未经处理或未经严格处

理的生活垃圾直接用于农田，或仅经农民简易处理后用于农田，后果严重。由于这种垃圾肥颗粒大，而且含有大量玻璃、金属、碎砖瓦、甚至含有有毒物质，破坏了土壤的团粒结构和理化性质，致使土壤保水、保肥能力降低。在大量垃圾露天堆放的场区，臭气冲天、老鼠成灾、蚊蝇孳生，有大量的氨、硫化物等污染物向大气释放。仅有机挥发性气体就多达100多种，其中含有许多致癌致畸物。任意堆放或简易填埋的垃圾，其中所含水分和淋入堆放垃圾中的雨水产生的渗滤液流入周围地表水体和渗入土壤，会造成地表水或地下水的严重污染。

为了应对这样的现实，很多地方政府和民间组织、企业界正在尝试零垃圾转运方式，通过最大限度地反复利用并回收剩余物资，尽量减少甚至消除运往填埋场的垃圾。希望在不太遥远的未来，填埋场最终成为人类历史上的一个过去驻足点，仅供人们去了解自己曾经的历史。

南宫堆肥场，微生物的巨大力量

堆肥法是利用自然界广泛分布的细菌、真菌和放线菌等微生物的新陈代谢作用，在适宜的水分、通气条件下，进行微生物的自身繁殖，从而将可生物降解的有机物向稳定的腐殖质转化。目前堆肥处理主要采用静态通风好氧发酵技术。堆肥技术适合于易腐烂、有机物质含量较高的垃圾处理，具有工艺简单，使用机械设备少，投资少，运行费用低，操作简单等特点。

南宫堆肥厂位于大兴区瀛海镇，隶属于北京环卫集团运营有限公司，占地面积6.6公顷，与马家楼转运站、安定垃圾卫生填埋场共同组成了北京市西南垃圾处理系统。南宫堆肥厂于1998年12月8日正式投入运行，至今已经连续运转16年，是迄今为止全国连续运转时间最长、规模最大的垃圾堆肥厂，处理能力每天1000吨。

南宫堆肥厂采用国际先进的好氧式高温堆肥发酵技术，垃圾在发酵仓内进行高温发酵。南宫堆肥厂共有30个4米宽、4米高、27米长的发酵仓，这里我们可以称其为隧道。每个隧道后面均有独立变频控制风机，并装有温度探头、氧气探头，能时时对隧道中垃圾的温度、湿度、氧气浓度等技术参数进行有效控制。垃圾在隧道中经过高温灭活，实现了无害化处理。

由转运站运来的粒径在15～80毫米、有机物含量在50%以上的垃圾，经计量称重后，进入卸料仓，由中央传送带传送至布料机，进行隧道布料，便进

入隧道发酵阶段。经过 7 天的隧道发酵，进入后熟化阶段。通过 10 天的后熟化，垃圾进入滚筒筛，筛分成大于 25 毫米的筛上物及小于 25 毫米的筛下物两部分。筛上物运往安定填埋场进行填埋；筛下物被输送到最终熟化区。在最终熟化区，垃圾经过 10 天的强制通风发酵，垃圾中的有机物得到了进一步的降解，实现了垃圾处理的减量化。

发酵仓产生的臭气经过加湿后，引入到生物过滤池进行除臭。为减少雨水等对生物过滤池的影响，对其进行加盖处理，同时增加除臭喷淋设备，更为有效地控制臭气。随着工艺要求和环境标准的提高，南宫堆肥厂将后熟化区及最终熟化区全密闭，通过负压吸风，将臭气引至生物除臭塔进行除臭。南宫堆肥厂通过不懈努力，最终实现了垃圾处理的无害化、减量化和资源化。并在堆肥处理过程中，充分利用循环经济和现代垃圾处理技术，使资源再利用得到了最大化。

2010 年 5 月，“北京南宫堆肥厂生活垃圾处理能力提升和工艺优化”项目成果得到了验收和鉴定。中国农业大学李国学教授带领的课题组结合具体条件，提出了将南宫堆肥厂的处理能力由 600 吨 / 日提高到 1000 吨 / 日的菌 - 热组合技术的实施方案和工艺参数，并经工程规模实践验证达到了所预计的处理能力和堆肥工艺标准；另外，课题组还通过设计气水流道的调整，有效解决了堆肥过程中高温发酵阶段垃圾堆体腐熟度空间变异性问题；菌剂添加和热风循环利用提高了堆体高度、缩短了堆肥进入高温期的时间和堆肥周期，对提升南宫堆肥厂处理能力提供了有力的科学依据和技术支撑。

利用生活垃圾堆肥在我国已有较长时期，但仍存在如下问题：不能处理不可腐烂的有机物和无机物，垃圾中石块、金属、玻璃、塑料等不可降解部分必须分拣出来，另行处理，分选工艺复杂，费用高，因此减容、减量及无害化程度低；堆肥周期长，卫生条件差；堆肥处理后产生的肥料肥效低、成本高，与化肥比，销售困难、经济效益差；许多有毒、有害物质会进入堆肥，农田长期大量使用堆肥，可能会造成潜在污染。

高安屯：岂能一烧了之？

焚烧法是一种高温热处理技术，即以一定的过剩空气量与被处理的有机废物在焚烧炉内进行氧化燃烧反应，废物中的有毒物质在高温下氧化、热解而被破坏，是一种可同时实现废物无害化、减量化、资源化的处理技术。焚烧法具有厂址选择灵活，占地面积小，处理量大，处理速度快，减容减量性好（减重一般达 70%，减容一般达 90%），无害化彻底，可回收能源等特点，因此是世界各发达国家普遍采用的一种垃圾处理技术。近年来焚烧法在我国得到迅速发展，但应用并不普遍，主要存在如下问题：建设焚烧厂投资大，建成后运行成本高；混合生活垃圾成分复杂，燃烧效率低，焚烧尾气污染严重；混合垃圾中餐厨类垃圾含盐量较高，烟气中的氯化氢会腐蚀焚烧炉，增加烟气处理的难度和污染控制成本。

高安屯垃圾焚烧发电厂位于北京市朝阳区，是北京市环保基础设施的重点工程，也是北京 2008 年奥运工程的重点项目。该项目的焚烧处理工艺由垃圾接收系统、焚烧和余热锅炉系统、烟气净化系统、渗滤液回喷处理、点火助燃系统、炉内喷氨脱氮系统、排灰渣系统、汽轮发电系统、汽水热力系统、循环水系统、锅炉化水处理系统、污水处理系统、空气压缩等公用系统组成。

该厂采用国际先进的垃圾焚烧发电技术，以生活垃圾为主要原料，垃圾热值范围为 1100 ～ 2000 千卡 / 千克。排放的烟气经过处理后，其中的二氧化硫、氮氧化物、二噁英等污染物完全达到了国家排放标准。该厂采用国际先进的垃圾转换能源技术，利用余热转换成蒸汽发电、供热，产生的烟气经过处理后达到国际先进水平，其中二噁英的排放浓度仅为国家标准的 1/10，可以达到欧盟标准。该厂在焚烧垃圾过程中，采用负压工艺将垃圾坑内的臭气抽入焚烧炉处理，解决了垃圾坑臭味外溢的问题。同时采用进口空气幕设备，解决卸料过程中的垃圾臭味扩散。通过焚烧后，垃圾减容 90%，减量 80%，实现了无害化处理的目标。

高安屯作为北京市第一家生活垃圾焚烧发电厂，解决了朝阳区一半的生活垃圾处理量，为 200 多万城市人口提供环境服务。每年还能发电 2.2 亿度，相当于节约 7 万吨标准煤。

赵章元曾任中国环境科学研究院湖泊环境与近海环境研究室主任，是国家环保总局评估中心组专家，多年来一直奔走在垃圾禁烧的第一线。赵章元认为，如果不搞好垃圾分类就盲目购买大批焚烧炉，是极其不负责任的。垃圾焚烧实质上就是把固态变成了气态，表面上这个固体减量了，其实只是假象。1 吨的垃圾焚烧后会转变成 4000 ～ 7000 立方米的气体释放到空中。这些气体有一部分在空中被降解了，但相当一部分，包括二噁英和几十种有害气体，是无法降解的。这些气体吸附在颗粒物上，受地球引力影响又回到地面，在空气里、土

壤里聚集。它会波及到全世界，是没有边界的。当然离得近就更倒霉。

英国的马瑟·里施是一名资深的环境保护专家，他对垃圾的焚烧与填埋有独特的意见。马瑟·里施指出，焚烧比回收再利用造成的污染更小，应该考虑到焚烧厂并非产生二噁英这一类问题的唯一系统，只要使焚烧的温度高于820℃，就能制止氯化物的产生。尽管填埋场是最经济的处理系统，但它们也制造难闻的气味和有害的气体，而且寿命很短。一个垃圾填埋场的平均使用年限是 5 年，但是欧洲的法律规定要求在填埋场被封闭后的 50 年内，仍要对其进行监控。除了技术问题以外，还存在着后续管理的问题。

马瑟·里施相信在不久的将来人类会找到垃圾填埋场的出路，只是时间的问题而已，但是目前垃圾只能焚烧。

03 第三章 餐厨垃圾，舌尖下的浪费！

餐厨垃圾是家庭、餐饮单位抛弃剩饭菜的统称，其物理状态为粘稠状，是城市垃圾的主要组成部分。

餐厨垃圾富含有机物，在温度较高时很快会腐烂变质，产生大肠杆菌等病原微生物，直接喂猪会危害人体健康。废弃食用油脂经过多次反复油炸、烹炒后，含有苯并芘、黄曲霉素等大量致癌物质，长期食用会导致人体慢性中毒，引发肝癌、胃癌、肠癌等疾病。

餐厨废弃油脂，是城市餐厨废弃物的重要组分，可以生产生物柴油。餐厨垃圾富含氮、磷、钾、钙、钠、镁、铁等，经过适宜的处理，可以加工成蛋白饲料。堆肥好氧处理和厌氧消化是餐厨垃圾资源化利用的有效途径，可以真正实现餐厨垃圾的无害化、减量化、资源化。

目前，餐厨垃圾处理缺乏相关政策法规，价格机制、监督执法制度尚未建立，运用市场化、企业化的方式建设餐厨垃圾处理厂面临很多困难，企业参与投资的积极性不高。从根本上说，节约是削减餐厨垃圾的有效办法。

中国餐桌：每年浪费800万吨粮食！

全国政协常委、中国农业大学教授武维华日前指出，在粮食生产形势依然十分严峻的形势下，我国却同时存在着粮食及

其副产品的严重浪费现象，全国每年浪费的食物总量可养活 2.5 亿至 3 亿人。

中国农业大学食品科学与营养工程学院在 2006 年至 2008 年间，对全国大、中、小三类城市共 2700 桌不同规模的餐桌上剩余饭菜的蛋白质、脂肪等进行了系统的分析和研究。按较保守的“全国餐饮平均总剩余 10%”比例推算，全国一年仅餐饮浪费的食物蛋白达到 800 万吨，这相当于 2.6 亿人 1 年所需蛋白；浪费的脂肪有 300 万吨，这相当于 1.3 亿人 1 年所需脂肪。也就是说，全国消费者仅在规模以上餐馆的餐饮消费中，就最少倒掉了 2 亿至 2.5 亿人一年的食物或口粮。

武维华说，大学食堂的浪费十分惊人。对北京数个大学餐后剩菜剩饭情况的调查表明，倒掉的饭菜总量约为学生购买饭菜总量的三分之一左右。如果按照全国大专以上在校生总数 2860 万人 (2009 年底数据) 计，每年大学生们倒掉了可养活约 1000 万人的一年的食物。据此推算，全国各类学校、企事业单位规模以上集体食堂每年至少倒掉了可养活 3000 万人的一年的食物！个人和家庭的食物浪费也日趋严重。如果按每户每天浪费 1 两粮食计算，全国按 3 亿户、每户 4.5 人计，每年可能浪费约 110 亿斤粮食。如按每人每年 180 千克粮食计算，相当于约 3000 万人一年的口粮。

综合上述三项估算，全国每年浪费的食物总量可养活 2.5 亿至 3 亿人。中国传统饮食文化有喜欢聚餐、饭桌谈公事、“请客不剩不算够”等习惯，因而与世界其他国家相比，餐饮业垃圾产生量特别巨大。

餐厨垃圾是什么？一般人都能很容易地回答上来：就是吃剩的饭菜呗。这话没错。但是从严格一点的意义上说，餐厨垃圾（或称厨余垃圾）的定义包括两个部分，其一是厨房里食品加工过程中产生的废料，其二是餐桌上吃剩的食品。在西方国家，没有餐厨垃圾的定义，却有食品废弃物这一概念。食品废弃物可分三类：一类是食品加工业、商店到期产生的废弃物；一类是宾馆、饭店、大型食堂产生的餐饮垃圾；还有一类是家庭厨余部分。

简单的说餐厨垃圾是对家庭、餐饮单位抛弃的剩饭菜的统称，其物理状态为粘稠状，是城市垃圾的主要组成部分。包括家庭、学校、食堂及餐饮行业等产生的食物加工下脚料（厨余）和食用残余（泔脚）。其成分复杂，是油、水、果皮、蔬菜、米、面、鱼、肉、骨头以及废餐具、塑料、纸巾等多种物质的混合物。厨余中糖类含量高，而泔脚则以蛋白质、淀粉和动物脂肪等为主，且盐分、油脂含量高。尽管餐厨垃圾的组成、性质和产量受社会经济条件、地区分布、居民生活习惯、饮食结构、季节变化的不同而有所差异，但具有如下总体特点：

一是含水率高，含固率一般小于 20%；二是易腐烂，餐厨垃圾中有机物含量高，易腐烂发臭，易滋生病菌，会造成疾病的传播；三是营养丰富，开发利用价值较大。

国内最大的餐厨处理厂高安屯餐厨垃圾处理厂厂长金明明坦言："家庭厨余多与生活垃圾混合，以瓜皮、菜叶等生料为主，家庭垃圾是垃圾处理的难点，只能走堆肥、厌氧发酵的路，回收价值与餐饮垃圾相比不太高，单独收集难度大，因而我们厂所处理的垃圾不包括家庭厨余垃圾。"

从"厨"到"餐"，处处浪费

民以食为天，天天需吃饭；餐餐都浪费，实在太可惜。

由于中国人口多，一日三餐都浪费，这个数字就非常惊人了。北京市 2012 年的常住人口是多少呢？北京市统计局公布的答案是 2069 万人。北京市有多少家餐厅呢？6 万多家。北京每天产生的餐厨垃圾是多少呢？告诉你吧：2500 多吨。根据前面的数据，我们就可以计算出北京市每人每天浪费食物的数量是多少了：120 多克。事实上，每个家庭的食物浪费还没有计算在内。清华大学固体废弃物污染控制与资源化研究所所长聂永丰介绍："根据很多城市的调查，餐饮垃圾产生量为平均每天每人 0.1 千克，迅猛发展的餐饮业导致食品废物产量迅速增长，估计每年全国城镇餐厨垃圾产生量有 3000 多万吨。"

中餐是世界上最负盛名的饮食，已经形成了独特的饮食文化。一部影响巨大的系列电视纪录片《舌尖上的中国》把中餐的色、香、味、形表现得美轮美奂、精致绝伦，真是令人垂涎欲滴。中餐的食材包括肉、蛋、菜、奶、菌、草、药、香，天上飞的，水里游的，地上跑的，真是举不胜举。而且还有各种南北鲜香作料，如葱、姜、蒜、酱油、醋、香油、腐乳、麻酱、泡椒……等等。不仅如此，中餐还有苏、鲁、川、粤等八大菜系，有煎、炒、烹、炸、扒、焖、炖、煮等各种花样做法。北京是全国的中心，各个菜系在北京都有代表的名店，因此餐厨垃圾中的成分十分复杂，很难分离。

中餐中还分凉菜和热菜，这也使未经处理的餐厨垃圾危害很大，其中可能含有口蹄疫、猪瘟病菌、弓形虫、沙门氏菌、旋毛虫、弯曲杆菌等，如果直接用以饲养畜禽，会对畜禽健康形成较大威胁，并可能通过畜禽体内毒素、有害物质的积累对人体健康带来危害，从而造成人畜之间的交叉感染，因此这种食物链衔接形式隐藏着巨大的病原体转移与扩散的威胁。

水是餐厨垃圾的基本成分，占餐厨垃圾的70%～90%，是餐厨垃圾腐败变质的基础，因此脱水处理成了餐厨垃圾处理的必要环节。因餐厨垃圾有机物含量高，且颗粒细小，这使得餐厨垃圾中水的存在形式呈现多样性：自由水、间隙水、结合水。自由水是餐厨垃圾中含量较多，较容易去除的水分，这部分水分与垃圾中固体颗粒没有相互作用关系，通过重力、离心力等机械方式或者简单加热就能去除；间隙水是夹在胶体颗粒细小间隙和毛细管中的水分，受到液体凝聚力和液固表面附着力的双重作用，要分离这部分水，需要较高的机械作用力和能量；结合水是由淀粉、蛋白质等胶体颗粒表面张力作用而吸附的水分，这部分水分很少，也较难去除，因此在餐厨垃圾脱水处理中以去除自由水和间隙水为主。

高水分、高有机质含量使餐厨垃圾极易腐败变质，给暂存、收集、运输及处理造成极大的困难。同时腐败的餐厨垃圾会产生大量霉菌毒素等有害物质，如不经处理直接饲喂牲畜，会使这些有害物质在牲畜体内寄生、蓄积、转化，从而诱发各种疾病，最终通过食物链传染给人类。腐败的餐厨垃圾还将产生大量渗滤液，并散发恶臭气体，污染水源和大气，对环境极为不利。

目前我国大部分地区餐厨垃圾与普通垃圾一起送至填埋场或焚烧炉处理。由于餐厨垃圾占生活垃圾总量的比例达50%左右，且含水率高达80%～90%，因此填埋会造成不易压实、渗滤液处理量增大等问题；而焚烧则会消耗大量能源用于水分蒸发。看来挖空心思的吃喝，也确实需要费尽心思地处理呀！

地沟油，提炼生物柴油

餐厨废弃油脂，俗称“地沟油”，是城市餐厨废弃物的重要组分。柴油分子与植物油分子的结构十分相近，利用动植物油脂生产柴油，意味着柴油生产可以不局限于依赖原油，且生产原料来源丰富。但是直接从动植物油脂中提炼生物柴油难度大，成本也高，而餐厨废弃油脂是最理想的廉价载体。

据北京市统计局2009年的统计，北京当年消耗食用油约60万吨，过去几年中，此消耗量基本保持稳定。而国内食用油在使用过程中的废弃量大约占总量的15%，照此推算，北京地区餐饮业产生的地沟油不会低于9万吨。但是将地沟油真正转化成生物柴油的企业在北京及周边为数甚少。

在天安门正南50千米，河北省固安县城南开发区内，一个占地20亩的企

业被绿树环绕，这就是中德利华石油化学技术有限公司。2008 年，这家公司投入将餐厨废弃油脂炼化为生物柴油的生产，年产能 10 万吨，是该领域生产规模最大的企业。北京市餐饮单位产生的废弃油脂，近两成在这里加工提炼。

在融油车间，油池上层网状的过滤器直接拦截住废弃油脂中的杂质，过滤出的油脂经过加热，由泵打入其他设备使油水进一步分离，初步提炼出原油。原油的成分比较复杂，提炼后还要转入反应釜，经过酯化反应和酯交换反应生成“粗酯”，也就是生物柴油的雏形。再经过蒸馏分离，才能从“粗酯”中分离出 90% 的生物柴油和 10% 的沥青。餐厨废弃油脂经过脱水除杂后，纯度很高，是生物柴油的最佳原料。与化石柴油相比，生物柴油可削减 90% 的一氧化碳、80% 的总悬浮颗粒物、78% 的二氧化碳排放。10 万吨生物柴油可节煤 12.86 万吨、节电 10.46 亿度，替代石油 9 万吨。

我国用废弃油脂生产的生物柴油，由于原料成分复杂，成品油普遍存在两大品质问题，一是含有大量易氧化的不饱和双键，既降低燃烧值，又产生酸性物质腐蚀发动机金属部件，同时产生的氧化物不能充分燃烧，产生黑烟，污染环境；二是遇低温会出现结晶和凝胶化现象，影响发动机燃料供给系统供油，同时也影响生物柴油的运输、储存等。这两大问题导致我国生物柴油的使用，只停留在诸如作锅炉燃料等一般燃料上，不能作为车用燃料稳定使用。

令人兴奋的是，中国农业科学院油料作物研究所开发出的系列多功能生物柴油品质改良剂，在国内外首次成功地将抗氧化剂、低温流动改良剂技术同时应用于生物柴油产品，突破了当前生物柴油生产的两大技术瓶颈。

添加多功能高效改良剂后，生物柴油氧化诱导期延长，达到或超过欧盟和我国生物柴油产品质量标准；显著增强了生物柴油产品的氧化安定性和低温流动性，从而使普通生物柴油能够作为车用燃料稳定使用，并拓展了使用的季节和地域范围；对不同原料的生物柴油具有广泛的适应性，添加简便，添加比例仅为 0.01% ~ 0.1%；生产成本低，具有很强的推广价值和产业带动作用。按目前市场普通生物柴油售价 5000 元 / 吨计算，添加应用该产品后按目前零号柴油的批发价销售，可使每吨普通生物柴油增值 10% 左右。

蛋白饲料，一个可选途径

中国是全球最大的农业生产国，2013 年，我国产粮食 6.1 亿吨，油料 3531

万吨。我国畜牧业的生产规模也是世界最大的，2013 年，肉猪 5493 万吨、禽肉 2880 万吨，据统计，每年我国饲料用粮占粮食总产量的 40%，这也导致我国的饲料粮供应有些偏紧。

虽然餐厨垃圾是由米、面、果蔬、动植物油、肉、骨及废餐具、纸巾、塑料等组成的混合物，但其主要成分为淀粉、蛋白质、脂类、纤维素和无机盐。相关资料显示，餐厨垃圾干物质中有机质含量达 95% 以上，其中粗脂肪 21% ~ 33%，粗蛋白 11% ~ 28%，粗纤维 2% ~ 4%，除此之外，餐厨垃圾中还富含氮、磷、钾、钙、钠、镁、铁等微量元素。虽然我们把食品废弃物称作餐厨垃圾，其实经过适宜的处理，还是有很高的再利用价值。

据清华大学固体废弃物污染控制与资源化研究所所长聂永丰介绍，餐饮垃圾处理，技术上是饲料化、能源化。可回收油脂、回收废料中的干物质用作蛋白质饲料，回收废水用来生产沼气或堆肥，采取不同的模式所创造的价值不一样，目前国内有些城市做得比较好，形成了自己独特的模式。

03

餐厨垃圾经分选、脱水、脱脂、烘干、破碎，可制成高营养的动物饲料，蛋白质含量在 20% ~ 30%，可供猪、鸡或宠物食用。如果将每年巨大的餐饮垃圾无害化利用后，生产的饲料能够减少大量的土地占用率，相应地减少相当数量的粮食进口，其影响是不可估量的。国外如德国、芬兰、古巴等国家将餐厨垃圾经适当处理与饲料配合使用，使其资源化。

我国制造饲料的设备、设施、工艺已基本成熟，因此工业化加工餐厨垃圾变成动物饲料问题不大。我国饲料蛋白质短缺，部分以进口鱼粉弥补，餐厨垃圾资源化正好可以部分补充饲料蛋白质的短缺。

住房和城乡建设部城建司张悦巡视员跟踪餐厨垃圾资源化利用问题多年。他提出："我国城市餐厨垃圾处理由过去的消灭掉，发展到现在的资源化利用，逐步得到了社会的认可和政府的重视，选择合理的技术路线是餐厨垃圾资源化利用的关键，各地要根据自身条件选择技术路线。"

2003 年"非典"之后，很多城市颁布了禁止将餐饮垃圾直接喂猪的相关法规，但由于餐饮单位将泔水卖给养殖户可以获得利润；餐饮垃圾的收运、处理涉及到政府职能部门较多，权责不清，管理力度不严，导致大部分餐饮垃圾还是作为牲畜饲料，不经处理直接流入非法的养猪场，能够无害化处理的不超过 2%。

还有一些学者认为无害化处理也不是绝对的安全，处理后所产生的饲料，可能存在着同源性的问题，即牛吃牛、猪吃猪，产生疯牛病、疯猪病，餐饮垃圾不宜无害化后做饲料。

中国农业工程规划设计研究院的高级研究员国清金曾专门研究过用餐厨垃圾养猪的问题，他认为："用餐厨垃圾养猪在我国是比较普遍的现象，农村家庭'几乎家家都用泔水'养猪，很多县城边的农户也都收餐厨垃圾养猪，北京城里的泔水也有很多变成了猪肉摆上了餐桌，我国的上海已经进入餐厨垃圾饲料化的应用阶段了。"

然而，餐厨垃圾有机物含量高，所以容易腐烂。从餐厨垃圾的排放到加工成饲料的一系列过程中，储运是一个关键问题。因为在加工成饲料之前餐厨垃圾处于厌氧状态，病菌大量增殖，处置不当容易引起家畜感染疾病。此外本身成分的问题也影响到饲料化处理的推广。"关键是要保证餐厨垃圾不要腐败，否则就得不偿失了。"国清金着重指出。

我们应该趋利避害，不能因为有风险就只处理不利用，它如果大量转移到生活垃圾里，会更加剧生活垃圾的处理难度。人的安全是首要考虑，处理和利用要兼具，不能因噎废食，这才符合循环经济、低碳生活的要求。

堆肥，一个更好的选择

从前面的分析，餐厨垃圾处理主流的技术应该是最大限度地利用资源、尽可能地降低加工成本，还要有比较大的应用空间和领域。除了其中的油脂炼制生物柴油以外，剩下的部分应该主要朝蛋白饲料和有机肥料方向努力。

国内外餐厨垃圾处理主要采用厌氧消化技术与资源化利用。厌氧消化工艺分为干法、湿法、单相、两相、连续、间歇、中温和高温厌氧消化工艺。餐厨垃圾厌氧消化处理过程中产生的沼气是一种宝贵的清洁能源，其热值比城市管道煤气还要高。

当含水率 80% ~ 90% 的餐厨垃圾由专用收集车运至集中处理厂，首先要进入固定筛粗选，被截流的玻璃、金属等物品由人工清理回收综合利用；之后自流进入贮存池，在贮存池设置带切碎功能的污泥泵，餐厨垃圾经粉碎提升后进入脱水机，经过脱水机处理后进入到发酵装置进行好氧堆肥，如果使用高温快速发酵在定时投加菌种的前提下经过 24 ~ 48 小时发酵就可以产出成品。脱水机排放的废液进入调节池，经泵提升进入水处理系统处理后，达标排入市政管网。

堆肥反应是利用微生物使有机物分解、稳定化的过程，因此微生物在堆肥过程中起着十分重要的作用。堆肥微生物可以来自自然界，也可利用经过人工

筛选出的特殊菌种进行接种，以提高堆肥反应速度。堆肥微生物主要有细菌、真菌和放线菌等，而在堆肥过程中堆肥微生物的数量和种群不断发生变化。好氧堆肥过程是有机物在有氧的条件下，利用好氧微生物所分泌的外酶将有机固体废物分解为溶解性有机物质，再渗入到细胞中。微生物通过代谢活动，把其中一部分有机物氧化成简单的无机物，为生物生命活动提供所需的能量，另一部分有机物转化为生物体所必需的营养物质，形成新的细胞体，使微生物不断增殖。

餐厨垃圾的厌氧发酵是指在特定的厌氧条件下，微生物将有机质分解，其中一部分碳素物质转换为甲烷和二氧化碳。厌氧发酵技术不仅具有很高的废物处理效率，发酵残余经处理后可作优质的有机肥或液态肥，而且可产生沼气作为能源利用，在世界能源紧缺的时代，这点尤为重要。尤其是干式厌氧发酵技术有很多优势，不需要进行水分调节，反应不受供氧限制，机械能损失少，可以产生具有利用价值的甲烷，而且反应在密闭容器中进行，不会产生臭气等污染物，对环境影响较小。厌氧消化残留物营养丰富，可做肥料、饲料，应用到农业的各个领域。因此厌氧发酵技术日益成为餐厨垃圾处理处置和研发领域的聚焦点。

关于餐厨垃圾堆肥，国清金认为更加可行："我们曾引进吸收日本、韩国的堆肥技术，在国内已经广泛用于畜禽粪便、餐厨垃圾的堆肥，效果很不错，有成型的技术。但餐厨垃圾堆肥处理也要把握好一些问题：一是堆肥质量问题。因餐厨垃圾含水量不均，因而前段水分调节是影响堆肥质量的关键，并且发酵时间应得到保证，根据情况可能需要二次发酵，因而需要后处理和储藏仓库。二是肥料销售问题。目前我国农资领域实行国家监管体制，因此需要国家政策配套。三是盐分控制的问题。餐厨垃圾堆肥最大问题是盐分含量过多（大约2%），盐分超标的堆肥撒在农作物或土壤上，会造成土地板结。如果能把这三个问题解决了，餐厨垃圾进入农业领域还是大有可为的。"

目前餐饮垃圾无害化技术初步成型，但还不完全成熟。怎么进行高端利用，怎么提高技术水平和资源的利用程度是目前要解决的问题。餐饮垃圾的处理要靠政府引导、科技支撑、法律保障"多管齐下"，各级政府在"上马"餐饮垃圾处理项目时要审慎考虑、科学评估，以免盲目立项建设造成浪费。

规范秩序，促进资源合理利用

2005 年，北京市市政管委出台了《北京市餐厨垃圾收集运输处理管理办法》，并于2009年作了进一步修改。该办法规定，餐厨垃圾不得随意排入污水排水管道，不得交给无垃圾处理能力的单位与个人，应设置收集、存放和处理餐厨垃圾的专用设施设备。

2008年，经北京市市政管委批准，4家企业取得餐厨废弃油脂回收资质，其中北京海粮鸿信生物能源科技有限公司回收量最大，在朝阳、大兴、丰台、东城、西城、海淀、石景山等地设有回收站，并最早引进和在餐饮业推广安装油水分离器。4家企业中，有两家采用油水分离器回收废弃油脂，凡是签约的餐饮单位，都能免费安装这种装置，作为互惠，须将废弃油脂无偿提供给回收企业。北京市已有2000多家餐饮单位参与进来，每年回收量近3万吨，一个集中回收处理废弃油脂的渠道初步形成。

北京嘉博文生物科技有限公司是国内餐厨垃圾处理的领军企业，在餐厨垃圾堆肥方面有独特优势。从餐馆收集到的泔水运到站点后，无需分拣直接使用特种输送装备送至嘉博文BGB生化处理机中，通过微生物接种，在全自动化PIC程序操控下，每班次经6～10小时高温高速好氧发酵处理，形成固体粉末物质。这些固体粉末再经分选与深加工，就变成了嘉博文公司的再生资源产品BGB生物饲料和BGB微生物肥料菌剂。

这里的核心秘密就是生化处理过程中添加的BGB高温复合微生物菌，它来源于土壤的复合微生物，由芽孢菌、乳酸菌、酵母菌等十几种菌种组成，在高温发酵过程中可有效杀灭有害病原菌、病毒，是美国食品药品管理局和农业部列表允许使用的菌种，也是嘉博文自主研发的核心技术。

中德利华石油化学技术有限公司每年可生产生物柴油10万吨，但目前的实际产能只是设计产能的1/3左右，根本原因是原料供应严重不足。嘉博文公司的高安屯餐厨垃圾处理厂的日处理能力是400吨，实际上每天收上来的餐厨垃圾只有百十来吨，根本吃不饱。北京环卫集团运营公司的南宫餐厨垃圾处理厂被改作其他用途。董村餐厨垃圾处理厂吃不饱，一直处在试运行的状态。

“吃不饱”、利润低，使“中德利华”和“嘉博文”这样的正规企业只能勉强运营。出现这种状况的原因是多方面的，主要是餐厨垃圾作为可回收利用的资源，还被一些没有资质的企业和个人收购。因此，要使集中回收与综合利用体系运转得更完善、覆盖更广，需要政府的介入和扶持。在统一的回收体系建立后，对参与其中的餐饮企业、回收企业和生产企业也要加强监管，违规重罚。同时建立行之有效的社会举报制度，坚决打击私下买卖交易废弃油脂、餐厨垃圾的企业和黑油户，杜绝“地沟油”非法之用。

2011年5月26日，国家发改委、财政部联合发布《循环经济发展专项资金支持餐厨废弃物资源化利用和无害化处理试点城市建设实施方案》，将设专项资金重点支持试点城市餐厨废弃物的收集、运输、利用和处理体系的建设和改造升级，以及法规、标准、管理体系等能力建设。2012年1月，北京市发改委发布《北京市“十二五”节能减排全民行动计划》，将在全市宾馆餐厅全面推广“餐厨垃圾油水分离装置”，配置分类收集容器，防止“口水油”、“地沟油”重回餐桌。

“正规军”难敌“游击队”

2013年10月，首钢环保产业事业部对门头沟、石景山、海淀和丰台四个区餐厨垃圾产生、收运和处理情况进行了一次详细的调研。通过对100多家样本单位调查分析，初步掌握了北京西部地区的餐厨垃圾产生及收运的基本情况。结果表明，有90.3%的餐饮单位将餐厨垃圾交给私人收运，有2%的餐饮单位自行处理餐厨垃圾，而委托环卫集团或区环卫服务中心等正规单位收运餐厨垃圾的餐饮单位只占总数的7.7%。残酷的现实：“正规军”难敌“游击队”呀！

首先，由于餐饮行业网点多，分布广泛，按目前的回收能力很难短期内全覆盖，量上不来。正规收油企业在回收、处理餐饮废弃油脂过程中成本投入较高。以油水分离器为例，每安装一个价格最低也在2000元以上，虽有少部分大型餐饮单位自行安装，但多数签约单位需要企业免费提供，这笔费用对回收企业来说是一笔不小的数目；加之人工、车辆、回收站及中转中心建设和各项税收，无论回收还是炼化企业利润空间都很低。

其次，在正规企业进行餐厨垃圾回收之前，已经有很多个人和企业在这一领域活动，已经形成了比较稳定的利益关系。这些“游击队”一样的泔水贩子把收上来的餐厨垃圾卖给“地沟油”的生产“黑作坊”和郊区的养猪场已经很多年了，他们的经营活动很难中断，因此想方设法继续收购餐厨垃圾。而一些餐厅的后厨如果把餐厨垃圾交给正规渠道则失去了一条“财路”，所以很难禁止一些餐馆偷卖餐厨垃圾。尽管有些餐厅与正规渠道签订了合同，但暗地里还是将有一部分餐厨垃圾卖到“游击队”的手里。

第三，北京市的餐饮企业数量多，地点分散，管理难度大。全市6.5万家餐饮服务单位，不容易管理。对于整治泔水车、泔水喂猪的工作，北京市市政管委将会同市卫生局、市工商局、市环保局、市城管执法局等部门定期开展专

项综合执法行动，严厉打击非法收集、运输和处置餐厨垃圾的违法行为。

由于各方面执法力度的加大，一些“游击队”感到了威胁，纷纷向“正规军”靠拢。“游击队”之所以投靠正规公司，原因有二：一是餐饮单位开始与正规企业签约，源头上卡死了“游击队”的来源；二是违法成本升高。现在城管、工商等综合执法，一旦发现掏地沟油的现象，就会将车辆和操作工具没收，执法力度非常强。此外，上游的餐饮企业也开始主动找上门来。北京海粮鸿信生物能源科技有限公司董事长黎东表示，原来他们去宾馆、饭店推广，对方态度比较冷谈。现在，一些品牌企业，重视环保的企业，开始主动与他们联系。

北京海粮鸿信经理陈义甫透露，某正规企业虽然收编了一些“游击队”，但随后的管理没有跟上，却无法控制油的流向。“游击队”借口生意不好，不把油上交给公司，而是私下里偷偷卖给“黑作坊”，最终还是回流餐桌。同时，餐饮企业的合作也有问题。有的企业，与正规企业签约是为了拿到“保护伞”，同时私下里还是把油卖给“游击队”。北京中天实源科技股份有限公司总经理谢红翔表示，有的合作饭店，安装设备后，他们按照对方给出的时间去取油，却发现油已经没了，实际则是让“游击队”给收走了，这种情况能占到 30% ~ 40%。

为了提高餐饮企业收集废油、餐厨垃圾的积极性，专家建议，应考虑通过财政补贴形式，提高废弃油脂、餐厨垃圾的回收价格，这也是打击黑市违法回收提炼餐饮废弃油脂行为，保障食品安全的有效手段。对回收和炼化企业，通过免税、退税，或使用补贴的手段给予扶持，以帮助企业增效。

节约，是消除浪费的关键

2013 年，联合国粮农组织总干事达席尔瓦指出，目前世界上有 8.7 亿饥饿人口，大约占全球人口的八分之一，有过半的人口遭受营养不良等问题的困扰。平均每 5 秒钟就有一个儿童死于饥饿，每天有 15000 千个儿童死于营养不良。

全球每年所产食物折合成粮食大约是 40 亿吨，这些粮食足够养活世界上的所有人。但令人震惊的是，大约 13 亿吨粮食会在生产和消费环节损失或遭到浪费，其中发达国家和地区约有 3 亿吨，超过撒哈拉以南非洲地区所产食物之和，足够供应全球大约 8.7 亿饥饿人口。

在国外，家庭是食物浪费主要源头。据最新数据显示，欧盟 27 国每年浪费

的食物达8900万吨，人均浪费179千克。照此发展，到2020年被浪费的食物还会再增加40%。德国每年浪费的食品近1100万吨，相当于每人每天扔掉一顿早餐，而德国人均每年扔掉的近82千克食物中，至少53千克是可以避免浪费的。意大利平均每人每年浪费食物76千克，每个家庭每年因此蒙受1693欧元的经济损失，约占其全年食物消费总额的1/4。

最近，“舌尖上的浪费”成为媒体讨论最多的话题。根据央视的报道，中国餐饮业每年要倒掉约两亿人一年口粮。另有报道说，全国每年浪费食物总量折合粮食约1000亿斤，可养活约3.5亿人。

我们的学生平时浪费粮食问题非常严重，有的学生中午饭吃不了几口就倒掉，然后再买面包、方便面、火腿肠、小食品等。一些年轻人对“粒粒皆辛苦”毫无感觉，因为他们是不劳而获。我们在大学食堂经常看到被扔掉的半套煎饼果子、半饭盒米饭和菜。看着这些浪费行为真是心痛。这也反映了我国教育的缺失。缺失最起码的“做人”教育，太危险了。

中国人喜欢美食，我们在享受“舌尖上的美味”时，不可避免地会出现“舌尖下的浪费”：聚餐时点菜往往多多益善，七八个人吃饭，一点就是十几个菜，有的饭菜几乎动都没动，就被直接倒进了垃圾桶。

相比于过去，我们的生活条件确实好多了。然而，就在一些人摆阔气、讲排场、比奢华的时候，不要忘了，我们还有一亿多农村扶贫对象、几千万城市低保人口，还有为数众多的困难群众；不要忘了，我们还是世界农产品进口大国，资源短缺问题，依然是制约我国可持续发展的瓶颈；不要忘了，我们的人均GDP尚在世界百位之后，依然是世界上最大的发展中国家。“兴家犹如针挑土，败家好似浪淘沙”，对于人口多、底子薄的中国而言，我们绝不能容忍各种奢侈浪费。

2012年12月4日，中央政治局召开会议，审议关于改进工作作风、密切联系群众的八项规定，其中提出，要“厉行勤俭节约，反对铺张浪费”。这如同一股清风荡涤着中国官场的浊气。可以说，从来没有哪项制度如“八项规定”这样起到如此立竿见影的效果。据中国烹饪协会2013年春节前发布的统计报告显示，国内近60%的餐饮企业遭遇“退单”，其中多是高端餐饮和星级饭店。而上述政策出台以来，北京高档餐饮企业营业额下降了35%。

2013年初，北京一群年轻人在网上发起了“光盘行动”，呼吁大家“吃光盘中食物，从我做起，今天不剩饭！”小小的“光盘行动”在发起后数天内就影响了千万国人，关于该行动的微博被转发5000多万次，许多名人、专家带头拒绝浪费，全国其他城市陆续加入进来，各大媒体更是给予高度关注。节约风气的形成，非一朝一夕之功；公民意识的完全成熟，也是一个长期过程。光盘行动的背后，一种自觉的秩序正在形成。这种秩序让我们不再沉默，懂得了如何行动，更加积极、主动地改变社会的面貌。

04 第四章 活性污泥，拖“泥”带水的无奈！

城市污水处理过程中会产生大量的活性污泥，这是一种由有机残片、细菌菌体、无机颗粒、胶体等组成的黑褐色胶状浓稠物。

活性污泥不仅含水量高，易腐烂，有强烈臭味，含有大量病原菌、寄生虫卵，还有铬、汞等重金属和二噁英等难以降解的有毒有害及致癌物质。如未经有效处理，极易对地下水、土壤等造成二次污染，直接威胁环境安全和公众健康，使污水处理设施的环境效益大大降低，并引发社会公众事件。

中国污泥的处置，基本采用填埋、堆肥、焚化等几种方式。污泥填埋的优点是投资少、容量大、见效快、处置成本低。堆肥可以利用污泥中的有机质改善土壤物理结构，增加土壤氮磷含量，实现资源利用。生石灰发热干化法可以对污泥进行干燥、脱水、改性后，使之转化为无机材料。

污泥是含有“水”的土，回到土地是其最好的归宿。只要能将污泥中的病菌、虫卵杀死，消除重金属的危害，消除堆肥产生的臭气，以土地利用为目的的堆肥发酵技术就应该加以大力推广。

6500吨“毒”污泥

2008年5月，北京市环保部门接到群众举报，有人向门头沟区上岸村东侧的两个大砂石坑内倾倒大量污水处理物，致使当地连续多日臭味难闻，严重影响居民日常生活。通过调查发现，倾倒物是来自北京市清河、酒仙桥污水处理厂产生的污泥。此案随后转交到公安机关，公安民警很快掌握情况。

原来，自 2003 年起，曾在污水处理厂任技术员的何涛成立了北京环兴园环保科技有限公司，并承接了清河、酒仙桥两家污水处理厂的污泥处置消纳业务。2006 年 10 月至 2007 年 7 月间，他以每车 70 ～ 100 元的价格，在门头沟区永定镇上岸村东的砂石坑内倾倒污泥 4000 多吨；之后又以同样价格向另一个砂石坑内倾倒污泥 2000 多吨。就这样，他在没有采取任何污染防范措施的情况下，先后向永定河古河道的砂坑内倾倒了总计达 6500 吨的“毒泥”。

从表面上看，该污染案造成的后果是永定镇居民几年内都生活在臭气包围之中；实际上更严重的后果是：这 6500 吨含有多种重金属和大量超标有害物的污泥，对北京市地下水源造成了潜在威胁。参加此案评估的专家认为，由此造成的臭味可以随污泥被填埋在短时间内消失，但污泥中的有害物质会随着雨水渗漏，其对地下水的威胁将会越来越严重。北京市环保局和环境保护部经调查，均出具书面证明，认定此案属于重大环境污染事故。

曾对城市污泥中环境激素问题开展研究的北京工业大学教授周玉文提醒，污泥中的多氯联苯、邻苯二甲酸酯、二噁英等环境激素，不加处理直接倾倒，将带来长期的生态隐患。污泥成分复杂，不像农家粪肥那么简单，污泥肥用必须经过反复科学论证，污泥中的有害物质经长期积累，进入食物链后其影响并不局限于一时。近年，重工业渐渐退出北京，虽然污泥中的重金属含量有所下降。即使这样，仍然要注意污泥中含有的重金属对地下水和土壤的长期污染。

据悉，上述两坑段投入的初步治理费用分别为 300 余万元和 62 万余元。经中国气象科学研究院环境影响评价中心评估，这两处承包砂石坑的污染治理费用初步分析约 8030 万元，如加上远期的环境污染治理，其损失将远超过 1 亿元。经过一番治理，目前上岸村的两个污染坑段已初步完成填埋工作，四周栽种了大量树木，环境有了很大的改观。恶臭也不再困扰村民们的生活，一切似乎已经归于平静……

愚昧无知和对利益的贪婪最终使得这些不法分子走上了犯罪的不归路。何涛称自己很对不起当地百姓，他自己的家也在门头沟，当初并没有意识到污泥产生的气味和有害物质会带来这么严重的后果，悔不当初。但他同时也提出了自己的疑惑。何涛称，在 2008 年以前，他们这个行业内的大多数公司都像他们这么做。因为污水处理厂支付的污泥处理费根本不够无害化处理污泥，所以他们只能联系当地村民和砂坑承包人，经他们同意直接倾倒污泥。

目前国内外对污水处理厂产生的污泥的处理方式主要是农用、干化以及填埋三种方式。为了节约成本，多数人对污水处理厂的污泥往往会采用倾倒和堆肥的方式处理，这甚至已经成了业内的通用做法。

“何涛案件”倾倒污泥数目之大、造成损害之大，在全国尚属个例，但纵观全国众多的污水处理厂、如此多的污泥，这其中又会有或将有多少个没被发现、未被曝光的“何涛”存在？疮疤终究会留下痕迹。若干年后，这些污泥残留下来的毒素究竟会给环境带来怎样的影响？我们不得而知，却心存忧虑。

“毒”泥带来五大危害

为什么会有城市污泥呢？要解答这个问题就先要对城市的污水处理系统做一下说明。在北京的地下有长达 7857 千米的污水排放管网，这个管网一头连接着几百万个家庭的厨房洗菜池、卫生间洗脸池、浴室的浴盆，另一头通向城市周边的 15 个污水处理厂。

俗话说“下水三分净”，水除了被人饮用，维持人体的新陈代谢之外，最大的用途就是洗涤，洗衣、洗菜、洗脸、洗车、洗地……等等。每个人用于食物的水只占总消费量的 5%，其余占 95% 左右用于各种清洗。每天，我们家庭里的洗脸水、洗澡水、洗米水、洗菜水、洗衣水都会通过这个管网流向污水处理厂。还有公共单位的食堂、卫生间、洗车场、餐馆、饭店、商场、工厂的废水也都统统流向这些污水处理厂。北京市的污水处理系统每天要处理 2000 多万人排放的 280 多万立方米的生活污水。城市污水在污水处理厂经过静置、曝气、沉淀、过滤后成为可利用的中水而排入河道，成为工业和农业用水。

城市污水中经过活性炭过滤、絮凝剂吸附、沉淀下来的又黏又黑又臭的东西就是城市污泥。这是一种由有机残片、细菌菌体、无机颗粒、胶体等组成的极其复杂的非均质体，其含水率高达约 80%，颗粒细比重小，外部形态为黑褐色的胶状浓稠物。每 1 万吨城市污水可产生 8 ～ 10 吨城市污泥。

污泥的特点是不仅含水量高，易腐烂，有强烈臭味，并且含有大量病原菌、寄生虫卵以及铬、汞等重金属和二噁英等难以降解的有毒有害及致癌物质。如未经有效处理处置，极易对地下水、土壤等造成二次污染，直接威胁环境安全和公众健康，使污水处理设施的环境效益大大降低，并引发社会公众事件。城市污泥如果不能有效治理，将产生五个方面的严重危害。

一是严重污染地下水。城市污泥未经处理随意排放，经过雨水的侵蚀和渗漏作用，极易对地下水、土壤等造成二次污染，直接危害人类健康，特别是在降雨量较大地区的土质疏松土地上大量施用污泥之后，会引起地下水的污染。

二是地表水富营养化严重。如果城市污泥排放不当，其所含的丰富的氮、磷等将直接或间接进入周边水体或土壤中，当水体吸收氮磷的速度小于污泥中的有机质分解速度时，多余释放的氮磷等很可能随着水循环系统进入地表水，造成地表水的富营养化。

三是重金属污染土壤。污泥中含有大量病原菌，寄生虫（卵），铜、锌、铬、汞等重金属，盐类以及多种有毒有害物。这些物质对环境和人类以及动物健康有可能造成危害。具体来说，污泥含盐量较高，会破坏植物养分平衡、抑制植物对养分的吸收，甚至对植物根系造成直接的伤害。重金属是限制污泥大规模土地利用的重要因素，因为污泥施用于土壤后，重金属将积累于地表层。重金属一般溶解度很小，性质较稳定、难除掉，其潜在毒性易于在动植物以及人类中积累。

四是臭味引发民怨重重。臭气污染是污泥处理处置过程中极易产生的一种污染，更是全世界大部分堆肥厂所面临的重要环境问题。污泥堆肥过程中有机质的生物降解往往伴随着多种臭味物质的产生，尤其是在厌氧条件下，容易产生硫化氢、挥发性有机酸、硫醇、二甲基硫化物等臭阈值较低的恶臭污染物，造成的臭气污染较严重。

五是影响食物链。在地表水、地下水、土壤被污染的情况下，种植在其上的农作物不可避免受到污染，进而对整个食物链带来影响。

超负荷的污泥处理场

在北京南部大兴区有一座占地 12 万平方米的大型污泥处理设施——北京排水集团庞各庄污泥处置中心。这是北京现有的唯一一座日处理大约 300 吨湿泥的条垛式堆肥场，但随着市区污泥的不断涌入，已经不断超负荷运行。该厂负责人有些无奈地说：“夏天每次大雨过后，这里的污泥量都要翻番，实在是吃不消。尽管进行了改扩建，使设计能力达到了日处理 500 吨污泥的水平，但是在冬季由于工艺技术方面的原因，还是不能满负荷生产。”

北京市城区投入使用的污泥处理处置设施还有：清河热干化厂，处理能力 400 吨 / 日，采用天然气干化；方庄石灰干化厂，处理能力 30 吨 / 日，采用石

灰干化。如果三座污泥安全处理处置设施满负荷运转，城区每天得到安全处理的污泥量为730吨，约占29%，还有1770吨污泥没有有效的处理处置，约为71%。

目前，大部分未能有效处理处置的污泥采取废弃荒地堆置的方式解决，只有约15.9%的污泥得到了安全处置，84.1%的城区污泥为临时处置，存在一定的安全隐患。北京市郊区污水处理厂比较分散，处理工艺简单，主要以浓缩脱水为主；处置方式单一，直接农用、填埋所占比例较大，分别为38.4%和33.9%。

随着城市发展水平和公众环境意识的提高，北京市的污水处理率逐年提高。1984年北京城市污水的处理率仅为10%，2006年城市污水的处理率达73.8%。年处理量由1984年的6824万立方米增加到2006年的9.32亿立方米，增幅达1266%。北京市污水总体规划将城市划分为15个主要排水区域，每一个排水区域内有1座污水处理厂。2012年城区已有9座污水处理厂投入运行，日处理能力约313万立方米，城区污水处理率高达98%。与城区相比，郊区的污水处理发展较晚。郊区污水处理厂比较分散，处理规模小，各郊区污水处理厂根据因地制宜原则，处理工艺和处理水平差别较大。

污水处理能力提高，污泥产生量也随之增加。2006年产生的污泥量大幅度增加，这是由于奥运会的临近，投入运营的污水处理厂增加，污水处理率提高，从而产生的污泥量增加。2008年，北京市共产生污泥105.8万吨，其中城区89万吨，约占84.2%，郊区16.76万吨，约占15.8%。2008年每天产生约2960吨污泥，其中城区每天产生约2500吨污泥，郊区每天产生460吨污泥。

按照北京市的"十二五"规划，到2015年，城六区将规划新建东坝、郑王坟等12座污水处理厂，新增日污水处理能力131万立方米，城六区日污水处理能力达到456万立方米。新城新建污水处理厂16座，扩建11座，增加日污水处理能力100万立方米，日污水处理能力达到197万立方米。新建村镇污水处理厂20座，扩建8座，增加日污水处理能力27万立方米，日污水处理能力达到47万立方米。

全市总的日污水处理能力达到652万立方米。

北京市的"十二五"规划也对污泥处置进行工程规划：城区新建高碑店、琉璃河、小红门、郑王坟污泥干化工程，扩建庞各庄污泥堆肥场工程，污泥处理规模每日增加2700吨。房山、昌平、顺义等新城建设11座污泥处置工程，处理能力达到每日2405吨。全市的污泥处置能力达到每日5105吨。

由于处理处置设施不足的限制，北京市大部分污泥未经妥善处理处置，未经安全有效处置的数量如此巨大的城市污泥将带来一系列严峻的问题，让污泥处置陷入进退两难的困境。

记者观察：污泥倒进庄稼地

财新《新世纪》的记者在接近北京排水集团的一位知情人士那里得知，北京市相当大数量的污泥直接倾倒已有多年。为此，他们进行了暗访。虽然他们无法了解北京的所有污泥倾倒行为，但两条从污水厂至堆放点跟踪路线，已足以说明北京的污泥直接倾倒现象，远远不是个案。

"早些年，主要是在郊区寻找砂石坑、废弃矿井，近年来，倾倒地点越来越远，甚至延伸至北京周边的河北省境内。"这位知情人说。

2013 年 3 月 17 日，高碑店污水处理厂。

上午 11 时许，车牌号为京 G85794 的红色大型自卸车，从位于北京市朝阳区高碑店附近的高碑店污水处理厂大门开出。车的前挡风玻璃上，贴有"高污水厂"的黄色标签。这辆拉着污泥的京 G85794 一路南行，约两小时后驶出北京界进入河北省廊坊市。下午 1 点 30 分前后，这辆车驶入河北省廊坊市永清县管家务乡境内。在偏僻的乡间小道上，车辆稀少，财新记者所驾车辆只能间隔数百米跟着。只一眨眼的工夫，京 G85794 就不见了。

财新记者原地守候，约 20 分钟后，京 G85794 返回，车内污泥已然倒空。显然，污泥集中倾倒点就在附近。下午 2 点 30 分左右，又一辆贴有"高污水厂"字样的京 AK7834 的陕汽牌大型自卸车从北京市区方向开过来，货厢中也满载污泥。京 AK7834 于 10 多分钟后到达管家务乡安育村的河滩地带。数百亩的河滩耕地上，到处是一堆堆稀软的污泥，空气中散发着恶臭。有数十亩耕地上的污泥，已被双排式的圆盘耙深翻入土。

京 AK7834 开进田地数百米，腾挪了好多次且与田里几个接应者沟通良久，扬起自卸车厢，卸下污泥，沿来路快速离去。随后沿原路返回北京的途中，财新记者又见到一辆写有"高污水厂"字样的货车驶向卸污泥点方向。

在北京市通州区漷县镇漷县村，财新记者发现高碑店污水处理厂又一卸泥点。漷县村距城区中心约 40 千米。2013 年 3 月下旬，位于村内的县道漷小路西侧的约 800 亩土地，有一半以上刚刚翻耕了黑褐色污泥。污泥还呈稀软黏稠状，

现场散发着浓烈的臭味。

2013 年 3 月 6 日，清河污水处理厂。

正值全国“两会”在北京召开。或许是忌惮“两会”期间严格的道路管理，直到夜幕降临，才有运输污泥的大车从清河污水处理厂出动。晚上 9 时许，一辆车号为京 G50585 的自卸车开出厂门，未加苫盖的车厢里，堆尖的污泥在路灯下隐约可见。

清河污水处理厂负责处理西郊风景区、高校文教区、中关村科技园区和清河工业园区的污水，每日处理量超过 50 万吨。据官方介绍，清河污水厂拥有国内一流的污泥处理能力，有目前国内最大的污泥热干化处理项目，日处理污泥能力 400 吨，理论上可以将其产生的污泥通过热干化工艺，处理成肥料添加剂、有机营养土或制造建材。

虽然厂里摆着这个耗资超过 1 亿元的项目，京 G50585 还是满载着湿污泥开出了清河污水处理厂。一个多小时后，京 G50585 来到 40 余千米外、位于北京东北郊的顺义区木林村。司机熟练地驾车钻入一条并不显眼的土路，在尽头空地停下，随即卸泥。半小时之后，又有两辆同样车型、颜色的自卸车来到这里，车号分别是京 AC4208 和京 AC4209，两车均属于北排集团污泥处理分公司。

直接倾倒污泥，既违反国家标准，也违反地方法规。环保部自 2009 年起实施《城镇污水处理厂污泥处理处置及污染防治技术政策（试行）》，规定在进行土地利用之前，污泥必须首先进行稳定化和无害化处理。《北京市水污染防治条例》亦有条款禁止采用倾倒、堆放、直接填埋的方式处置污泥。

中国式污泥治理：“重水轻泥”

过去八年来，中国在污水处理上的投资仅政府投资部分就达 5000 亿元以上。表面上成效斐然：县级以上城市污水处理能力已达到污水总量的 70% 以上；实际上不然：污水处理了，钱花了，污染还在，又回来了。

原来是污水处理少了关键的一环：污水处理后，产生污泥；污水中原有的重金属、有机物、细菌、有害微生物等，大半留在污泥里，业界称之为“毒泥”。污水处理必有污泥处理，污泥和污水处理同等重要，如果污泥不妥善处置，就像污水不经处理直接排放一样。多位污泥研究领域的专家痛心地表示，不处理污泥，污水处理几乎是无用功，无非是污染物在污水处理厂转了一圈，聚集在污泥里，又回到环境中。发达国家城市把污泥处置看得与污水处理同等重要，其通行做法是污泥脱水、消毒，然后堆肥、风化等，以无害形式回归自然。

我国现有污水厂很少有符合国家标准的污泥处置设施，污泥的安全处置率小于10%，未经无害化处理的污泥随意乱丢现象严重。过去由于不重视污泥无害化处理问题，加之存在缺少投资和技术不过关等多方面原因，东部某市、河北等省市的堆肥设备闲置，厂区空无一人。甚至投资巨大的中部某省污泥堆肥厂被关闭。污泥问题已成为制约污水行业发展的瓶颈。

我国污泥处置落后有历史方面的原因。因为中国近年才加快城市化进程，兴起冲水马桶等，之前一直以旱厕为主，所以这方面的技术没有跟上。而欧美发达国家不一样，他们使用冲水马桶的时间较长，对污水和处理污泥问题的重视得更早一些，处置技术和效果也比较好。

2011年4月，北京林业大学博士谭国栋和北京水利科学研究所李文忠等人发表论文《北京市城市污水处理厂污泥处理处置技术研究探讨》称，北京市污泥产量早在2008年就超过100万吨，但几处污泥处理厂的总处理规模仅为48万吨。事实上，北京排水集团2009年至2012年四年中一直在公开招标外运污泥，涉及旗下9家大型污水处理厂。其中，2011年、2012年两年，这些污水厂外运污泥量高达69万～82万吨，占全市污泥量的80%左右。

也就是说，即使污泥处理厂满负荷工作，北京每年也会有50多万吨污泥未作处理。近年来污泥处理的力度有所增加，但未处理污泥的总量依然惊人。不处理污泥，处理污水就是花钱做样子，钱打水漂。何必如此？第一是钱，1吨污水产生的污泥，处理成本是对应污水处理的70%到80%；第二是污水处理看得见，污泥处理看不见。看不见的事，地方政府就不想再花钱了。问题是，污染根本没有消失，只是换了载体。

中国科学院地理科学与资源研究所环境修复中心主任陈同斌指出，中国的现状就是典型的“重水轻泥”。目前，国内污泥处理设施的投资很少；而在国外，污水处理厂污泥处理设施的投资一般占污水处理设施投资的50%～70%。清华大学环境学院水业政策研究中心主任傅涛主持发布的《中国污泥处理处置市场分析报告（2012版）》估计，中国至少80%的污泥并未有效处理，而是直排于环境中。中国水资源协会排水专业委员会理事长杨向平、中国人民大学环境学院副院长王洪臣教授等人认为，“治水不治泥，等于未治水”。

根据中国水网发布的《中国污泥处理处置市场分析报告（2012版）》测算，2011年，全年城镇污水处理厂处理水量为390.79亿吨，全年湿污泥产生量约

2800万吨。环保部科技标准司司长赵英民公开估计，至2010年底，全国污泥产生量约3000万吨。解决不好污泥的问题就不可能从根本上实现水环境的改善！

发达国家，污泥怎么处理？

自从1875年英国伦敦建立世界第一个污水处理厂以来，污泥处理问题便成为市政管理的重要问题之一。西方发达国家由于工业化进程早，经济实力雄厚，所以污水处理技术先进，处理程度较高。

随着城市人口的增长、市政服务设施的不断完善、污水处理技术的不断提高，欧、美等发达国家的污泥产量每年大约以5%～10%的速度增长。国外污泥处理处置方式根据国情的不同有所差异，不同处置方式在不同国家所占的比例也不相同。从总体上看，世界上发达国家的污泥处置现状为土地利用45.3%、填埋38%、焚烧10.5%、排海6.0%。

美国环保署估计，1998年全美干污泥产量为690万吨。在过去的20年，美国人口和开展市政污水处理的人口数量皆得到显著增加，而且自从1972年政府颁布水净化条例以来，污泥量得到了快速的增加。到2005年美国干污泥产量将达到760万吨，2010年将达到820万吨；从1998年到2010年，污泥产量将增加19%。美国的污泥处理处置现状为填埋13%、土地利用58%、焚烧20%。

2000年美国大部分污泥被有效利用，21个州的50%以上的污泥被循环利用，4个州的50%以上的污泥被填埋，5个州的50%以上的污泥被焚烧。调查的40个州中，有5个州没有污泥陆地填埋处置，17个州没有污泥焚烧处理。由此表明：美国的污泥主要处置方法是循环利用，而污泥填埋的比例正逐步下降，美国许多地区甚至已经禁止污泥土地填埋。据美国环保署估计，今后几十年内美国6500个填埋场将有5000个被关闭。

1990年欧洲干污泥产量为1100万吨，到1999年干污泥产量达1746万吨。到2005年，欧洲将建立许多新污水处理厂，一些国家污泥产量将几乎增加300%，污泥管理将是一个严峻挑战，选择处理处置方法也将会具有更大的经济和环境内涵。由于城市污水处理要求的日益严格，欧洲城市污泥产量预计将增加50%。欧盟委员会希望：到2005年污泥农用比例上升73%，达到污泥总产量的53%；污泥焚烧比例达到总产量的25%，比目前增加大约300%；到2005

年填埋数量比目前下降24%。

污泥填埋是欧洲特别是希腊、德国、法国在前些年应用最广的处置工艺。由于渗滤液对地下水的潜在污染和城市用地的减少等，对处理技术标准要求越来越高，许多国家和地区甚至坚决反对新建填埋场。1992年欧盟大约40%的污泥采用填埋处置，近年来污泥填埋处置所占比例越来越小，例如英国污泥填埋比例由1980年的27%下降到1995年的10%，预计到2005年将继续下降到6%。欧盟内部各个国家的污泥处置根据国情状况也有不同，大体上相似。

英国：填埋16%，土地利用50%，焚烧5%，其他29%。德国：填埋11.4%，土地利用65.9%，焚烧19.5%，其他3.2%。法国：填埋17%，农用66%，焚烧14%，其他1%。丹麦：填埋16%，农用60%，堆肥2%，焚烧22%。

日本由于国土面积较小，以焚烧为主，约占66%，土地利用占22%，填埋5%，其他约占10%。日本对污泥土地利用的限制存在于对土壤、地下水、填埋、肥料等的相关标准中。日本于1954年建立第一座污泥堆肥中心，到20世纪90年代末已建成35座堆肥厂，许多大型堆肥厂的发酵仓和生产线以及袋装产品很具规模，且机械化、自动化程度较高。进入80年代之后，日本研究开发出封闭式发酵系统，以机械方式进料、通风和排料，虽然设备投资较高，但是由于自动化程度高、周期短，日处理量大，污泥处理后质量稳定，容易有效利用，而且可以有效控制臭气和其他污染环境的因素，所以综合效应好，日本神户、大阪等地已经开发出多种发酵仓工艺系统。

说长道短论技术

俗话说"拖泥带水"，因此不论采取何种方式，脱水都是污泥处理处置的必要前提。然而想办法从污泥中尽可能"榨出水分"却也并非易事。中国污泥的最终处置，基本采用填埋、堆肥、焚化等几种方式，以力图实现污泥的减量化、无害化和资源化。

城市污泥填埋的优点是投资少、容量大、见效快、处置成本低。对前期的污泥处理技术要求较低，一般进行消化减容或让其自然干化即可。但是原生污泥不能直接与垃圾混合填埋；虽然国家新的填埋标准允许在污泥含水率低于60%的情况下与生活垃圾混合填埋，但是将导致填埋场渗滤液收集系统的堵塞，

以及渗滤液中重金属的进一步升高。因此，填埋场一般不愿意接受城市污泥。

堆肥方式呢？堆肥可以利用污泥中的有机质改善土壤物理结构，增加土壤氮磷含量，实现资源利用。但是氨、硫化氢等恶臭难以控制，重金属含量一般超标，肥效较低，受销售半径和季节的影响比较大。因此，城市污泥堆肥一般适合于重金属含量满足要求、且具备应用市场的区域。堆肥方式要慎重，污泥里还含有病菌、寄生虫、毒性有机物，一定要经过严格的无害化处理才能利用，否则存在环境污染风险。堆肥处置的规模应该由其应用市场的规模来决定。

还有就是石灰干化技术，这种技术是现今国内新开发出的一种运用添加剂对污水处理厂污泥进行干燥、稳定化和资源化处理的方法。采用含生石灰发热剂，通过污泥高效干燥系统对有机酸腐污泥进行干燥、脱水、改性后，向稳定化无机材料转化。干化后的污泥渣可以补充水泥生产原料中的钙质成分，实现污泥的再利用，并解决污泥处理过程中的二次污染问题。北京方庄污水处理厂污泥石灰干化工程就采用了这项技术。

污泥热干化技术在国外运行的比较多。这项技术是利用热破坏污泥的胶凝结构，并对污泥进行消毒灭菌。干燥温度可达 95℃以上，能够有效地杀灭病原菌，使污泥显著减容，产品稳定，无臭且无病原生物，干化处理后的污泥产品用途多，可以用作肥料、土壤改良剂、替代能源等。优点为占地少，自动化程度高，缺点为如果污泥进行完全干化，干到含水 10% 以下能耗很大、设备投资高。

利用污泥烧制水泥目前也成为一个重要的技术广受关注。这项技术有两条途径，一是将污泥作为水泥生料，二是将污泥作为制水泥的燃料。水泥生产在北京已经受到严格控制，尽管如此，2002 年北京市的水泥产量仍超过了 800 万吨。生产 1 吨水泥需要消耗 1 吨左右的石灰石，仅北京一年就需要 800 万吨左右的石灰石。如果烧制 1 吨水泥添加 400 千克干化污泥，北京的水泥厂全年可消纳 300 多万吨污泥。因此，将污泥制成水泥生料，其市场容量很大。

相对而言，焚烧处理技术优势在于其处理的彻底性，其减容率可达到 95% 左右，其有机物被完全氧化，重金属（除汞外）几乎全被截留在灰渣中。但是该方法的缺点为投资和操作费用较高；在焚烧过程中产生飞灰、炉渣和烟气等难以处理的物质，处理成本高，同时会产生二噁英。

还有一种选择是脱水。污泥脱水是污泥处理处置的前提。无论是板框压滤机、带式脱水机还是离心脱水机，处理后的污泥含水率仍有百分之七八十。1 吨 80% 含水率的污泥其固体含量为 20%，要脱出 200 千克的水分才能成为 75% 含水率的污泥。如果采用热能蒸发的方法需要消耗 25 千克煤或者 18.3 立方米

04

的天然气，能耗很高，不太可取。

此外，关于城市污泥处置处理的技术还有水热处理技术、污泥水热干化技术、水热处理污泥的高效厌氧消化技术、污泥开发无土草坪基质技术、污泥土地利用技术、污泥制氨基酸微肥技术等等。

污泥的本质是“泥”

城市污泥的产生根源是多方面的，数量是巨大的，处理的难度也是空前的。尽管有发达国家的技术先例，北京市政府也准备斥巨资搞几个像样的大工程，但是有些事情不是仅靠资金和雄心就能办到的，还需要扎扎实实的工作。下面这几个问题就需要好好地落实解决。

首先，经济实用技术不完善。目前，只有高碑店、小红门污水处理厂具有污泥厌氧消化处理设施，但由于管理不到位，两处设施均未达到稳定运行。其余污水处理厂污泥均采用浓缩－脱水工艺处理，污泥含水率高达 80% 左右，不能满足最终处置要求，而深度脱水技术成本较高，没有可推广的经济实用技术。堆肥自动化程度低、周期长、效果不稳定，堆肥后农用的环境风险依然存在。同时，堆肥过程中散发的臭味、蚊蝇等问题都没有得到有效解决，污染周围环境。

其次，资源化利用率极低。根据 2008 年调查结果，污泥资源化利用主要为土地利用和建筑材料，两项合计仅占污泥总量的 17.4%，造成大量有机质及氮、磷等养分流失和资源浪费。

第三，环境安全风险很大。根据 2008 年调查结果，北京市污泥处置方式为土地利用 10.8%、建筑材料 6.5%、填埋 5.5%、堆置 70.1%、直接农用 7.1%。不合理处置污泥的细菌总数、大肠杆菌、蛔虫卵含量比较高，并且含有一定数量的重金属离子、有毒有害有机污染物及氮磷等植物营养元素，这些物质进入土壤，产生新的污染源，并随降水不断迁移、积累，对当地土壤、地表水、地下水及农作物等将产生严重安全影响，存在污染环境及威胁食物安全的风险。

第四，技术保障体系尚未建立。污泥减量化、稳定化、无害化及资源化包括污泥的处理和处置两个方面，污泥处理包括浓缩、消化、脱水、堆肥、干化和焚烧等；污泥处置包括土地利用、建筑材料利用、填埋、焚烧等。截至目前，国家制定和颁布了关于污泥的 8 项相关标准，但是，北京市还没有相关的地方技术导则、规范或标准，技术保障体系尚未建立。

第五，产业政策保障体系不健全。政府扶持力度不够，社会、企业参与程度还不明确。包括污水厂的规划、设计、运行阶段污泥处理的配套政策机制，政府对污泥处理的投资比例，根据不同功能定位污泥的资金补助制度。污泥处理处置的调控核算平台尚未建立。在核定市级财政对于污泥处理处置补助费用基础上，核定跨区域污泥处理处置经济补偿费用，建立统一核算平台，加强污泥的处理处置、运输的监管计量，实现污泥“减量化、无害化、资源化”。

第六，总体解决思路不明晰。由于初期没有结合污水处理厂的布局、污泥产量等因素超前规划，污泥最终处置途径、处置方式以填埋、直接农用为主。近年来，随着污水处理水平显著提高，还没有与污水处理相配套的污泥处理处置规划，污泥处理处置的完整的技术链、政策链、资金链尚未形成。同时，由于城市扩展、农村城镇化建设和退耕还林工程等原因，可以作为污泥填埋的地方越来越少，已有的近郊分散污泥消纳点急剧萎缩，将产生二次污染。

从本质上说，污泥是含有“水”的土，回到土地是其最好的归宿，关键要选择经济合理适用的技术。以堆肥进行土地利用为主的发酵技术现在比较成熟，只要能将污泥中的病菌、虫卵杀死，消除重金属的危害，消除堆肥产生的臭气，就应该加以大力推广。

05 第五章 渗滤液，垃圾中的垃圾！

城市生活垃圾在转运、填埋过程中，经过压实，厌氧发酵、雨水冲淋等一系列复杂的物理化学作用后，会从垃圾堆底部渗出一定量的垃圾渗滤液。

渗滤液中含有大量的有机物、氨氮、病毒、细菌、寄生虫等有害有毒成分。其水质波动大，成分复杂，金属离子含量高，污染物浓度高，持续时间长，流量小而且不均匀。如果处理不当会对环境造成二次污染，不但会污染土壤和地表水源，甚至会污染地下水，给生态环境和人体健康带来巨大危害。

目前，人们关注的焦点是渗滤液，对于渗滤液处理后的渗滤泥根本没有顾及。渗滤液中的主要有害物质都被浓缩在渗滤泥中，它的浓度是渗滤液的4～5倍。渗滤泥的危害比渗滤液更高，治理难度也更大，需要加强研究，真正做到无害化、资源化处理。如果不能有效治理渗滤泥，前面的努力也将大打折扣。

虽然不同渗滤液处理方法各具优点，但也都有局限性。如何找到投资省、效果好的处理技术，是一项十分艰巨的任务。

小武基，繁忙的转运站

每天早晨，人们在上班出行的时候随手把垃圾袋扔在门口的垃圾桶里，这些包含了汤汤水水的垃圾随后被送进了小区的垃圾楼里；经过垃圾楼承包人员简单的分拣后，这些垃圾又被

环卫部门的垃圾车送到垃圾转运站。

小武基垃圾转运站位于东南四环内侧，是国家第一批大型自动化运行的固废分选设施，也是北京市最早引入工厂化管理并成功运营至今的垃圾处理设施之一，工艺先进、设备精良，每天分选处理生活垃圾可达 2000 吨，其过程全部实现了自动运行和集中控制。

初春，在清晨和煦阳光的映衬下，一辆辆干净整洁、密封严实的天蓝色环卫作业车辆有序地向前移动，经过地泵房电子称重系统，继而驶向大约有 7 度倾斜角的引桥上方密封式卸料平台。行进过程中，依附在桥两侧红色管路上的排线错落有致地喷洒出芬芳宜人的除臭液体。在地面如洗的卸料平台上，工作人员驾驶着作业车辆徐徐向后倒去，直至碰到水泥栏坎；按下电子控制系统，车内的生活垃圾犹如瀑布般精准地倾泻到垃圾收集料仓中；机械装置徐徐转动，这些生活垃圾将享受到优厚的分选处理待遇。

环卫作业车辆将生活垃圾卸入料仓后，板式输送机首先将这些垃圾输送到一个巨大的滚筒筛里，在持续不停的滚动筛选过程中，小于 80 毫米的垃圾被筛选到下面的传送带上，进入磁选环节。两个像坦克履带的磁选机，不时将传送带上的生活垃圾中的铁物质吸出，进而传输到设备终端对应的集装箱内，作为资源回收利用。剩余的生活垃圾继续向前传输到大型弹跳筛中，筛选出的 15 毫米以下的残渣通过传送带，源源不断地输送到对应的集装箱内，由重型奔驰转运车辆将其运送到填埋场进行卫生填埋。而 15 毫米到 80 毫米之间的有机垃圾则由转运车辆运送到堆肥场进行堆肥处理。

那些留在滚筒筛中大于 80 毫米的生活垃圾，经过同样的磁选环节，分离出铁物质，进入风选环节。在大型抽风机将塑料等轻物质吸出，再经过传送带输送到打包机中，进行打包处理，最终由专业回收公司进行回收再利用。剩余的生活垃圾作为焚烧料输送到焚烧厂进行无害化焚烧处理。

据统计，生活垃圾经过分选工艺后，最终需要卫生填埋的残渣量总计不超过原生垃圾的 35%，剩余的 65% 可以通过各种方式再利用。小武基大型固废分选转运站的投产运行，一方面科学有效地促进了资源的回收再利用，提高了资源利用率；另一方面大大降低了填埋量，真正实现了生活垃圾的减量化。

2008 年北京奥运会召开前，小武基转运站还引进了世界上最先进的光谱分选技术，对生活垃圾中有较高回收利用价值的塑料袋、纸等固体废弃物进行精细化分选回收，纯度可达到 90% 以上，其效率比人工分选高 80 倍左右。光谱分选系统是根据不同物质对光谱形成的反射不同的原理，将垃圾中所需的物料

分选出来。从垃圾上线处理到最终完成分选，一般只需要 5 分钟时间。

在垃圾转运站里，大量的生活垃圾经过压缩处理被装上大型垃圾运送车送往郊区的填埋场进行填埋处理。在这个收集转运的流程中，垃圾中的各种汤水在垃圾楼到填埋场的道路上形成了一个遗撒的路径。而这些遗撒下来的液体垃圾散发出令人讨厌的难闻气味——垃圾臭气。在垃圾填埋场，这些臭气则更为强烈，在阴天或低气压的条件下，恶臭的气体飘散在垃圾场周围的大气环境中，久久不散，严重地影响了周围居民的身心健康。

填埋场，盖不住的恶臭

随着我国经济的快速发展，工业化、城市化进程的加快，垃圾包围城市已成为一种普遍现象，城市生活垃圾导致的环境污染问题日益突出。卫生填埋法凭借投资少、处理能力大、运行管理费用低、技术要求不高等特点，成为我国城市生活垃圾的主要处理方式。

恶臭气体污染是垃圾填埋场产生的一大社会公害。海淀区六里屯垃圾填埋场、朝阳区高安屯垃圾填埋场、昌平区阿苏卫垃圾填埋场都发生过周围居民抗议恶臭的事件。有效处理垃圾填埋场的恶臭污染，减少其对周边生态环境的破环，保护人民的身体健康，已经成了垃圾综合治理的一个重要内容。

一般来说，城市生活垃圾填埋场恶臭气体按其组成可分成五类：一是含硫化合物，如硫化氢、二氧化硫、硫醇等；二是含氮化合物，如氨气、胺类、吲哚等；三是卤素及衍生物，如氯气、卤代烃等；四是烃类及芳香烃；五是含氧有机物，如醇、酚、醛、酮等。恶臭气体成分在好氧和厌氧条件下均可产生，但主要的致臭物质来自厌氧过程。在垃圾填埋场中，垃圾中的微生物将有机物作为营养物质加以利用的过程中，会产生一些带异味的气态代谢产物或中间产物，这些物质包括脂肪酸、胺、芳香化合物、无机硫、有机硫，以及萜类物质和其他挥发性有机物。由于垃圾填埋场臭气是填埋垃圾中易腐败物质厌氧发酵产生的，而厌氧发酵过程与接触方式、接触时间、环境温度密切相关，因此垃圾填埋场散发出的臭气成分变化与这些因素的变化密切相关。

恶臭可以根据其成分的不同进行分类，比如人的毛发富含各种氨基酸，而氨基酸水解会产生各种臭味。色氨酸在酸的作用下加热会分解，同时产生 3- 甲基吲哚，即粪臭素。甲硫氨酸，半胱氨酸分解会产生硫化氢，臭鸡蛋味。赖氨

酸腐败会产生尸胺，剧毒并且恶臭。精氨酸腐败脱羧产生丁二胺，一样恶臭剧毒。吲哚衍生物，会有大便味，特别是奶婴大便味。丙烯硫醇、甲基丙烯基硫醇会产生大蒜味。二甲胺、三甲胺会产生鱼腥味。二甲基硫醇会产生腐烂的海藻味。另外多数长链氨基酸在细菌作用下还可以产生酮类，中低级羧酸，这些都有不愉快的气味。而这些仅仅是难闻分子中的一小部分。

科学家们研究发现：最臭的化学物质是极易气化的硫化物，尤其是臭鸡蛋气味的硫化氢（H_2S），烂白菜气味的甲硫醇（CH_3SH）。无数的研究表明，臭气中这两种分子的含量越高，惹人掩鼻的臭气强度越大。

恶臭作为一种影响广泛的公害，强烈刺激人的心理，严重时引起中毒。它对人体的毒害是多方面的：首先引起人体反射性地抑制吸气，妨碍正常呼吸功能；神经系统长期受到低浓度恶臭的刺激，使嗅觉脱失，继而使大脑皮层兴奋与抑制的调节功能失调，恶臭成分如硫化氢直接毒害神经系统，同时影响氧的运输，造成体内缺氧，干扰循环系统；氨等刺激性臭气使血压先降后升、脉搏先慢后快；臭气使人食欲不振、恶心呕吐，可能导致消化系统功能减退以及内分泌系统紊乱，影响机体的代谢活动。此外，氨和醛类对眼睛有较强的刺激作用。

千方百计除尽恶臭

各种恶臭治理技术和方法都是通过物理、化学、生物的作用，使恶臭污染物的物相或物质结构发生变化，从而达到去除臭味的目的。除臭方法大体分为化学除臭法、物理除臭法、生物除臭法、配比混合除臭法、生物滤池除臭法等。

首先是化学除臭法。这是一种利用酸碱的中和反应，使恶臭成分生成了其他没有臭味物质的方法。化学除臭剂中含有硫酸铜、硫酸亚铁等成分，这些酸性成分能够与臭气中的氨气、硫化氢等碱性成分发生中和反应，而这些碱性成分约占臭气总成分的60%以上。粪便、生活垃圾、污泥等有机废弃物的主要臭源是硫化氢、氨气。化学除臭剂与臭气成分反应后，变成盐类物质，不会对环境产生二次污染。化学除臭方法又具体包括化学洗涤法、O_3氧化法、光催化氧化法、热力燃烧法、催化燃烧法等。

第二种方法是物理除臭法，主要有吸附法和包裹法。吸附法是利用活性炭

等多孔穴物质，把恶臭成分吸附住，从而达到使其从空气中去除掉的目的。包裹法是利用除臭剂中环状糊精等具有链状结构的物质把臭气成分包裹起来，防止臭气扩散的方法。物理除臭方法还包括掩蔽中和法、稀释扩散法、冷凝法等。

第三种方法是生物除臭法。生物法是利用微生物将臭味气体中的有机污染物降解或转化为无害或低害类物质的过程。在适宜的环境条件下，附着于生物填料上的微生物利用臭气中的污染物作为能源，维持生命活动，并将其分解为H_2O、CO_2和其他无机盐类，从而使废气得以净化。微生物除臭基本上分为三个过程：首先将部分臭气由气相转变为液相的传质过程；第二是溶于水中臭气通过微生物的细胞壁和细胞膜被微生物吸收，不溶于水的臭气先附着在微生物体外，由微生物分泌的细胞外酶分解为可溶性物质，再渗入细胞；第三是臭气进入细胞后，在体内作为营养物质为微生物所分解、利用，使臭气得以去除。相对于传统的处理恶臭的物理化学方法而言，生物除臭法具有工艺简单、成本低廉等特点，因此具有广阔的应用前景。

第四种方法是配比混合除臭法。转化作用是根据调香学中的“对角补缺”和“相邻补强”原理将臭气转化为不臭的方法，从而使人们的感官对含有臭气成分和除臭剂成分的混合气味能够适应，并在心理上接受“不臭”的事实。事实上，当某些臭味物质的浓度适当时，也会有香味的感觉。当把恶臭味与除臭香料适当配合时，就可以把对恶臭的感觉减弱到几乎闻不出来的程度。日本化学公司的田中雄一研究员指出，配比混合法可以采用较为柔弱的芳香材料就可以让人完全感觉不到异味。因此，配比混合法正在成为除臭的主流方法之一。

生物滤池脱臭法目前在垃圾填埋场应用得最多，工艺成熟，且在实际中也是最常用的综合性生物脱臭方法。该法的主要原理是恶臭气体经过去尘增湿或降温等预处理工艺后，从滤床底部由下向上穿过由滤料组成的滤床，恶臭物质由气相转移到水——微生物混合相，通过固着于滤料上的微生物的代谢作用而被分解掉。生物滤池处理臭气时，运行费用低，处理效率很高，在实际中仍得到广泛的应用。生物滤池的脱臭效率除受附着微生物、湿度、pH值、温度、布气均匀性等影响外，滤料性能的影响也至关重要。实验表明在维持一定恶臭气体进气浓度和气体流量下，生物滤池对城市垃圾恶臭气体具有较高的去除率。

处理恶臭物质的方法可视恶臭污染物的性质、种类、浓度、处理量、气体排放方式及当地的卫生要求和经济情况的不同，采取不同的处理方法。

渗滤液，垃圾中的垃圾

城市生活垃圾在填埋过程中，经过压实，厌氧发酵、有机物分解、雨水冲淋，以及地表水和地下水浸泡等一系列复杂的物理化学作用后，会从垃圾堆底部渗出一定量的高浓度有机废水，这种有机废水就是垃圾渗滤液。

目前，北京市每年产生的生活垃圾已经超过 700 万吨，而垃圾渗滤液的处理也成为一个难以逾越的障碍。北京每年的垃圾渗滤液产生量已经超过了 150 万吨，相当于垃圾产量的五分之一。特别是在夏季雨多的气候条件下，垃圾渗滤液的产生量更是暴涨，高峰的时候，达到了每天 9500 多吨的规模，已经有填埋场因容量有限而导致垃圾渗滤液外溢的事件。

垃圾渗滤液产量比较大的另外一个地点是垃圾焚烧厂。生活垃圾在进入垃圾焚烧厂后，按照工艺流程先要进行 5 天的控水过程。经过控水后的垃圾可脱水 20%，这些脱除的污水也是垃圾渗滤液。高安屯垃圾焚烧厂每天进厂的垃圾有 1000 吨，垃圾渗滤液就会产生 200 吨，全年就是 7 万多吨。鲁家山垃圾焚烧厂投产后每天处理垃圾 3000 吨，日产渗滤液 600 多吨，全年超过 21 万吨。

渗滤液中含有大量的有机物、氨氮、病毒、细菌、寄生虫等有害有毒成分。其表现特征为：水质波动大，成分复杂，生物可降解性随填埋场场龄的增加而逐渐降低，金属离子含量高，污染物浓度高，持续时间长，流量小而且不均匀。如果垃圾渗滤液处理不当就会对环境造成二次污染，不仅会污染土壤和地表水源，甚至会污染地下水，对生态环境和人体健康带来巨大危害，致使垃圾的卫生填埋失去应有的价值和意义。丰台区的北天堂垃圾填埋场启用后，方圆十千米的地下水质都受到了影响。

我国城市垃圾渗滤液主要有以下几个特征：

一是渗滤液成分复杂。渗滤液中含有低分子量的脂肪酸类、腐殖质类，高分子的碳水化合物及中等分子量的灰黄霉酸类物质。虽然渗滤液中某一特定的污染物浓度很低，但由于污染物种类繁多，因此其总量巨大。

二是有机污染物和 NH+42N 含量高。经鉴定，垃圾渗滤液中有 93 种有机化合物，其中 22 种被中国和美国列入 EPA 环境优先控制污染物的黑名单。其中有可疑致癌物 1 种、辅致癌物 5 种，被列入我国环境优先污染物“黑名单”

05

的有 5 种以上。高浓度的 NH+42N 是“中老年”填埋场渗滤液的重要水质特征之一，也是导致其处理难度较大的一个重要原因。

三是重金属含量大，色度高且恶臭。渗滤液中含有十多种含量很高的重金属离子，主要包括 Fe、Zn、Cd、Cr、Hg、Mn、Pb、Ni、As 等，当工业垃圾和生活垃圾混埋时重金属离子的溶出量往往会更高。重金属离子的存在是渗滤液色度变化的原因之一。渗滤液的色度可高达 2000 ~ 4000 倍，并伴有极重的腐败臭味。

四是微生物营养元素比例失衡。垃圾渗滤液中有机物和氨氮含量很高，但含磷量一般较低。渗滤液中 NH_3-N 的含量一般在 1000 ~ 3000 毫克 / 升，随着填埋年数的增加而增加，所以 NH_3-N 的去除一直是垃圾渗滤液处理的重点和难点。

五是 COD 和 BOD 浓度都很高。COD 高达几万，BOD 也达到几千，随着填埋时间延长，BOD/COD 值甚至低于 0.1，说明稳定期和老龄渗滤液的可生化性较差。

六是水质和水量变化幅度大。这是渗滤液的主要特点，主要原因与降雨和气温有关，不同地域雨季和旱季的成分差别较大，渗滤液 COD 变化范围为 1200 ~ 54412 毫克 / 升。

垃圾渗滤液产生量主要受当地的降水量影响，降水量的大小直接影响垃圾渗滤液的多少。而降水量的多少又受季节的影响很大，因此渗滤液的产生量又与季节的变化密切相关。一般来说，在我国冬季和春季的降水量较小，故这两个季节内的渗滤液产生量较小。夏季和秋季的降水量多而大，故渗滤液主要在这两个季节内产生。由此看来，全年内的渗滤液产生量很不平衡。

治理，多种候选技术

由于垃圾渗滤液水质复杂，处理难度大，尤其是对于具有老龄特征的垃圾渗滤液，其高氮和难降解有机物的去除成为难点。综合国内外的资料，垃圾渗滤液的处理技术主要有物化处理、土地处理和生物处理。

物理化学法主要包括混凝沉淀法、化学沉淀法、吸附法、化学氧化法、吹脱法、电化学技术、光催化氧化及膜技术等。

混凝沉淀法：在渗滤液中投加某些化学混凝剂，它与废水中可溶性物质反应，产生难溶于水的沉淀物，或混凝吸附水中的细微悬浮物及胶体杂物而下沉。

这种净化方法可降低废水浊度和色度，可去除多种高分子物质、有机物、某些金属毒物以及导致富营养化物质氮、磷等可溶性无机物。

化学沉淀法：主要是通过向氨氮废水中添加 Mg^{2+} 和 PO_4^{3-}，使之与 NH_4^+ 反应生成难溶复盐 $MgNH_4PO_4 \cdot 6H_2O$，简称（MAP），通过重力沉淀使 MAP 从废水中分离以去除废水中的 NH_4^+。这样可以避免往废水中带入其他有害离子，而且 MgO 还起到了一定程度的中和 H+ 的作用。

吸附法：主要是利用多孔性固体物质，使废水中的一种或多种物质被吸附在固体表面而去除的方法。常用的吸附剂有活性炭、沸石、焦炭、膨润土、焚烧炉底灰、粉煤灰等，其中应用较广泛的是颗粒状和粉末状的活性炭。

化学氧化法：利用强氧化剂氧化分解废水中的污染物质，以达到净化废水目的的一种方法。化学氧化是最终去除废水中污染物质的有效方法之一。通过化学氧化，可以使废水中的无机物以及有机物氧化分解，从而降低了废水的 BOD 和 COD，或者使废水中含有的有毒有害物质无害化。

吹脱法：是指空气吹脱法，将空气通入废水中，使之相互充分接触，使废水中的溶解气体和易挥发的溶质穿过气液界面，向气相转移，从而达到脱除污染物的目的。垃圾填埋场尤其是中老年填埋场的渗滤液中营养比例严重失调，为调整 C/N 可对其进行氨吹脱预处理。

05

电解法氧化法处理渗滤液的实质就是通过 ·OH 直接氧化或 [Cl] 间接氧化作用，破坏有机物结构，使有机物降解。

膜分离处理法：利用新型的膜分离技术处理垃圾渗滤液，在欧美等发达国家和地区正逐渐兴起。目前膜技术包括反渗透、超滤、微孔过滤等几种，其中以反渗透（RO）分离技术的应用最为广泛，并取得了一定的效果；而超滤和微滤常作为反渗透的预处理。

土地处理法：用于渗滤液处理的土地法主要是回灌和人工湿地。渗滤液回灌实质是把填埋场作为一个以垃圾为填料的巨大生物滤床，将渗滤液收集后，再返回到填埋场中，通过自然蒸发减少渗滤液量，并经过垃圾层和埋土层生物、物理、化学等作用达到处理渗滤液的目的。回灌处理方式主要有填埋期间渗滤液直接回灌至垃圾层、表面喷灌或浇灌至填埋场表面、地表下回灌和内层回灌。

生物处理法具有处理效果好、运行成本低等优点，适合于处理生化性较好的渗滤液，是目前用得最多、也最为有效的处理方法，包括好氧处理、厌氧处理及好氧－厌氧结合的方法。好氧法主要包括活性污泥法、曝气稳定塘、生物膜法、生物滤池和生物流化床等工艺。用于垃圾渗滤液处理的厌氧法有：厌氧

生物滤池、厌氧接触池、上流式厌氧污泥床及厌氧塘等。

物理化学法是目前应用较成熟的方法，但由于经济成本高，易造成二次污染，更多的用于预处理和深度处理。生物处理工艺具有成本低，处理效率高和对环境的二次污染小等优点，是目前的热点研究。而单独采用一种方法处理是难以满足要求的，必须采用多种方法的组合工艺。

优化选择，三种技术路线

随着我国水污染治理深入和节能减排要求提高，尤其是垃圾处理产业规模不断扩大，渗滤液处理处置的重要性不断凸显。从生活垃圾处理行业衍生出来的渗滤液处置产业，多年来一直不被外界所知，如果不是最近几年公众热议垃圾话题，它还会继续游离于公众视线之外。垃圾围城等危机推动了垃圾处理产业迅猛发展，同时，相关行业标准迅速跟进并完善，将垃圾渗滤液处置与垃圾处理项目牢牢捆定，于是，渗滤液处理产业伴随着垃圾处理产业这一母体迅速成长。

对于渗滤液处理产业来说，2003 年是一个重要的时间节点，那一年的三件事代表了后来行业的 3 个技术流派，并与行业现状有内在逻辑关联。其一，被列入国家“863”计划的垃圾渗滤液处理技术攻关项目进入攻坚阶段；其二，利用生化反应器（MBR）处理渗滤液的技术入驻中国；其三，反渗透工艺首次在重庆长生桥垃圾填埋场和北京数个垃圾处理场的渗滤液处理工程中应用。

最早应用反渗透工艺的重庆长生桥项目是无法绕开的典型。这一项目建成后不久，业主与项目承包方美国颇尔公司即因设施无法稳定运行和不能达到预定出水率等问题进入司法程序。诉讼结果很有意思：业主胜诉，项目承包方向业主支付 1400 余万元的赔偿；业主向承包方支付 2000 余万元的设备款及 50 余万元运行费用。一来一去，业主相当于花 600 余万元买回一套不能用的设备。

反渗透工艺在北京的应用也不成功。处理设施在频繁清洗、维修、更换部件的高成本运行中苦撑了一段时间后，最终全部将其改造。

中国城市建设研究院院长徐文龙、总工程师徐海云等业内专家认为，单一使用反渗透处理渗滤液的技术路线被证明在多数情况下是行不通的。由于根本问题没有解决，只要工艺流程不改变，最终都是同样的结果——失败。不过，此技术为渗滤液的末端提升处理提供了借鉴，因为 RO 膜可以进一步提升出水质量。此外，这项外来技术也在不断尝试改进，相关企业在此后的部分项目中增加了生化等工艺，使得这项技术得以在市场上占据一席之地。

再说引进的 MBR 工艺路线。这一技术走得较为稳妥。在实际应用中，与反渗透技术基本同时起跑，共同在产业发展初期填补了市场空白，并为不少地方尤其是东南地区解决了垃圾渗滤液处理难题，为改善环境质量和区域环境保护做出一定贡献。MBR 技术应用已有数十个项目，并在发展过程中实现了部分设备的国产化，建设成本有所下降。长期来看，仍需进一步降低运行成本，特别是降低能耗，以适应新的市场环境。

与其他行业颇有不同的是，渗滤液处理技术的后起之秀是国有技术。经过多年的项目验证，国内业界正逐渐达成共识，目前比较认可的是“生化＋膜处理”技术路线。在这一路线下，在上述“863”项目成果基础上发展起来的“厌氧＋好氧＋ MBR ＋ RO”工艺得到迅速发展。

我国的生活垃圾渗滤液成分复杂多变，且区域不同，成分亦有差别，这就要求技术应具有普适性和灵活的应变能力；我国的经济发展阶段和地方财政支付能力，决定了工程要“建得起，更要用得起”；目前国家节能减排的环境任务和能源战略，又要求尽可能减少能源消耗，最大限度实现资源综合利用。

与上述两种引进技术路线不同的是，这一工艺更注重项目差别化设计，针对性强，同时运行成本较低；而且，经过不断完善，在解决渗滤液问题时，可将厌氧产生的沼气收集利用。而从成长性来看，这一工艺的代表性企业目前已研发出渗滤液处理后浓缩液的处理技术，有望避免浓缩液“回灌”填埋场或回喷焚烧炉，从根本上实现完全处置。

粪泥、污泥、渗滤泥

近几年来，随着垃圾围城问题不断在各种媒体上高调曝光，与之相关的垃圾渗滤液问题也开始引起公众关注。遗憾的是，政府、市民、企业的目光都聚焦在了渗滤液上，对于渗滤液处理后的遗留物——渗滤泥根本没有顾及。渗滤液治理方面仍然是治标不治本，因为没有经济适用的渗滤泥处理技术。

目前，技术比较先进的渗滤液处理工艺，可以使经过处理后的渗滤液减量 75% ～ 80%，其余的部分就是黏糊糊、黑黢黢、臭烘烘的渗滤泥。渗滤液中的主要有害物质都被浓缩在渗滤泥中，它的浓度是渗滤液的 4 ～ 5 倍。

北京市 2012 年垃圾渗滤液的产生量达到 150 多万吨，如果全部处理后，将产生 40 多万吨的渗滤泥。目前，渗滤泥的处理方式主要有二种，一是就地填埋在垃圾填埋场，二是运到排水集团的污泥堆肥场。垃圾填埋场就地填埋处理的渗滤泥只是处理了污水，而有害物质却没有得到根本消除。进入污泥堆肥场的渗滤泥则使堆肥污泥的品质进一步恶化，影响了污泥的资源化利用。由于渗滤泥的含水量高达 80% 以上，与污水处理厂的污泥相似，但是重金属的含量却高出污泥许多倍，因而极难处理。

城市恶臭气体的产生根源之一是人类自身的新陈代谢产物——粪尿。城市粪尿的处理主要有两个路线，一是城市家庭中的卫生间，另一个是城市的公共卫生间。城市家庭的粪尿通过下水道进入城市排水管网，然后在污水处理厂进行处理。城市公共卫生间大多数建有独立的化粪池，粪水被抽入专用的粪便运输罐车送到专门的粪便消纳站进行集中处理。

2001 年 12 月，北京市首座现代化粪便消纳站——方庄粪便消纳站投入使用，标志着北京市粪便无害化处理工作全面启动。这座粪便消纳站建有泄粪池、脱水间、出渣间、除臭间等设施，日消纳粪便 400 吨。粪便消纳站设立的除臭设备通过风机的负压吸收，可将全部有毒有害臭气与除臭剂进行化学反应，有效地解决了臭气对环境的污染。这种粪便处理方式不影响污水处理质量，对周边环境也不会产生特别影响，而且投资小、占地小，是城市粪便无害化处理的一条好路子。粪便处理是北京市环保产业比较成功的案例。

北京市借鉴国外经验并结合本地实际，确定了粪便与污水同步处理的模式与方案。粪便消纳站的工艺流程是这样的：粪水运到消纳站后，通过管道卸入粪便储存池，通过固液分离机处理后，卫生巾等固体成分被分离出来运往垃圾填埋场填埋；初步清理后的粪水经过絮凝工艺处理，把小颗粒的粪便分离出来变成粪泥，然后送到郊区的堆肥场堆制高质量的有机肥；脱除粪便等固体成分的粪水通过污水管网进入污水处理厂处理；粪便产生的恶臭气体经过抽风机在喷淋除臭塔内洗淋、中和，脱除恶臭，达到排放标准后气体排到大气中。

2013 年底北京有公厕约 5500 座，其中城近郊区 5000 座左右，城近郊区全年清运粪便 200 多万吨，即每天产生粪便 6000 多吨左右。目前在全市范围内已经建设了 22 座现代化粪便消纳站，使北京市的粪便无害化处理率达到 100%。粪水处理中产生的粪泥占粪水总量的 1% 左右，据此估算，北京市每年产生的粪泥约有 2 万多吨，由于这些粪泥中的磷被水溶解，随水流走，因此在制造有机肥时成了“吃之无味，弃之可惜”的“鸡肋”。

消污除垢，需要智慧思考

渗滤泥、粪泥与污水厂活性污泥成为北京市生态环境系统中数量最大的有机污染物，这些污泥有害物质含量高、吸水性强、脱水难度大，目前国内外均没有成功的经验。其实，对于渗滤液的治理我们需要更有智慧的思考。

垃圾渗滤液产量最大的地方是垃圾填埋场，就近处理可以减少大量的运输费用，也可以防止臭气在运输途中释放。要促进填埋垃圾稳定化，这样不仅可缩短填埋垃圾的稳定化时间，提高产气速率，而且可以缩短渗滤液产生周期，在一定程度和范围内改善渗滤液的处理难度。从季节因素看，夏季的渗滤液产量比较大，这是由于夏季降水较多的缘故。要注意将垃圾填埋场覆盖，防止雨水渗入。

从产生的地点看，垃圾渗滤液贯穿于生活垃圾产生、转运、处理的全过程，而垃圾转运站、垃圾填埋场、垃圾焚烧厂是垃圾集中转运、处理、焚烧的关键节点。生活垃圾从各个城区的垃圾楼运到垃圾转运站后，都必须进行挤压脱水处理。挤压脱水过程中，渗滤液产量较大，这也是垃圾渗滤液的第一个高产地点。进入垃圾焚烧厂的生活垃圾都要经过控水处理的过程，这是垃圾焚烧厂的第二个高产地点。进入垃圾填埋场后，生活垃圾在重力的作用下，也会产生大量的渗滤液。这三个地点是垃圾渗滤液收集处理的最佳地点。

不同地域的地理位置、地质结构、气象以及垃圾成分等条件的差别导致渗滤液的质和量都可能产生很大的差异。因此，渗滤液的处理方法不是千篇一律，也不能生搬硬套，而要因地制宜，根据具体情况研究适宜的、经济有效的处理方法和工艺。垃圾转运站、垃圾焚烧厂的垃圾渗滤液比较新鲜，氨氮浓度相对较低，可生化性比较好；而垃圾填埋场则相反，氨氮浓度相对较高，可生化性比较差。因此，还要根据不同工艺确定合理的运行模式。

从生活垃圾的构成来看，大约有一半的生活垃圾由菜叶、果皮、茶叶根、剩菜剩饭等有机成分组成，这些有机物是垃圾渗滤液的主要来源。要想控制生活垃圾、垃圾渗滤液的总量，就要推广“净菜”进城制度。因为，大量的“大路”菜进城后，会在家庭厨房里被摘掉菜叶、削掉外皮、挖去腐烂部分，这会有三分之一的厨余垃圾产生。如果菜帮菜叶控制在城外，可以使生活垃圾减量 15%，也相应地减少大量的渗滤液。要在渗滤液产生前端通过简捷有效的控制措施，

人为引导其朝有利于进一步控制和处理的方向发展。

目前，对于渗滤液产生机理只是基于一定的定性认识，而对其动力学特征等深层机理的研究方面非常薄弱。渗滤液处理方面还缺少工艺合理、适用的先进技术。虽然许多渗滤液处理方法各具优点，但也都有局限性。渗滤液的氨氮浓度高和可生化性差的两大特点和难点，是亟待解决的难题。如何找到投资省、效果好的处理技术，是一项十分艰巨的任务。虽然反渗透法较之其他方法而言，工艺简捷且效果很好，但处理成本高的问题尚待解决。

渗滤泥是渗滤液处理过程的产物，很多研究单位、企业重点关注渗滤液的出水率，而对后续的渗滤泥处理没有深入的研究，显得束手无策。渗滤泥的危害比渗滤液更高，治理难度也更大，需要加强研究，真正做到无害化、资源化处理。垃圾填埋场是一个开放系统，恶臭气体随时散发，很难控制。而渗滤液中聚集了大量的有机物，分解腐熟的过程中，臭气更多、更强，需要一套更加有效的臭气处理系统和处理工艺。

06 第六章 残枝落叶，何处是归乡？

我们在欣赏香山美景的时候，是否感觉到那些在秋风中飒飒飘落的红叶，并非是生命的消逝，它落向大地恰恰是新一轮的重生。

那些落叶、残枝汇集到一起，往往被埋进城市的垃圾场，变成了垃圾。其实，这些落叶残枝有一个名字叫园林绿化废弃物，是指园林植物自然凋落或人工修剪所产生的植物残体，主要包括城市绿化美化和郊区林业抚育、果树修剪作业过程中产生的树木枝干、落叶、草屑、花败、灌木剪枝及其他修剪物。

北京市主城区每年有110余万吨的园林绿化废弃物，由于资金、技术、市场的原因，这些生物质没有被很好的利用，白白浪费了。随着人类生态环境保护意识的提高，人们开始关注这些自然的“废弃物”，把它做成有机肥料、有机覆盖物、营养基质，并投放回到园林绿化系统中，使其实现了自身的循环。但是，这样的利用还很浅显，并不是其价值最重要的体现。

从本质上说，园林绿化废弃物属于生物质。而生物质更进一步的本质是含碳物质，核心是“碳”。生物质可以加工成含“碳”的炭，也就是混有其他成分的混合碳，也叫生物黑炭。我们认识了它的本质，就可以更好地利用它。

香山红叶好，叶落更有情

香山，坐落在北京的西北角，以前帝王的行宫，著名的避暑胜地，是离北京城中心最近的一座山。香山红叶驰名中外，为西山风景区中一大胜景，1986 年被评为新北京十六景之一。

著名作家杨朔先生一篇《香山红叶》使香山的红叶更加蜚声世界，让人们纷至沓来。

香山的红叶种类很多，如槭树科的五角枫、三角枫、鸡爪槭、柿树、火炬树、乌桕等，但真正形成香山大面积红叶林的是黄栌。黄栌为漆树科小乔木，秋季叶色变红，鲜艳夺目。香山现约有黄栌十万余株，面积近 1200 亩，纯林面积 500 余亩。每至霜秋时节，层林尽染，十万余株黄栌树迎晖饮露，叶焕丹红，如火似锦，极为壮美。一簇簇的黄栌树与苍松翠柏、银杏黄花相互辉映，蔚为壮观。

香山，每年都会举办红叶文化节，前往欣赏参观的游人超过 100 万人次。站在山顶俯瞰整个香山，满眼红云宛如丹霞仙境般让人沉醉。空旷的山野不时舞动着片片红叶，一幅色彩浓艳的山林画卷展现在人们面前。落叶脱离树枝，是一种生命方式的湮灭，也是一种惜别和不舍的凄美，但看到这里，天地间满满的火红，却有了另一种意味，飘散的红叶仿佛是迎向暮色秋天那最为深情的呼唤，又好像是在向游人述说她们绚丽色彩的娇媚，她们就像一抹抹舞动的火红精灵，与梦中的金秋相濡以沫，共守秋季的温馨与浪漫。或许对于香山的红叶，秋天并不是无语的怅寥，更像是在为大自然献上自己华美乐章的舞台，温馨与艳丽交织，飘舞与缤纷相随，真是无法形容的美，万叶飘丹的意境无声却有意，叶生叶落，漫天飞舞，一种畅然舒快而又自然洒脱的心情跃上心头。

其实，灿若丹霞的红叶在飘向大地的时候，更是一次生命的涅槃与升华。当新一年红叶满山的时候，我们应该想到类似的诗句“落红不是无情物，化作春泥更护花”。红叶带给我们的启示与思考还有许多许多……

如果不是坐落在北京，这样的五花山，这样的满山红叶或许没有这么出名，在中国的小兴安岭、九寨沟、天山都有类似的美景。在北京，香山更有一点城市大园林的意义。在中国历史上，游憩境域因内容和形式的不同用过不同的名称。如殷周时期的“囿”，秦汉时期的“苑”，西晋以后称为“园林”一词，唐宋以后，“园林”一词的应用更加广泛，常用以泛指以上各种游憩境域。按照现代人的理解，城市森林公园不只是作为游憩之地，还具有保护和改善环境的功能。

城市森林公园的水平分布广、占有空间大、成分复杂、结构稳定。与其他植被相比，森林固定太阳能的效率最高，生产率和生物量最大。森林生物通过生理代谢、生化反应、物理和机械作用，既调节、制约和改善林内的环境条件，直接或间接地影响与森林相近的其他生物群落和生态环境。

在香山的春夏季节，我们能更多地体会到森林的神奇。森林通过光合作用

吸收二氧化碳，放出氧气。林冠枝叶表面能吸附灰尘和有毒微粒，吸收有毒气体如二氧化硫、一氧化碳、氟化物、氯气等。森林植物的叶、芽、花、果能分泌具有芳香挥发性的杀菌素，有的森林植物释放氧离子，都可杀死细菌。枝叶树干对声波阻挡吸收作用,还有利于消除噪声。因此森林常成为疗养的理想场所。

当人们在欣赏香山红叶的时候，漫山森林的壮美景色也仅仅有二十多天的时间。随后，在萧瑟秋风的扫荡下，满山的红叶便飘飘洒洒地回到大地，开始新一轮的复生与轮回，成为漫山遍野的自然代谢物。

什么是园林绿化废弃物?

当香山漫山红遍、层林尽染的时候，钓鱼台国宾馆附近的银杏叶也是一片灿烂的金黄。大街上的清洁工手执大扫帚把金黄色的银杏叶、土黄色的杨树叶扫到路边堆成堆，然后装进大编织袋里。不久，带有压缩功能的垃圾运输车把落叶装好压实，送到北京周边的垃圾填埋场填埋。每年，北京深秋的园林落叶数量达 16 万多吨，这些落叶属于园林绿化废弃物，是其中占比很大的一部分。

园林绿化废弃物是指园林植物自然凋落或人工修剪所产生的植物残体，主要包括城市绿化美化和郊区林业抚育、果树修剪作业过程中产生的树木枝干、落叶、草屑、花败、灌木剪枝及其他修剪物。

随着生态建设和城乡绿化的不断加强，园林绿化产生的落叶、枝干等废弃物急剧增多。多年来，特别是秋冬落叶多的季节，因为其不能及时消化，造成乱堆、乱烧的现象时有发生，既破坏了城市的生态环境，又浪费了资源。由于经济、技术和认识水平等原因，长期以来，园林绿化废弃物在中国城市始终没得到很好的开发和利用，其大部分进入环卫系统随生活垃圾填埋，每年还需要支付大笔的垃圾清运费和填埋费。但这些废弃物弃之可惜,处理起来压力又很大。怎样才能既解决绿化垃圾处理问题，又使之变废为宝？这是我们必须面对的大问题。

研究表明,园林绿化废弃物的主要成分是有机物质,其主要成分为木质素、纤维素、淀粉和蛋白质等，是不可多得的有机资源。将树枝、树叶、草屑等进行堆置发酵后，可作为土壤改良物质还原到林下和绿地中去；经深加工后可用作植物育苗、花卉栽培基质；其粒径较大的处理物可用于树掩和裸露土地的覆盖，保墒且防止扬尘；还可以添加厩肥或其他肥份物质等加工制成有机肥，用于园林绿化和农业生产。

园林绿化废弃物具有丰富的养分，它在土壤中的循环利用能提高土壤的质量。在这个领域，西方发达国家已经做出了很好的典范。美国等园艺发达国家，城市绿化已经走出了利用自然土壤的传统年代，转而利用枯枝落叶等绿色废弃物生产的堆肥、基质来替代自然土壤，这些废弃物改善了自然土壤存在的板结、有机质含量低、通气性差和透水性不良的缺点，更为关键的是这些废弃物的利用改善了土壤的植物生长、污染物净化和雨水渗透能力等生态功能。多年的试验证明，城市园林绿色有机废弃物能有效地改善城市绿地的土壤质量，对城市绿地的景观效果有较大的提升。

大自然本来没有就什么废弃物，是人类在利用自然的过程中人为地进行利用与抛弃，导致了废弃物的产生。每一个健康的生态系统，自身都天然拥有完善的食物链和营养级，形成一个闭合的循环系统。城市园林是人造自然，园林管理中人为修剪的植物残枝和自然凋落的植物残体，多数被当作废弃物分离出循环系统，完整的自然循环被人为地切断了。

自然界的万物在其生生不息的循环中呈现的多彩的四季嬗变，并不需要人为地干扰自然对其自身做功。在城市的园林景观设计、建设中，人类要更多地贯彻“再生”和“再用”的生态原则，最大程度地恢复自然里植物、土壤、生物、空气、水等要素之间的相互作用，这不仅关乎经济上的节约使用自然资源，更是关乎人对自然的一种伦理态度。

枯枝落叶何其多?

北京市除了香山、百望山等森林公园、街道及大型公园产生枯枝落叶外，花卉种植基地、绿化隔离带和大型社区也产生大量的园林绿化废弃物。这些园林废弃物都包括哪些产物，产量究竟有多少呢?

从园林绿化废弃物的组成结构上看，园林绿化废弃物组成的比例中草坪修剪物所占的比例最大，约占 65%，因为草坪在北京市绿化总面积中所占比例较大，而且其含水率高，故增加了其质量。落叶乔木、落叶灌木及绿篱等产生的废弃物所占比例基本相当，其他类包括：月季和攀援类植物等。

园林绿化废弃物的估算，一般采用抽样调查方式来测定树木剪枝、灌木落叶、花败、草坪修剪等主要废弃物的平均单产，然后根据全市各个品种的栽培面积

计算总的园林绿化废弃物产生量，最后进行复合，修正结果，得出总量数据。

有资料显示，2003 年北京市 8 个城近郊区的园林绿化废弃物达到 167 万吨，其中 80% 都运送到垃圾场进行填埋处理，送往垃圾填埋场的园林废弃物占全市垃圾填埋量的 16% 左右。北京市 2005 年年产园林绿化废弃物约 195 万吨；2006 年年产园林绿化废弃物约 204 万吨；2007 年年产园林绿化废弃物约 236 万吨，增幅越来越大，产量越来越高。2003—2007 年的 5 年间，北京市城区绿化面积及林地面积以每年约 1% 的速度增长。园林绿化废弃物的产量增长也是这个速度。

2007 年，北京林业大学和北京园林绿化局联合开展了相关的调查和研究。调查结果表明：每年北京市共产生园林废弃物鲜重 520.87 万吨。其中，城六区 114.47 万吨，远郊区县 406.4 万吨。城六区中，海淀区园林绿化废弃物产生量最大，有 36 万吨；其次为朝阳区，有 35.3 万吨；再次是丰台区，有 20.9 万吨；之后是石景山区，有 12 万吨。这四个城区是北京外部的城区，这 4 区绿地面积较多，绿化率很高。北京内部只有东城区、西城区，由于城区面积比较小，加上建筑密度高较多，绿化面积比较小，园林绿化废弃物也相对较少，大约有 10 万吨。

绿色北京是城市发展的重要理念之一。随着城市生态系统的进一步优化和完善，北京市的森林覆盖率和城市绿化率将会有较大幅度的提升，园林绿化废弃物的产量也将有很大的增长，怎么处理这些铺天盖地的“废弃物”呢？

当前，北京对园林绿化废弃物处理的基本方式有 5 种：一是区县园林绿化部门和社会单位委托运输单位负责清运，直接进入垃圾填埋场与其他垃圾一同被处理；二是园林绿化部门采购垃圾压缩车，经过压缩运送到处理厂进行粉碎、发酵等资源化利用，或直接运输到处理点进行资源化利用；三是委托社会企业就地粉碎，再运送到集中处理点进行发酵后资源化利用；四是就近自行粉碎，采取简易堆肥处理；五是就地掩埋。

这样的简单处理显然是不够的，必须要寻找有效的解决办法。

西方的花园也落叶

园林绿化废弃物的大量出现是城市发展注定要出现的问题，在城市化进程中谁都会遇到，那么经历过城市化的西方国家怎么解决这些问题呢？

其实早在 20 世纪 90 年代，欧美大多数国家就对园林绿化废弃物提出了禁止填埋和焚烧的法令。1999 年，欧盟明确提出到 2006 年可降解城市废弃物填埋量是 1995 年的 75%，到 2009 年为 1995 年的 50%，到 2016 年则为 1995 年的 35%，未来将完全禁止园林绿化废弃物的填埋和焚烧。

从上世纪 30 年代开始，国外就开始利用园林绿化废弃物进行堆肥。美国、加拿大、日本和德国等发达国家均非常重视利用堆肥技术处置园林绿化废弃物，不仅解决了园林绿化废弃物堆放、填埋和焚烧所带来的污染问题，同时又能生产出园林绿化急需的土壤改良剂和有机质，使城市生态进入良性循环。

在美国，园林绿化废弃物成为继报纸之后的第二大城市固体有机废弃物，园林绿化废弃物的收集、处理已不仅是园林部门自身的问题。许多研究显示，园林绿化废弃物再生利用要比填埋和焚烧更经济、更环保。据统计，填埋 1 吨园林绿化废弃物投入成本是 350 美元，焚烧 1 吨园林绿化废弃物产生的二氧化碳是 230 千克。这样看来，园林绿化废弃物的处理更需要注重再生利用。

美国环境保护署已经将园林绿化废弃物作为城市固体废弃物的重要组成部分，从环境立法的角度明确了园林绿化废弃物的处理利用原则。20 世纪 80 年代末，佛罗里达、明尼苏达、俄亥俄州等州政府就颁布法令禁止将园林绿化废弃物焚烧或填埋处理，之后美国的 20 多个州都颁布了类似的法律。许多州还规定，当园林绿化废弃物堆肥材料符合土壤改良材料的质量要求时，政府部门就必须购买或使用这些废弃物的堆肥材料。这样，就从立法的角度为园林绿化废弃物堆肥材料的土地利用提供了政策保障。

为了提高园林废弃物的堆肥处理率和土地利用率，许多州还专门设立经费或制定各种政策和计划引导园林绿化废弃物的堆肥利用，如：成立专门的堆肥协会引导园林绿化废弃物的堆肥；为经营园林绿化废弃物的生产厂家提供购买机械的贷款；规定收集园林绿化废弃物要征收费用以补贴厂家的运行费；对不同家庭的园林绿化废弃物产量进行估算以确定堆肥厂家规模、运行的费用等。

由于有政策和经费的保障，园林绿化废弃物用于堆肥的比例在美国逐年上升。美国园林绿化废弃物用于堆肥的比例从 1990 年的 12.4% 上升到 2005 年的 62.0%，增加了 4 倍。而从事园林废弃物处理的机构也相应增加：1990 年美国国内约 2200 家，堆肥年产量约 4.2 万吨；1992 年增加到 3000 家；1995 年增加 3300 家；到 2000 年达到了 3800 家，园林绿化废弃物堆肥的量也越来越大。

上世纪 90 年代以后，由于对园林绿化废弃物再生利用的广泛重视，欧美等发达国家开始进行园林绿化废弃物循环利用的技术研究，相继开发出适宜在园林花卉上使用的产品，如花卉专用栽培基质、土壤高效改良剂、喷播纤维等产品，

其中有些产品已经进入我国并得到应用。

德国生产的“富利禾”系列产品就是园林绿化废弃物深加工的产物，它是利用园林绿化废弃物经过微生物发酵后加入禽畜粪便，再经二次发酵后生产的。由于其有机质含量高，达到90%以上，施入土壤能够显著改善土壤结构，增强土壤微生物活性，因此具有明显的改土效果。

起步，园林绿化废弃物处理

近年来，国内一些大城市如上海、北京、广州和深圳等已经开始进行园林有机废弃物的资源化利用研究，并取得一定的研究成果。有些成果颇具地方特色，有些则具有普遍意义。

上海市园林绿化废弃物的循环利用是在静安区开始的，作为先行区于2007年在市绿化局和静安区科委的支持下，在松江建立了园林绿化废弃物处置中试基地，初步解决了行道树修剪产生的园林废弃物的加工利用。随后，浦东新区、徐汇区也开始起步，但仅限于粉碎而未进入深加工阶段，其他各区仍采用填埋或焚烧的方式处置。静安区绿化管理局与上海市园林研究所联合开展的园林植物废弃物循环利用的课题研究，目前已经取得了比较好的效果。它们采用好氧菌对园林植物废弃物进行吸收、氧化、分解，产生结构优质、含有成分稳定的氮、磷、钾等多种营养元素的土壤介质。

广州在中科院广州能源研究所和华南农业大学新肥料资源研究中心的支持下，建立了国内首家将枯枝落叶转化为优质环保肥的特殊肥料厂，以华南植物园凋落的枯枝落叶为生产原料，采用发酵堆肥等技术将原料转化为优质有机肥并应用于园林绿化，也取得了比较满意的成果。

杭州下沙区利用园林绿化废弃物生产的土壤改良剂、高效营养基质、生物有机肥不仅能满足本市的需求，还销售到周边城市。在下沙沿江大道进行园林绿化废弃物覆盖实验表明，覆盖能增加总孔隙度、毛管孔隙度和非毛管孔隙度，而且能显著增加土壤有机质、全氮、全磷、水解性氮、有效磷、速效钾含量，覆盖后土壤微生物量、碳、氮也显著增加，微生物周转速率加快，周期缩短，转移量增加，土壤微生物活性增强，有利于土壤养分的循环和保持。

香山公园绿化垃圾处理场是北京市首个公园内部园林废弃物处理点。位于公园北边山沟里的小型堆肥场运行以来，园内80%至90%的绿化废弃物不再

送到垃圾填埋场，而是自行消纳，生产有机肥料，年生产量可达200多立方米。如今，这种环保肥料已用于园内花卉栽植、草坪养护和山上黄栌的养护。这种就近消纳的模式也在北京植物园、天坛公园进行试点，并将在全市推广。

北京稻香湖景酒店是一家生态型、园林化、高级别的度假型酒店，公司董事长胡健介绍，酒店作为一个特殊的城市综合体，每日生产的垃圾量不可小觑。为实现酒店垃圾的无害化处理，他们专门引进了高科技有机垃圾生化处理系统，利用微生物技术将餐厨垃圾进行无害化、资源化处理，最后加工成有机肥料和有机饲料，实现资源循环再利用。对所谓的“绿化垃圾”，则采用生物处理办法，快速把枯枝烂叶、杂草转化为腐殖土，并将其撒回园林，以提高土壤有机质和肥力，从而实现了“尘归尘、土归土”。

北京市朝阳、西城、丰台、顺义等区先后建成了园林绿化废弃物消纳处理厂。随后，海淀、东城、房山、大兴、延庆等区也纷纷上项目，设厂建点对园林绿化垃圾进行资源化处理，让园林废弃物从“废”变“宝”。如延庆县以林业生物质能源生产应用为发展方向，建成了年产1万吨的生物质固体成型燃料现代化生产线。大兴区林业废弃物消纳基地则以食用菌优新菌种培育用的菌棒为发展方向。房山区采用的是“城乡兼顾、分类消纳、双向发展”的方案，根据废弃物材质不同，分别采取生产有机肥和生物质能源这两种处理方式。

全国各地的城市纷纷瞄准园林绿化废弃物大做文章，这些有益的的探索为园林绿化废弃物产业的发展积累了重要经验，也使园林绿化“废弃”物这种不为人知的“垃圾”有了“热度”。但是，这条道路绝非一帆风顺。

出路：化作春泥更护花

从国内外的成功经验看，城市园林绿化废弃物主要利用方式是发展生物有机肥、有机基质和土壤改良添加物等，主要出路就是回归土壤。其他方面，如生产生物质压缩块、机制木炭等并没有大规模的产业化。

堆肥是园林绿化废弃物处理的主要技术之一。园林绿化废弃物进行堆肥处理，可以将其中的有机可腐物转化为土壤可接受且迫切需要的有机营养物或腐殖质。这种腐殖质与黏土结合就形成了稳定的黏土腐殖质复合体，不仅能有效地解决园林绿化废弃物的出路，解决环境污染和垃圾无害化，同时也为城市绿地甚至农业生产提供了适用的腐殖土，从而维持了自然界的良性循环。

利用园林绿化废弃物堆肥化出来的产品是一类腐殖质含量很高的疏松物质，其不仅可作为土壤的“调节剂”，还可作为一种新型的缓释肥源。其中含有的数量可观的腐殖质，是复杂的可降解的高分子有机胶体物质，除胡敏素等对植物生长直接起促进作用外，施用于土壤后还能提高土壤的交换容量和保温性，有效地吸附植物生长所必须的氮、磷、钾及微量元素，保持土壤的持久肥力，增加土壤的有机质含量，改良土壤的板结状况。可以广泛用于绿地土壤、园林植物种植、养护、屋顶绿化等。有实验研究表明：园林绿化废弃物堆肥作为容器育苗基质使用，不但为城市固体废弃物找到了一种出路，同时也可降低育苗成本，适合于工厂化生产，环境效益和经济效益俱佳。

生产新型花木基质是园林绿化废弃物利用的一个有效途径。在现代园艺生产中，泥炭作为花木基质已广泛应用于花卉苗木生产，在栽培基质市场中占据了主导地位。泥炭是植物有机体在过度潮湿、空气难以进入的条件下，经过上千年的腐殖化后，由植物残体组成的一种有机矿产资源。为了保护湿地生态系统，泥炭资源较少的国家如南欧，很少开发利用泥炭，即使在泥炭资源丰富的国家，泥炭的开采利用也开始受到了限制。

园林绿化废弃物含有大量矿质元素和有机质，其集中有效的用作替代泥炭基质的栽培原料正在被研究和开发。有试验研究表明：阔叶树树皮适宜作为容器栽培基质，它含有丰富的氮营养，已经成功用于菊花的容器栽培。若将阔叶树树皮与尿素 3 千克 / 米^{3}混合使用，具有类似于泥炭的特性。环保型栽培基质作为天然泥炭替代物，完全可以减少开采泥炭对生态环境的破坏，对废物垃圾回收加工，用于非食用植物需要也将对城市环保有重要作用。

园林覆盖物是指用于土壤表面保护和改善地面覆盖状况的一类物质的总称，主要分为两大类型：无机覆盖物和有机覆盖物。无机覆盖物维护费用低，且不易腐烂，但会使土壤通气性变差，影响植物生长。石子、砂砾是最常用的无机覆盖物类型。有机覆盖物主要利用废弃的树皮、松针、木片等植物材料，将其粉碎，便可覆盖在花坛露地、花盆表面、乔灌木下。

园林有机覆盖物有多方面的功能：它可以保持土壤湿度，阻止土壤中的水分因蒸发作用而散失，使裸露的土壤避免阳光的直接暴晒，从而节省了用水；可以有效地控制杂草在花坛中的生长和蔓延；可以调节土壤温度，防寒保暖，减少越冬苗木冻害；可以防治土壤板结，保持土壤的通透性，促进水分的吸收和渗透，有助于减少水土流失，改善土壤结构；它还可以有效阻止灰尘的产生并阻止裸露地表土壤扬尘，防止雨水溅起泥土将植株弄脏等。

园林绿化废弃物生产堆肥、花木基质、有机覆盖物在一定程度上实现了在园林生态体系内部的循环，是其自我完善。但是，随着森林绿化面积的持续增长，“废弃物”的数量越来越大，产业内部将无法消化这些巨量的“废弃物”。

规划，要有更好的针对性

北京市园林绿化废弃物资源化利用、林业生物质能源利用是在2007年起步的。“十一五”期间，主要开展了园林绿化废弃物资源化处理技术研究、处理设备研制、废弃物资源量调研、示范基地建设、生物质能供热示范工作。经过几年建设，“十一五”期末，已经初步形成了城区以有机肥、基质生产处理模式为主、郊区以生物质能源开发利用为主的园林绿化废弃物资源化处理模式。

北京城区园林绿化废弃物主要利用方式是发展生物有机肥、有机基质和土壤改良添加物等。“十一五”期间，全市共建成朝阳、西城、丰台和顺义四个园林绿化废弃物集中处理基地，废弃物年处理能力约3.5万～4.2万吨。京郊地区的园林绿化废弃物主要利用方式是发展生物质固体成型燃料。2008年，在昌平、大兴、房山、平谷和延庆建成了五个生产加工示范基地。

根据园林绿化废弃物资源材质及市场需求状况，北京市因地制宜地发展了多样化产品。在以草质原料为主要资源的城区，重点发展生物有机肥、有机基质及土壤改良添加物；在以木质原料为主要资源的远郊区县，重点发展林业生物质能源，包括固体成型燃料、生物质气化和生物质发电等；在食用菌产业上规模的郊区县，则利用果木及部分阔叶树废弃物资源发展食用菌菌棒。

经过多年探索，2009年，在北京市科委的大力支持下，北京市园林绿化局依托北京林业大学等多家科研单位，组织开展了“北京市园林绿化废弃物资源化再利用关键技术研究及产业化推广”项目的研究，着力解决园林绿化废弃物的减量化、无害化乃至资源化处理问题，积极研究探索科学处理方式及资源化利用途径，并取得了阶段性成果。

作为新鲜事物，北京市园林绿化废弃物资源化利用及林业生物质能源利用还处在探索和试验示范阶段。还存在如下问题：一是思想认识不足。社会公众和部分政府部门对园林绿化废弃物所产生的危害以及用此生产的环保基质、有机肥在绿化和环境中的应用价值普遍认识不足。二是政策措施滞后。园林绿化废弃物资源化再利用是一项公益性强的环保产业，离不开政策的支

持和政府的资金投入。现有生物质能源政策措施原则性强、可操作性弱，实施难度较大，缺乏扶持园林绿化废弃物资源化利用的政策激励措施。三是科技创新不够。在园林绿化废弃物的关键技术研究上投入不足、力度不够。四是缺乏行业标准。缺乏园林绿化废弃物资源化利用和生物质能源开发利用技术和产品标准，致使相关技术缺乏质量控制，产品质量、规格参差不齐，严重阻碍了有关产业发展。五是原料集运困难。园林绿化废弃物分布分散、质地疏松，收集运输均有很大难度，没有建立起覆盖城乡、高效便捷的废弃物资源收集系统。

为了加快北京市园林绿化废弃物的资源化利用及林业生物质能源产业的健康、稳步、有序发展，北京市园林绿化局编制了《园林绿化废弃物资源化利用及林业生物质能源产业“十二五”发展规划》。《规划》提出了在“十二五”期末达到的具体目标：园林绿化废弃物处理规模 50 万吨 / 年；生物有机肥、有机基质和土壤改良添加物生产规模 4.5 万吨 / 年；林业生物质固体成型燃料 10 万吨 / 年；生物有机肥、有机基质和土壤改良添加物应用规模达 10 万亩 / 年；林业生物质固体成型燃料应用规模 10 万吨 / 年。

这项规划是在国内现有技术水平的基础上编制的，由于在体系创新、产品创新、机制创新、市场创新方面的限制，因此还存在一些不足。因为国外的技术在国内还有适应性的问题，国内南、北方的经验也存在差异。要想搞好园林绿化废弃物的处置和资源化利用，必须开动脑筋，寻找新的思路。

碳：园林绿化废弃物的本质

目前，国内园林绿化废弃物的加工利用还处于初级阶段。尽管各地对园林绿化废弃物资源化利用进行了一些尝试，由于整个技术体系发育不成熟，存在“技术瓶颈”，加之资金、政策方面的不足，导致园林绿化废弃物资源化利用“步履维艰”、“裹足不前”。究其根本原因，是整个行业内部和全社会对园林绿化废弃物的认识严重不足，是“一叶障目，不见泰山”。

这些研究中的不足有这样几个方面：一是园林绿化废弃物的来源有树木枝干、落叶、草屑、花败、灌木剪枝及其他修剪物，各种原料成分不同，不能在同一工艺条件下处理。二是在堆肥的过程中难以消除氨气（NH_3）等臭气成分对大气环境造成的污染。三是生产周期比较长，生产效率不高。四是没有形成成熟的技术装备和生产线。最关键的是园林绿化废弃物堆肥方面研究的关注点集中在氮、磷、钾等营养成分的变化上，且采用混合物料堆肥，对堆肥过程中木质素、纤维素类物质的降解及腐殖质形成的研究却很少。

我们知道，园林绿化废弃物主要是指园林植物自然凋落或人工修剪所产生的植物残体，主要包括城市绿化美化和郊区林业抚育、果树修剪作业过程中产生的树木枝干、落叶、草屑、花败、灌木剪枝及其他修剪物。这些物质可以分为三类：第一类是粗大枝干，其主要成分木质素、纤维素，利用常规自然条件分解的时间比较长，一般需要 3 年多的时间。第二类是鲜草屑、鲜树叶，主要成分包括纤维素、半纤维素、胶质、蛋白质、水分等，在自然的条件下，分解相对容易，一般需要一个月以上。第三类是干落叶、花败，这一类废弃物所含水分比较少，营养物质也不多，主要成分是纤维素、半纤维素。

事实上，园林绿化废弃物都属于生物质。狭义概念的生物质主要是指农林业生产过程中除粮食、果实以外的秸秆、树木等木质纤维素、农产品加工业下脚料、农林废弃物及畜牧业生产过程中的禽畜粪便和废弃物等物质。而生物质更进一步的本质是含碳物质，核心是“碳”。生物质可以加工成含“碳”的炭，也就是混有其他成分的混合碳，也叫生物黑炭，木炭就是最典型的代表。

木炭具有许多优良特性。木炭的表面积大，达到每克 250 平方米，也就是说把 1 克木炭中所有的孔洞全部展开，面积可达 250 平方米。木炭中的孔洞对水中的臭气和污物的吸附力也很强。木炭多孔，因此它具有吸附性、保温性、渗水性和透气性等优质性能。把木炭混入土壤中，由于木炭能够吸附易溶于气体和水的离子，可提高土壤的肥力并防止农药流失。木炭的渗水性强，可防止根系腐烂，又由于其保温性强，还可使根系保持一定的温度。在多孔透气的炭粒中掺入少量腐殖土，可使土壤的微生物分布活性化。木炭表面吸附了有机性污物后，微生物群依靠分解有机性污物而大量繁殖，因此木炭还有促进微生物增殖的作用。

针对园林绿化废弃物资源化利用的主要技术难点，北京循环时代科技有限公司进行了长达九年的技术攻关，终于取得关键性的突破。2013 年，具有中国自主知识产权的园林绿化废弃物资源化利用技术诞生了。

这是一种利用园林绿化废弃物生产泥炭的技术。这种技术所使用的原料全部来源于城市园林绿化生产过程中产生的废弃物；这些园林绿化废弃物通过物理、化学、生物的手段可以实现有效的预处理；经过预处理的原料在合理配比的条件下能够得到有效的利用；这些合理配比的原料在特定工艺条件的控制下能够得到有效的加工；用园林绿化废弃物生产的泥炭产品达到天然泥炭的标准。

这项技术包括园林绿化废弃物的原料分类、原料预处理、热解、原料混合等关键技术要领；还包括把园林废弃物加工成泥炭土所必须的加工方法、技术路线、工艺条件、关键指标、产品配方以及全套生产线。

07 第七章 河道，怎么成了臭水沟？

城市河道是自然与人工力量共同建设的河流，属于城市湿地系统。北京城郊河道系统完备，脉络贯通，时至今日仍在发挥重要作用。

随着城市化、工业化进程的不断加快，城市河道生态系统承受的压力也越来越大，脏、乱、差问题日益突出。在以往河道治理过程中，由于过于强调防涝、泄洪作用，而忽视了生态、景观等功能，使河道一度成了毫无生机与活力、缺乏美感的“水泥排污沟”、“臭水沟”。既有碍观瞻、破坏城市形象，更影响了沿河居民的生活居住条件，居民们深受其扰，反应强烈。

水泥衬底和护衬河道之后，割裂了土壤与水体的关系，使水系与土地及其生物环境相分离，有些生态功能随之消失。从水泥硬化城市河道转向生态模式治河，是走过弯路之后的正确选择。再生水中的中水是解决北京河道水资源匮乏，让河流动起来的有效途径，但是首要问题是管道铺设。

建设人水和谐的河道生态系统，打造水生态良好、水景观优美、水文化丰富的亲水型宜居城市已成为北京广大市民的强烈愿望。

北京的老河道

北京是世界上著名的古都之一，在漫长历史沧桑中，城市建设、经济发展、社会进步、生活生产都与水息息相关。古人

在灌溉、航运、防洪、供水及皇家园林水环境等方面，创造了伟大的功绩，时至今日有的仍在发挥重要作用。

说起北京的河道，老北京有一句谚语："北京城是从河上漂来的"，意思是说，建筑北京的各种材料都是从河上运来的，主要是通过京杭大运河运抵北京，无论是元大都，还是明清北京城的修建，所需的大量木材和砖石，大多是通过大运河运输。其实不仅营建材料从大运河运来，建城后供应北京数十万军民的粮食、生活必需品也是通过大运河漕运而来。没有河道，没有漕运，就没有北京城。

北京城郊河道系统完备，脉络贯通，远在辽、金时代即已疏凿山泉，开道引河，金代已有玉泉山至金离宫的导水河。北京内城三海就是金人因地势而开浚的。元世祖至元二十九年开通惠河，引白浮（昌平）瓮山、颐和园诸泉为源。河道自明及清代益见完整，宣泄积潦，通行漕运，点缀风景。

北京城内河道水源，均引自玉泉山。在城西北十六千米山内有八泉，东南行入昆明湖，经长河入德胜门西松林闸，水入城后先灌注于积水潭，南流分东西两路：东路，东灌什刹海荷塘，出地安桥，经东不压桥为御河，至东华门望恩桥改暗沟出东交民巷水关，入前三门护城河。西路，南行经李广桥响闸，过西不压桥，入北海复分为两支：一经蚕坛东，沿景山西墙外入西筒子河，分注东筒子河，禁城内御带河及中山公园；另一经北海闸入北海，过御河桥入中南海出日智阁下闸门，入中山公园，经织女桥东河沿与筒子河来水相汇；出园经天安门前与东筒子河穿太庙之水相汇为菖蒲河，下接望恩桥南来暗沟入前三门护城河。

护城河共分为两路：北路为北护城河，至德胜门。西路沿城南行，经西直门、阜成门，至西便门外与望海楼钓鱼台西来的泉水、五孔桥大雨后的山洪，石景山金沟河灌溉的余水相汇。北京内城有极洼下之处，古所谓四水镇，太平湖、泡子河、积水潭、什刹海。积水潭、什刹海，元时称为海子，通惠河舟艘直入积水潭，清时仍以海相称，有长堤自北而南，沿堤植柳，夏日绿荫低垂，荷花盛开，堤上遍设茶肆，绝好天然风景，平民化公园。

近郊河道有：玉泉山，山内有八泉，最大瀑突泉，亦称天下第一泉。昆明湖，元名瓮山泊，又称七里泊，明曰西湖，清乾隆十五年重加修竣始用今名。长河，自昆明湖至西直门外高亮桥一段水道，又称玉河。通惠河，自东便门总出水口至通县一段河道，明曰大通河，即昔日北运河。萧家河，在颐和园北，自青龙桥起上承香山泄水，北行过萧家河村及前河沿桥，与圆明园及清华园来水东流下清河。钓鱼台泉水，在阜成门外西四千米，钓鱼台前有泉水涌出，昔为金主游幸处，元称玉渊潭。莲花池，在西便门外三千米跑马厂附近，有泉水涌出成池。

北京的河道在清代前中期许多河段依然是河面宽广、垂柳依依、荷花盛开，芦苇飘荡、拱桥、码头、风光秀丽美不胜收。但清末民国之后由于战乱频发，加上年久失修，有的河道泥沙淤塞，杂草丛生，蚊蝇滋生，卫生甚差。新中国成立后，党和政府非常重视水利建设。对北京的河道进行了多次治理，实施疏浚河道和整修护岸等工程，使美丽的古河道再现了往日的光辉。

暴雨袭击北京城

“检验一座城市或一个国家是不是够现代化，一场大雨足矣……或许有钱建造高楼大厦，却还没有心力去发展下水道；高楼大厦看得见，下水道看不见。你要等一场大雨才看出真面目来。”著名作家龙应台向来言辞犀利，但让人感觉如芒刺在背的同时，又不能不钦佩她的见识。诚如斯言，大雨，的确是对一座城市建设水平的最好“洗礼”。2012 年 7 月 21 日，北京遭到了百年一遇特大暴雨的袭击。很不幸，龙应台的这句话应验了。

大雨倾盆泼洒了 4 个多小时，最高降雨量达到 125 毫米。京城有 41 处道路出现不同程度的积水，众多下凹式立交桥成了大池塘，水面上可以看到公交车的车顶，而那些在立交桥下熄火的小轿车，则干脆变成了“潜水艇”，全城交通几近瘫痪。这场雨暴露了京城排水设施的脆弱，留给北京的教训是深刻的。

在 2012 年 7 月 21 日的降雨中，遭遇积水断路的惟一一处积水点是西南三环丰益桥下，瞬间积水约半米深。对丰益桥周边的居民来说，这样的景象并不陌生。只要雨一大，丰益桥下就积水，十几厘米深很正常，汽车开慢点还能通过，雨再大就会有汽车“趴窝”。可以说丰益桥是北京城区积水点的典型代表，剖析其积水原因，可以发现立交桥下积水的一般规律。

原因之一：出现局地暴雨极端天气。2004 年以来，北京地区发生每小时降雨超过 70 毫米的极端降雨天气共 37 次，平均每年 5 次。北京气象台预报中心预测，2012 年北京汛期降雨量接近近十年平均值，但局地暴雨等极端天气发生次数相对较多。北京连续 10 年干旱，海河水系中的永定河、潮白河、北运河虽然已经 57 年未发生流域性大洪水，城市防洪依然面临严峻考验。

原因之二：排水河道泄水有限。丰益桥的桥下积水用水泵抽取后，要排向两百多米外的丰草河。同时，丰管路、丰北路、西三环和下游铁路桥路面雨水

都要排到丰草河内，因此大雨时丰草河承担的排水压力很大，一旦河水暴涨就会发生顶托甚至倒灌的情况。由于现在容量有限，根本起不到蓄水作用，而且河水水平面超过路面，遇到暴雨后河水很容易溢出，流到丰益桥桥下等低洼处，形成河水倒灌现象，从而加剧了桥下积水。

原因之三：突发强降雨导致排水能力不足。丰益桥区常年设置有 3 台水泵进行排水作业，其排水能力是按照两年一遇大雨的级别设置的。一旦降雨量超过设计排水能力时，自然很容易造成此处积水。市养护集团有关人士强调，丰益桥的设计是根据国家相关标准进行的，其排水能力在大雨标准以下。如果有强降雨的极端天气导致了积水，只有通过应急手段及时处理，目前进行工程层面上的改造暂时还不具备条件。

原因之四：周边小区排水流进低洼桥区。丰益桥属于下凹式立交桥，桥下道路是一片洼地，周边雨水自然向这里汇集。倘若只是道路上的雨水汇集于此，桥区的排水泵尚可应付，但流到丰益桥下的雨水，远不只是三环路的路面范围，还汇集了大量周边小区无法排出的雨水。养护集团相关人士介绍，随着南城的开发，新建小区管网排水能力不足成为普遍问题，西三环地带尤其如此。当遇到大雨级别以上的降水时，地下渗水和地表水不能及时通过管网的渠道分流，大部分涌向了丽泽桥、丰益桥这些地势相对低洼的桥区，在很大程度上造成了丰益桥下的积水。彻底解决立交桥下积水难题是一个系统工程，不是朝夕之功。

疏水：河道系统的全面整治

北京市四环以内的下凹式立交桥有 42 座，另外还有大量拉槽式道路和地下通道，成为雨天道路交通的节点，对城市交通正常运行影响较大。而作为道路附属设施的雨水管线、泵站的建设却明显滞后于立交桥的建设。

城市积水点的产生，根本原因是城市排水设施建设没能与城市发展同步。这其中，有认识远见上的不足，有规划设计上的缺陷，还有建设施工中的缺项等等，许多是历史积累问题。要把这些城市建设的历史“欠账”还上，往往比建设之初的一次性投入还要大，面临的问题也更复杂，更难解决。

增加和改造泵站，是解决城市立交桥下积水问题的主要方法。北京市不少积水点都通过这种办法得到了消除，比如莲花桥，市水务局将泵站的排水标准从每秒 2.5 立方米增加到每秒 4 立方米后，这里就再没有出现过严重积水。虽然增加和改造泵站对排除立交桥下积水很有效，但排水能力提升之后，这些水流向哪里依然是一个不能回避的问题。

城市排水系统像一张网，根治一个积水点，涉及到一个区域的河道整治。一个健康的城市，就像一个健康的人，需要有动脉和静脉系统，两者协同工作，才能保证健康。北京的排水系统就是城市的静脉，排水系统包括两部分，雨水排放和污水排放系统。其中雨水排放系统是由小区排水管线、道路排水支干线系统、排水河道支干流系统组成。这三个系统都通畅，城市才是健康的。北京一些中小型河道、排水管线的建设落后于城市发展，造成了城市静脉系统的堵塞。

京城排水系统能抗住多大降雨？北京这样的特大型城市，有着一个堪称庞大的排水系统。市水务局资料显示，截至 2012 年底，北京市城八区共有地下排水管网 5227 千米，相当于北京到乌鲁木齐的距离。

这个排水系统能抗住多少年一遇的大雨检验？北京的城市道路排水标准该定在多少年一遇？这个问题恐怕很难有确切的答案。目前国家对城市道路、立交桥等城市基础设施的排水标准都有具体的规定，北京的做法是，设计和施工都略高于国家标准，市政排水基础建设应该适当超前城市建设。

目前，北京市城区道路排水一般按 1 至 2 年一遇，重点地区按 3 至 5 年一遇，立交桥雨水泵站按 2 至 3 年一遇设计。相对于更常听到的“几十年一遇”乃至“上百年一遇”的河道防洪标准，这个城市道路排水标准也许会让人感到不解。

市水务局提供的资料表明，北京的城市排水系统标准并不算高。如果把“几年一遇”的标准换算成降雨量的话，北京城市排水设施应对每小时 30 ~ 50 毫米的大雨不会出现特别严重的积水情况。但如果雨降到了每小时 50 ~ 70 毫米的暴雨级别，道路可能会出现一些短时的积水、滞水情况。

从 2004 年开始，水务部门累计治理积滞水点 300 余处，以首都机场滑行东桥、红领巾桥、知春桥、万泉河桥、安华桥为代表的立交桥积水问题彻底解决，同时升级改造雨水泵站 20 多座，环路雨水泵站实现双路供电，主要干道基本消除严重积滞水隐患。

从 2012 年 3 月份开始，市水务局在全市启动公共排水、再生水管网设施普查工作，建立管网运行状况、泵站汇水面积、抽升能力等基础档案，完成了 11 万座雨水口的清掏，完成城区 82 座城市道路雨水泵站排水管线的排查。完成了 58 处积水点的治理。2013 年，北京市水利工程建设三年行动计划第一阶段确定的 34 条总长 280 千米中小河道治理工程已经全部完工。

教训："河道衬砌"得不偿失

北京市规划市区范围内有34条河流、26个湖泊。1988年，北京开始大规模治理河道，目的是争取在最短时间内，让北京水系达到水清、岸绿、流畅、通航的标准。在京密引水渠、清河等河道的治理中，"河道衬砌"首先被采用。所谓河道衬砌，就是在河岸及河底铺以水泥或石头，取代以前的土壤。

主张这一做法的人强调，北京是水资源严重短缺的特大城市，河道衬砌可以阻止水的渗漏。其次，河道衬砌还可以防止水草疯长，草是阻止水流、阻碍供水的最大障碍。另外，如果不做衬砌，流水的冲刷会让河道逐渐变宽，而对于北京城内的河道来说，两岸已经是楼房林立，河道根本没有扩充余地。很快，北京的做法被各地效仿，不少城市纷纷来京取经。

不过，不少环保专家反对这一做法，认为这阻止了水渠与自然界的交换，让它变成了一个人工制造的水泥池，这会阻止水的渗漏，破坏地下水的补充。同时，衬砌河道中水流速度加快，也会加快水资源的流失。

北京大学教授俞孔坚认为：城市水系就像人身体之血脉，但在我们的城市建设中并没有得到应有的尊重和善待，以往北京水系治理就犯了一个大忌，片面强调水系的排洪、泄洪和排污功能，将水系截弯取直后以钢筋水泥护衬，以为这便是将水系"治服"，以图一劳永逸。其实，自然的水系是一个生命的有机体，是一个生态系统，它是需要一个自然的生态环境方能维持健康的。

北京为治理水系、整治昆玉河花了11亿元人民币。此举表明了政府对治理水环境给予的高度重视。然而国家环保总局特聘环境使者李皓却遗憾地说：当他们看到河床的水泥构造和岸边没有天然的野生植物时，心里很不舒服。20世纪90年代以来，拆除水泥硬质河道，尽量使城市河岸恢复天然状态已是国际上普遍的做法，而北京好像对此一无所知：错花了一大笔钱。

多年从事城市生态环境研究的北京大学李迪华老师说，造成水草疯长的主要原因，首先是由于水体富营养化所致，污水中的磷和氮便是水草的营养，水草疯长正是水体污染的结果。其二，由于河道内存水少，河水几乎不流动。其三，河床硬化处理后，加剧了水草的生长。

河道是有自净能力的，自然的河道有大量的生物。植物和微生物都有降解污染有机物的作用。水泥衬底和护衬之后，割裂了土壤与水体的关系，使水系与土地及其生物环境相分离，有些生态功能就会随之消失。失去了自净能力的河道只会加剧水污染的程度。李迪华说，抑制水草疯长最主要的是要整体改善水质，控制排污；另外要想方设法增加水量，让河水流动起来。水草疯长的事实给决策者们敲了个警钟：河道固化处理是行不通的，城市建设搞人工湖要慎重。

从水泥硬化城市河道到采用生态模式治河，北京市在十年间走过了曲折治河路，最终选择让河流自由的呼吸。北京清河二期改造工程中，负责治河工程的北京市水务局副总工程师刘培斌最终看上了鱼巢砖。把鱼巢砖铺在堤岸上，水面以下可以让鱼栖息产卵，水面以上的部分可以填上泥土种植草木。

2002 年开工的北京城市水系综合治理三期工程中，就开始吸取了前两期工程的经验教训，生态概念凸显出来。凉水河治理工程就形成了三道生态治理系统：河道天然自我净化系统；植物天然净化系统；水生动物天然净化系统。整个河道有起有伏、有隐有显、有坑有洼、有缓有急，使水质得到净化。一个水与生态、生活环境相和谐的水系正在恢复之中，而由此恢复的生物多样性和人水相亲的环保效益更是难以估算。

清河：问你何时能变清?

“每天下班不用担心坐过站，闻到那个味儿就知道到清河了。”这是住在北京清河附近的人都知道的一个玩笑。清河的水臭早已是不争的事实，而清河两岸居民的治理呼声也已持续多年。清河两岸年复一年笼罩着臭气，而每当夏季来临，两岸数十个小区居民投诉量就会大增。

清河污染到底严重到什么程度？清河污水口究竟有多少？清河水为何不能还清？随着民间环保组织与北京众多志愿者“乐水行”的采样和调查，清河污水来源的家底被逐渐摸清。达尔问求知自然社水学院负责人邵文杰公开了他们的调查结果：清河上游由于清河污水处理厂基本解决了排放的生活污水问题，而问题最为严重的中下游共有 18 个排污口天天排污。“正是这些排污口造成了清河水质的恶化和恶臭。”邵文杰说。数据显示，这些排污口排出的污水其 COD 和氨氮均居高不下，属于在任何情况下都不能使用的劣五类水。

清河南岸排水口一般出水较小，北岸则水流量大。据志愿者们解释，这主要与居民分布密集程度有关。很多排水口在十几米开外就能听到水流声，浓黄色污水泄入河中后，往往在河面形成四五米长的白色泡沫带，河里还漂着卫生

巾、塑料袋等白色垃圾。奥林匹克森林公园入清河处东北角一处排污口，排污用的是橡胶管。排出的水不仅有臭味，而且水质发黑。水样检测显示，COD 为 78 毫克 / 升，氨氮为 10 毫克 / 升。

当公众在为清河地区的民众奔走呼号的时候，有些人却不以为然。立水桥南岸出现很多“都市农夫”，不少人在河边种菜浇地，为了实现自己的田园梦，毫不顾忌清河水之脏。“水是从小区出来的，肥水啊！”种菜的居民则乐呵呵地表示：“这些菜送给姑娘、儿子家，还送给老乡、朋友，都说比市场里买的菜好吃。”然而，相关专家的提示让我们为这些居民的健康担忧起来。

北京保护健康协会健康饮用水专业委员会主任赵飞虹教授表示，国际上能够分析的污染物有 200 多种，不只是 COD 和氨氮这几种。像清河这样虽然做了河道的硬化处理，但目前的劣五类水体长期还是会有渗漏，其中的重金属与化合物污染对河道周边的土壤影响很难估计。

而对于清河两岸有居民用污水浇地种菜的行为，赵飞虹教授提醒说：“按照规定，劣五类水都不能用于农业种植，主要原因是污染物太多。”赵飞虹教授说，举一个最简单的例子，“即使是粪便水，例如很多老年人都吃药，有的女性吃避孕药，药品的成分可通过尿液排出。因此，像这样不经过处理的水用来浇地种菜，当然是有危害的。更不用说各种含有大量的药物、化学合成物质、洗衣粉洗涤剂、表面活性剂、含磷类物质的生活污水，使用后危害极大。”

赵教授回忆说：2007 年她也曾参加过环保组织的走访活动。走访到北小河村的农民时，她专门问了一个问题：“周围的河水用来浇地吗？”对方回答：“自己吃的菜都是井水浇的地，用河水浇地的菜我们不吃，那是给你们城里人吃的。”

民间环保组织绿家园证实，北京东南地区河流水质几乎都是劣五类。2011 年 6 月到 2013 年 5 月期间，他们到北京城区及周边的河流进行调研，现场取水样带回实验室进行检测，绘制出了一张北京城市水系污染图。

在这张北京水系污染图上，我们可以清楚地了解北京市内有分属于海河流域的五大水系 100 多条大小河流的污染的基本状况。令人担忧的是：随着经济发展，水体污染日益严重，五大水系都受到了不同程度的污染。

死水：资源匮乏性污染

据 2012 年北京水务局资料显示，城区 300 多千米河道一半严重污染，而郊

区有七成河流被严重污染。难道北京市这些年的河道水系治理没有奏效？还是河道治理赶不上污染速度？北京河道污染治理是否还存在其他原因？

北京河道的治理不是一年两年的事情，但是河道水系规模化、系统化的治理还得从 2001 年北京成功申奥说起。北京市政府为了满足国际奥委会对于北京环境的要求，下决心加快实施《21 世纪初期首都水资源可持续利用规划》中涉及北京河道水系治理的规划，如 2001 年 12 月完工的清河一期治理、2002 年 5 月开工投资 6 亿元的北环水系转河段工程，2003—2005 年北京市陆续启动了永定河、潮白河砂石坑生态恢复及整治工程。但是在这些不断传来的捷报背后，北京河道的现实并非是想像中的那样。

据北京市环保局原副局长杜少中介绍，被监测的 76 条段河流中，符合标准要求的只有 23 条河段，其余河段均受到不同程度的污染。五大水系中，潮白河水系河段全部达标。与 2003 年相比，大清河系达标河段长度增加 17.1 个百分点，蓟运河系保持平稳，永定河系、北运河系达标河段长度分别下降 32.3 和 7.0 个百分点。这些河道水质不升反降的一个重要原因就是缺水，因为河道没有足够的水量也会造成河道污染难以治理。即使短期内水清了，要维护河道水质也是很难的，尤其是在北京这种严重缺水的城市。

北京市已经连续 12 年的干旱气候，多年平均降水 595 毫米，年均可利用水资源 41 亿立方米。此外，北京市人口已接近 2100 万，人均水资源量 100 立方米，仅为全国的 1/12，世界的 1/30，远远低于联合国规定的人均水资源占有量 1000 立方米的缺水下限。北京市已经成为水资源严重匮乏的特大城市。

这些客观原因也直接制约着北京市每年河道环境用水，在上世纪 90 年代初期北京市城市河湖补充清水还保持着每年 5 亿～ 8 亿立方米的水平，现在由于缺水而压缩河湖环境用水，每年补充清洁水只有 6000 万立方米左右。其中河道用水就更少了，北京仅有的二三千万立方米河道用水中的大部分只能用在二环内的重点河段。

“北京河道污染治理困难的一个重要表现就是河道治理还清容易，但是要维持这种水质达标不是那么简单的。尤其是在很多河段的‘死水’现象，河道的生态自净能力消失殆尽，我们可以把这种由于缺水造成的环境污染叫做‘资源匮乏性污染’”，北京市河道管理处的负责人介绍说。

“资源匮乏性污染”的一个重要表现就是北京河湖遭遇“水华”的肆虐。“水华”是水体富营养化的典型特征之一，这是由于在静止的湖泊或死水中，浮游生物爆发性繁殖，导致水体味腥臭，降低水的透明度，影响水体中的溶解氧，并向水体

中释放有毒物质。北京大学景观设计学研究院副院长、中国生态学会城市生态学专业委员会秘书长李迪华教授介绍说："北京的河道'资源匮乏性污染'可以理解为没有足够的上游自然来水和外来补水，河道没有了正常的水循环和自净能力等河道生态能力而引发的污染。这种情况主要集中在中下游的风景观赏河道和排水河道，水源河道由于管理严格很少出现类似情况。"

"在北京河道缺水是必然的，没有足够的河道用水对北京市河道环境危害很大，没有上游的调水也就很难保证河道的基本生态用水。这个问题也是多少年来，专家呼吁加上市民、媒体反映的强大舆论也没有得到很好的解决。"北京大学环境学院环境工程系叶正芳教授强调指出。

中水：不能没有"管道"

按北京市水利工程的总体规划，2014 年南水北调工程完工前每年河道需换水 6 ~ 8 次，每次换水 1 米深。目前，北京的这些河道补水一部分来源于上游密云、怀柔等水库高质量水体，但若是大量补充净水对于北京这个极度缺水城市而言代价是很高的，也是不可行的。

对于中水解决河道生态用水问题，李迪华教授说："北京景观河道要维持正常的用水量是很大的，仅靠每年的降雨和水库补水只能是几条河的'温饱'，要解决大问题还得用中水代替新鲜水源，中水在水质上完全可以满足河道环境用水的要求，这可为北京节约大量的优质水，同时还可以推动北京市的中水利用。"

北京京城中水公司每天生产 26 万吨中水，但是这些中水还没有利用在河道景观补水，多用于工业循环用水。高碑店第一热力厂每天需求 24 万吨中水，其余的 2 万吨中水用在园林绿化、道路冲刷、冲厕、洗车和施工方面。由于部分河道中还有污水排入，因此中水用在河道景观补水的条件还不成熟。

北京现有高碑店、酒仙桥和方庄三家再生水厂，总设计规模是日均 53 万吨，但是由于各种原因水厂大量的中水设备都闲置没被利用，现在只能维持一半的生产规模。中水利用起步较晚致使北京市的管道只能铺设到三环以外而不可能参与到'三环碧水绕京城'的河道治理工程中。

作为再生水的中水的确是解决北京河道由于水资源匮乏性造成的死水和沦为排污渠的有效途径，但是中水利用的主要问题是管道铺设。因为污水厂一般建立在河道下游，中水厂又必须依污水厂而建，下游的中水只有输送到上游河道才能实现“循环水务”的要求，这就带来了铺设管道投资和成本问题，至少现在这部分资金还没有得到足够的落实。河道管理部门很希望中水能够利用到河道治理工程的，但是目前还没有与中水公司签订任何有关河道中水利用的协议。

北京京城中水公司为了扩大中水利用的宣传，曾经十分积极地参与“圆明园湖底防渗工程”。“圆明园用哪里的水我不知道，但 2003 我们再生水准备经过这里时，当时主要是考虑中水宣传目的，公司答应了圆明园的苛刻要求，即水厂 100% 投资管线铺设。我们的所有投入是通过银行贷款的，下游输水到上游湖泊的一次性投入是很大的。最终因为他们要求无偿用水，这个条件我们接受不了！”京城中水公司宣传部的王部长对于这个结果很失望。本来有望成为中水河湖用水的“最大买卖”就在中水公司把管线铺到圆明园的西北墙角的同时拐了个弯——离开了圆明园。

2011 年北京的中水产量 1.03 亿吨，中水回用率为 23%，余下的 77% 中水都排入了河道。但是由于北京市缺乏流域水生态规划和对水的生态服务功能的建设、补偿计划，这些宝贵的再生水在没有规划的情况下盲目排入总量远远超过其自身的污水河是极大的浪费，由此形成了“清水”入“污水”的局面，实在是可惜！中水应该科学合理地利用到解决北京河道“资源匮乏性污染”工程中。

河道，最根本的价值是湿地

北京地区共有河流 100 多条，包括从东到西分布的蓟运河、潮白河、北运河、永定河、大清河五大水系，均属海河水系。北运河发源于北京境内，其他发源于内蒙、晋、冀的山区，流经北京市，汇集于天津市进入渤海。

城市河道是自然与人工力量共同建设的河流，属于城市湿地系统。湿地广泛分布于世界各地，拥有众多野生动植物资源，是重要的生态系统。很多珍稀水禽的繁殖和迁徙离不开湿地，因此湿地被称为“鸟类的乐园”。湿地具有强大的生态净化作用，因而又有“地球之肾”的美名。

随着城市化、工业化进程的不断加快，城市河道生态系统承受的压力也越来越大，脏、乱、差问题日益突出。在河道治理和管理过程中，由于过于强调防涝、泄洪作用，而忽视了生态、景观等功能，使河道成了毫无生机与活力、缺乏美感的“水泥排污沟”、“臭水沟”，既有碍观瞻、破坏城市形象，更影响了

沿河居民的生活居住条件，居民们深受其扰，反响强烈。

水环境是人类文明、生态文明的一面镜子，自古以来人们就有着浓厚的“水情结”，喜欢逐水而居，滨水而栖，对于常年生活在“水泥森林”的都市居民来讲，拥有一个优美和谐的水环境更是一种强烈的渴望。

在城市中蜿蜒流淌的条条河道，不但是防洪排涝的重要通道，也是城市景观建设的重要要素和城市生态系统的重要组成部分，直接影响着一个城市的经济社会发展和生态平衡，关系着广大市民的生存环境和生活品质。建设人水和谐的河道生态系统，打造水生态良好、水景观优美、水文化丰富的亲水型宜居城市已成为北京广大市民的强烈愿望，也是城市的发展目标。

城市河道的治理不能千篇一律，要体现不同区域的文化特色，凸显水岸的空灵与淡雅之美。要尽量保留河道原有的自然流线状态，避免裁弯取直，打造自然的河流带状景观。要在考虑防护强度、安全性和耐久性的同时，着力建设水体和土体、水体和植物或生物相互涵养，适合生物生长的生态型河堤。

河道湿地的生态环境要充分考虑生物多样性，要通过在水中种植各种水生植物、投放鱼苗等来增加河道生物多样性，建立河道天然净化系统，提高河道自净能力和生态功能、美学价值。要加强滨水区的亲水性、人文性等景观建设，构成一个人河互动、人水和谐、能见水亲水的带状景观空间。

城市河道湿地系统是全体市民的公共空间，需要全体市民的共同维护。河道管理部门要及时清理打捞水面漂浮物，确保河道水面卫生整洁，针对河道流量不足问题，充分收集利用雨水，同时将中水作为河道的补给用水，对下游进行蓄水造景。要对河道内的私搭乱建、违法占用行为进行坚决打击。

城市河道最根本的价值在于它是河流，是有水流动的湿地系统。河流不仅产生生命，也孕育和产生人类文化。河流的生命问题，不仅关系到陆地水生生物的繁衍、生息和生态稳定，也直接影响人类在长期历史传统中形成的对河流与人及其社会休戚相关的精神信仰、心灵形象和品味象征意义。

北京的城市河流孕育了4000多年的地域文化，滋养了一代又一代的人民，见证了800年古都的繁荣与困境。而那些久远的历史与文化早已融入了什刹海、玉渊潭的碧波中，镌刻在运河岸边的水线里，映衬在昆明湖水的倒影里。当人们荡舟于北海的清波上，徜徉于后海的柳荫下，河流为我们把历史翻开。

08 第八章 城市代谢废弃物的重新认识

人类的大量生产和消费活动是在城市中展开的。那些为某种目的使用之后而被弃置在城市环境里的物质，就是城市代谢废弃物。废弃物的回收利用使其有了资源化特征，成为再生资源。随着科学技术的飞速发展，人类将各种废弃物再资源化的技术也发生着日新月异的变化，过去认为难以治理的城市代谢废弃物将得到最有效的利用。活性污泥、餐厨垃圾、生活垃圾、垃圾渗滤液等城市代谢废弃物的处理难度很大。解决这些重大环境难题，必须确立全新的指导思想、科学理论、技术体系和商业运营模式。

一、城市环境问题是人类生态危机的典型表现，工业化促进了大规模生产，城市化促进了大规模消费，二者的共同作用导致城市环境危机的爆发

当今世界，人类须要应对的一个根本性关系是与自然界如何更好相处。在人类漫长的发展史上相当长一段时期内，其生存、繁衍、发展、繁荣与其赖以生存的自然环境保持和谐，人类活动未对生态环境造成太大改变。近代以来情况却发生了重大变化，人类利用自然资源的总量已经接近自然界所能承受的极限，人类生命活动能力的发展开始破坏自身生命存在的条件。

20 世纪后半叶人类进入了工业化后社会，展现在人类面前的是冰火两重天的景象。一方面，人类运用已经掌握的科学技术手段，在大自然的对立面构筑了一个千百年来梦寐以求的世界：更少的劳动时间和更低的劳动强度、丰富的物质财富、舒适方便的生活；另一方面，人类却因为自己的贪婪和无度挥霍，不得不面对一个千疮百孔的自然界，人类的生存环境已经面临严重危机。

由于煤炭、石油等化石能源使用的增加使二氧化碳排放迅速增加、工业化和现代化步伐加快、新科技革命等原因，生态环境恶化正在从局部向全球蔓延。到目前为止，已经进入人类视野的生态问题主要有：人口过度增长、全球变暖、臭氧层破坏、酸雨、淡水资源危机、能源短缺、森林资源锐减、土地荒漠化、生物多样性消失、垃圾围城、有毒化学物品污染等。

工业文明与传统文明相比有两大变化。一是改变了理想社会的方向，从对精神的提升、人与人的和谐，转向了对物质的追求；二是改变了基于人类生活

的物质与能量的转换方式——从准闭环变成从自然到垃圾的开放链条。在工业文明之前，经人类社会改造、使用的物质，基本上可以回到自然环境，“来于尘土，归于尘土”，很少产生“垃圾”。人类的社会活动虽然逐渐从大自然的生态循环中脱离出来，但是仍然依附于自然的生态循环，很少与其发生剧烈的、大规模的冲突。进入工业文明之后，人类社会使用的物质仍然来自自然，然而在经过了工业制造和消费使用后，出现了越来越多的人造的难以被降解的物质，成为无法融入自然生态循环的垃圾，环境日趋恶化。所以，在工业文明和环境危机之间存在着必然的关联，不改变工业生产模式很难消除环境危机。

二、城市代谢废弃物表面上是人类消费过程产生的无用之物，事实上各种代谢废弃物都有其特殊的价值，发现、认识、利用其价值就可以变成再生资源

人类生存在自然界里，通过科学技术、人类劳动、生产加工手段，把自然资源转化为原材料、能源和食物，维持人类自身的生活与社会进步。事实上，在社会生产过程中，资源中的物质成分是不会得到完全利用的，总有一部分物质作为排泄物留在环境里。在生活消费中，人类对某些物质使用之后，也会产生一些废旧物资被积存在环境当中。这些在生产和消费中已经被人类为某种目的所使用之后，而被弃置的物质，就是人类的代谢废弃物。

虽然全球的城市人口刚刚过半，城市却已成为人类生产生活的主要地点。城市的经济活动占全球经济活动总量的 75% 以上，同样地，遗留在城市里的人类代谢废弃物也占到总量的 75% 以上。

城市代谢废弃物的种类多种多样，对环境的影响、损害方式也各有不同。有些废弃物给环境带来的影响很显著，有些则不明显。有些废弃物混合在一起排放，会给环境带来比它们单独排放时大得多的影响，产生更为恶化的后果。有些则相反，在一起排放时，彼此会产生一定的对冲作用，给环境带来的总体影响甚至比它们之中任何一个单独排放时的影响都要小。

人类对代谢废弃物的认识是一个历史过程，这表现在有关再生资源概念的多次界定和修正。废弃物的回收利用使其有了资源化的特征，具有了再生利用的性质。这种能够被回收利用、再次资源化的废弃物就是再生资源。20 世纪 50 年代称之为“废品”,60 年代以后逐渐改称为“废旧物资”,增加了“物资”的属性。现在改称为“再生资源”，反映了对废旧物资回收的重新认识，赋予了废旧物资综合利用事业以资源、环保等更深层次的意义。

再生资源是被重新发现、认识的资源，具有一定的经济效益、社会效益、环境效益，因此有必要加以回收利用。再生资源回收主要是指由专业的资源回收机构对消费者使用后的产品进行的收集、运输和储存活动。再生资源利用主要是指对超过保质期、款式过时的产品、生产过程的边角废料、生产生活过程中排放的废弃物，通过法定途径进行有效回收并循环利用的过程。

再生资源回收利用是实现经济可持续发展的一项重要战略措施，是发展循环经济的重要组成部分和重要载体，是循环经济增长模式的核心内容。由于对城市废弃物认识方面的局限，产业界对于金属、纸张、塑料等资源的利用较为成功，但是对于城市代谢废弃物的再循环与再利用极少涉及。在循环经济看来，资源投入量的减量化属于源头治理，废弃物排放量的减量化属于末端治理，废旧物再利用、再制造、再循环、再资源化则属于过程治理。随着科学技术的飞速发展，人类将各种废弃物再资源化的技术也发生着日新月异的变化，过去认为难以治理的城市代谢废弃物将得到最有效的利用。

三、第六次创新浪潮是人类面临的一次重大机会，在这一次创新浪潮中，资源的稀缺和低效使用将成为巨大的市场机遇，将使人类摆脱对资源的依赖

城市家庭是物质消费的主体，也是生活垃圾的生产者。每天，人们从市场上买来各种消费品，扒掉层层包装，吃在嘴里，穿在身上，用在手头，摆在家中，然后把包装物和消费后的商品丢入了垃圾桶；有些商品使用后随着水流冲进了下水道；有些食物在加工烹饪的时候，会排放出烟尘，通过抽油烟机进入城市的大气。城市家庭的物质消费就这样年复一年，日复一日地发生着，而新陈代谢废弃物也是不断地排放着。

20 世纪 30 年代，德国有一名工业化学家，他一生致力于对垃圾的研究，从垃圾中提取各种对人类有用的资源。他说：“垃圾，是放错了位置的资源。”虽然人们已经记不得他的名字，但是他的这句话至今影响着全世界，成为许多环保主义者的“口头禅”。

什么是废弃物？世界著名的生态工业倡导者、加拿大达尔豪斯大学资源与环境研究院院长库泰认为，“废弃物其实就是资源放错了位置或未合理使用，也就是在错误的地点、错误的时间放置了错误数量的资源。”按照循环经济理念，垃圾只不过是放错了地方的资源，所有的废弃物都可以找到它的有效用途。

这一界定对经济活动带来了深刻影响：传统意义上的废弃物只是由于处理技术缺失或高昂的回收处理成本，导致不能把它们转变为再生资源，只要技术和成本允许就应该“变废为宝”，实现废弃物的再资源化；既然废弃物是一种资源，那就应该通过回收处理、循环配置，实现其价值增值，从而再创财富；废弃物资源化意味着我们在勘探自然资源的同时也应该探索废弃物资源再生化的技术，把更

多的废弃物转变为下一轮生产的原材料。虽然资源回收利用产业的发展主要源于资源匮乏和环境退化的外在压力，但另一方面也正是在发展资源回收利用产业的过程中，人们逐渐认识到它是一个不可估量的增值产业。

詹姆斯·穆迪，澳大利亚联邦科学及工业研究组织的执行董事，兼任联合国千年发展目标科学和技术工作组的执行秘书。比安卡·诺格拉迪，一名自由科学记者、撰稿人和播音员。二人撰写的新书《第六次浪潮：一个资源为王的世界》引起了人们的广泛关注，产生了极为重要的影响。作者回顾了自工业革命以来人类经历的五次创新浪潮，并大胆预测了即将到来的第六次浪潮，为世界描绘了一幅动人心魄、前所未有的图景，这幅图景中的一切都绝非科学幻想，而是作者基于对各次创新浪潮的严谨反思得出的合理预测。

第六次创新浪潮是什么样子呢？简单来说，它是将世界从资源单纯消耗型转变为资源高效使用型的一场革命。随着地球上的自然资源逐渐消耗殆尽，气候变化和粮食安全问题日益凸显，第六次创新浪潮将最终使人类摆脱对资源的依赖。小到一棵树和电灯开关，大到城市和在线社区，所有的一切都将有可量化的价值，同时经济增长将不再依赖于资源的消耗，也不会建立在制造垃圾的基础上。

在即将开始的新一次创新浪潮中，资源的稀缺和低效使用将成为巨大的市场机遇。垃圾将会是这次机遇的源头，而自然将是我们灵感和竞争优势的来源。我们在社会中成立各种机构的方式也将改变。对自然资源日益激烈的竞争将促使我们对每一吨碳、每一焦耳能量甚至每一升水负起责任。无论是碳、水，还是各种生物都应被贴上价格标签，否则一切事物都将毫无意义。

第六次创新浪潮将带来工具大爆炸的时代，将使我们能够随时监测、规划并管理我们周围的资源。这一切将带来科技的巨大繁荣，从清洁技术到数字绘图再到在线合作，反过来又将极大地推动社会变革。在一个事事可见诸网上、人人在线的世界里，传统的物理和地理界限将逐渐弱化。工业将不仅仅生产资源密集型产品，还会越来越多地实现服务价值，与此同时，还将会大量涌现挑战现状的新型产业模式、新概念产品、新的商业领军人物。

四、城市代谢废弃物种类繁多，园林废弃物、餐厨垃圾、活性污泥等集中度高的废弃物应作为重点，而生活垃圾分类还需要坚持不懈的推广

城市代谢废弃物混合在一起就是垃圾，而垃圾分了类就变成可利用的资源。垃圾分类是综合处理的前提，在垃圾处理产业链中地位举足轻重。如同人们进行采矿作业，需要对矿石进行处理，分离出有用的成分进行利用，城市代谢废弃物分类实际上是“城市矿藏”的选矿环节。城市垃圾分类是将垃圾分门别类地投放，并通过分类清运和回收使之重新变成资源。垃圾分类是对垃圾收集处置传统方式的改革，是对垃圾进行有效处置的一种科学管理方法。

北京是中国最早实践垃圾分类处理的城市，从廖晓义倡议垃圾分类至今已经过去 18 年了，期间经历了声势浩大的宣传鼓动、试点推行、高调推广，然而这项工作如同醉酒的老牛——拉不动，推不走，僵在半途：政府高调推进，民间环保组织摇旗呐喊，社区却大多波澜不惊。

垃圾分类无法有效推行的原因是多重的。从心理角度看，图省事、怕麻烦是垃圾的生产者城市居民对垃圾分类态度不积极的一个重要原因。很多市民觉得生活垃圾占用空间大而且价值低，在有限的家庭空间放上几个垃圾筒，会影响居家生活的舒适度。许多人嫌厨余垃圾脏、黏、无用，干脆把这一类实际上富含“价值”的垃圾与其他垃圾混在一起丢进垃圾桶。稍好一些的会把书刊报纸、塑料瓶、易拉罐等可以回收卖钱的垃圾分拣出来，其他的垃圾则仍旧一锅粥倒掉。这样简单一丢省了个人的事，却给后续处理带来困难。如果厨余垃圾不单独分离出来，就谈不上生活垃圾的资源化再利用。

从经济角度看，缺乏必要的利益驱动导致无论是商品的生产者还是消费者都倾向于“取新弃旧”。生产者更愿意从自然界索取新的资源而忽视循环资源，消费者更愿意使用新商品而不重视废弃物，一个重要原因在于这样做对个体来说可能是“更经济的”。理论上讲，只有当向自然索取新的资源的经济成本不断提高，对资源回收利用的经济补偿也不断提高，二者达到平衡点并进一步超越这个点之后，追求使用循环资源、积极进行垃圾回收才能成为生产者和消费者的可持续自主行为。即使在垃圾分类回收程度仍然不高的城市，许多拾荒者仍能准确辨识出那些“有价值”的旧报纸、塑料瓶、废金属等，原因很简单：它们能换钱，因此这些垃圾的回收率很高。城市垃圾分类回收的真正难点在于生活垃圾，园林废弃物、餐厨垃圾、活性污泥等集中度高的废弃物应作为重点。

从制度角度看，一个文化的、经济的、科技的、法律的多元综合价值体系是激励和保证资源循环利用的必要条件。在上世纪五六十年代，牙膏皮、煤渣、废玻璃等几乎一切可以回收的垃圾都被中国人废物利用，这里有勤俭节约的传统美德，有短缺经济的时代特征，也有国家鼓励废旧物资回收的特定政策（例如鼓励铅质牙膏皮回收用于国防工业）。经济的发展一定会带来垃圾产生量的上升，这是人类社会发展的一个普遍规律。但我们的研究和一些国际上成功的垃圾分类回收经验表明，只有以垃圾资源化利用为目标构建新的合理的价值体系，

使得公众建立环保意识和生存危机意识，使得资源循环利用变得“有利可图”，使得垃圾资源化处理的技术不断进步，使得浪费自然资源的行为受到法律约束，才能刺激生产者更主动追求循环性资源，鼓励消费者更愿意进行垃圾分类回收，全社会形成蔚然风气。

垃圾分类是世界性的潮流，而在这方面曾经世界领先的中国，不能丢掉勤俭节约物尽其用的优良传统。如今我们的生活好起来了，也许看不上卖破烂换回的那几毛钱，但是我们要时刻珍惜自然的馈赠，以敬畏心对待自然的约束，我们还没有大方到浪费另一个地球的地步。我们每个人都是垃圾的制造者，又是垃圾的受害者，同时们更应是垃圾公害的治理者，通过垃圾分类来战胜垃圾公害。

城市居民的多样性与来源的多元化确实给生活垃圾处理带来了很多难题。北京有 2100 万常住人口，其中 800 万是外来人口，相当一部分处于流动状态，不易管理。这些人处于忙碌的打工状态，早出晚归，生活十分紧张，因此几乎没有时间和兴趣进行垃圾的分类回收，更枉论对垃圾进行分类了。而政府的管理对他们也相对宽松，这就使垃圾分类遇到很大困难。

从城市的人口结构来看，北京已经进入老龄化社会。年轻的白领人群由于工作紧张，生活压力大，确实无暇顾及垃圾分类。中老年人在家里养老，他们有充裕的时间进行垃圾分类。这些人一般都经历过五六十年代的经济困难时期，社会公德意识比较强，又乐于参与政府推行的公益活动。因此，中老年人是垃圾分类活动的骨干力量，年轻一代是垃圾分类活动的重要推广对象。

他山之石，可以攻玉。我国的近邻日本在垃圾分类上有不少成功经验。虽然我国大部分地区的硬件还远不能与日本相比，但更大的差距恐怕还是在“软件”上，即在于政府和民众对垃圾分类的认识，在于政府关于垃圾分类的制度建设，也在于每个市民对垃圾分类的认真细致精神和环保节能意识。由此引申开来，只有大家都摒弃嫌麻烦的想法、大概其的思维习惯和安于现状的低标准，才可能把垃圾分类工作搞好。垃圾分类，看似简单，推行起来很不容易！

五、城市代谢废弃物的种类繁多，成分复杂，物质形态多样，需要不同的处理工艺和技术，固态、液态、气态的变化是资源化利用的重要方式

城市新陈代谢物质按照产业来源分类，分为工业代谢物、农业代谢物、医疗代谢物、生活代谢物、园林代谢物、建筑代谢物等。按照材料构成分类，分为木制品、塑料制品、橡胶制品、玻璃陶瓷制品、纸制品、金属制品、有毒废物等。按照物理化学属性分类，分为无机物材料，包括金属材料、无机非金属材料，有机物材料和不同类型材料所组成的复合材料。按危险程度分类，可分

为危险废弃物、一般废弃物。按组成分类，可分为有机废物、无机废物。按照物质形态分类，可分为气态、液态、固态三种，这种分类便于加工和处理。

城市新陈代谢物质的气态表现，主要是大气污染物。大气污染物可以分为两类，即天然污染物和人为污染物，引起公害的往往是人为污染物，它们主要来源于燃料燃烧和大规模的工矿企业。气态代谢物质主要有：颗粒物，指大气中液体、固体状物质，又称尘；硫氧化物，是硫的氧化物的总称，包括二氧化硫，三氧化硫，三氧化二硫，一氧化硫等；碳的氧化物，主要包括二氧化碳和一氧化碳；氮氧化物，是氮的氧化物的总称，包括氧化亚氮，一氧化氮，二氧化氮，三氧化二氮等；碳氢化合物，是以碳元素和氢元素形成的化合物，如甲烷、乙烷等烃类气体；其他有害物质，如重金属类，含氟气体，含氯气体等等。

当大气中污染物质的浓度达到有害程度，以至破坏生态系统和人类正常生存和发展的条件，对人或物造成危害的现象叫做大气污染。造成大气污染的原因，既有自然因素又有人为因素，重点是人为因素，如工业废气、燃烧农作物秸秆、化石能源燃烧、汽车尾气和核爆炸等。

城市新陈代谢物质的液态表现，主要是水体污染物。造成水体水质、水中生物群落以及水体底泥质量恶化的各种有害物质和或能量，都可叫做水体污染物。水体污染物从化学角度可分为无机有害物、无机有毒物、有机有害物、有机有毒物 4 类。从环境科学角度则可分为病原体、植物营养物质、需氧化质、石油、放射性物质、有毒化学品、酸碱盐类及热能 8 类。

无机有害物如砂、土等颗粒状的污染物，它们一般和有机颗粒性污染物混合在一起，统称为悬浮物（SS）或悬浮固体，使水变浑浊。还有酸、碱、无机盐类物质,氮、磷等营养物质。无机有毒物主要有:非金属无机毒性物质如氰化物（CN）、砷（As），金属毒性物质如汞（Hg）、铬（Cr）、镉（Cd）、铜（Cu）、镍（Ni）等。长期饮用被汞、铬、铅及非金属砷污染的水，会使人发生急、慢性中毒或导致机体癌变，危害严重。有机有害物如生活及食品工业污水中所含的碳水化合物、蛋白质、脂肪等。有机有毒物，多属人工合成的有机物质如农药 DDT、六六六等、有机含氯化合物、醛、酮、酚、多氯联苯（PCB）和芳香族氨基化合物、高分子聚合物（塑料、合成橡胶、人造纤维）、染料等。有机污染物因须通过微生物的生化作用分解和氧化，所以要大量消耗水中的氧气，使水质变黑发臭，影响甚至窒息水中鱼类及其他水生生物。病原体污染物主要是指病毒，病菌，寄生虫等。危害主要表现为传播疾病:病菌可引起痢疾、伤寒、霍乱等;病毒可引起病毒性肝炎、小儿麻痹等；寄生虫可引起血吸虫病、钩端旋体病等。

城市新陈代谢物质的固态表现，主要是固体废弃物。固体废弃物是指人类在生产、消费、生活和其他活动中产生的固态、半固态废弃物质，通俗地说，就是“垃圾”。主要包括固体颗粒、垃圾、炉渣、污泥、废弃的制品、破损器皿、残次品、动物尸体、变质食品、人畜粪便等。有些国家把废酸、废碱、废油、废有机溶剂等高浓度的液体也归为固体废弃物。

事实上，城市新陈代谢物质在气态、液态、固态三种形式之间还会发生转化，如气态可以冷凝为液态，液态中间也可以提取固态成分，固态成分中间可以分离出液态成分，还可以气化成气态成分。

六、北京城市代谢废弃物的基本类型和总量估算

城市代谢废弃物的种类成千上万，可以分为多种类型。为了便于加工利用，我们充分考虑了城市代谢废弃物的性质、产生量、加工技术、产生源头等因素，对北京的废弃物进行了如下分类：建筑垃圾、园林绿化废弃物、活性污泥、餐厨垃圾、废旧电器、废旧汽车、医疗垃圾、工业废物、垃圾渗滤液、生活垃圾、工业危险废物、人畜粪便等主要类型，见下表。

北京城市代谢废弃物的总量估算 单位：万吨

序号	名称	数量	利用方向
1	建筑垃圾	750.0	垫料、骨料、铺路砖
2	园林废弃物	520.0	制造人工泥炭，改良土壤
3	活性污泥	130.0	消毒杀菌，农业有机肥
4	餐厨垃圾	80.0	有机农业肥料、饲料
5	废旧电器	2.9	回收塑料、稀有金属
6	报废汽车	30.0	回收橡胶、塑料、金属
7	医疗垃圾	2.5	消毒杀菌，焚烧销毁
8	工业废物	1047.0	烧砖、建材
9	垃圾渗滤液	202.0	脱水分离，制造中水
10	生活垃圾	672.0	分类回收、堆肥、焚烧、热解
11	垃圾渗滤泥	50.0	消毒、惰化、园林埋碳
12	工业危险废物	14.4	重新提炼、中和、消除危害
13	城市粪便	150.0	农林有机肥料
14	农业废弃物	213.8	热解后还田、改良土壤
15	合 计	3864.6	消毒、分解、综合利用

08

（1）建筑垃圾。

建筑垃圾是指在人们在从事拆迁、建设、装修、修缮等工程中由于人为或者自然等原因产生的建筑废弃物的统称，包括废渣土、弃土、余泥以及弃料等。北京市建筑垃圾主要分为工程槽土、拆除垃圾和装修垃圾。每年产生的建筑垃圾中工程槽土占 85%，剩下的 15% 为拆除垃圾和装修垃圾。目前北京市建筑垃圾中被行业内称为“好土”的工程槽土每年产生量与需求量已经达到了无需处理的内部平衡。北京的建筑垃圾总量约为 5000 万吨，其中，拆除垃圾和装修垃圾总量约 750 万吨，需要通过建设建筑垃圾处置设施进行资源化处理。

（2）园林废弃物。

园林绿化废弃物，是城市绿地或郊区林地中绿化植物自然或养护过程中所产生的乔灌木修剪物、草坪修剪物、落叶、枝条、花园和花坛内废弃草花以及杂草等植物性材料。目前，北京市每年共产生废弃物鲜重 520 万吨，其中城六区 114 万吨，郊区县 406 万吨。

（3）活性污泥。

活性污泥是微生物群体及它们所依附的有机物质和无机物质的总称。微生物群体主要包括细菌，原生动物和藻类等。其中，细菌和原生动物是主要的二大类。活性污泥主要来自城市污水处理厂。北京市水务局的信息显示，2013 年，北京市生活性污泥总量约为 130 余万吨，人均活性污泥产生量 62 千克 / 年。

（4）餐厨垃圾。

餐厨垃圾，俗称泔脚，是居民在生活消费过程中形成的生活废物，极易腐烂变质，散发恶臭，传播细菌和病毒。餐厨垃圾主要成分包括米和面粉类食物残余、蔬菜、动植物油、肉骨等。城市人均每天的餐厨垃圾产生量是 0.1 千克。据此推算，北京市 2013 年餐厨垃圾产生的总量约为 80 万吨，其中饭店、宾馆、食堂等公共机构产生的餐厨垃圾占 40% 左右，大约 30 余万吨。

（5）废旧电器。

废旧电子电器是人们在其产品生命周期后丢弃的产物，包括手机、电脑、电子游戏机、电子表、电子仪器、电视、洗衣机、电冰箱等。2013 年，北京市四家废弃电器电子产品拆解利用处置单位共接收各类废弃电器电子产品 6.95 万吨，全部得到无害化处理。废弃电器电子产品主要有：废电视机、废洗衣机、废电冰箱、废电脑、废空调等，以上五种废弃电器电子产品的接收量占总量的 98.9%。

（6）废旧汽车。

达到国家报废标准或者虽然未达到国家报废标准，但发动机或者底盘严重

损坏，经检验不符合国家机动车运行安全技术条件，或者不符合国家机动车污染物排放标准的机动车,称为报废汽车。目前北京的机动车保有量超过548万辆，理论报废量每年已经超过20万辆，总重约为30万吨。

（7）医疗垃圾。

医疗垃圾是指医疗机构在医疗、预防、保健以及其他相关活动中产生的具有直接或间接感染性、毒性以及其他危害性的废物，具体包括感染性、病理性、损伤性、药物性、化学性废物。2013年，北京市医疗机构共产生医疗废物2.54万吨，除1.04万吨跨省转移处置外，其余由相关企业在本市内进行了无害化处置。

（8）工业废物。

工业废物，即工业固体废弃物，是指工矿企业在生产活动过程中排放出来的各种废渣、粉尘及其他废物等。工业固体废物还包括玻璃废渣、陶瓷废渣、造纸废渣和建筑废材等。2013年，北京市产生工业固体废物1047.21万吨，综合利用量904.05万吨，处置量143.16万吨，处置利用率100%。

（9）垃圾渗滤液。

垃圾渗滤液是垃圾在堆放和填埋过程中由于发酵、雨水冲刷和地表水、地下水浸泡而渗滤出来的污水。生活垃圾在转运、处理过程中会产生占总量20%左右的垃圾渗滤液。按目前700万吨的生活垃圾产生量计算，将同时产生140万吨的垃圾渗滤液。垃圾渗滤液经过反渗透工艺处理后，还将产生30%的渗滤污泥，也就是每年40万吨规模。

（10）生活垃圾。

城市生活中的可回收垃圾主要包括废纸、塑料、玻璃、金属和布料五大类。北京市环保局的信息显示，2013年，全市人口年生活垃圾产生量671.69万吨，处理量666.96万吨，无害化处理率为99.30%，其中城区无害化处理率100%，郊区94.56%。人均垃圾产生量为314千克/年。由于城市垃圾分类工作进展缓慢，生活垃圾的产生量在相当长的时间内还将维持在较高水平上。

（11）工业危险废物。

2013年，北京市工业企业产生危险废物14.40万吨，综合利用5.14万吨，处置9.26万吨，处置利用率达到100%。主要产生的危险废物有：废碱、精蒸馏残渣、染料涂料废物、废矿物油、废酸、废乳化液表面处理废物等，以上7种危险废物产生量占总量的84.72%。由于机械、化工是北京的重要行业，工业危险废弃物产量还处在稳定增长中。

（12）城市粪便。

城市人均每天排泄粪尿便大约为 0.5 千克，全年为 182.5 千克。2013 年，北京市总共产生了 385 万吨的城市粪便。由于很多家庭的粪便经过污水管网进入污水处理厂，通过粪便消纳站处理的粪便大约为 150 万吨。

（13）农业废弃物。

2010 年，北京市的玉米产量为 84.2 万吨，可回收玉米秸秆约 189.5 万吨，而小麦秸秆可回收量约为 24.3 万吨。两项合计农业生物质总量为 213.8 万吨。

七、北京城市代谢废弃物资源化利用才刚刚起步，活性污泥、垃圾渗滤液、餐厨垃圾等有机废弃物的处理难度极大，需要创新技术、创新模式来解决

环保产业被称为 21 世纪的朝阳产业，有着巨大的发展潜力。随着环境保护投入的大幅度增加，环保产业将成为我国国民经济的重要组成部分。

城市生活垃圾中蕴藏着巨大的经济价值。据北京市环保基金会最新统计，北京市每年产生的垃圾中有废塑料 36.2 万吨，而一吨废塑料可生产 0.37 ～ 0.73 吨汽油；每回收一吨饮料瓶塑料可获利润 8000 元。北京每年产生废纸 38.8 万吨，而每回收一吨废纸，可造好纸 0.85 吨，节省木材 3 立方米，节省碱 300 千克，比等量生产好纸减少污染 74%。北京每年产生废玻璃 15 万吨，利用碎玻璃再生产玻璃，可节能 10% ～ 30%，减少空气污染 20%，减少采矿废弃的矿渣 80%。北京每年产生废电池 2.37 亿支，利用废电池可回收镉、镍、锰、锌等宝贵的重金属，同时可减少重金属对环境的污染及对人体健康的危害。北京每年产生废金属 3.5 万吨，每回收一吨废钢铁，可炼好钢 0.9 吨，可减少 75% 的空气污染、97% 的水污染和固体废物，比用矿石炼钢节约冶炼费 47%。

中国政府十分重视环保产业的发展。国家“十二五”节能环保产业发展规划提出：力争到 2015 年，节能环保产业总产值达 4.5 万亿元，增加值占国内生产总值的比重为 2% 左右，节能环保产业产值年均增长 15% 以上，新增固体废物综合利用能力约 4 亿吨，产值达 1500 亿元，培育一批具有国际竞争力的节能环保大型企业集团。“十二五”规划还把资源循环利用产业作为发展的重点，其中包括矿产资源综合利用、固体废物综合利用、再制造、再生资源利用、餐厨废弃物资源化利用、农林废物资源化利用、水资源节约与利用等领域。

北京城市代谢废弃物的总量已经突破 3800 万吨，其中建筑垃圾、报废汽车、废旧电子垃圾、煤矸石、粉煤灰等固体废弃物的回收利用，技术难度不是很大，因为这些都是工业化以后产生的问题，西方发达国家已经有了比较好的回收再利用经验，我们需要做的是根据中国国情进行适应性调整，然后加以推广就能

很好地解决这些问题。北京市每年活性污泥、餐厨垃圾、生活垃圾、垃圾渗滤液、城市粪便、垃圾渗滤泥等有机代谢废弃物产量超过 1770 万吨，占城市代谢废弃物总量的近一半，这是回收利用的最大难题。对于这些有机废弃物，西方发达国家也是束手无策，没有更好的解决办法。

北京市政府已经意识到了问题的紧迫性和严重性，组织编制了《北京市生活垃圾处理设施建设三年实施方案（2013—2015 年）》。方案提出 ："到 2015 年底，北京将新增生活垃圾处理能力 18000 吨 / 日，处理能力达到 23100 吨 / 日，垃圾焚烧和生化等资源化处理比例达到 70% 以上，填埋处理比例降至 30% 以下；新增餐厨垃圾集中处理能力 1850 吨 / 日、源头就地处理能力 150 吨 / 日，处理能力达到 2750 吨 / 日 ；新增垃圾渗滤液处理能力 4320 吨 / 日，处理能力达到 8510 吨 / 日，同时增加浓缩液处理功能 ；新增建筑垃圾资源化处理能力 400 万吨 / 年，处理能力达到 800 万吨 / 年"。

这份实施方案，是按照"增能力、调结构、促减量"的要求来推进生活垃圾处理的，符合北京的实际情况。但是从长远看，从生态循环的角度看，还有许多调整和改进的空间，因为方案中的整体技术还局限在"减量""处理"的水平上，没有解决再利用的问题。城市代谢废弃物是从自然环境中分离出来，在城市中利用，堆积在城市里的物质，最终还要回到自然环境中去，完成物质的再次"代谢"，这才是城市代谢废弃物处理最理想的目标。

对于城市代谢废弃物这个由于"新陈代谢断裂"导致的问题，马克思早在一百多年前就已经发现，现在需要我们来解决。北京在城市代谢废弃物的处理上还有很长的路要走，有很多事要做，有很多技术难关要攻克。要想从根本上解决城市代谢废弃物这个困扰人类许久的重大环境问题，必须确立全新的指导思想、科学理论、技术体系和商业运营模式。

第二部分 北京诊断书
城市新陈代谢系统的构建

城市生态系统有三大功能，即生活功能、生产功能和还原功能。

城市作为人类的一种栖境，首先要为它的居民提供基本的生活条件和人性发展的外部环境，它决定着城市吸引力的大小并体现着城市的发展水平。其次，城市作为一种生态系统，必然和其他生态系统一样，具有生产、消费和还原功能。城市人群不仅参与城市的初级生产和次级生产过程的管理和调节，还通过他们的劳动增加产品并提高产品的价值，在这里人既是消费者，也是生产者。城市的还原功能包括两个方面：一方面是指城市中复杂的有机物在自然和人为作用下的分解过程，另一方面是指城市环境在一定范围内自动调节恢复原状的功能。

在城市生活和生产过程中不断有废弃物产生，但是从自然界的物质循环角度来看，并没有绝对的废弃物，上一个环节的废弃物可能就是下一个环节的资源。根据这一原理，对城市生态系统废弃物最好的处理方法是模拟自然生态系统，实行物质分层多级利用，变上一个生产过程的废弃物为下一个生产过程的原料，这样就可以实现城市生态系统的新陈代谢。

城市新陈代谢系统是按照生态学的物质循环和能量流动方式，对城市区域内自然、人类、社会产生的新陈代谢废弃物进行分类整理、集中处理、再循环利用的工程技术体系，它实现了群落内部、群落之间、生产生活之间、人类社会与自然界、城市乡村之间的物质循环和能量梯次使用。它在整个社会内部建立起生产与消费的物质能量大循环，实现了社会再生产过程由“生产－交换－消费”的线性发展转化为“生产－交换－消费－代谢”的闭合循环发展。

城市新陈代谢系统是城市内部自然、人类、社会的有机组成部分，可以使城市生态系统处于和谐有序的健康状态。城市新陈代谢废弃物最终的处理过程是“代谢”，是物质转化，是物质的“新生”，这是循环的最高境界，也是城市新陈代谢理论对循环经济理论的最新贡献。

09 第九章 内挤：不断突破的人口极限！

北京作为都城已有800多年历史，各朝各代的管理者都把控制人口增长作为维护稳定的重要措施。计划经济时期，北京人口增长一直控制在较低水平上。改革开放后，北京人口呈现了较快增长的趋势。进入新世纪，北京常住人口有了大幅度的增长。

1986年北京市总人口1000万。2000年北京市常住人口1382万。2009年北京市常住人口为1972万人。2014年北京常住人口2151.6万人，比上年末增加36.8万人。其中，在京居住半年以上的外来人口818.7万人，比上年增加16万人。外来人口占比达到38%，已成为北京人口增长的主要动力。

城市发展规律表明，随着经济发展，人口向中心城市聚集是一个历史趋势。人口快速增长给北京的城市运营和管理带来了极大压力，也给城市的和谐、均衡与可持续发展带来潜在风险：人口无序集聚、能源资源紧张、生态环境恶化、交通拥堵严重、房价居高不下、社会矛盾日益加剧。

北京的人口控制应该从城市定位出发，通过调整产业结构、城市功能、区域布局、交通网络来实现人口要素的合理流动，疏解城市压力。要通过建设首都经济圈、建设世界城市这一机遇来解决人口紧张问题。

人人向往北京城

2000多年前，古希腊哲学家亚里士多德有句名言："人们来到城市，是为了生活；人们居住在城市，是为了生活得更好。"为了美好的生活，我们来到并留在了城市，还有许多人正在走向城市。

从1978年恢复高考制度以后，每年的六七月都是中国上千万家长们内心接受煎熬的日子，因为自己的孩子经过“十年寒窗”要接受高考了，家长们都希望孩子考进一所好大学，考到北京去。于是，很多学生都在自己的第一志愿里毫不犹豫地写上了北京的字样，一批又一批优秀学子踏上了开往北京的列车。他们当中的许多人幸运地找到了自己的位置，在这座城市安定下来。还有些一时难以找到合适的工作，在北京飘荡着，这些人被叫做“北漂”。先期的“北漂”还可以在北沙滩的地下室里落脚，后来的“北漂”则转战到了唐家岭，变成了“蚁族”。有些“蚁族”坚持不下去，就回到了老家，却发现老家已经没有了他们的位置，于是又“重回北上广”，因为，北京的机会还是比家乡多呀！

人们为什么要源源不断地涌到北京来呢？很多人会说这是因为北京集中了全国很多社会资源。这种说法是对的，但只是问题的一方面，因为社会资源的集中与人口的集聚互为因果。一方面，社会资源吸引人口；另一方面，人口聚集带来效率提高，创造更多社会资源。这两方面的力量相互作用，形成正反馈，导致城市规模不断扩大。具体来说，很多人喜欢来北京是因为这里工作机会多，生活相对丰富，因此拥堵等负面因素可以说是为了得到工作和生活上的好处所付出的代价。但是，人们通常会把得到的成果当成理所当然，但对付出代价却耿耿于怀。在这种愤懑之中，中国人口太多成为最合适的替罪羊。

首先，就业和收入水平是影响人口向北京流动的直接原因。第六次全国人口普查数据显示，2010年北京外来人口主要输出地为河北、河南和山东等地。通过数据分析，以上三省与北京在人均GDP、人均全社会固定资产投资、就业人员平均工资等方面都存在一定差距，若按户籍人口计算，该差距更大。将数据进行回归分析可以发现，北京外来人口的增加，与北京和外来人口输出地的全社会人均固定资产投资差、就业人员平均工资差线性相关，也就是说，这两者是影响人口流向的直接因素。

其次，公共服务水平和优质资源是对人口具有吸引力的关键因素。一是公共服务水平较外来人口输出地高。2010年北京市辖区人均财政支出为18892元，分别是北京外来人口主要输出地河北、山东和河南省辖区人均财政支出的3.34倍、3.75倍和3.93倍。二是优质资源集中。北京集中了全国最好的大学、最好的医院等优质资源：全国排名前50位的大学中，有9所在北京；全国知名的260所重点中学中，北京占10所，多于上海的6所和天津的5所，更多于许多省份全省的重点中学数量，而按综合实力排名的前20所重点中学中，北京占6所；截至2011年，全国1399家三级医院，北京有51家，约占华北地区三级医院总数的24%。

再次，相对较低的生活成本使得外来人口生存十分容易。一是食品成本价格相对较低，增长速度较慢。1995 － 2011 年，北京的食品平均物价指数为 104.86，比外来人口主要输出地河北、山东、河南分别低 0.32、0.45 和 0.87。17 年间北京食品价格上涨幅度最小。二是公用事业的价格收入比相对较低。北京的水价低，电价低、公共交通费用也较低。三是外来人口租房成本低。北京虽然房价在全国领先，但在城市功能拓展区、城市发展新区的城乡结合部，农民出租屋、地下室租金还是比较低的。

第四，流动人口管理制度的放松，彻底丧失了对于流动人口无序盲目聚集膨胀的维控作用。而首都房地产市场限外政策开闸后，外省市居民在京购房比例持续大幅攀升。截至 2010 年 11 月，外省市居民在北京购房比例已超过 35%，已毋庸置疑地成为北京住房市场的重要主导力量。一张火车票便可瞬间升级改善自己的人生，何乐而不为。如此一来，只要在首都生下了子女，便会受到各种关照。于是在口耳相传中，流动人口无序盲目举家迁移比例逐年上升。

北京未来会有多少人？

北京市人口的高速增长，引起了各方面的关注。北京的人口增长还会持续多久，增长的幅度有多大，增长的极限在哪里呢？人口专家、经济学家、城市规划专家们对此进行了多方面、多角度的研究，取得了一些有意义的成果，为北京市未来城市规划的修订提供了重要依据。其中，国家发改委城市和小城镇改革发展中心课题组李铁等人的研究成果很具有代表性，受到了各方面的肯定。

李铁课题组的报告显示，从 1978 － 2011 年北京市人口数量看，户籍人口的增长较平缓，而常住人口的增长主要是从 1995 年开始，由外来人口的增长带来的。按照 1996 － 2011 年的数据计算，户籍人口年均增长 13.3 万人，按此速度，到 2020 年，北京户籍人口将增加 120 万人。如果按照 2000 － 2011 年户籍人口年均增加约 15.5 万人计算，到 2020 年北京市户籍人口可增加约 139 万人。

在不同的时间段，外来人口的增长速度也有不同，但均大大快于户籍人口增长：1996 － 2011 年，外来人口年均增长 37.4 万人；2000 － 2011 年，年均增长 44.2 万人；2006 － 2011 年，年均增长 67.8 万人。按照上述不同速率计算，到 2020 年，外来人口分别可能增加约 336 万人、398 万人和 610 万人。

李铁课题组认为，到 2020 年，北京市常住人口取低限，可达到 2474 万人，

取高限，则将达到 2770.3 万人。

投资是衡量经济社会发展的一个综合性指标。投资增长以及由此带来的新增就业岗位，是吸引人口增长最直接的原因。因此，除了常规增长趋势下的北京人口总量分析，他们还基于投资、就业对人口增长的影响进行了多方案预测。

以 1996 – 2011 年的北京固定资产投资和城镇就业增加的数据进行分析，按照不同时间跨度计算，固定投资就业弹性平均值均较为接近。1996 – 2011 年的平均值为 0.29，2000 – 2011 年的平均值为 0.4，2005 – 2011 年的平均值为 0.31。近几年，北京投资就业弹性呈现增长趋势，但是从长期来看，考虑到边际效益递减等因素，可以将投资就业弹性按 0.3 进行测算。

1996 – 2011 年，北京固定资产投资增长有较大的变化，其中 2009 年增长高达 26%，但是 2008 年则出现负增长。“九五”“十五”和“十一五”固定资产投资的年均增速分别为 9%、16.9% 和 14.6%，2011 年的增速为 7.6%，2012 年上半年为 11%。考虑到未来经济发展方式的转变，投资增速将趋缓，分别设定固定资产年均增速为 14%、10%、8% 和 6% 进行测算。

自 2005 年以来，北京就业人员总量占总人口的比重基本保持稳定，2005 年为 45.7%，2010 年为 46.1%，2011 年比重略微提高，为 47.3%。下面以 2011 年的 47.3% 进行测算。

测算结果显示，到 2020 年，在其他条件不变的情况下，如果固定资产投资年均增长在 14%、10%、8% 和 6%，则北京新增外来人口分别约为 840 万、550 万、415 万和 285 万。北京市所对应的总人口分别为 2945 万、2653 万、2517 万和 2387 万。从主观因素考虑，北京市并不希望在未来十年内人口出现爆炸性增长。因此，控制人口进入的政策措施还将持续出台。从降低投资增长速度开始，如年均投资增速控制在 8% 以内，北京市人口总量限制在 2500 万人内有可能实现。

如果按常规增长的方式来计算，取前 15 年平均值作为低限方案，北京外来人口到 2020 年将会达到 1047 万人。如果按照投资增长的中低限年均 8% 测算，到 2020 年北京市外来人口将达到 1200 万人左右。这意味着，外来人口占北京人口的比重将会逐年提高，预计到 2020 年将达到 45% 左右。

北京究竟能养活多少人？

北京人口承载力的测算，水资源和土地资源是两个主要的限制性因素。

北京水资源来源于三个方面：本地水资源、再生水利用、外地调入水资源。预计至2020年，北京水资源量将超过55.4亿立方米。其中，本地水资源总量取多年平均水量和近十年干旱周期的平均量的中间值，约为33.4亿立方米；2011年，北京再生水利用量为7亿立方米，到2020年，预计可供给水资源量超过10亿立方米；根据规划，到2020年，南水北调供水量将达到12亿立方米，而淡化海水也有引入北京的可能性。

根据北京产业结构和用水结构分析，工农业用水量已经较为稳定，但仍有进一步节水的空间。生态用水需要进一步增加，但也有可调整的余地，尤其是高尔夫球场等奢侈性用水。生活用水方面，近年来呈现下降趋势，如果借鉴严重缺水地区，如以色列等国家的经验，生活用水仍有可节约的空间，但从提升生活质量和水平的角度，人均生活用水可以保持基本稳定，甚至有所提高。

按照工业和农业用水略有下降、生态用水有保证的原则，未来工业、农业和生态三类用水分别为4.5亿～5亿立方米、10亿立方米、10亿立方米，三类用水量合计为25亿立方米，剩余可供生活用水量为30.4亿立方米。

北京水资源理论承载力关键取决于可用生活水资源量。借鉴国际经验，生活用水可变化的范围最低为人均69立方米，最高应控制在人均90立方米左右。2001－2011年，北京年人均生活用水最低为76.9立方米，最高为90.3立方米，平均值约为85立方米，以此为标准计算，北京水资源的理论承载能力可达到3500万人。

北京土地总面积1.67万平方千米，可以开发建设的面积约9400平方千米。其中，平原地区面积约6400平方千米，其他为山区。在山区中，海拔在100米至300米的浅山区面积为2000多平方千米，山间谷地坡度小于10度的可开发面积约1000平方千米。

根据北京人口分布情况的概略估算，目前，平原地区6400平方千米的范围内，总人口约为1700万人，人口密度约每平方千米2656人。浅山区和山区总人口约为300万人，其中，浅山区约为200万人，山区约为100万人。

结合北京建设用地利用效率，并借鉴国际经验，北京的土地资源具有容纳更多人口的潜力：6400多平方千米的平原区土地利用仍有较大潜力；浅山区应在保护环境的前提下，进行适度开发；海拔较高的山间谷地地区不宜大规模开发，需要进行适度控制。

2010年，北京市全部城镇建成区（包括中心城区、新城和建制镇）总规模估计在1350平方千米至1400平方千米，城镇人口约1700万，人口密度约每平

方千米 1.2 万人。据《北京土地利用总体规划（2006 – 2020 年）》，到 2020 年，北京建设用地总量将增加到 3817 平方千米，其中，城乡建设用地总量由 2010 年的 2520 平方千米增加到 2700 平方千米。

对于 2700 平方千米的城乡建设用地，通过提高土地利用效率，提升集约利用水平的办法，假定都可以达到目前平均城镇用地人口密度水平，即每平方千米 1.2 万人，则北京规划建设用地的承载力能够达到 3240 万人。即使按照新增以及存量的 1300 平方千米城镇和乡村建设用地（2700 平方千米规划用地减去 1400 平方千米的城镇建成区）进行挖潜，人口密度按每平方千米 1 万人计算（国土资源部新城建设的人口密度标准），北京规划建设用地的最大承载力也可达到 3000 万人。由此可见，在现行规划控制下，如果城乡建设用地土地集约利用率达到现有城镇的水平，则理论上的土地资源承载力为 3000 万～ 3200 万人。

根据国际经验，国外都市连绵区内人口密度大约为每平方千米 5000 人。例如，东京都总面积 2188 平方千米，人口约 1300 万，人口密度约每平方千米 5900 人。伦敦总面积 1579 平方千米，人口约 756 万，人口密度约每平方千米 4780 人。即使按伦敦每平方千米 4700 人的标准估算，北京仅 6400 平方千米的平原地区即可承载 3000 万人口。此外，北京浅山区总面积 2300 多平方千米，在适度进行低密度住宅开发的情况下，仍有望增加 30 万人，可承载人口达到 230 万人。出于生态保护的角度，山区维持现有人口规模和开发密度为宜，保持在 100 万人。综合平原区、浅山区和山区三部分，北京土地资源人口承载力预计达到 3300 万人。

依据北京年人均生活用水 85 立方米的标准，北京水资源的理论承载能力可达到 3500 万人。如果城乡建设用地土地集约利用率达到现有城镇的水平，则理论上的土地资源承载力为 3000 万～ 3200 万人。根据国际经验，综合平原区、浅山区和山区三部分，北京土地资源人口承载力预计达到 3300 万人。

北京，占用了全国的生态足迹

城市，是人类社会经济活动的主要空间，也是人们生活和消费的场所。

城市蓝皮书《中国城市发展报告（2012）》显示，截至 2010 年年底，我国城镇化率已达 52.57%。2010 年，中国城市建成区总面积 4.05 万平方千米，占全国总面积的 4.2%，却集中了全国一半以上的人口，90% 多的经济活动。全国 6 成多的农产品运往城市，7 成多的工业品在城市消费，8 成多的服务性消费也在城市发生，全国 80% 多的生活垃圾堆存在城市周围。

马克思在其巨著《资本论》中将社会再生产过程描述为“生产、交换、分配、消费”四个阶段，现代市场经济理论又将这一过程简化为“生产、交换、消费”三个阶段。城市作为商品交换的产物，进一步强化和促进了市场经济的发展，使生产的效率进一步提高，交换的频率不断增加，消费的示范引导作用更加有效。因此，社会再生产过程积累的问题也更加突出。

北京市全年实现地区生产总值 17801 亿元，比上年增长 7.7%。全年批发和零售业实现商品购销总额 98285.5 亿元，比上年增长 9%；其中，实现销售总额 50777.5 亿元，增长 10.2%。在批发和零售业商品销售总额中，批发业实现 43211 亿元，比上年增长 9.8%。社会消费品零售额 7702.8 亿元，其中，吃的商品 1679.1 亿元，穿的商品 718.0 亿元，用的商品 4678.4 亿元，烧的商品 627.3 亿元。这些社会消费品除了一部分在外地消费，绝大多数在北京地区完成新陈代谢，成为北京地区生活垃圾的主要来源。

2012 年全市实现农林牧渔业总产值 395.7 亿元，比上年增长 9%。其中，受平原造林带动，林业实现产值 54.8 亿元，比上年增长 1.9 倍。全年粮食播种面积 19.4 万公顷，比上年减少 1.6 万公顷。粮食产量 113.8 万吨；蔬菜及食用菌 279.9 万吨；肉类 43.2 万吨；出栏生猪 306.1 万头；出栏家禽 10089.4 万只；禽蛋 15.2 万吨；水产品 6.4 万吨；牛奶 65.1 万吨；干鲜果品 84.3 万吨。

从生态足迹的角度看，北京本地的农产品根本无法满足 2000 多万人的需要。以粮食为例，按照城市人均年消耗 180 千克计算，全市共需要 372 万吨粮食。而北京市全年的粮食产量为 113.8 万吨，只能满足 30% 左右供应量。其他农产品，如大米、食用油、调料、海产品的外进比例几乎为 100%。大量农产品的调入体现了城市开放的优越性，也表明了城市化是未来中国的必然趋势。

北京市的农产品供应主要由全国各地的农业地区承担，其供应和交易主要由分布在城市外围的大型农产品交易市场完成。北京南四环马家楼桥南的新发地市场是亚洲交易规模最大的农产品批发市场，承担着首都 70% 以上的农副产品供应任务。这个占地面积 1520 亩、总建筑面积近 21 万平方米市场内，经营着蔬菜、果品、种籽、粮油、肉类、水产、副食、调料、禽蛋、茶叶等农副产品。新发地市场的日均车流量 3 万多辆次、客流量 5 万多人次，高峰期日吞吐蔬菜近 1.2 万吨、果品近 1.5 万吨。2012 年北京新发地市场的交易量达 1300 万吨，交易额突破了 440 亿元。西四环外的锦绣大地玉泉路粮油批发市场主要经营大米、面粉、食用油、杂粮等五大类农产品，是北京粮油产品的供应主体之一，

供应对象覆盖粮店、超市、建筑工地、大专院校食堂、宾馆餐饮业、企事业单位，年成交总量达 60 万吨。此外，北京北部地区的水屯市场、北五环外的回龙观批发市场、东四环外的盛洪华林粮油批发市场、马连道的茶叶批发市场也都承担着首都的农副产品供应任务。外地农产品的大量调入，使 2000 多万城市人口的“菜篮子”、“米袋子”得以丰富多样起来。

在外来人口大量涌入的同时，北京的环境资源承载能力显得捉襟见肘。有统计数据表明，北京人均土地面积不足全国平均水平的 1/6，人均水资源占有量不足全国平均水平的 1/10、世界的 1/35。目前北京 100% 的天然气、100% 的石油、95% 的煤炭、64% 的电力、55% 的成品油均需从外地调入。

北京的“木桶”有几块“木板”

美国管理学家劳伦・丁・彼得提出：盛水的木桶是由多块木板箍成的，盛水量也是由这些木板共同决定的。若其中一块木板很短，则此木桶的盛水量就被限制，该短板就成了这个木桶盛水量的“限制因素”。若要使此木桶盛水量增加，只有换掉短板或将其加长才行。随着“木桶原理”被应用得越来越频繁，应用场合及范围也越来越广泛，已由一个单纯的比喻上升到了理论的高度。人们把这一规律总结为“木桶原理”，或“木桶定律”，又称“短板理论”。

实际上，城市的发展也可以用“木桶原理”来考量。在可以预计的未来，北京的人口总量将突破 3000 万，城市的人口容量也受到许多因素的限制。毫无疑问，水资源和土地资源是城市人口容量的两个主要限制性因素。但是，水资源和土地资源也不是恒定不变的。影响北京水资源总量变化的因素有：本地水资源、再生水利用、外地调入水资源。而影响土地资源变化的因素主要是：建设用地、道路用地、农业用地、工业用地、绿化用地、环保用地等。此外，还有粮食及食物供应、生活垃圾处理、公共交通等影响因素。如果我们把城市的发展空间比喻为“木桶”，把人口比喻为“水”，那么影响城市人口承载力的主要因素自然就可以比喻为构成城市木桶的“木板”了。

城市生态系统的社会经济活动规模依赖于各种资源的承载，当某一类资源成为社会经济活动进一步发展的“瓶颈”时，它便成为城市生态系统的限制资源。从资源承载的限制因子作用定律可知，一个城市资源承载的极限、人口规模大小取决于各种资源（如水资源、土地资源、能源等等）的承载能力。

对于在经济上是外向型和开放型的北京市来说，资源的互补性较强，可以大量从外界输入能源和物质以供本地区使用，以缓解其承载压力。一般来说，城市规模越大，与外界的联系越密切，要求输入的物质种类和数量就越多，城市对外部能源和物质的接受消化转变的能力也就越强。除能源和物质依赖外部系统外，城市生态系统在人力、资金、技术、信息方面也可取外部系统为己用。任何可通过市场交换的稀缺资源、商品等等，都可在开放的市场经济条件下，通过市场购买加以补充，因而这些资源均不能构成城市生态系统承载人口的制约因素。构成制约作用的主要因素是不能从区域外购买的资源如土地、水资源等。

按照“木桶原理”，决定北京城市人口容量的五个限制性因素：土地资源、水资源、道路交通资源、住房资源、环境承载力，可以这样组合起来：土地资源是“桶底”，水资源、道路交通资源、住房资源、环境承载力构成“桶壁”。在“桶底”面积不变的情况下，要想增加盛水量，就必须把四块“木板”同步加高。尽管水资源也是本地的资源，总量基本恒定，但是从外面调水还是可以解决一部分问题的，因此也可以算作可延长的“木板”。

可持续发展要求人的一切活动对环境的负面影响应在环境承载能力之内，即人对区域的开发，资源的利用，生产的发展，废物的排放等均应维持在环境的允许容量之内。一个地区，一个城市的环境容量往往是固定的，生态系统的稳定存在一个阈值，当经济发展超越了生态环境资源系统对其承载力的阈值，将导致这一生态环境资源系统的不可逆变化或崩溃。在社会经济发展的同时，减少对环境系统的排污量，加大污染防治力度，特别要提高对环境影响最大的污染因子的防治水平，环境恶化和生态破坏的趋势才能得以控制，自然生态平衡和生物多样性才能得以维持，最终使城市环境系统能容纳更大的社会经济活动，从而实现城市的可持续发展。

国外学者研究提出，理解人口过剩的关键，不是人口的密度，而是一个地区内的人数和与此相对的资源以及承受人类活动的环境容量，也就是一个地区的人数和该地区供养能力之间的关系。一个地区在什么时候算得上人口过剩了呢，那时在这个地区不迅速耗尽不可更新的资源（或把可以更新的资源转换成不可更新的资源），不使环境供养人口的能力退化下去，便维持不了当地人口的时候。一句话，倘若一个地区的长期供养能力因为当前居住的人们而明显地下降时，这个地区就是人口过剩了。

交通问题：首都变“首堵”

根据北京国际城市发展研究院发布的《2006 － 2010 中国城市价值报告》，六大“城市病”正给中国城市的和谐、均衡与可持续发展带来潜在风险：人口无序集聚、能源资源紧张、生态环境恶化、交通拥堵严重、房价居高不下、社会矛盾日益加剧。其中，交通问题一直是大城市的首要问题之一。迅速推进的城市化以及大城市人口的急剧膨胀使城市交通需求与交通供给的矛盾日益突出，主要表现为交通拥挤以及由此带来的污染、安全等一系列问题，这些问题的实质是道路、车辆、乘客轮番增加使城市交通发展陷入了一个解不开的怪圈。

据交管部门监测，每天在二环内行驶的机动车达 91.5 万辆，二环内成为北京最拥堵的区域。早在 2011 年底，北京早高峰时六环内公共汽车出行量就已经超过 120 万人次，平均每一辆在驶公交车承担的出行量为 135 人次，即使是大型公共汽车也会有拥挤感。2010 年 9 月 17 日，北京的交通未能承受住一场小小秋雨的洗礼，在中秋节前夕刷新了自己的“拥堵纪录”：北京市公安交通管理局的电子拥堵路段图几乎全线“飘红”，143 条道路拥堵，9 个小时的大堵车，让北京市城区的交通几近瘫痪。到 2013 年底，北京工作日期间拥堵的道路也已经达到了 60 多条。

不仅道路交通拥堵，就连城市交通的大动脉——地铁也发生了过载。“人进去，相片出来；饼干进去，面粉出来……”这些形容北京地铁拥挤的夸张语言诙谐幽默，悲喜交加，它们出自“北京地铁生存手册”等网上热帖，随着北京地铁新线不断开通，客流量持续攀升，北京“地铁族”已成为一支数百万人的庞大队伍。2013 年 3 月 1 日北京地铁突破 900 万人次大关之后，3 月 8 日客运量再次创下 1027.53 万人次的新高，一举突破千万大关。如今，北京地铁日客流量超千万人次已成常态。北京地铁已经超过莫斯科日均 800 万到 900 万人次的客流量，成为世界上运力最大的地铁。

2013 年底，北京市机动车保有量 545 万辆，这些车摆在一起，占地面积是 5450 万平方米，可以摆满接近 200 个天安门广场。而北京有驾驶证的人是多少呢？ 755 万，还有 200 多万人在摇号呢！

交通拥堵不仅会导致经济社会诸项功能的衰退，而且还将引发城市生存环境的持续恶化，成为阻碍发展的“城市顽疾”。交通拥挤对社会生活最直接的影响是增加了居民的出行时间和成本。出行成本的增加不仅影响了工作效率，而且也会抑制人们的日常活动，城市活力大打折扣，居民的生活质量也随之下降。交通拥挤也导致了事故的增多，事故增多又加剧了拥挤。交通拥挤还破坏了城市环境。在机动车迅速增长的过程中，交通对环境的污染也在不断增加，并且逐步成为城市环境质量恶化的主要污染源。导致北京“雾霾”的污染性细颗粒物（PM2.5）中有 1/4 就来自机动车的“贡献”。

北京越来越严重的交通拥堵，是中国快速走向城市化所面临的空间冲突、资源短缺和环境污染等一系列问题的缩影。

北京市“十二五”规划纲要提出，未来 5 年北京作为特大型城市建设和运行管理的压力更加凸显，人口资源环境矛盾更加突出，交通拥堵、垃圾治理等困扰人们生活的问题日益加剧，保障城市常态安全运行和应急协调面临更大考验。种种信息表明，北京在昂首迈向两千万人口大都市行列的同时，快速的膨胀也在加剧这座千年古都自身的消化不良和运行不畅。

调整定位，在发展中解决人口问题

今天的北京，越来越多的外来人口涌入，随之而来的是交通拥堵、生存空间狭小、用水紧张、空气污染等大城市病日益严重。说到底，北京的人口暴涨问题是首都功能的错位引发的，必须在建设世界城市的过程中加以调整。

21 世纪的世界将不再是由一些大的国家来主宰，而是由城市来控制，未来世界的秩序将建立在这些城市上。新世界不是也不可能是地球村，而是由不同村落组成的巨大网络。时间的积累、技术的进步以及人口的增长已经大大加快了新城市时代的到来。有些超级城市在经济和科技方面独领风骚并一直延续了数个世纪，才演化成为国际大都会：如 18 世纪的伦敦、19 世纪的巴黎、20 世纪的纽约。这些城市是全球化的发动机，它们的持久动力依赖于财富、知识以及经济政治的稳定。

2009 年底，北京提出要从建设世界城市的高度，加快实施人文北京、科技北京、绿色北京发展战略，以更高标准推动首都经济社会又好又快发展。将北京建设成为二十一世纪的世界城市，使它以开放的胸襟、高度的文明，成为一个国家的灵魂，这是一盘亘古未有的大棋局。

2014 年 2 月 25 日，中共中央总书记、国家主席、中央军委主席习近平在北京市考察工作时强调，建设和管理好首都，是国家治理体系和治理能力现代化的重要内容。习近平就推进北京发展和管理工作提出 5 点要求。一是要明确城市战略定位，坚持和强化首都全国政治中心、文化中心、国际交往中心、科技创新中心的核心功能，深入实施人文北京、科技北京、绿色北京战略，努力把北京建设成为国际一流的和谐宜居之都。二是要调整疏解非首都核心功能，优化三次产业结构，优化产业特别是工业项目选择，突出高端化、服务化、集聚化、融合化、低碳化，有效控制人口规模，增强区域人口均衡分布，促进区域均衡发展。三是要提升城市建设特别是基础设施建设质量，形成适度超前、相互衔接、满足未来需求的功能体系，遏制城市“摊大饼”式发展，以创造历史、追求艺术的高度负责精神，打造首都建设的精品力作。四是要健全城市管理体制，提高城市管理水平，尤其要加强市政设施运行管理、交通管理、环境管理、应急管理，推进城市管理目标、方法、模式现代化。五是要加大大气污染治理力度，应对雾霾污染、改善空气质量的首要任务是控制 PM2.5，要从压减燃煤、严格控车、调整产业、强化管理、联防联控、依法治理等方面采取重大举措，聚焦重点领域，严格指标考核，加强环境执法监管，认真进行责任追究。

世界城市，通常都以发展水平较为接近的都市圈形式出现。无论是纽约、伦敦还是东京，其发展都有一个支撑其发挥控制职能的高度发达的城市区域。世界城市的职能往往并非集中在一个重要城市，而是在区域内的核心城市间分散融合，形成高度整合、一体化的区域体系。世界城市的建成无不仰赖于整个城市区域的发展，没有城市区域支撑的世界城市是难以持续的。

国家“十二五”规划纲要已经将京津冀一体化和首都经济圈作为国家战略向世界推出。首都经济圈是一个世界现象，也是一个世界规律。首都经济圈作为优质生产要素富集的特殊载体，已成为当今世界最活跃的区域经济中心。北京建设世界城市应考虑三个战略层次，即环渤海地区、京津冀地区和北京、天津地区。必须以北京为中心，形成一个辐射能力强、开放程度高、具有世界影响力的城市极点；围绕北京、天津两核形成一个功能完善的城市区域，并以此建构一个密切互动的京津冀经济圈，形成一体化发展。

全球城市竞争力项目主席彼得·克拉索表示，北京作为一个首都城市，可以像全世界其他国家和地区的城市一样，实现共同城市圈的发展。

10 第十章 外压：急剧恶化的生态环境

一个城市的发展必然受到区域环境承载力约束。如果说人口膨胀构成制约北京发展的“内挤”因素，不断恶化的生态环境则是无法绕开的外部压力。

古都北京，风水天成。历经千年洗礼之后，本应迸发出勃勃生机，然而现实却令人忧心忡忡：北来风沙，南起雾霾，东南望渤海聚宝盆蒙污海河碧玉带褪色，西北观坝上后花园凋零三北防护林失血。大自然以其特有方式向北京的发展敲响了警钟，这本不该是北京的“风水”。

同时，长期以来北京的高速发展与周边地区形成了较大反差。环京周边100千米的区域内，存在着大面积贫困带。这些地区多处于半干旱和半湿润过渡气候带，山贫土瘠、沙化严重、盐碱遍地，几百年来一直就是穷困地区。北京这种“孤城突进”的局面必须扭转。

环京地区不断恶化的生态环境对整个区域发展提出了严峻挑战。北京作为首都、环渤海地区中心，目标是世界城市，将继续强化对各种优势资源的吸附和聚集，同时也必然会大量消耗资源，扩大各种排放。

解决首都经济圈的生态环境问题必须同整个区域的经济发展和城市建设结合起来，把生态环境保护作为重要产业来发展，形成新的产业集群，从而辐射和带动周边地区的经济和社会发展，共享碧水蓝天。

北京的“风”与“水”

中国文化很崇尚风水，风水的核心思想是人与大自然的和谐。早期的风水主要关乎宫殿、住宅、村落、墓地的选址、座向、建设等方法及原则，如果用现代科学概念来解释，就属于环境地理学的范畴。环境地理学，作为自然地理学的核心部分，主要是研究人与环境的关系。环境地理学的成果在城市规划建设、农业生产、海洋产业、水利、气象气候等人类生产生活活动中得到广泛的应用。

北京的老城是以故宫为中心修建的左右非常对称的城市建筑群，经元、明、清三朝，历时几百年屹立至今。北京城靠山背水，山水并一，由此形成了天人合一的绝佳风水。

中国科学院生态环境研究中心研究员、全国人大代表王如松在十届全国人大四次会议上的提案对北京的大风水进行了精彩描述：“京津冀首都圈地区位于海河流域，背靠内蒙、山西，具有丰富的能源矿产，自然生态得天独厚，具有前挹九河、后拱万山之形胜。形成一个前云雀（海河水系）、后玄武（坝上草原）、左青龙（燕山山脉）、右白虎（太行山脉）的绝佳风水。”

如果以天安门广场为圆心，以200千米为半径画一个圆圈，我们可以看到：北京的东面是遵化市、三河市、唐山市，东南是天津市、廊坊市、渤海湾，南边是霸县、固安、涿州、保定市、高碑店市，西面是涞源县、蔚县、怀来县、逐鹿县，北面则是张家口市、崇礼县、赤城县、丰宁县、滦平县和承德市。这些外围建制区县构成了北京的卫星城，犹如一个北京的大项链。

京津冀地域相连，一脉相承，生态环境上是一个整体，也构成了经济一体化的自然物质基础。北起燕山山脉，西到太行山区，东至渤海之滨，南据华北平原，京津冀在地质、地貌、气候、土壤及生物群落等方面是一个完整的地域系统。对于人类来说，这个系统从来就有，并将永远存在下去。在这个系统中，京津冀人民山水相连，大都分布在海河、滦河流域，有着天然的联系。

根据城市发展理论，在市区或中心发展的早期，很大程度上剥夺了周边地区的发展机会。但当中心发展到一定阶段，其扩散作用就会显现，其对周边地区的带动、促动作用将逐渐增强。加速京津冀一体化，可以使京津冀三方都受益。北京是政治中心、文化中心、国际交往中心；天津是港口城市和制造业中心。河北省为京津提供清洁的水源、清新的空气，使京津的社会、经济得到健康发展，河北省本身也得到收益——农副产品市场、劳动力就业、产业和科技带动等。如果没有北京和天津的支持与带动，河北的经济和社会也将面临很大的困难。

北京、天津与河北的关系，就像是城市和乡村、中心和外围之间的关系。城市是一棵大树，其外围区域是大树根系所能到达的土地范围。没有一定范围的土地，大树根系就不发达，不能吸收足够的水分和无机盐，大树会枯萎。同样，土壤没大树，就是一片荒芜的弃地，也会失去其生命力。京津冀是一个互相依存的大整体，你中有我、我中有你、互为依托、共进共荣。京津与河北的这种分工是空间优化的需要，是符合社会经济发展规律的。

渤海，“聚宝盆”变成“排污池”

渤海是中国的内海，三面环陆，在辽宁、河北、山东、天津三省一市之间。辽东半岛南端老铁山脚与山东半岛北岸蓬莱遥相对峙，像一双巨臂把渤海环抱起来，岸线所围的形态好似一个葫芦。渤海由北部辽东湾、西部渤海湾、南部莱州湾、中央浅海盆地和渤海海峡五部分组成。

中国古代风水先生称水为财，则渤海湾可称之为聚宝盆。这一半圆形聚宝盆汇聚了中国大半江山内的入海淡水，是我国唯一的也是世界上为数不多的入海淡水资源最丰富的地区之一。其地形特征，北部有由北向南走向的辽河；西部有由西向东的海河、滦河；南部有由南向北的黄河，皆以京津为中心。自辽河口至黄河口一线六百多千米长的地段内如此密集分布这么多条大江大河，试问如此优势的地理会缺淡水吗？试问南方任何地方有如此丰水地区吗？

然而，历来享有“中国鱼仓”和“海洋公园”美誉的渤海湾，近十年来随着环渤海经济圈的快速发展，昔日波清浪白、鸟飞鱼跃的渤海正在变成中国最大的“污水池”。当年曹操“东临碣石，以观沧海”所见到的水清物丰的美景，早已被排污口五颜六色的工业污水和臭气冲天的滚滚浊浪所代替。

《2012 年北海区海洋环境公报》显示，渤海较重污染海域主要集中在辽东湾、渤海湾和莱州湾三大近岸海域，三大海域的主要污染物惊人的一致：主要超标物均为为无机氮、化学需氧量和活性磷酸盐。渤海沿岸主要江河径流携带入海的化学需氧量、石油类、营养盐、重金属、砷等主要污染物总量约 114 万吨。其中，化学需氧量约 109 万吨，占入海污染物总量的 96%。2011 年排入渤海的重金属达 1337 吨（铜 254 吨、铅 286 吨、锌 786 吨、镉 9.3 吨，汞 1.6 吨），砷 89 吨。

渤海沿岸实施监测的陆源入海排污口（河）共 82 个，其中，94% 的重点排污口临近海域环境质量不能满足周边海洋功能区环境质量要求，33% 的重点排污口对其临近海域环境质量造成较重或严重影响。除排污口外，在渤海湾 53 条“奔流到海不复还”的入海河流中，43 条被严重污染。2012 年，渤海近岸海域海水污染程度有所增加，渤海劣四类水质海域面积增大。

渤海污染如此严重，原因来自多方面。有专家指出，渤海目前复合污染十分严重，水体严重富营养化，重金属、石油类污染、持久性有毒污染物交叉作用，从而使渤海一步步迈向了“死”海的边缘。

来自陆地的污染是渤海污染的主要源头。《渤海环境保护总体规划》编制组组长夏青指出，渤海污染 80% 源于陆地。大规模的围海造地、环海公路建设、盐田和养殖池塘修建等开发活动，也使渤海大量的滨海湿地永久丧失了其作为地球之肾的调节功能。国家海洋局北海分局局长房建孟指出，大规模的围填海工程不可避免地占用重要的生态岸线，导致物种原生境破坏，重要生态系统完整性遭到破坏。渤海沿岸河流入海径流量总体减少，直接导致了渤海盐度升高与河口生态环境改变，从而使渤海逐渐失去了鱼类产卵场的天然优势。

国家海洋局北海分局副局长郭明克表示，渤海是一个半封闭性的海域，发生在这里的环境污染事件，由于海水交换程度较低的缘故，污染程度会比开放性海域要严重。这意味着，同样的事故，发生在渤海、东海和南海，后果可能不尽相同。著名海洋专家、山东省海洋与渔业厅原副厅长王诗成指出，渤海的海水全部交换一遍需要 30 年。

面对海洋环境专家渤海可能变成“死海”的警告，国家四部局联合海军、环渤海四省市于 2001 年开出了价格 555 亿元、三个疗程 15 年的《渤海碧海行动计划》“药方”，但却在“群龙闹海”的治理格局下遭遇“失效”尴尬，渤海“中毒病情”继续恶化。

沙尘暴，荒漠化的先锋官

2006 年 4 月 16 ～ 18 日，在中国的北方地区出现了一次强沙尘暴天气过程，仅北京市一个夜间的总降尘量达 33 万吨。随后在 2008 年春、2010 年春，北京又先后遭遇了大范围的强浮尘天气，天昏地暗中，行人都戴上了口罩、蒙上了纱巾，汽车也打开了行车灯，有些地段连路灯也点亮了。

沙尘暴是沙暴和尘暴两者兼有的总称，是指强风把地面大量沙尘物质吹起并卷入空中，使空气特别混浊，水平能见度小于1千米的严重风沙天气现象。其中沙暴系指大风把大量沙粒吹入近地层所形成的挟沙风暴；尘暴则是大风把大量尘埃及其他细颗粒物质卷入高空所形成的风暴。沙尘借助于高空气流可以移动到数十千米、数百千米、数千千米、甚至数万千米以外。

北京是风沙活动和沙尘暴的高发区之一。沙尘暴已成了京津两市的切肤之痛。北京沙尘暴的源头在哪儿呢？

经过科学界多年的研究和考察，认定影响北京的沙源主要是内蒙古境内的毛乌素和库布其沙漠、乌兰布和沙地、浑善达克沙地三大沙地，其中影响最大的沙尘暴主要源于浑善达克沙地。浑善达克沙地位于内蒙古中部锡林郭勒草原南端，东西长约450千米，面积大约5.2万平方千米，平均海拔1100多米，是内蒙古中部和东部的四大沙地之一。浑善达克沙地的南端大仆寺旗至多伦一线距北京仅180千米，是离北京最近的沙源。近些年由于气候变化、过度放牧等原因导致地下水位下降，泉水消失，河水断流，一些地方沙化加重，树木枯死，草场退化，使浑善达克的生态环境问题更加突出。

浑善达克沙地与其南邻张家口市依靠我国一条重要的地理分界线——400毫米等降水量线分界。这条线是中国东部季风区与西北干旱半干旱区的分界线；农耕文明与游牧文明的分界线；季风区与非季风区分界线；西北地区与北方地区的分界线。这里处于半干旱半湿润过渡气候带，降水量少，无霜期短，气候条件恶劣，属多种自然灾害的发生区。张家口北部的坝上地区，属于典型的土壤沙化严重的农牧交错区，它距离北京最近，不到200千米，还比北京高出1500多米。这里既是首都的主要水源地，又是主要的寒冷风道，每年冬季从内蒙古高原南下的低冷气压必经此地。

坝上地区分布着各类沙化土地5800平方千米，而且坝西地区大片的重沙化、荒漠化土地和坝东大滩、小坝子、御道口、长梁、小湾子一带的流动沙丘是靠近首都北京最主要的两处沙源地。其中西线以尚义和沽源县境内的沙丘为顶点，以洋河、桑干河、白河河谷为风道，形成五条180万亩风沙移动带，其最南端距首都北京仅70千米之遥；东线以丰宁境内小坝子乡沙丘为顶点，以潮河谷地为风道，形成4条90万亩风沙移动带，滦平境内喇嘛山沙丘是其最南端，距北京市界30千米。此两条百里风沙线构成了对北京市最严重的风沙危害，且每年还分别以26.4米和3.5千米的速度以“水、陆、空”三种不同方式继续向南推移，严重威胁着首都正常的经济建设和人民生活。

中国治理荒漠化基金会理事长安成信介绍说，荒漠化是全球性生态环境问题，中国是世界上荒漠化土地面积大、分布广、危害重的国家。新中国成立以来，全国已有1000万亩耕地，3525万亩草地和9585万亩林地成为流动沙地。风沙逐步紧逼，2.4万个村庄、乡镇受危害，使数万农牧民被迫沦为生态难民，一些村庄、县城被迫多次搬迁。内蒙古阿拉善盟85%的土地已经沙化，并以每年150万亩的速度在扩展。北京风沙源地之一，浑善达克沙地7年流沙面积增93%，坝上地区9年流沙面积增91%。

坝上地区对北京、天津构成居高临下之势，是京津地区风沙天气最重要最直接的沙尘源之一。坝上地区的生态系统一旦被破坏，来自北方的风沙将长驱直下，凭借高下之势，短时间内就能“重击”北京。

坝上，濒临凋谢的“后花园”

“坝上”是一地理名词，特指华北平原与内蒙古高原交接处陡然升高而形成的阶梯状地带。张家口以北100千米处到承德以北100千米处的草甸式草原地带，统称为坝上地区。它西起张家口市的张北县、尚义县，中挟沽源县、丰宁县，东至承德市围场县。

坝上草原总面积约350平方千米，是内蒙古草原的一部分。平均海拔1486米，最高海拔约2400米；是滦河、潮河的发源地。就旅游地域而言，主要又分为丰宁坝上、围场坝上、张北康保坝上和沽源坝上。尤其紧挨内蒙的康保草原最具内蒙草原风格。夏季，这里天蓝欲滴，碧草如翠；金秋，这里万山红遍，野果飘香；冬季，这里白雪皑皑，玉树琼花；这里就如一首首优美的诗，一幅幅优美的画，是理想的绿色休闲胜地。历史上，坝上地区是一个原生状态的自然生态系统，明末清初这里还是一个林草繁茂的森林草原，由于离北京很近，所以有北京的“后花园”之美称。

但是这样一个林茂草丰，环境优美的地方，却由于人类的过度开垦、放牧、利用，到了濒临衰败的境地。16世纪中叶，除作为皇家猎场的部分地段外，坝上森林基本被毁。1862年，清政府为解决财政困难，公开宣布出售坝上仅有的封育了200多年的围场原始山林，到1906年直隶总督袁世凯奏请将围场尽数开垦，后来又遭受日本侵略者的掠夺采伐和连年山火，到解放初期，原始森林已荡然无存，塞罕坝地区退化为黄沙漫天的荒丘。

新中国成立以后，50 年代末、60 年代初和 70 年代初的三次大规模垦殖，使得坝上的原始草原生态又遭到巨大破坏。人口增加，耕地增加，种植业发展，畜群膨胀，导致草原面积急剧减少，草地质量急剧退化，自然生态系统失去平衡。土地失去维护，土壤失去内聚力，导致了草场严重的沙化和水土流失，进而旱、风、沙、碱、鼠等自然灾害愈演愈烈，严重影响了坝上地区社会、经济、生态系统的稳定和发展。

坝上高原地带性土壤主要是栗钙土，土层薄，有机质含量低，质地疏松，一旦失去了林草的保护极易风蚀沙化。根据 1996 年的卫星图像解析结果和实地调查结果测算，坝上地区沙化土地面积已达 5800 平方千米，盐渍化面积 2593 平方千米，二者合计占其总地面积的 47% 左右。其中植被盖度不足 10% 的重化面积已达 733 平方千米，占坝上总土地面积的 4.1%；耕地面积由 50 年代的 600 万亩增加到目前 1090 万亩以上，同期草场面积由 1300 万亩下降 852 万亩左右，且草场退化，覆盖度降低。现有草覆盖度仅 44%，较 50 年代初下降了 46 个百分点，草量由 280 千克 / 亩下降到 45 千克 / 亩，载畜量由百亩 45 个羊单位下降到 8 个羊单位；沙化、退化、漠化加剧了土壤侵蚀，风蚀模数达 3000 吨（年•平方千米）。水土流失面积由 50 年代的 198 万亩增加到目前的 610 万亩，占坝上总土地面积的 23%，侵模数由过去的 540 吨（年 • 平方千米）增大到 1200 吨（年 • 平方千米）。坝上地区已经陷入严重的生态危机。

坝上地区草原生态退化是区内生态经济系统内部自然、经济、社会诸要素互为因果、相互作用的结果。研究表明，坝上地区自然灾害的多样性和多发性、生态环境的脆弱性和过渡性是其平衡易遭破坏的客观自然因素；经济社会发展的封闭性和产业结构的单一性、依赖性所造成的贫困压力是造成草原生态退化的主要经济原因；而低素质的人群膨胀则是导致生态破坏的主要社会因素。

坝上地区不仅是扼守京津北大门的战略军事要地，而且是京津的天然生态屏障和水源保护地。那里生境的好坏，直接影响着京津的大气环境和水源安全。因此，随着人口的增长和经济开发的不断深入，坝上地区的生态问题变得越来越突出。如果不能采取有效措施弥补生态功能弱化带来的矛盾和问题，坝上及其波及的坝下广大地区将会面临一场生态灾难。

防护林，遭遇失血性休克

近几年来，北京地区每年遭遇的沙尘暴天气在逐渐减少，这与坝上地区和

内蒙古很多沙源区域坚持长期植树造林、生态环境逐渐改善有很大关系。坝上的三北防护林紧围北京，自建设之初到目前，已充分显示出“泽被当地，护卫京津”的效果，使风沙紧逼北京城的状况得到一定程度的缓解，更使坝上地区的生态得到了很好的保护。

然而，北京的这块生态屏障却出现了“缺口”。作为保障首都生态安全的重要屏障，为京津阻沙源、保水源而“服役”约 40 年的 159 万亩杨树防护林已严重老化，在一些国营生态公益林场，杨树因过熟已经大面积干枯死去。已经有 50 万亩杨树林出现枯死半枯死现象，这片过熟林生命力正在退化。

如不及时采取措施更新改造，百万亩杨树防护林在不远的将来会不复存在，不仅坝上地区 800 万亩牧场、良田面临沙化侵蚀的危险，而且由此带来的沙尘也威胁着距离坝上地区仅 200 多千米的京津两市。如果因为坝上杨树防护林大批死亡而无法及时改造更新，导致沙尘暴天气频频出现，这对于现在雾霾天气越来越频繁的北京来说，不啻于雪上加霜。

张北地区这些处于“休克”状态的杨树林属于传统上所说的三北防护林，现在叫京津风沙源治理工程。这些杨树林大部分是在上世纪 70 年代建起的人工林，当时坝上几乎没有树林，在国家的号召下，坝上各县开始造林，每个县都派人到坝下的怀来、涿鹿、万全等县去拉杨树枝，回来后栽种。由于当时的经济实力，只能种这样价格低廉，易于成活的杨树，如果种植其他的树种还得买树苗，根本承担不起。经过数十年的努力，终于使张北有了几十万亩杨树林。

三北防护林工程是指在中国西北、华北和东北建设的大型人工林业生态工程。中国政府为改善生态环境，于 1978 年决定把这项工程列为国家经济建设的重要项目，由此开创了我国林业生态工程建设的先河。三北防护林工程地跨东北西部、华北北部和西北大部分地区，包括我国北方 13 个省（自治区、直辖市）的 551 个县（旗、市、区），建设范围东起黑龙江省的宾县，西至新疆维吾尔自治区乌孜别里山口，东西长 4480 千米，南北宽 560 ～ 1460 千米，总面积 406.9 万平方千米，占国土面积的 42.4%，接近我国的半壁河山。

中国的“三北防护林工程”与美国的“罗斯福大草原工程”、苏联的“斯大林改造大自然计划”、北非五国（摩洛哥、阿尔及利亚、突尼斯、利比亚、埃及）的“绿色坝建设”并称为世界四大生态工程。

坝上地区百万亩防护林的衰老死亡，主要原因是树龄超过生理期、连年干旱、地下水超采等。这些枯死的杨树林能否对生态环境造成威胁，关键在于更新改造是否会尽快提上日程。及时更新改造，在时间成本和费用成本上都将占尽先机，可以用最少的成本换取最大的生态效益。反之拖延个三年五载，甚至更长时间，将会付出更大的代价。从这个角度来说，更新改造不能拖延。

2013 年 9 月 4 日，国家发展改革委联合国家林业局、环保部、农业部等部委，再次来到张家口坝上地区，对杨树更新改造情况进行调研，并将调研组形成的调研报告上报给了有关负责人，坝上杨树更新工程有望国家立项。

海河，全流域的水生态危机

海河流域是全国七大流域之一，面积 31.8 万平方千米，人口 1.26 亿，是我国政治、经济和文化的中枢。海河流域主要河流包括潮白河、蓟运河、北运河、永定河、大清河、子牙河、南运河等，在天津汇入海河，向东流入渤海。流域内的主要城市有北京、天津、保定、廊坊、沧州等，人口密集，历史悠久，交通便利，工农业发达，社会经济发展较快。

温带半湿润、半干旱大陆性季风气候是海河流域的主要气候特征。该区域多年平均降水量 539 毫米，是我国东部沿海降水最少的地区之一，地表径流量 220 亿立方米，地下水资源量 274 亿立方米。

海河流域的生态系统和环境类型多种多样，是一个开放型的复合生态系统。建国 60 多年来，海河流域中的人口翻了一番，粮食产量却增长了近 6 倍。海河流域面积只有全国总面积的 3.3%，人均水资源量 305 立方米，只有全国平均值的 1/7，但是人口达到 1.26 亿，占全国人口总数近 1/10，海河以不足全国 1.5% 的水资源量承担着全国 10% 的人口、粮食产量和 GDP。而生产的粮食占全国 1/10，人均粮食高于全国平均水平；同时还支撑着北京、天津两座超级城市。

海河流域是我国七大江河流域水资源开发程度最高的，又处在半湿润半干旱地区，水资源开发利用带来的生态环境问题很突出。60 多年间，总用水量从 91 亿立方米增加到 403 亿立方米，水资源开发利用率已达 98%，地下水年超采 77 亿立方米，每年引用黄河水 40 亿立方米，还使用大量不合格的污水进行灌溉。经济发展对水的需求，已大大超过了流域水资源承载能力，从而造成了严重的水危机：

一是所有河流都出现干涸。根据对流域中下游 5787 千米河道的调查统计，常年有水的河段仅占 16%；常年断流（断流时间超过 300 天）的河段高达 45%；有河皆干，不仅使平原地区失去地表水源与地下水的补给源，而且干涸

的河床成了风沙的源头，积留在河道内的垃圾与污染物也成了地下水的污染源。

二是所有支流都被污染。流域中 87% 的污水未经处理就排入了河流与水库。全流域 9951 千米的水质评价河长中，受到污染的河长（水质劣于Ⅲ类）达 75%，其中严重污染（V 类和超 V 类）的河长高达 65%；水库、湖泊甚至地下水也都受到了不同程度的污染；污水灌溉、养殖已达到了威胁人体健康的地步；污水排海已对渤海湾的渔业资源带来了灭绝性的打击。

三是湖泊干涸、湿地萎缩。20 世纪 50 年代流域中湿地面积 9000 平方千米，20 世纪末湿地面积与水库面积总和只有 3852 平方千米，湿地面积减少了 57%。

四是地下水几乎接近枯竭。目前，地下水年开采量达 243 亿立方米，超采 77 亿立方米，其中浅层超采 29 亿立方米，深层超采 48 亿立方米。从 50 年代以来，已经累计超采地下水近 900 亿立方米，形成了 9 万平方千米的超采区和 10 多个大面积的地下水漏斗区。90 年代末，深层地下水已形成整体联片的地下水位下降区，面积达 5.6 万平方千米。目前开采的含水层，将在 10 ～ 15 年内抽干，有 3000 万人生活的地区将面临地下水资源枯竭的危险。超采地下水还引起了地面沉陷、海水入侵等严重问题。

五是水土流失严重。海河流域山区面积约占流域面积的 60%，地形起伏大，土层浅薄，植被稀少，森林覆盖率仅有 10.4%，水土流失面积为 10.6 万平方千米，约占流域面积的 1/3。水土流失成为海河流域土地退化、土壤沙质化、山地石质化的主要根源，将使原本人多地少的海河流域丧失大量宝贵的土地资源，同时还会加速河床、水库的淤积，加剧沙尘暴的肆虐。

海河流域自古就是我国人类活动强度较大的地区，水是海河流域生态环境危机的核心要素，因此这场危机又被称之为海河流域的“水生态危机”。海河流域内的生态系统，早已不是单纯的自然生态系统，而是自然生态与人工生态的混合系统。在该系统中，随着人工生态系统比重的不断加大，系统总体上对环境平稳性的要求越来越高，脆弱性也随之加大。

工业污染，造就“环首都雾霾圈”

在地理上，北京、天津与河北北部同属一个地理单元和生态圈；在经济上，北京、河北、天津、山西等地统称为环渤海经济圈；如今这些地方有了个尴尬的新名字，“环首都雾霾圈”。雾霾之下，无人能独善其身。

目前北京市重污染的工业项目已很少看到，然而其污染程度却举世瞩目，原来污染都来自周边，特别是十大污染城市中有七个环绕着它，这成为北京常现雾霾的原因之一。在各类污染物的初始排放源中，“外来输送”成为第二大污染源，对北京 PM 2.5 的贡献率为 19%。2013 年第一季度，在全国 74 个以新的空气环境质量标准评价的城市里，排名前十位的污染城市中，石家庄 1 月和 3 月排名全国倒数第二，2 月和 4 月倒数第一。和石家庄成为难兄难弟的河北城市还有邢台、唐山、保定、衡水、邯郸、廊坊。

这些污染城市都分布在太行山东麓，与地理位置和扩散条件有很大关系。比如石家庄西高东低，呈“避风港”式地形。然而，比自然因素更重要的，还是巨大的污染排放量。污染排放巨大、地理条件不利于扩散、对大气污染物管理还没到位，可以说是河北几大污染城市的通病，重污染扎堆也就不奇怪了。

绿色和平组织与英国利兹大学研究团队的研究报告认为，过度依赖煤炭的能源供应结构对京津冀地区的 PM2.5 污染影响巨大，煤炭燃烧排放出的大气污染物是整个京津冀地区雾霾的最大根源，占一次 PM2.5 颗粒物排放的 25%，对二氧化硫和氮氧化物的贡献分别达到了 82% 和 47%。

河北省的产业结构偏重钢铁、建材、石化、电力等“两高”行业，其中，钢铁粗钢产量超全国总量的 1/4；能源结构不尽合理，能源消费居全国第二位，单位 GDP 能耗比全国水平高近 60%。这样的产业与能源结构，给了环境巨大的压力。河北省 2012 年能源消费总量高达 3.02 亿吨标准煤，其中煤炭消费 2.71 亿吨，占能源消费总量的 89.6%，高于全国平均水平近 20 个百分点。该省去年由此带来的氮氧化物、二氧化硫排放量，高达 176.1 万吨和 134.1 万吨，分别居全国第一位和第三位。以石家庄为例，煤炭消耗总量从 2000 年的 1500 万吨猛增至 2012 年的 6100 万吨，而且每年正常增长量在 200 万吨到 400 万吨。仅该市的 23 家热电联产企业，加上 7 座冬季供热站年耗煤就高达 2390 万吨，超过了北京全年的煤耗总量。

大气污染来源无外乎几种，燃煤、机动车和扬尘。河北目前的大气污染还是以煤烟型颗粒物为主要特征，大气污染物排放量巨大。虽然大气污染还没有呈现明显的复合型特征，但是机动车尾气污染也日益突出。河北省机动车保有量已达 1500 多万辆，而且大部分都是黄标车。虽然每年淘汰黄标车的完成任务量都在超额，但是绝对量还是非常大。

大气污染是一个长期累积的过程，治理的难度本身就很大，对经济尚不发达的河北，更是如此。治理思路措施的每一条，实现起来都不容易。比如压减

煤耗。能源消耗本身就存在增长惯性，对于正在急盼发展的河北，压煤的结果很有可能导致经济增速放缓。更大的难度可能还在于治理政策与资金。河北大气污染治理第一期即 5 年的投入预计要达到 5000 亿元。根据石家庄市提供的数据，仅 10 项大气污染治理工程，未来 3 年的投入就需要近 220 亿元。

“无论是面对河北群众的期待，还是从服务首都环境治理的需要，大气污染防治既紧迫又长期。”河北省政府副秘书长杨国占坦言，环境治理攻坚战已经成为本届政府四大攻坚战之一，成为最重头的工作。杨国占介绍，按照河北的思路，今后要大力削减燃煤总量。主要是以钢铁、电力和城市燃煤为重点，大幅度压减钢铁产能，关停小火电机组，对 30 万千瓦级以上机组进行节能改造，推进城市气化工程，实现煤炭消费负增长。同时还要加强污染物协同控制。以二氧化硫、氮氧化物、细颗粒物以及挥发性有机物为重点，加快推进污染减排项目建设，强化机动车污染防治等等。

针对京津冀的大气污染问题，国务院常务会议提出，要建立环渤海区域联防联控机制。中央财政已安排 50 亿元资金，全部用于京津冀及周边地区大气污染治理工作，具体包括京津冀晋鲁和内蒙古六个省份，并重点向治理任务重的河北省倾斜。财政部表示，该项资金将以“以奖代补”的方式，按上述地区预期污染物减排量、污染治理投入、PM2.5 浓度下降比例三项因素分配。本年度结束后，中央财政将对上述地区大气污染防治工作成效进行考核，根据实际考核结果再进行奖励资金清算，突出绩效导向作用。

河北治污，受益的当然不仅是河北人。破解河北的大气污染治理难题，北京天津也该助一把力。如何协同、如何助力，还等待着各方更多的努力。产业结构调整不可能一蹴而就，但是对于亟待清新空气的京津冀人民，调整的过程可能会显得很漫长。

第十一章
失衡：城市新陈代谢综合症

城市是一个物质循环系统，有物质的输入、输出和内部的转移变化。城市生态系统最基本的功能是生活和生产，具体表现为城市的物质生产、物质循环、能量流动以及信息传递等。这些物质流动实现了城市的新陈代谢。

与人体物质和能量代谢的过程类似，城市的新陈代谢是指进入城市的物质流（水、食物和燃料等），通过生产和消费进行的转化，形成废弃物（废水、固体废弃物和空气污染物等）的排放。

城市新陈代谢综合症是指城市的食物、有机化合物产品、化石能源、建筑材料等物质在使用过程中发生了分解、降解方面的障碍，在环境里形成了一定程度上的堆积，超过了城市的环境承载力。

城市新陈代谢综合症的表现是多方面的，既有空气污染、污水污泥、粪便臭气、餐厨垃圾的影响，也有园林废弃物、生活垃圾、垃圾渗滤液的作用，这些因素的综合作用，导致了严重的城市环境危机。城市环境危机的表现形式主要为环境污染和生态破坏，如雾霾天气、水体污染、垃圾围城等。

什么是城市新陈代谢综合症?

要理解“城市新陈代谢综合症”这个定义，首先要了解“新陈代谢”这一概念。新陈代谢（metabolism）一词源自希腊语，它的基本含义是“变化或者转变”。新陈代谢原来是生理学的

一个词汇，最早出现于1815年，在19世纪40年代被德国的生理学家所采用，当时这个概念用来表示身体内与呼吸有关的物质交换。当时的原意是这样的：新陈代谢是生物体内全部有序化学变化的总称，其中的化学变化一般都是在酶的催化作用下进行的。它包括物质代谢和能量代谢两个方面。生物体与外界环境之间的物质和能量交换以及生物体内物质和能量的转变过程叫做新陈代谢。

1840年，德国农业化学家J•V•李比希出版了《农业化学》一书，第一次对土壤的营养物质，比如氮、磷、钾在植物生长过程中的作用提供了令人信服的说明。在李比希那里，“新陈代谢”这一概念具有了农业化学和生理学的内涵，它既可以在细胞水平上使用，也可以在整个有机体的分析中使用，这一概念被用来阐述自然界中无机物质和有机生命物质之间，以及整个无机界与有机界之间的联系。1857年荷兰著名的生物学家和医学家摩莱萧特在他的著作《生命的循环》中写到:生命是一种代谢现象，是能量、物质与周围环境的交换过程，这是“新陈代谢”在生理学上应用。由李比希所奠定的这种对“新陈代谢”概念的使用方法，从19世纪40年代一直到今天，成了生物学和生理学界用以“研究有机体与它们所处的环境之间相互作用”的系统方法中“最关键的方法”。

生态学家认为，“新陈代谢”的涵义可以理解为生态系统能量的转换和营养物质的循环。生物群体或者生态系统自组织特点比生物有机体表现得更加突出，也就是说，外界环境参数对生态系统的演变具有重要的影响。在解析生态系统的新陈代谢过程时，不能将目光紧紧锁定于系统自身，还要了解维持系统稳定的环境参数对新陈代谢过程的影响。

马克思在考察资本主义社会经济运行规律时提出了新陈代谢的“物质代谢裂缝”理论。他在《资本论》中指出：“大土地所有制使农业人口减少到不断下降的最低限度，而在他们的对面，则造成不断增长的拥挤在大城市中的工业人口。由此产生了各种条件，这些条件在社会的以及由生活的自然规律决定的物质变换的过程中造成了一个无法弥补的裂缝，于是就造成了地力的浪费，并且这种浪费通过商业而远及国外。”

西方著名的生态社会主义学家福斯特对马克思新陈代谢断裂理论做了精辟的归纳：资本主义在人类和地球的新陈代谢关系中催生出无法修补的裂缝，而地球是大自然赋予人类的永久性的生产条件；这就要求新陈代谢关系的系统性恢复成为社会生产的固有法则；然而，在资本主义制度下的大规模农业和远程贸易加剧并扩展了这种新陈代谢的断裂；对土壤养分的浪费体现在城市的污染和排泄物上……马克思坚持认为，“人的自然的新陈代谢所产生的排泄物”，以及工业生产和消费的废弃物，作为完整的新陈代谢循环的一部分，需要返还于土壤。

1955 年，在美国新泽西州普林斯顿召开“人类在改变地球命运过程中的作用”学术会议，其主要议题是对经济发展过程中有限物质基础的关注。会议的参与者之一美国水处理专家沃曼在 1965 年通过对城市新陈代谢的研究，将工业社会的新陈代谢概念化和实践化。他认为：城市的新陈代谢需求可以被界定为维持城市居民生活、工作和娱乐的物质需求。但是由于城市废弃物和噪声的存在，城市的新陈代谢循环并不是完整的。会议的另一位参与者，经济学家鲍尔丁则在 1966 年发表了著名文章《即将到来的宇宙飞船经济学》。鲍尔丁认为，如果把经济系统与整个地球生态系统看做是一个整体，该系统就类似一个封闭系统。未来封闭经济称为太空人经济，那时的地球好像一艘孤立的飞船，它的生产能力和净化能力都将是有限的，只能靠自身的新陈代谢来维持系统运行。

“新陈代谢综合症”是一个近年来才兴起的新名词，其来源是世界卫生组织（WHO）1999 年所提出的一个医学定义。“新陈代谢综合症”是指人体的蛋白质、脂肪、碳水化合物等物质发生代谢紊乱，在临床上出现一系列综合症，即称代谢综合症。例如糖代谢紊乱时就出现糖耐量低减，导致糖尿病；脂肪代谢障碍时出现高脂血症、脂肪肝、肥胖症、高血粘稠度等；蛋白质代谢障碍，出现高尿酸血症（痛风）等。

加拿大多伦多大学的罗德尼·R·怀特教授认为：城市的新陈代谢是指进入城市的物质流（水、食物和燃料等），通过生产和消费进行的转化，形成废弃物（废水、固体废弃物和空气污染物等）的排放，因为许多城市环境中循环的物质与人体内循环的物质是相似的。

城市新陈代谢综合症是指城市的食物、有机化合物产品、化石能源、建筑材料等物质在使用过程中发生了分解、降解方面的障碍，在环境里形成了一定程度上的积累，超过了城市的环境承载力，即称城市新陈代谢综合症，简称城市代谢综合症。“城市新陈代谢综合症”的进一步发展导致了严重的城市环境危机。

城市生态系统的物质流动

城市生态系统最基本的功能是生活和生产，具体表现为城市的物质生产、

物质循环、能量流动以及信息传递等，正是这些循环流动把城市生态系统内的生活、生产、资源、环境、时间、空间等各个组分以及外部环境联系了起来，这一切活动可以统称为“生态流”，正是这些生态流实现了城市的新陈代谢。

按照生物地球化学理论的观点，城市也是一个物质循环系统，有物质的输入、输出和内部的转移变化。阐明这些物质的收支、转移和变化不仅有助于对城市生态系统特征的认识，而且是解决城市中各种问题的基础。研究城市的物质代谢，首先要对进入和流出城市生态系统的一切物质进行定量记述，并阐明它们在城市内变化的过程和机制。

从外部进入城市的物质有天然输入和人工输入的两部分，前者包括空气、大部分水以及其中含有的物质，它们是由天然的空气流动和大气降水、河水、地下水流进入城市的；后者包括原材料、生产物资以及生活物资，这些物质是由人工生产，经过各种运输工具以及建造的特殊管线输入城市的。

在进入城市的物质中，一部分在市内不发生变化，仅仅作为流通物质或商品保持原形再输出或保留在城市中，另一部分则很快被使用而改变其形态。木材、钢材、水泥、石料等建筑材料，多长期蓄积在城市内，组成城市的一部分，同时也扩大了城市的空间；而生产原料，如煤炭、石油、各种矿物在城市内加工，一部分用于市内，一部分运往市外；生产过程中产生的废弃物，一部分留在市内，一部分则输出市外。在某一时间内，城市空间中存在的物质总量称为城市生态系统的现存量，这些留在城市内的存量物质主要是建筑物、桥梁、隧道、铁道、地下街道、上下水管道等。构成城市建筑物的材料主要有砂石、石材、混凝土、平板玻璃、水泥、钢材及钢材制品、铜制品、铝制品等。这些自然或人工产物由于具有稳定的性能，可以在城市中停留很长时间，时间尺度一般达到几十年，甚至几百年。当这些建筑物到了寿命末期，才能进行拆解，移出城市体系。

不同规模、不同性质的城市，其输入、输出的规模、性质、代谢水平也不相同。工业城市的输入以原料、能源为主，输出以加工产品为主；风景旅游城市的输入以消费品为主，输出中废弃物的比重较大；交通与港口城市的输入与输出以中转为主等等。

城市生态系统的新陈代谢物质主要是指有机物，主要包括氧气、食品、水、原材料、燃料和商品等。很多原材料、燃料、商品也是由碳、氢、氧元素构成的有机物，或者是有机无机混合物，因此新陈代谢的主要过程以有机物为主。

城市中人群的食物包括许多有机物和无机物，按其性质可分为植物性食品、动物性食品以及无机盐等。城市生态系统的食物代谢是通过食物链实现的。城市生态系统的食物链可以概括为两大基本类型：一是栽培食物链，主要是通过人工栽培植物或饲养动物，以供人们食用；另一类是野生食物链，主要是通过各种捕获采集方式从自然界中获取的野生动物，它的前期是在自然界中进行的。可以说，城市生态系统的食物链是非常复杂的。

水是城市里流量最大流速最快的物质，在现代化城市中用水量更高。在人为影响下的城市中的水循环与空旷地有很大的不同，一方面是由于大量的建筑物和人工铺设的不透水地面显著地改变了降水、蒸发、蒸腾、渗透以及地表径流等自然循环；另一方面又由于水渠、下水道等的修建，增加了人工控制的排灌系统，两者相互结合错综复杂。

随同城市生态系统中水的循环流动，有很多物质也同时移动。在上水道和下水道里流动的水，不是单纯以 H_2O 的化学式表示的水分子，其中含有溶解的或以混悬物形式存在的各种有机物和无机物。这些物质随着水流而移动，通过自然的或人为的过程进入水中或从水中移出。用作水源的河水和地下水含有各种溶解的或混悬的成分，使用时不仅要用物理方法沉淀、吸附、过滤混悬物质，还要用各种化学沉淀剂吸附、沉淀溶质，以便把它们除掉。这种临时向水中加入的，过后又要进行排出的沉淀剂，对它们的处理已成为城市新陈代谢过程中急需解决的重大问题之一。

氧气的代谢也是城市生态系统中新陈代谢的重要组成部分，城市内的氧气消耗一部分与生物活动有关，包括人类在内的动植物的呼吸作用、随同细菌活动发生的有机质废物的氧化分解等；另一部分是以各种化合物燃料为主的有机物燃烧时所消耗的氧气，即与能量消耗有很大关系。除了作为能源的助燃剂外，垃圾焚烧时也消耗氧气。由于上述原因以及因氧气同城市大气中的氢气、一氧化碳等发生反应，形成了 CO_2、NO_x、SO_x 等氧化物或水。

城市的物质代谢过程

城市生态系统作为最复杂的人工生态系统，对其他生态系统具有很大的依赖性，因而也是非常脆弱的生态系统。由于城市生态系统需要从其他生态系统中输入大量的物质和能量，同时又将大量废物排放到其他生态系统中去，它就必然会对其他生态系统造成强大的冲击和干扰，大量的废弃物堆积和营养物质流失是城市新陈代谢失衡的结果。

城市中的食物链是新陈代谢的主要渠道，其代谢的物质主要有食物、水、氧气三大类。而食物和水是最主要的代谢物质，是人工生产的产物，可以进行计量分析；氧气是天然的，不需要人工生产，但是可以测定它的代谢量，氧气的代谢要与城市的森林植被系统进行。

可以想象，城市生态系统中的食物链是非常复杂的，要弄清楚这些食物链的环节必须要进行许多分析，其中包括：食物链中的各种生物的名称、数量、分布、季节变动以及可利用程度；食物链中的各种生物生长的条件以及它们的作用范围；各种生物在食物链中的位置，它们和食物链中其他生物的关系，以及种群动态和遗传特征；这些物种的生理学特性以及它们对环境污染的反应，特别是有害物质在体内的积累及其效应，等等。如果城市的食物链弄清楚了，食品不光在数量上满足了人类，更重要的是在品质上也能得到保证。

城市生态系统所需求的大部分食物能量和物质，都需要从农田生态系统、森林生态系统、草原生态系统、湖泊生态系统、海洋生态系统人为地输入。城市居民消费的食物主要包括：蔬菜、粮食、水果、肉类、油脂、糖类、奶类、茶叶、鱼类等。城市的食品供应，一部分来源于本地生产，其余来自外地。

水是生命的源泉，水的循环利用是城市生态系统中新陈代谢的一个重要过程。由于水具有流动、溶解物质、携带物质的功能，因此水循环就具有了特殊的意义。净化后的自来水，在各种用途中被使用以后，又一次携带了复杂多样的物质成分，重新进入污水处理厂。城市污水中主要有工业用水、农业用水、生活用水以及市政清洁用水等。

在工业生产中，水的利用方式有：用作饮料、食品的原料；电镀工厂用作化学反应媒介物；用作搬运原料媒介物；用作发电厂冷却水；用作环境清洗；等等。此外，还有随同城市设施及其他城市活动而带来的用水问题，特别是用水量大，且向水中排放大量化学物质的海鲜批发市场、洗浴城、洗车场、环卫部门、医院、饭店、食堂等单位的用水问题。由医院和研究部门排放的水中含有化学物质、放射性物质、从加油站排出的水中含有油类等特殊物质，其量虽小，造成的问题却不可忽视。家庭中的用水主要有以下几种：食物洗涤、加工的淘米水、洗菜水、加工食物的原料水、餐具的洗涤水、洗浴用水、马桶用水、洗衣用水、擦地用水等。这些经过利用的水，都含有各种物质，都将由下水道进入污水处理厂。

在污水处理场，混悬物质经沉淀后被排出，溶解在水中的部分有机物，由细菌分解使之无机化，一部分变成二氧化碳排到空气中去，但磷酸盐和含氮化合物仍旧随水流走。在这一处理过程中，沉淀的或由微生物分解的物质成为污泥被排出系统。但如果这种污泥处理得不好，还会被雨水或灌溉水溶解而回到水循环中去。进入河流的物质，除随废水而来的以外，有很多是被直接抛入的垃圾，或随大雨一起流进河流的地面沙土及废弃物，还有空气中直接沉降到水中的或随雨落下的物质，等等。总之，随水发生的物质移动的途径是极其多样的。

这些大量消费的物质和能量经过城市生态系统的新陈代谢最终变成污水、粪便、生活垃圾、厨余垃圾、垃圾渗滤液、活性污泥而被弃置在城市周围的垃圾填埋场、污泥堆置场，或者进入垃圾焚烧厂变成大量的温室气体排放到大气中。人类还在城市生态系统内部生产了大量的耐用消费品，例如服装、家电、家具、汽车、生活日用品等。这些产品的消费最终除了一部分被拆解回用外，也成为生活垃圾进入到城市生态系统的代谢物。除此之外，城市生态系统中的植物随着季节的变化，产生了大量的落叶、花败、枯枝、草屑等园林废弃物。

超级城市化产生了大量的固体废物

毫无疑问，城市化是人类文明的历史趋势。工业化创造了供给，城市化创造了需求。大量人口从全国各地向北京的迁移导致了大量的农产品消费能力的集中，由此使城市的有机物质代谢负担加大，引发了北京的新陈代谢问题。

2011 年 1 月 25 日，英国《每日电讯报》公布了一份 2011 年全球超级大城市排行榜。所谓“超级大城市”，是指常住人口超过 1000 万的大型都市。日本东京市以 3420 万的人口总量稳居第一，而中国的广州市则以 2490 万的人口总量位列第二，排名第三的是韩国的首都首尔，人口总量为 2450 万。除了广州之外，中国另外两座上榜城市是排名第 10 的上海和第 20 的北京。北京作为中国的首都和政治、经济中心，每年都会迎来数目众多的新居民。2012 年末，北京市的常住人口超过了 2069 万人，并且还以每年 50 万人的速度增长。有专家预计，到 2020 年，北京的常住人口将超过 2500 万人。

北京市市政管委的另外一组数据也同样令人吃惊。2012 年，北京市产生的生活垃圾是 700 万吨，餐厨垃圾 80 万吨，垃圾渗滤液 140 万吨，粪便垃圾 210 万吨，活性污泥 140 万吨，园林废弃物 520 多万吨，其中城区的枯枝落叶超过 100 万吨。这些有机废弃物的总量接近 1800 万吨。

北京人口的爆发性增长又促使城市的急剧扩张，大量建筑材料用于道路、

楼房等设施的建设。建筑材料包括砂、石、砖、瓦、石灰、水泥、沥青、钢筋、木材等，是城市中流动量最大的一类物质。

新中国成立以后，北京的城市建设有了突飞猛进的发展。而改革开放以来的三十多年里，北京如同插上了腾飞的翅膀，城市的面貌更是日新月异，古老的都城正在向世界大都市的目标前进。

作为一座古老而又年轻的大都市，北京在改革开放的30多年里扩大了，长高了。高楼大厦鳞次栉比，宽阔的街道纵横交错，新开的楼盘一个接一个，在城市的每一个角落几乎都可以看见高高矗立的建筑塔吊。而伴随着大规模的城市建设，是大量建筑材料的进入，以及拆迁所产生的建筑垃圾。2013年北京商品房的施工面积21526万平方米，竣工面积13887万平方米，由此消耗的建筑材料超过千万吨。其中包括钢材、水泥、砂石、涂料、瓷砖等。与此同时，每年向城外运出的建筑垃圾有700多万吨。

作为一个2100多万人口的超级城市，维持其运营的能源消耗也是十分惊人的，而这些能源主要是以煤炭为主的化石能源。北京100%的石油、天然气，95%的煤炭、64%的电力、60%的成品油都要从外埠调入。2012年，北京年消耗煤炭2100万吨，天然气84亿立方米，电力874.3亿千瓦时，由此导致的结果是向大气中直接或间接排放了1亿多吨的二氧化碳、300万吨的粉煤灰，还有700多万吨的工业固体废弃物……虽然污染物排放量呈下降趋势，但仍大大超过环境承载力。资源约束越来越紧，环境压力越来越大。

化学工业合成了新物质，也增加了处理难度

如果仅仅是自然生态系统的天然产物，依靠微生物这个分解者的新陈代谢功能就可以把人类的废弃物分解消化掉。可是，聪明的人类偏偏又运用现代化学工业的合成技术发明了许多新的合成材料。

合成材料包括塑料、纤维、合成橡胶、黏合剂、涂料等。合成塑料、合成纤维和合成橡胶号称20世纪三大有机合成材料。现在人们用的很多东西都是有机合成材料，比如眼镜、汽车车窗、轮胎、生活中用的塑料袋、电磁炉上的底盘，都是有机合成材料。在合成纤维中，绦纶、锦纶、腈纶、丙纶、维纶和氯纶被称为“六大纶”。“六大纶”都具有强度高、弹性好、耐磨、耐化学腐蚀、不发霉、不怕虫蛀、不缩水等优点，而且每一种还具有各自独特的性能。不仅如此，

人类在合成材料的基础上又发明了复合材料。

合成材料与复合材料的发明大大地改进了人类的生活水平，其重要性是不言而喻的。但是，合成材料与复合材料的高分子性能使其非常难降解，有些人工合成材料的自然降解时间长达上百年，甚至几百年。如果不用人工方式，这些合成材料需要在城市边缘的垃圾场静静地呆上数百年。

用聚苯乙烯、聚丙烯、聚氯乙烯等高分子化合物制成的塑料制品，具有毒性较低、熔点较高、可塑性强、生产简便等特点，成为制造价格便宜、随用随弃的一次性餐盒的极佳材料。然而，一次性塑料餐具在带给我们方便的同时，也会产生多种副作用构成对人体的直接污染和对环境的二次污染：一次性发泡餐具在生产过程中要消耗大量属臭氧层消耗物质的发泡剂，从而危及地球的保护伞——臭氧层；聚苯乙烯制造的餐盒降解周期极长，在普通环境下可达200年左右。也就是说，在很漫长的一段岁月里，它将“我行我素”，保持自己的高分子形态不变。因此它不仅破坏了环境，而且给人类的生存带来了较大的危害。

更为要命的是，当又稀又黏又臭的厨余垃圾与又空又软的塑料袋、编织袋一起丢在垃圾场时，厨余垃圾的易降解性与塑料材料的难降解性形成了一个难以化解的矛盾。而合成树脂、合成橡胶类原料制成的各种日用产品的混入又加剧了这个矛盾的复杂性。这些城市中人类在生产活动和日常生活中所产生的大量废物，由于不能完全在本系统内分解和再利用，必须输送到其他生态系统中去。如果人们在城市的建设和运营过程中，不能按照生态学规律办事，就很可能会破坏城市自身的生态平衡，也会破坏其他生态系统的平衡。

也许，这样一组数字可能更加怵目惊心：北京市每年扔在垃圾堆里的烟蒂是200多亿支，体积达到2万多立方米；每年垃圾中的女用卫生巾有10亿片之多，体积超过10多万立方米；每年消耗的塑料袋是10多亿条，总量超过20万吨；每年扔掉的洗发精、沐浴露、洗面奶包装近1亿瓶……而这些全部是现代化学工业和包装工业所生产的化学合成产品，是微生物很难分解掉的。

此外，城市生态体系中还有各种门类的化工、能源、金属冶炼工业企业，这些企业生产加工过程中产生的工业新陈代谢物的数量更为惊人，处理的难度也更大。我们当前的经济体系是依靠从环境中开采大量物质才得以存在。原料既已采得，随后便是加工过程，把它们变为种种形状，最后以最终产品的“消费”而告终结。

不良消费行为产生的社会性浪费

我国正处于工业化进程中，国民的消费率存在先降后升的规律性特征。随着经济从落后的农业社会向工业社会转型，国民收入出现快速增长，拥有了足够的基础设施和物质生产能力，人均国民收入进入一个相对较高的水平后，民众才能放心将大部分收入用于改善生活的消费，消费率就会提升到一个较高的水平。但是，在这一过程中也产生了许多不良的消费倾向。

商品生产和营销过程中的过度包装，就造成了资源的巨大浪费。过度包装就是：包装的耗材过多、分量过重、体积过大、成本过高、装潢过于华丽、说词过于溢美等。目前，对商品进行过度包装的现象日趋严重，不少包装已经背离了其应有的功能。

过度包装过度消耗了资源，使社会承担了过度的包装成本，一是浪费大量资源。包装工业的原材料如纸张、橡胶、玻璃、钢铁、塑料等，使用原生材料，来源于木材、石油、钢铁等，都是中国的紧缺资源。如果过度包装大量使用，而没有相应地进行回收利用，就会造成很大的浪费。二是污染环境。消费者抛弃大量包装废弃物，加重对环境的污染。中国包装废弃物的年排放量在重量上已占城市固体废弃物的1/3，而在体积上更达到1/2之多，且排放量以每年10%的惊人速度递增。过度包装产生的成本相当可观，而这些耗费大量资源的过度包装物，到了消费者手中全部变成了生活垃圾。

一次性用品的大规模消费也导致廉价的污染，形成巨大的社会浪费。20世纪初，起源于美国的消费主义成为新的消费价值观念备受推崇，及时享乐的消费观日渐成为人们的生活信条。在这种价值观的指导下，人们开始借助疯狂的消费、大量的占有来满足自己永无止境的物欲。一次性消费就是在这样一种错综复杂的社会环境中，迎合了现代消费者快节奏的生活方式风靡起来的。一用即丢、方便、快捷，又免去了很多后续工作使得一次性用品日益成为人们日常生活不可或缺的部分。因此，在快节奏的现代社会生活中，一次性消费越来越受欢迎。

在这一背景下，尽管一次性产品给人们带来了方便、卫生、廉价等方面的种种好处，但是从生态与环保的角度来看，确实存在着不少缺点与不足。首先是环境污染。一次性消费品对环境造成了严重的污染。一次性用品使用后被随意、随地抛弃的现象严重，对环境的潜在危害不忽视：一次性用品多为塑料制品，由于难以降解而给环境带来沉重的负担。其次是资源浪费。一次性消费导致了对自然资源的疯狂掠夺。因生产一次性木筷，我国一年将失去500万立方米木材。而我国每年生产一次性筷子1000万箱，需要砍伐2500万棵树木，其中600万箱出口到国外。在一次性带来的方便、快捷的背后是触目惊心的资源消耗。第三是卫生问题。一次性用品作为一种快速消费品，其低廉的价格往往与劣质同行，混乱的市场现状难以保证产品质量。

就总体而言，把人类推向如今这生死存亡境地的，不是其为生存而挣扎的必要性，而是一种多余的贪婪和占有欲的追求！而且，在许多方面这种追求仍然在继续、在发展、在主宰世界。当前，不论是发达国家，还是发展中国家，仍然遵循着以大量消耗自然资源为特征的生存方式。高物质消费生活方式驱动着高资源消耗的生产，而高资源消耗的生产又导致了地球环境状况的恶化。环境危机的出现无不与这种浪费型、破坏型的传统生存方式有着密切的关系。人类现在每一年燃烧的矿物燃料就要自然界用100万年的时间才能形成。

“发育迟缓”的城市新陈代谢功能

城市是人类活动最集中、最频繁的地方。城市生态环境是在人类的强烈作用下已经发生了变化的自然环境，它既不单纯由自然因素也不单纯由社会因素构成，而是在自然环境的基础上经人类改造、加工形成的。城市生态系统的新陈代谢功能因此具有“先天不足”的特点，这种新陈代谢功能是随着城市肌体的成熟而慢慢进化形成的。

北京城市生态系统的新陈代谢功能就处在慢慢进化的过程中，也同样具有“先天不足”的特征。大量的城市废物没有新陈代谢能力，只能简单转运、弃置、填埋。城市新陈代谢能力是指通过人工技术、自然界的微生物活动把城市中物质进行转化的能力，既有消化数量方面的表述，也有消化程度的表述。

由于新陈代谢方面没有专门的衡量指标，我们这里暂时用处理率来描述。北京市2012年的污水产生量为10.4亿立方米，处理量是9.78亿立方米，处理率是94%。活性污泥产生量为140万吨，处理量是31万吨，处理率是22%。生活垃圾产生量为634万吨，处理量是630万吨，处理率是99%。园林废弃物的产生量520万吨，处理量是5万吨，处理率不到1%。北京市污水处理率比较

高，达到了94%，但是污泥处理率才是污水代谢的关键，决定了新陈代谢水平。生活垃圾填埋率是86%，属于简单处理，没有代谢转化，而垃圾焚烧率是5%，这不属于新陈代谢。垃圾渗滤液处理也才刚刚开始，渗滤液的出水率只有70%左右，其余30%的渗滤污泥还没有治理，也就是没有进行物质代谢。园林废弃物转化成资源的比例不到1%,其余的都转运填埋了。餐厨垃圾的处理比较分散，没有形成可控制的资源化代谢。

事实上，这些经过简单收集、压缩、转运后进行填埋、堆肥、焚烧的城市新陈代谢物质，很少达到了无害化、减量化的要求，更不用说资源化的标准了，所以我们说的新陈代谢能力只是收集转运方面的工作，真正实现物质转化和能量代谢标准的工作还没有开展起来。

城市新陈代谢的技术水平与城市废弃物的多样性不相适应。目前，不仅在北京，在中国的主要城市，城市废弃物处理的技术水平都不高，这主要因为城市新陈代谢的技术还不能全面适应城市废弃物的复杂性。这有技术水平的原因，有处理规模的原因，还有废弃物分类处理方面的原因。

北京的生活垃圾转运、填埋、焚烧的技术达到了世界先进水平，但却不是最合适的新陈代谢技术。填埋场如同城市的脓包、肿瘤，迟早要发作，是必须要开刀切掉的。垃圾焚烧除了有二噁英的产生，还产生了相当于固体状态5000多倍的焚烧气体，对大气造成污染。城市周边堆置的大量活性污泥在回到土地之前，还没有大规模、低成本、降低重金属污染的工程技术。园林废弃物的应用研究主要体现在生物质能源方面，因为草屑、花败细小、膨松，导致运输成本大，而压缩成块又要消耗很多电能，往往得不偿失，因此推广的难度比较大。

城市废弃物新陈代谢的理论、标准、工程体系没有建立。无论是国外还是国内，对于城市废弃物的研究都处在简单分析、各自为政、搜集转运、填埋堆置的层面上。对于城市新陈代谢的研究没有从城市、地区、国家的范围进行总体性的研究。北京市已经加强了对城镇污水、垃圾和危险废物集中处置等环境保护基础设施的建设，有力地推动了环保产业的发展，已经从初期的以“三废治理”为主，开始转向环保产品、环境服务、洁净产品、废物循环利用的发展方向。

从循环经济的角度看，城市废弃物资源应该以“减量化、再利用、资源化”为原则，以物质闭路循环和能量梯次使用为特征，按照自然生态系统物质循环和能量流动方式运行来进行处理。这就要求我们要运用生态学规律来指导人类社会的经济活动，其目的是通过资源高效和循环利用，实现污染的低排放甚至零排放，保护环境，实现社会、经济与环境的可持续发展。

12 第十二章 新陈代谢：寻找北京的榜样

生态系统中的生物成分之间通过能量传递存在着一种错综复杂的普遍联系，它像一张无形的网将所有生物直接或间接地交织起来，这就是食物网。食物网是生态系统保持稳定的重要条件。

自然生态系统的食物链与食物网是自然界漫长进化的结果。人类可以运用食物链原理设计出农业、工业、城市的新陈代谢关系，从而使人工生态系统与自然生态系统实现融合。基塘农业模式、贵糖股份模式、福伊特集约造纸模式、卡伦堡工业共生体模式是仿生学应用的杰出代表。

城市生态系统是复杂化的人工复合生态系统，既有有机物质，也有无机物质，还有人工合成的有机材料、无机材料，以及有机无机复合材料。有些物质是微生物可以分解的，还有大量的微生物无法降解的人工合成物质，这样的复杂物质混合在一起，导致了城市物质代谢的失衡和紊乱。

建设生态城市是解决北京环境与发展问题的必然选择。用生态学观点建立城市发展战略，规划和建设城市，是科学发展的新发现，更是人类进化的必然结果。按照新陈代谢规律来设计城市生态系统是超大城市发展面临的必由之路。

食物链：生态系统的新陈代谢途径

生态系统中贮存于有机物中的化学能在生态系统中层层传导，通俗地讲，是各种生物通过一系列吃与被吃的关系，把这种生物与那种生物紧密地联系起来，这种生物之间以食物营养关系彼此联系起来的序列，就像一条链子一样，一环扣一环，

在生态学上被称为食物链。食物链一词是英国动物生态学家埃尔顿于1927年首次提出的。

生态系统中的生物种类繁多，根据它们在能量和物质运动中所起的作用，可以归纳为生产者、消费者和分解者。

生产者，主要是绿色植物，它能通过光合作用将无机物合成为有机物。生产者在生态系统中的作用是进行初级生产或称为第一性生产，因此它们就是初级生产者或第一性生产者，其产生的生物量称为初级生产量或第一性生产量。生产者的活动是从环境中得到二氧化碳和水，在太阳光能或化学能的作用下合成碳水化合物。太阳辐射能只有通过生产者，才能不断地输入到生态系统中转化为化学能即生物能，成为消费者和分解者生命活动中唯一的能源。

消费者，主要指动物（人当然也包括在内）。有的动物直接以植物为生，叫做一级消费者，比如羚羊；有的动物则以植食动物为生，叫做二级消费者；还有的捕食小型肉食动物，被称做三级消费者。这些不同等级的消费者从不同的生物中得到食物，就形成了“营养级”。至于人类，则站在所有消费者的顶端。

分解者，主要指微生物，可将有机物分解为无机物。它们把复杂的动植物残体分解为简单的化合物，最后分解成无机物归还到环境中去，被生产者再利用。分解者在物质循环和能量流动中具有重要的意义，因为大约有90%的陆地初级生产量都必须经过分解者的作用而归还给大地，再经过传递作用输送给绿色植物进行光合作用。所以分解者又可称为还原者。

这三类生物与其所生活的无机环境一起，构成了一个生态系统：生产者从无机环境中摄取能量，合成有机物；生产者被一级消费者吞食以后，将自身的能量传递给一级消费者；一级消费者被捕食后，再将能量传递给二级、三级……最终，有机生命死亡以后，分解者将它们再分解为无机物，把来源于环境的，再复归于环境。这就是一个生态系统完整的物质和能量流动。

在生态系统中的生物成分之间通过能量传递关系存在着一种错综复杂的普遍联系，这种联系象是一个无形的网把所有生物都包括在内，使它们彼此之间都有着某种直接或间接的关系，这就是食物网。一个复杂的食物网是使生态系统保持稳定的重要条件，一般认为，食物网越复杂，生态系统抵抗外力干扰的能力就越强，食物网越简单，生态系统就越容易发生波动和毁灭。

自然生态系统的食物链与食物网是不能根据愿望来改变的，如果改变不当，则会对生物产生极大的影响。但是，人类可以运用食物链原理设计出城市生态环境的新陈代谢关系，使城市的物质代谢更加有序。

农业物质代谢的典范——桑基鱼塘

桑基鱼塘是我国珠江三角洲地区为充分利用土地而创造的一种挖深鱼塘、垫高基田、塘基植桑、塘内养鱼的高效人工生态系统，它也是中国的人工生态农业的开端。桑基鱼塘的发展，既促进了种桑、养蚕及养鱼事业的发展，又带动了缫丝等加工工业的前进，逐渐发展成一种完整的、科学化的人工生态系统。它既能合理利用水利和土地资源，又能合理地利用动植物资源，无论在生态上还是在经济上都取得了很高的效益，赢得了世界注目。

联合国大学副校长、国际地理学会秘书长曼斯·哈尔德在参观珠江三角洲的桑基鱼塘后曾说："基塘是一个很独特的水陆资源相互作用的人工生态系统，在世界上是很少有的。这种耕作制度可以容纳大量的劳动力，有效保护生态环境，世界各国同类型的低洼地区也可以这样做。"

珠江三角洲由东、西、北三江汇合冲积而成，地处北回归线以南，全年气候温和，雨量充沛，日照时间长，土壤肥沃，是盛产桑蚕、塘鱼、甘蔗的重要基地。三角洲内河网密布，交通便利，自然条件优越。由于珠江三角洲地势低洼，常闹洪涝灾害，严重威胁着人民的生活和生产活动。当地人民根据地区特点，因地制宜地在一些低洼的地方，把低洼的土地挖深为塘，饲养淡水鱼；将泥土堆砌在鱼塘四周成塘基，可减轻水患，这种塘基的修筑可谓一举两得。

"桑基鱼塘"是一个完整的、科学的人工生态系统。它是种桑、养蚕、养鱼，合理利用水陆资源，彼此相互作用，充分发挥生产潜力的有机体。从种桑开始，通过养蚕而结束于养鱼的生产循环，构成了桑、蚕、鱼三者之间密切的关系，形成塘基种桑，桑叶养蚕，蚕茧缫丝，蚕沙、蚕蛹、缫丝废水养鱼，鱼粪等泥肥肥桑的比较完整的能量流系统。在这个系统里，蚕丝为中间产品，不再进入物质循环。鲜鱼是终级产品，提供人们食用。

这种循环型性生产系统中，桑是生产者，利用太阳光能、二氧化碳和水分生产桑叶，桑叶是给蚕儿吃的，桑的营养物质和能量沿着活食食物链首先转移到蚕，蚕是第一消费者。蚕吃桑叶后排放蚕沙、蚕蛹到塘里去，供草鱼作饲料，在活食食物链，鱼是第二消费者。塘里的微生物分解鱼粪、藻类和各种有机物为氮、磷、钾等元素，混合在塘泥里，以后又随着塘泥还原到桑基，微生物是腐烂链上有机物质的分解者和还原者。

在生产过程中，一部分桑叶落到基上和鱼塘里，经过微生物的分解，变为无机物，释放到土壤里，从中又被桑树吸收利用，又开始了新一轮的物质循环。种桑、养蚕、养鱼的生产循环，是以基、塘之间的土壤、水分、生物的物质循环为基础的。而桑、蚕、鱼与基、塘和大气之间的关系是生物与环境之间的物质交换和能量转化的关系。桑、蚕、鱼生长发育过程中的一切变化都是桑、蚕、鱼和环境条件（温、光、水分、空气、土壤等）相互作用、相互影响的结果。

种桑、养蚕、养鱼三者是相互联系，相互推动的、复杂的、多样化的循环性生产。在食物链上的作用是以桑叶养蚕、蚕沙喂鱼、塘泥种桑，这种从种桑开始，通过养蚕而结束于养鱼的生产循环，桑、蚕、鱼三者的关系非常密切，任何一个生产环节的好坏，都必然影响到其他环节的生产。

桑基鱼塘系统中物质和能量的流动是相互联系的，能量的流动包含在物质的循环利用过程中，随着食物链的延伸逐级递减。由于桑基鱼塘生态系统能充分利用自然资源，使生物资源做到多次利用、综合利用和合理利用，因此不但有较大的经济效益，而且发挥了较大的环境效益，对保护好当地的农业生态环境有着积极的作用。

生态工业的代谢样板——贵糖股份

工业生产中的废弃物或各种副产品都成为下一个生产环节的原料，最后一个生产环节产生的废物经过加工又成为生产中第一环节的“宝”。这样奇妙的循环经济生产模式在广西贵糖成为现实，并创造着巨大的经济和生态效益。

广西贵糖集团是中国制糖业循环经济的起步地。贵糖当年提出的循环经济、生态工业园和二步法制糖三个概念，成为开辟糖业新天地的重要标志，也因此成为全国第一个挂牌的国家生态工业（制糖）示范园区。贵糖集团创建了一系列子公司或分公司来循环利用制糖过程中的废物，从而减少污染和从中获益：制糖厂、酿酒厂、纸浆厂、造纸厂、碳酸钙厂、水泥厂、发电厂及蔗田等。这些企业组成三条生态链：

蔗田→甘蔗→制糖→废糖蜜→制酒精→酒精废液→制复合肥→回到蔗田；甘蔗→制糖→蔗渣造纸；制糖（有机糖）→低聚果糖生态链。

链条中的各环节具体分工如下：蔗田负责向园区提供高品质的甘蔗，保障园区制造系统有充足的原料供应；制糖系统生产出各种糖产品；酒精系统通过开发能源酒精、酵母精工艺，利用甘蔗制糖副产品废糖蜜生产出能源酒精和酵母精等产品；造纸系统利用甘蔗制糖的副产品蔗渣生产出高质量的生活用纸及文化用纸等产品；热电联产系统用甘蔗制糖的副产品蔗渣替代部分燃煤，实现热电联产，供应生产所必需的电力和蒸汽，保障园区整个生产系统的动力供应；环境综合处理系统为园区内制造系统提供环境服务，包括废气、废水的处理，生产水泥及复合肥等副产品。这 6 个系统通过废弃物和能源的交换，既节约了废物处理及能源成本，又减少了对空气、地下水及土地的污染。

贵糖的甘蔗制糖废弃物综合利用率达到了 100%，一年可以为企业创造产值达 6 亿元以上，占到了企业总产值的 68%，大大超过了制糖本身创造的产值。贵糖每年综合利用制糖生产的废甘蔗渣 55 万吨代替木材造纸，产纸约 16 万吨，按照一吨蔗渣可代替 0.8 立方米木材计算，相当于节约了 44 万立方米的原木资源，或者说少砍伐了 4.4 万亩的森林。

为了使自己旗下的工业共生体更为完善，真正成为能源、水和材料流动的闭环系统，贵糖集团自 2000 年以后又逐步引入了以下产业：以干甘蔗叶作为饲料的肉牛和奶牛场、鲜奶处理、牛制品生产以及使用牛制品副产品的生化厂；利用乳牛场的肥料发展蘑菇种植厂；同时还利用蘑菇基地的剩余物作为甘蔗场的天然肥料，弥补了其生态产业链条上的缺口，真正实现了资源的充分利用和环境污染的最小化。

很显然，经济效益、社会效益与环境效益是完全可以统一起来，协调发展的。按照和运用自然生态的理论，建立生态工业，在这个工业生态体系中，物质能量和信息逐级传递利用，资源得到最大程度的节约，污染物产生实现最小化，废物得到充分的再利用，经济形成循环发展模式，生产过程实现清洁化，达到了清洁生产更高层次——区域性的清洁生产。这种区域性清洁生产，既有利于社会资源的合理配置，又有利于产业结构、产业布局和产品结构的优化和调整，把环境污染问题解决在产业布局和调整的规划中，解决在生态工业链的生产过程之中，真正把保护环境和发展经济结合起来，实现环境与经济的统一，保证社会经济的可持续发展，实现多赢的目标。

工业与城市的互动代谢——福伊特集约造纸工厂

在谷歌上搜索瑞士一个叫做“Perlen”的村镇的图片，除了成片的绿树、森

林和精致的房屋这种典型的“瑞士”风光之外，还有一些造纸工业的景象：造纸机、生产纸浆的设备、发电厂、回收站。但是，这里的村民并不为身边的造纸厂所困扰。

自从当地 Perlen 纸业集团将这座背靠大山的造纸厂经过一番改造之后，这里的人们发现自己的生活都离不开它，甚至已经不能再简单的称它为造纸厂，因为除了拥有纸机车间，这个工厂还是周边城镇的废纸回收中心、污水处理厂、垃圾处理厂以及生物质发电厂。每天，装满纸箱的汽车只需一个小时便可送达城市中的用户，再将城市中回收的废纸等原料送回纸厂进行再生利用。来自城市的废水在工厂里处理和回用，城市垃圾和造纸的污泥与杂质被用来生成蒸汽和电能，甚至还能为城市提供多余的清水和电能。这是福伊特集约生态造纸厂的第一个成功案例。

在全球的造纸行业里，有三个最大的循环系统：纤维循环，能源循环以及水循环。现有的纸厂，建污水处理和自备发电厂是一种常规的作法，但它们往往是各自独立的，由多个供应商来完成，而生态造纸厂则是在策划开始，就将纤维、能源与水循环，以及厂址和环境因素都考虑进去。未来的造纸企业，不仅要在企业内实现三大循环，还要与邻近城市形成大循环，接纳城市的废纸、废水和垃圾，经过处理和生产后，为城市提供纸张和多余的水与电能，与城市成为相互依存的亲密伙伴。

生态造纸厂的理念也可以用于新工厂的建设。在策划一个生态造纸厂时，首先要回答不同的问题：新纸厂应该建在绿地中还是城市工业区？使用什么原材料比较好？周围的工业是否能被整合进方案？纸厂能达到怎样的产量？这些问题的答案都会成为定制生态造纸厂方案的一部分。接下来应计算工厂对电力、蒸汽、水和化学物质的需求，并且判定它们之间的关联性，所有的系统组件都要以最高效的方式组合成一个整体。

很多纸厂都使用回收废纸原料，但高比例的使用回收纤维也会带来问题——会产出较多的残余物污泥、废渣。很多工厂的处理办法是填埋，这种污染和浪费土地资源的办法目前在很多国家都已经被禁止了。残余物处理成本过高是让很多造纸厂头痛的难题。生态造纸厂设法把这个不得不进行的操作变得经济划算起来。残余物在处理过程中挥发的热能被加以利用，从而降低了能源成本。积聚的造纸污泥与杂质被用来生成蒸汽和电能，这是通过使用固体燃料的循环流化床锅炉实现的。这样，纸厂也可以不再依赖外界的废弃物处理公司。

能源成本在造纸生产中占总成本的 18% ~ 20%。福伊特在生态造纸厂里建立了一座生物质发电厂，也就是利用废物垃圾来实现发电，输入电厂的能量用于电能产出，电厂产生的蒸汽经过发电涡轮机转化成热能，输入纸机干燥部，用于干燥纸幅，纸机同时就成了电厂的冷凝机。在这种电和热的转换中，能量的投入可以节省20%。

造纸对淡水资源的消耗同样庞大，但福伊特发现，并不是生产沿线的每一个环节都需要净化水。通过在不同的阶段使用不同的水质，可以用清滤液，超清滤液或生物水（即处理过的废水）替代淡水，使得淡水的消耗可以降至最低。这种在不同环节采用不同水质的办法，让Perlen纸厂的淡水消耗减少了1/3。经济、环保和地区适应是福伊特造纸集约型纸厂的三个核心标准。

集群代谢模式——卡伦堡工业共生体

工业共生体是指以利用企业之间彼此产生的副产品所构成的相互协作的产业群概念。在某种程度上，它模拟了自然生态系统，即在自然生态系统中植物和动物产生的“废物”作为其他植物和动物的食物被利用。这种类比被扩展覆盖至任何未被充分利用的资源。工业共生体最著名的例子是丹麦的卡伦堡。

丹麦的卡伦堡位于哥本哈根以西约100千米，人口约2万人，是一个拥有天然深水港的城市。20世纪70年代，卡伦堡几个重要的企业试图在降低成本、废料管理和更有效使用淡水等方面寻求合作，建立了企业的互相协作关系。20世纪80年代以来，当地的管理与发展部门意识到这些企业自发地创造了一种新的体系，将其称为“工业共生体”。现在这里已经形成了蒸汽、热水、石膏、硫酸和生物技术污泥等材料互相依存共同利用的格局。

卡伦堡循环经济工业园是世界上最早和目前国际上运行最为成功的生态工业园，作为一种生产发展、资源利用和环境保护形成良性循环的工业园区建设模式，它形成了一个能发挥人的积极性和创造力的高效、稳定、协调、可持续发展的人工复合生态系统。卡伦堡也因此被奉为全球循环经济的“圣地”。

到2010年，卡伦堡工业园已有五家大企业与十余家小型企业通过废物联系在一起，形成了一个举世瞩目的工业共生系统。在这个体系里，这种工业化的合作是自发形成的，迄今已有30多年历史，它包括了大约20个项目。其中五个主要参与企业为：阿斯内斯火力发电厂，丹麦最大的燃煤火力发电厂，具有年发电1500万千瓦的能力；斯塔托伊尔，是丹麦最大的炼油厂，具有年加工320万吨原油的能力；济普洛克石膏墙板厂，具有年加工1400万平方米石膏板

墙的能力；诺沃诺迪斯克，一个国际性制药公司，年销售收入 20 亿美元，公司生产医药和工业用酶，是丹麦最大的制药公司；一个土壤修复公司。该园区以发电厂、炼油厂、制药厂和石膏制板厂四个厂为核心，通过贸易的方式把其他企业的废弃物或副产品作为本企业的生产原料，建立工业横生和代谢生态链关系，最终实现园区的污染“零排放”。在过去的 30 多年间卡伦堡共投资了 16 个废料交换工程，投资额估计为 6000 万美元，投资平均折旧时间短于 5 年，取得了巨大的环境效益和经济效益。

在卡伦堡生态工业园内，阿斯内斯火力发电厂是该园区产业链的核心。电厂向斯塔托伊尔炼油厂和诺沃诺迪斯克制药厂供应发电过程中产生的蒸汽，使炼油厂和制药厂获得了生产所需的热能；通过地下管道向卡伦堡全镇居民供热，由此关闭了镇上 3500 座燃烧油渣的炉子，减少了大量的烟尘排放；供应中低温的循环热水，使大棚生产绿色蔬菜；余热放到水池中用于养鱼，实现了热能的多级使用。炼油厂也进行了综合利用，炼油厂产生的火焰气通过管道供石膏厂用于石膏板生产的干燥，减少了火焰气的排放，一座车间进行酸气脱硫生产的稀硫酸供给附近一家硫酸厂；炼油厂的燃料气则供给电厂燃烧。同样，火电厂粉煤灰提供给土壤修复公司用于生产水泥和筑路，而济普洛克石膏墙板厂用电厂的脱硫石膏做原料造石膏板。卡伦堡生态工业园区还进行了水资源的循环使用，炼油厂的废水经过生物净化处理，通过管道向电厂输送，年输送给电厂 70 万立方米的冷却水，整个工业园区由于进行水的循环使用，每年减少 25% 的需水量。卡伦堡工业园区通过以上循环经济的实践，使得工业污染降低了，水污染减少了，资源浪费减少了，但利润却得到了提高。

卡伦堡工业共生体把经济增长建立在环境保护和资源高效利用的基础上，其作用直接影响到循环经济的宏观发展及向微观的渗透。而且，工业共生体是现代工业文明发展的重要标志，有利于工业发展从高投入、高消耗、高污染的粗放发展阶段向低污染、低消耗、高效益发展的现代集约型经济的转型，对缓解经济增长与环境保护、资源短缺之间的突出矛盾具有重要的引导作用，对提高区域经济效益、提升区域竞争能力具有重要作用。

新生水，新加坡的代谢智慧

新加坡的超市里有种瓶装水，牌子叫“新生水”，英文是“Newater”。说起这种水的来源可能会吓你一跳，“新生水”名副其实，就是重新生成的水，其前身就是生产和生活污水——每天从工厂流出的废水和居民楼流进阴沟的水！

2003年2月24日，新加坡主流媒体《联合早报》对新生水的诞生发出了热情洋溢的赞美：“新生水为这个水资源严重不均、并且总是缺水的地球，提供了一个与水共生的新方向，特别是对先天地理条件不足的国家和都市而言……新生水是新加坡生存的里程碑，是科技和人的意志战胜环境的难得经验，更是新加坡人学习逆境求存的宝贵的一堂课。”

“新生水”是新加坡著名的水处理公司凯发集团的得意之作。该公司2007年曾因此获得“斯德哥尔摩水工业奖”，是亚太地区最大的以膜分离为核心技术的环保企业，其供水量能满足新加坡35%的水需求。

新加坡虽是被海水围绕的岛国，但淡水资源严重缺乏，只能求助邻国马来西亚。1965年新加坡建国时，全国80%的供水来自马来西亚。这个惊人的数据让刚刚独立的新加坡意识到自己的被动局面，于是将水资源问题列为影响国家安全和主权的重大课题进行攻关，而且一干就是40多年。

新加坡没有地下水，但由于地处热带，每年雨水丰沛，于是新加坡政府在全国境内修建了一个精密的排水蓄水网络，使全岛变成了一个“巨型雨水水库”，而且运作相当有效：下雨时，雨水流入各地排水渠或阴沟，然后从四面八方逐渐汇集到几个主要的蓄水池，最后被输送至水处理厂，变成工业用水和饮用水。

2009年6月23日是新加坡的重要日子，樟宜供水回收厂耗资巨大的“深隧道阴沟系统”正式完工。新加坡总理李显龙亲自为回收厂揭幕，标志着新加坡朝水资源自给自足又跨出了一大步。

阴沟系统有一系列令人称奇的数字：供水回收厂每天可处理80万立方米水，如有必要，处理能力还可增至现在的3倍；阴沟系统耗资36.5亿新加坡元，自2001年启动至2009年完工共耗时8年；阴沟系统深入地下20米至50米，贯穿新加坡全岛，俨然是一条运载水的高速公路；阴沟系统包括一条48千米长的隧道、60多千米长的污水连接管道、5千米长的深海排水管。管道截面直径最小3.3米，最大6米，由8台巨型隧道挖掘机同时挖掘而成；阴沟系统末端建有一座73米深的地下水泵系统，泵井直径达30余米。

新加坡的供水回收厂和阴沟系统拥有自己的独特优势，充分显示出该项目规划的周密、精致和长远。首先，樟宜供水回收厂是新加坡全岛规模最大、技术最先进的供水回收厂，但占地仅是一般回收厂的1/3。其次，地下隧道系统呈倾斜状，巧妙利用重力原理，使全岛生产生活废水自行“长途跋涉”至樟宜

供水回收厂，这就排除了水泵发生故障导致系统失灵等隐患。再次，供水回收厂上方建设的樟宜新生水厂也是世界上第一个建在供水回收厂上方的新生水厂，由此大大节省了运输成本。另外，新加坡的工业污水在排放入海洋前必须经过严格的环保处理，其标准比国际标准订得更高更严。

新加坡阴沟系统曾获 2005 年亚洲杰出工程成就奖、2008 年国际水协会创意工程奖、2009 年全球水务奖之“年度水务项目”。

工业生态学的启示

工业生态学的概念最早是在 1989 年的《科学美国人》杂志上由通用汽车研究实验室的罗伯特•弗罗斯彻和尼古拉斯•格罗皮乌斯提出的。他们的观点是“为什么我们的工业行为不能像生态系统一样，在自然生态系统中一个物种的废物也许就是另一个物种的资源，而为何一种工业的废物就不能成为另一种的资源？如果工业也能像自然生态系统一样就可以大幅减少原材料需要和环境污染并能节约废物垃圾的处理过程。”

城市生态系统是自然与人类、社会相结合的人工生态系统，要想弄清楚城市生态系统的新陈代谢，就必须对新陈代谢的物质循环进行分析。而社会物质代谢是工业生态学起源最早也是发展最为成熟的领域。我们可以借助工业生态学的社会物质代谢分析方法弄清楚城市生态系统的物质代谢过程。

社会物质代谢研究的主要方法包括生命周期分析（LCA）、物质流分析（包括 SFA 和 MFA）和环境投入产出分析（EIOA）等。工业生态学物质代谢研究的主流是元素流分析，所涉及的元素有黑色金属如铁、镍，有色金属如铝、锌、铜、镉，营养元素有氮、磷、硫，目前也开始关注钕等稀有金属的研究。就内容而言，有全球或区域尺度元素循环的刻画、金属循环潜力及其限制因素、使用存量测算、未来金属生产与消费量测算、元素间的流动关联或替代、区域元素代谢、国际贸易所隐含的能源消耗及碳排放等。美国耶鲁大学课题组已经完成了多达 20 种元素不同尺度上的元素流分析，其尺度的多重性和视角的变换使得 SFA 成为分析经济发展与资源环境关联关系的重要解析工具。

由于工业生态学是一门新型的科学，难免会有一些不足：一方面，没有正确认识到工业系统与环境之间全面的、根本性的互动关系，而只是局限于工业系统内部构成上的问题；另一方面，缺少对城市新陈代谢物质的研究，尤其是以生活垃圾为代表的混合物质代谢的研究不够，对农业生态环境、城市生态环境之间的养分失衡也没有关注。可喜的是，在第六届工业生态学国际大会上，世界各国的科学家们已经将研究的重点转向了工业生态学方法和应用领域的细化。已经细分出能源系统、可持续城市与城市代谢、交通和物流、可持续水系统、建筑和基础设施系统、生物质和生物能源、食品和农业系统等。

工业生态学给人类工业活动带来全新的做法，我们将把用于建立昂贵填埋场地和用于废物后处理的费用转用于设计避免那些废物的产生。未来的工厂将考虑通过改进设计和更高效的生产来减少废物和污染，而不是考虑事后如何处理。制造者们将不仅仅关心产品生产后和用完后将会产生什么，而且还要观察产品的整个生命周期。今后经过我们的共同努力，完整的回收市场以及相应的社会规则将逐步形成，环境法律和实践相结合的体系也将建立起来，我们的后代将不可能在自然中找到任何工业和生活残留物。

城市新陈代谢：北京没有榜样

自然生态系统的新陈代谢经历了几十亿年的缓慢进化，桑基鱼塘的循环模式经历了600多年的积累，贵糖股份的集约化代谢模式经历了二十多年的探索，福伊特集约造纸工厂模式也经历了多年的实践，而卡伦堡工业共生体的建立则是三十多年的尝试、总结、实践之后的升华。这些产业代谢模式的形成有其特定的自然、技术、人文环境的因素，是“可遇不可求”的。

城市就没有那么幸运了，城市的生态系统是复杂化的人工复合生态系统，既有有机物质，也有无机物质，还有人工合成的有机材料、无机材料，以及有机无机复合材料，有些物质是微生物可以分解的，还有大量的微生物无法降解的人工合成物质，这样的复杂物质混合在一起，导致了城市物质代谢的失衡和紊乱。

建设生态城市是解决北京环境与发展问题的必然选择。用生态学观点建立城市发展战略，规划和建设城市，与其说是科学发展的新发现，不如说是人类进化过程的必然。纵观许多城市存在的环境问题，根源多在于城市生态系统的构建过程中没有根据自然规律做出正确的决策和行动，致使生态平衡转向不适于生活和生产的状态。目前北京生态系统失衡问题尚未解决，环境污染总体仍较严重，市区空气中主要污染物浓度与国内外大城市相比超标较多，全市超过

60% 的河流水质不能达到国家标准，噪声扰民问题也较突出。

北京应该遵循生态学原理对城市生态系统、垃圾资源化进行规划、设计，确保人类的任何活动都不超越生态系统的承载限值，通过长期的恢复和建设，建立起新的社会、经济和自然复合生态系统，使生态系统从失衡转向良性循环。要采用生态化模式建设城市基础设施，确保城市生态卫生。在加快建设污水处理、垃圾处理设施的同时，倡导控制产生、就地回用。垃圾处理也应加强分类收集和处理，最大限度地实现垃圾资源的再利用。

作为固体垃圾的活性污泥、餐厨垃圾、粪便、垃圾渗滤液、园林废弃物是垃圾分类回收中很难由市民处理的垃圾，相当于“垃圾中的垃圾”。北京市活性污泥、餐厨垃圾、粪便、垃圾渗滤液、园林废弃物等固体垃圾的总量超过了 1800 万吨，处理这部分垃圾消耗了大量的资源、能源。而这些垃圾又具有能源、肥料方面循环利用的巨大价值。对于一般工业垃圾、餐厨垃圾、医疗垃圾、电子垃圾、污泥等等，如果每一类垃圾都建设一套收集、管理、处理系统，既不经济，也不现实，最终也不能够达到环保要求。应当打通垃圾资源链条，推进垃圾资源化。首先是尽可能进行回收利用；其次是尽可能对可生物降解的有机物进行堆肥处理；再次是尽可能对可燃物进行焚烧处理；最后是对不能进行其他处理的垃圾填埋处理。

桑基鱼塘、贵糖股份、福伊特集约造纸工厂、卡伦堡工业共生体在其相应领域都处于领先地位，给我们提供了很重要的启示，但是环顾全世界，还没有那一座城市的物质代谢取得了成功。因此从城市物质代谢这个领域上说，北京没有榜样，北京必须闯出一条属于自己的道路。

13 第十三章 处方：城市新陈代谢系统的构建

城市新陈代谢系统从广义上讲，包括城市内所有物质的加工代谢过程，是循环城市的基本框架；从狭义上讲，特指城市内有机物质代谢，包括自然有机物质和人工合成有机物质的微生物分解过程。

城市新陈代谢系统是镶嵌在城市生态系统里的一个开放式系统，与城市的生产生活息息相关。城市新陈代谢系统按照物质流动方向大致由废物分类收集、废物分流转运、废物集中分解和再生资源吸纳四个子系统构成。

城市新陈代谢系统在城市生态系统中处于“分解者”地位，主要功能是把城市中各种废水、废气、废渣分类搜集起来，转运、再生、处理，通过各种先进、适用技术，逐步分解、还原、改制成为简单的物质形态，最终回到自然环境中。城市自然环境是城市新陈代谢过程的吸纳池。

城市代谢物质的价值确定不仅关系到这个产业的发展，也影响到整个新陈代谢系统的功能设计。在城市生态系统的新陈代谢活动中，物质循环和能量梯次利用的经济学核算是十分重要的。这种核算不仅包括单个产品的核算与价值评定，也包括物质代谢在生物圈里的整体价值。

城市新城代谢系统的定义

城市生态系统是由自然系统、经济系统和社会系统所组成的。城市中的自然系统包括城市居民赖以生存的基本物质环境，

如阳光、空气、淡水、土地、动物、植物、微生物等；经济系统包括生产、分配、流通和消费的各个环节；社会系统涉及城市居民社会、经济及文化活动的各个方面，主要表现为人与人之间、个人与集体之间以及集体与集体之间的各种关系。

现有的城市生态学并没有解决城市经济系统中生产、分配、流通、消费环节之后的物质代谢问题，造成大量废弃物在城市自然系统中的堆积，导致了城市社会系统中人类生存状况的危机。循环经济理论的诞生，给现代城市经济的发展注入了新的活力，为城市的发展开辟了一条崭新的道路。

城市新陈代谢系统（Urban Metabolism System，UMS），是按照生态学的物质循环和能量流动方式，对城市区域内自然、人类、社会产生的新陈代谢废物进行分类整理、集中处理、再循环利用的工程技术体系，它实现了群落内部、群落之间、生产生活之间、人类社会与自然界、城市乡村之间的物质循环和能量梯次使用。城市新陈代谢系统是城市内部自然、人类、社会的有机组成部分，可以使城市生态系统处于和谐有序的健康状态。

城市新陈代谢系统的技术重点在废物交换、资源综合利用，以实现系统内生产的污染物低排放甚至“零排放”，从而形成循环型产业集群。它以整个社会的物质循环为着眼点，构筑了包括生产、生活领域的全社会大循环。它通过建立城市与乡村之间、人类社会与自然环境之间的循环经济圈，在整个社会内部建立起生产与消费的物质能量大循环，完善了“生产→交换→消费→代谢”的再生产过程，构筑了符合循环经济原理的新型社会体系，实现了经济效益、社会效益和生态效益的最大化。

技术群落是城市新陈代谢系统的重要组成部分，是指以一种共同需要的工程技术原理来加工处理的，由多种城市废弃物组成，有相应组合规律的有机合作整体。技术群落内的成员彼此通过各种途径、方式相互作用和相互影响，是不同代谢物质之间通过互利共生、竞争、寄生、捕食、融合形成的有机小生境。城市新陈代谢系统按照主要技术特征，可以分为 6 种技术群落，分别是污水再生技术群、生物堆肥技术群、物质热解技术群、化学萃取技术群、燃烧气化技术群和物理固化技术群。

在资源流动的组织上，城市新陈代谢系统可以从企业、技术群落、生产基地等经济实体内部的小循环，产业集中区域内企业之间、技术群落之间的中循环，包括生产、生活领域的整个社会的大循环三个层面来展开。

一是以企业内部的物质循环为基础，构筑企业、生产基地等经济实体内部的小循环。企业、生产基地等经济实体是经济发展的微观主体，是经济活动的

最小细胞。依靠科技进步，充分发挥企业的能动性和创造性，以提高资源能源的利用效率、减少废物排放为主要目的，构建循环经济微观建设体系。

二是以产业集中区内的物质循环为载体，构筑企业之间、产业之间、生产区域之间的中循环。以生态园区在一定地域范围内的推广和应用为主要形式，通过产业的合理组织，在产业的纵向、横向上建立企业间能流、物流的集成和资源的循环利用，重点在废物交换、资源综合利用，以实现园区内生产的污染物低排放甚至“零排放”，形成循环型产业集群，或是循环经济区，实现资源在不同企业之间和不同产业之间的充分利用，建立以二次资源的再利用和再循环为重要组成部分的循环经济产业体系。

三是以整个社会的物质循环为着眼点，构筑包括生产、生活领域的整个社会的大循环。统筹城乡发展、统筹生产生活，通过建立城镇与乡村之间、人类社会与自然环境之间循环经济圈，在整个社会内部建立生产与消费的物质能量大循环，包括了生产、消费和回收利用，构筑符合循环经济的社会体系，建设资源节约型、环境友好型社会，实现经济效益、社会效益和生态效益的最大化。

城市生态系统中的“分解者”

生态学理论启示我们，城市生态系统中也存在着生产者、消费者、分解者三个生物群落，由于人类既是生产者、又是消费者，忽视了自身“分解者”的角色认识，导致了城市新陈代谢功能的“弱化”。城市新陈代谢系统的定位就是城市生态系统中的“分解者”，负责城市废物的处理与再利用。

生态系统指由生物群落与无机环境构成的统一整体。生态系统是开放系统，为了维系自身的稳定，生态系统需要不断输入能量，否则就有崩溃的危险；许多基础物质在生态系统中不断循环，其中碳循环与全球温室效应密切相关。一个生态系统的组成成分包括：有生命的生物成分，即生物群落，以及无生命的非生物成分，即自然环境。生物群落是指一定空间内全部动物、植物、微生物的同住结合，它们之间构成一定的关系。

根据各类生物之间的营养关系可以把它们区分为：生产者、消费者、分解者。

生产者主要包括各种绿色植物、化能合成细菌与光合细菌，在生物群落中起基础性作用，维系着整个生态系统的稳定。消费者指以动植物为食的异养生物，消费者的范围非常广，包括了几乎所有动物和部分微生物（主要有真细菌），它

们通过捕食和寄生关系在生态系统中传递能量。分解者又称“还原者”它们是一类异养生物，以各种细菌和真菌为主。分解者可以将生态系统中的各种无生命的复杂有机质（尸体、粪便等）分解成水、二氧化碳、铵盐等可以被生产者重新利用的物质，完成物质的循环。分解者、生产者与无机环境就可以构成一个简单的生态系统。一个生态系统只需生产者和分解者就可以维持运作，数量众多的消费者在生态系统中起加快能量流动和物质循环的作用，可以看成是一种催化剂。

城市生态系统是分解功能不健全的生态系统。城市生态系统较之其他的自然生态系统，资源利用效率较低，物质循环基本是线状的而不是环状的。在城市生态系统中，城市居民和企业既是生产者，也是消费者，唯独缺少分解者。城市的分解者缺位，导致大量的物质能源常以废物的形式输出，造成严重的环境污染。同时城市在生产活动中把许多自然界中深藏地下的甚至本来不存在的（如许多人工化合物）物质引进城市生态系统，加重了城市的环境污染。

要想提高城市的物质代谢水平，就必须使“分解者”到位。城市生态系统中的“分解者”不是一个人、一个企业，而是一大群人、一大批企业构成的若干产业群落，这些产业群落构成了城市的新陈代谢系统。

城市新陈代谢系统是城市生态系统的一个组成部分，处于“分解者”地位，其主要功能是把城市中各种废水、废气、废渣分类收集起来，转运到相应的再生、处理机构，通过各种先进、适用技术，逐步分解、还原、改制成为简单的物质形态，最终回到自然环境中。城市新陈代谢系统内根据加工技术的特点可以分为生物堆肥、物质热解、燃烧气化等技术群落，根据流程节点可以分为废物分拣、废物分流、物质分解、物质回用四个子系统。城市新陈代谢系统的组成要素包括人、企业、社区、机构，以及由此构成的相互关系。

城市新陈代谢系统是镶嵌在城市生态系统里的一个开放式系统，与城市的生产生活息息相关。城市新陈代谢系统按照物质流动方向大致由废物分类收集、废物分流转运、废物集中分解和再生资源吸纳四个子系统构成。

分门别类，凸显废物价值的最大化

城市代谢废物产生于千家万户、社区、公共区域，处于分散、无序的状态下，要想回收利用，必须进行分类回收。城市新陈代谢系统的首要功能就是把城市

中产生的废弃物分门别类地进行回收，按照价值的大小进行利用。废物分类收集子系统由城市家庭、社区保洁员、垃圾楼管理员、民间环保组织、社区居民委员会、环保企业等成员构成。这个系统具有分散、复杂、庞大、多元化的特点。由于城市废物主要由他们来收集整理，因此，地位非常重要。

（1）城市家庭：使用和消费物质产品的同时制造生活垃圾。

城市家庭是城市中最小的社会单元，家庭成员每天都会从农贸市场、连锁超市购买粮油食品、鸡鸭鱼肉、蔬菜水果、茶叶饮料等食物在家里消费；也经常去百货商店、家电卖场购买服装鞋帽、日用百货、家用电器，还通过互联网购买书籍、电子电器产品。这些产品在家庭消费后，就会同时产生许多生活垃圾。食物加工消费后会产生鸡鸭鱼骨、剩菜剩饭、菜叶果皮等餐厨垃圾。服装、日常用品使用后，会产生购物袋、塑料袋、洗发精包装瓶、塑料瓶等废弃包装物。家用电器拆箱后会遗留纸质包装箱、填充泡沫等。家庭成员在洗菜做饭、清洁卫生时还会产生一定数量的生活污水，生活污水也会携带菜汤、污垢排入市政污水管网。由于北京市的生活垃圾分类水平不高，城市家庭一般会把塑料瓶、易拉罐、书刊废纸卖给社区内的垃圾回收者，而把餐厨垃圾、其他杂物装在塑料袋里一同扔在小区的垃圾桶里。每天，城市家庭就这样生产着生活垃圾。

此外，城市内的公共空间，如车站、宾馆、机场、学校、商店、酒店、医院、工厂企业、机关单位等，每天也都产生着大量的生活垃圾。这些垃圾包括方便面盒、饮料瓶、餐厨垃圾、书刊废纸、食物包装等。

（2）社区保洁员：生活垃圾分拣与有用资源回收的双重作用。

社区保洁员主要负责居民楼内各个楼层的地面清扫、设施清洗、垃圾清运工作，和楼内居民比较熟悉，关系比较好。很多居民都乐于把家里的废纸、易拉罐、饮料瓶、纸箱、购物袋送给他们。由于社区保洁员的工资比较低、工作时间长、劳动强度大，很多人都把拣拾垃圾作为增加收入的一个途径。保洁员要负责将所属区域（居民楼）的垃圾清运到楼前分类垃圾桶内，然后将玻璃、纸、塑料和金属类包装垃圾、植物垃圾、生活垃圾、电池灯泡等特殊的垃圾进行分类。可回收垃圾由其负责销售，收益归其所有，不可回收垃圾由社区垃圾回收站处理。

北京有城市社区 2657 个，按照每个社区有 15 栋楼，每栋楼有 1 名保洁员计算，拥有保洁员 39855 名，总数接近 4 万人，如果将公共楼宇的保洁员计算在内，保洁员的总量可达到 6 万人的规模，这是一个十分可观的数字。

（3）垃圾管理员：指导、回收、分流三重任务。

北京市的居民社区全部建有垃圾楼，小型社区有一座垃圾楼，大型社区有

多座垃圾楼。垃圾楼一般由社区物业公司负责管理和运营。北京市目前有垃圾楼6000多座，覆盖了北京市建成区90%左右的面积和1700多万城市人群。垃圾楼的主要工作是将社区内各个楼门口的垃圾集中起来，进行再分拣，从中分拣出一部分可回收的垃圾。垃圾楼的承包人还有废品回收的业务。社区内的居民家中如有废品需要销售，打个电话，回收人员就立即到居民家里进行收购。收购的垃圾有废纸、饮料瓶等，还有旧家电、旧家具等大件废品，它们将这些废品回收后再销售给社区附近的垃圾回收站，获取差价利润。垃圾楼管理员一般每天夜间将小区的垃圾集中后，再进行一下分拣，然后由环卫部门的垃圾清运车辆运走，送往指定的垃圾压缩转运站。

（4）民间环保组织一般承担着环保教育、垃圾分类宣传指导方面的工作。

在中国的环境保护领域里，活跃着一大批形形色色的非政府组织。其中较为著名的包括：自然之友、北京地球村、绿色家园志愿者、中国小动物保护协会、中华环保基金会、北京环保基金会、中国野生动物保护协会、北京野生动物保护协会、中国绿化基金会、中国环保产业学会等等。由这些组织开展的环境保护活动，为改革开放以来的中国社会提供了政府和企业所难以提供的许多公共物品，推动了中国环境保护运动的发展。它们的作用是：环境意识的普及、教育、宣传活动；推动和促进环境保护领域的公众参与活动；对环境保护的资助活动；有关自然资源和环境保护的项目活动；有关环境保护科学和技术的研究、开发及其普及活动；有关环境保护产品的生产和推广以及业界联合等活动；有关对环境污染受害者的援助活动；环境保护的国际交流活动等。

收集转运，按照废物类别进行集中

垃圾分流转运子系统：包括流动拾荒者、废品回收站、垃圾转运站、环境卫生企业、市政污水管网、社会运输力量等成员组成，主要职能是对城市中的生活垃圾、工业垃圾、医疗垃圾、活性污泥、建筑垃圾、园林废弃物等城市废物进行工业化分类，并将其运往城市垃圾处理中心进行分解利用。

（1）流动回收者：资源回收的“蚂蚁军团”。

北京市的各个区域内，还活跃着这样一群人，他们开着电动三轮车，守在各个小区的门口，收废纸箱、旧家电、旧家具、旧门窗等物品，然后送到城市郊区的废品回收站。这群人不仅回收垃圾，还对一定区域内的公共垃圾箱进行

分拣，挑选出有用的废品，如塑料瓶、购物袋等。尽管工作非常辛苦，但是他们仍然像蚂蚁一样不辞辛劳，由于群体庞大，我们称之为“蚂蚁军团”。对于这群“拾荒”与“回收”功能兼备的队伍，政府部门要加强引导和管理，在使其减少对社会不良影响的前提下，实现从无序到有序的经营企业的转变，充分发挥垃圾分类回收利用的作用。要尊重这样一群人的劳动与价值，充分发挥他们的作用，从法律角度保护他们的合法权益和经济利益。

（2）废品回收站：再生资源的“路由器”。

北京市的城乡结合部，有许多废品回收站。这些回收站大多数由河南省固始县的来京农民经营，主要收购附近区域内居民社区的废品。他们收购的废品有废弃的纸质包装箱、植物油桶、废旧报纸杂志书刊、家电填充泡沫、易拉罐、塑料瓶、旧家具、废旧电子产品、非金属等。他们将这些废旧物品进行分类、挑选、整理、打包，销售到河北省固安县、保定市等造纸厂、纸箱厂、塑料包装厂等资源再生企业。这些回收站实现了再生资源的回收和资源分流，作用巨大。据估计，北京市从事废品回收的人员达 10 余万人，每年从垃圾堆拣出了 10 多亿元。

（3）城市环卫企业、机构。

环卫企业是城市生活垃圾清运的主要力量，在城市新陈代谢系统的废物转运子系统中，将承担更为重要的作用。北京市的固体废弃物主要采用推入压缩集装转运模式：垃圾楼→垃圾收集车→垃圾压缩装置→集装箱→转运车→垃圾填埋场（或循环产业园）。

以北京环卫集团运营有限公司为例，4600 名员工，1500 台运营车辆，每天承担了 500 多条主干道路 150 万平方米路面的清扫任务，日清运垃圾 8100 吨，占全市生活垃圾总量的 45%。目前，北京市有 12 座生活垃圾压缩转运站，23 座生活垃圾填埋场，2 座垃圾焚烧发电厂，2 座生活垃圾堆肥场，15 座餐厨垃圾处理场。

在城市新陈代谢系统的构建过程中，要做好废弃物转运体系的规划，通过提升机械化水平来增强运转能力，通过提升信息化水平来优化整体运转效率；还要改善生活垃圾储运形式，对环卫系统的垃圾回收车进行分隔式的改造，分类装载可回收垃圾和不可回收垃圾。此外，还要推行无线射频识别技术、“平进平出”式转运工艺、物联网技术等先进技术，促进城市新陈代谢系统的优化。

（4）市政污水管网。

城市污水里蕴含了大量的水溶性废弃物，这些污水从城市家庭的洗手盆、洗菜盆、淋浴间、坐便器里汇入下水道，然后进入污水井，再进入市政污水管网，

由污水管网进入城市的污水再生处理厂。北京市拥有500多万个家庭，每天排放的污水总量有300多万立方米，这些污水通过5000多千米的市政污水管网完成了运输，在城市的20多座污水处理厂处理再生。

（5）社会运输力量。

社会运输力量主要承担餐厨垃圾、污水厂的活性污泥、医疗垃圾、建筑垃圾、园林废弃物的分流转运任务。医疗垃圾采用专门的封闭箱式货车，按照指定地点、指定线路运行。餐厨垃圾一般由收购机构自行运输。活性污泥主要由社会物流企业的大型自卸车运输。

分解还原，创造新的使用价值

废物再生处理子系统包括生活垃圾填埋场、污水再生处理厂、生活垃圾焚烧发电厂、医疗垃圾焚烧厂、污泥堆肥场、循环经济产业园等构成。其主要功能是将城市的新陈代谢废物进行集中消纳、处理、再生，转化为可利用的资源。废物再生处理应该由分散转向集中处理，生态工业园就是比较好的形式。

生态工业园概念是由美国因迪哥发展研究所的欧纳斯特·洛维教授提出的，他将生态工业园定义为：一个由制造业企业和服务业企业组成的企业生物群落。它通过在管理包括能源、水和材料这些基本要素在内的环境与资源方面的合作来实现生态环境与经济的双重优化和协调发展，最终使该企业群落寻求一种比每个公司优化个体表现都会实现的个体效益的总和还要大得多的群体效益。

生态工业园区的目标体现在：设法将人类系统与自然系统进行充分的结合；减少对能源和材料的使用；减少工业活动对自然系统可承受程度产生的生态影响；保护自然系统的生态可靠性；确保人们满意的生活质量；维持工业、贸易和商业系统的经济可靠性。

生态工业园是将工业生态学应用到实践中去的最成功的方式。一些地区将之称为生态工业园，也有的地区则将其称作工业生态系统或副产品交换中心，在我国也出现了循环经济产业园的名称。在生态工业园内，各种在业务上具有关联关系的企业聚集在一起，一家企业产生的废物将是另一家企业的生产原料，这些企业依照顺序形成一个高效率的闭环系统，既提高了经济效益又从根本上改善了生态环境。生态工业园之所以具有吸引力，在于它为企业带来巨大经济效益的同时也为自身和周边社区带来巨大的环境效益。

北京市十分重视城市固体废弃物的治理，曾先后多次研究、规划城市循环经济产业园的建设工作，计划在市区外围的东西南北方向各建设一个大型循环经济产业园，实现城市废弃物的根本性治理。城市循环产业园的建设，相当于为城市的生态系统建立了具有消化功能的“胃”和“肠道”，将使城市的新陈代谢功能进一步增强。北京市正在建设的循环经济产业园有首钢鲁家山循环经济产业园、朝阳高安屯循环经济产业园、海淀六里屯循环经济产业园。目前，这三座循环经济产业园已经部分投入运营，其余部分正在加紧建设。

北京的循环经济产业园建设已经起步，形势喜人，可喜可贺。但是，从工业生态学的角度看还存在一定不足，还需要进一步研究城市固体废弃物的种类、特性、技术组合规律，进行相应的优化设计。城市新陈代谢产业园的运行系统还处在企业内部、企业之间的废物交换、能源利用水平上，缺乏对整个城市范围内各个园区之间物质代谢的规划，更没有从自然、经济、社会的角度规划物质的新陈代谢途径。这种缺乏一体化的思想导致大量的有用资源和能源白白浪费掉，而且也往往忽视了工业发展和周围自然环境之间的和谐问题。

北京要尽快完成城区周边东西南北 4 座特大型综合性循环经济产业园的规划建设，尽快形成城市的新陈代谢能力，构建城市新陈代谢系统的主体框架。特大型综合性循环经济产业园的固体废物处理能力要达到 300 万吨 / 年的规模，可以处理城市中产生的各个类别的废弃物。这 4 个特大型循环经济产业园的总代谢能力达到 1200 万吨 / 年以上，可以满足未来城市核心区 2000 万人口固体废弃物处理要求。同时，还要根据城市规模的发展趋势，及时规划、建设若干个具有专业特色的区域性循环经济产业园。比较现实的选择是在北京市的延庆、怀柔、密云、通州、房山、平谷等郊区的生活垃圾填埋场的基础上，通过统筹规划、合理布局、确定功能，建设 6 个综合性的区域循环经济产业园，每个固体废弃物的处理能力为 150 万吨 / 年，郊区的综合处理能力为 900 万吨 / 年。此外，北京市还要依托大型建材企业建设一批专业性的循环经济产业园，专门处理建筑垃圾，总的处理能力为 1500 万吨。这样，北京全市的城市固体废弃物处理能力将超过 3600 万吨 / 年，可以满足未来城市人口极限 3000 万人的物质代谢要求。

吸纳池：自然界的“源”与“汇”

新生资源吸纳子系统：包括农业生产部门、园林绿化部门、污水再生部门、

建筑工业部门、钢铁工业部门、包装工业部门、电子工业部门等。

源于西方工业化和城市化的现代污染物质处理模式，对于生活垃圾、城市粪便、畜禽粪便、垃圾渗滤液、园林废弃物等污染物质不外乎填埋、堆肥、焚烧三种形式，其导致的结果是污染物质的简单转移：从城市到郊区，从地上到地下，从陆地到海洋，从地面到空中，也就是“耗散”效应。现行的环境治理模式把这些宝贵资源白白丢弃了，这不但抛弃了宝贵的资源，而且还导致了环境的再次污染。污水处理、废水处理、垃圾渗滤液处理过程不仅需要消耗大量的能源，还把污水中的有机物质变成了二氧化碳、氧化氮、甲烷等温室气体排放到大气中，污染了全人类共同的生存环境。

自然界的功能有“源”和“汇”两种，其中“源”是指物质资源的来源，“汇”是指代谢废物的“汇集地”，也就是吸收功能。城市新陈代谢系统的建立，将使大量的废弃物质得到新生，形成了新的价值和使用价值。这些新生的物质与原来的废弃物的物质结构有很大的不同，这是因为城市新陈代谢系统的“分解者”功能，使废弃物原料得到了分解、重构，与自然界的某些原料物质的性质相同、结构相近，因此具备了再利用的条件。城市新陈代谢系统的作用就是把经过消化的“城市废物”进行“消毒”“解毒”“降解”“再生”为可重新利用的资源，再补充到自然界中去。而这些废弃物的来源地——自然界也就成了新生资源的最好归宿，从而实现了从“汇”到“源”的转化。

城市废弃物来源于农业、园林绿化业、污水处理业、建筑工业等城市的实体经济产业，而大部分新生产品中的物质还带有原料废弃物的功能和作用，因此可以进行回用。除了生活垃圾之外，其他生产垃圾量大的部门，恰恰就是新生物质消纳能力最强的部门。因此，处理和利用新生产品的能力最大，可以在它们之间建立起综合利用的渠道，实现城市新陈代谢物质在更大范围的循环。

有机物质是自然界循环利用最为充分的物质，无论是污水中的污染物，还是废水中的污染物，以及城市生活垃圾、城市粪便、畜禽粪便、垃圾渗滤液、园林废弃物等，原本都是营养物质，都是宝贵的资源。

有机化学合成物质是城市新陈代谢系统需要单独处理的一类物质，这类物质不能参与到自然有机物质的循环中，必须保证其循环过程处于可控制的条件下。这类物质主要包括合成塑料、合成橡胶、合成纤维等化学聚合物，控制的办法主要是采用人工方式进行加工改制，重新利用。有机合成类新生物质的应用领域主要有包装工业、复合材料工业、建筑工业等。

无机类物质包括铁、铜、铝、稀有金属，以及玻璃、陶瓷、水泥等硅酸盐

类的物质，其共同特点是性质稳定，可以多次、长期的利用。金属物质的再利用主要是分类收集、重新冶炼、塑形再用，在重新利用的过程中会有氧化、损失。硅酸盐类的无机物质性质非常稳定，与岩石的性质类似，如果不暴露在自然环境下，可以存在几十万年。这类物质的主要再利用方式主要是粉碎、筛选、加入补强剂混合、固化定型、重新利用，因此主要用于城市建筑、道路、桥梁、大型基础设施方面，可利用的数量也非常大。

城市新陈代谢物质的价值分析

城市新陈代谢物质的开发与利用是一个具有广泛前景的领域，这已经为循环经济的全球性发展和城市“静脉产业”的兴起所证实。而城市代谢物质的价值如何确定不仅关系到这个产业的发展，也影响到整个新陈代谢系统的功能设计。在城市生态系统的新陈代谢活动中，物质循环和能量梯次利用的经济学核算是十分重要的。这种核算不仅包括单个产品的核算与价值评定，也包括物质代谢在生物圈里的整体价值。城市新陈代谢物质产业的价值评估分为六个层次：

第一层次：城市废弃物处理成本测定。新陈代谢物质收集、转运、仓储的人工费、运输费用构成了基本费用。由于城市废弃物属于城市生态系统中的代谢物，不存在出售的情况，如果产生交换，就必须规定一个基本的价格，这个价格就是处理的基本成本。各个废弃物排放机构运到处理地的距离、人工成本不同，需要根据社会的平均工资、燃料价格进行统一的测算，由此得出相应的价格成本。

第二层次：资源性城市废弃物的价格评估。城市新陈代谢物质中都含有各种不同的物质元素，可以根据这些元素的含量来确定这些废弃物的价格指数。这些废弃物一般包括废旧纸张、废金属、包装箱、易拉罐、PVC 塑料瓶等，通过简单回收、加工再制造就可以重新利用。这类废物的价格一般参照市场上的新原料价格进行估算，也容易被回收企业接受，一定时期内废旧物资的价格水平会受供求关系的影响产生波动。

第三层次：城市新陈代谢物处理工程的投资评估。城市生态系统有多种多样的废弃物，这些废弃物按照一定的分类标准大体上会形成集中处理类型，每种类型也会按照区域处理规模建设工程性的处理设施，而这些设施的建设、运营、维护、管理都需要有相应的投资、维护费用，因此要进行可行性研究、确立建

设标准，而这个过程实际上就是新陈代谢工程的价值评估。

第四层次：区域生态环境评价。要从环境卫生学的角度出发，按照一定的评价标准和方法对一定区域范围内的环境质量进行客观的定性和定量调查分析、评价和预测。环境质量评价实质上是对环境质量优与劣的评定过程，该过程包括环境评价因子的确定、环境监测、评价标准、评价方法、环境识别，因此环境质量评价的正确性体现在上述 5 个环节的科学性与客观性。

第五层次：环境资源的“代际价值”核算。城市新陈代谢系统的主要功能是化害为利，是创造新的价值，而这种价值要为当代人和后代人所利用，因此要体现出“代际价值”。这种代际价值更多地表现为环境资源价值，而环境资源价值具有多种表现形式。如经济价值、生存价值、选择价值、消遣价值、科学价值、多样性和统一性价值、精神价值、美学价值等，这也决定了代际价值的核算应该运用多重计价属性和采用多种计量手段。

第六层次：全球生态影响评价。城市新陈代谢系统的运营，不仅会对本城市的生态环境产生积极的影响，也会对相邻的区域产生积极的影响。从更大的范围上看，由于一个中心城市的城市生态系统实现了良性循环，减少了资源的消耗、降低了能源消耗、增加了碳埋藏量，也是对国家，甚至全球气候环境改善的贡献，因为地球只是一个小村落。如果所有城市的新陈代谢系统都能够有效地发挥作用，就意味着更大范围的环境改善。全球性的生态影响一般用“碳汇”、“生态足迹”来评价。

第十四章 分解：新陈代谢系统的核心功能

分解是指某一物质分子的化学键发生断裂，形成其他物质。由于人工生态系统中含有大量的人工合成物质和无机物质，因此，分解的手段除了有微生物参与之外，还应该包括大量的人为技术和工程手段。

新陈代谢是生态系统的特有功能，分解是其核心。各种有机物最终经过还原者“分解”成可被生产者吸收的形式重返环境，进行再循环。没有还原者，动植物残体、排泄物等无法循环，物质将被锁在有机质中不能被生产者利用，生态系统的物质循环终止，整个生态系统将会崩溃。

群落或生物群落，是指生存在一起并与一定的生存条件相适应的动植物的总体。我们把这一概念扩展到工业与农业、城市与乡村、生产与消费之中去，寻求“恰当的”即最优化的工业活动组合、商业活动组合、社会与城市之间的组合，实现城市生态系统的和谐统一。

分解技术群落是城市新陈代谢系统的重要组成部分，它是指以一种共同需要的工程技术原理来加工处理的，由多种城市废弃物组成，有相应组合规律的有机合作整体。技术群落内的成员彼此通过各种途径、方式相互作用和相互影响，由此形成互利共生、竞争、寄生、捕食、融合等合作状态的人工小生境。

分解原理与技术群落

生态系统的新陈代谢就是物质循环，也就是生物地球化学

循环。生命的存在依赖于生态系统的物质循环和能量流动，二者密不可分地构成了一个统一的生态系统功能单位。但是能量流动和物质循环具有性质上的差别。能量流经生态系统，沿食物链营养级向顶部方向运动，能量都以自由能的最大消耗和熵值的增加，以热的形式而损耗，因此能量流动又是单方向的，所以生态系统必须不断地由外界获取能量。物质流动则是循环的，各种有机物最终经过还原者“分解”成可被生产者吸收的形式重返环境，进行再循环。

“还原者”又称“分解者”，是异养生物，包括生态系统中细菌、真菌等具有分解能力的生物，也包括某些原生动物和小型无脊椎动物、异养生物。它们能把动、植物残体中复杂的有机物，分解成简单的无机物，释放到环境中，供生产者再一次利用，其作用与生产者相反。

还原者的作用在生态系统中是极其重要的。如果没有还原者，动植物残体、排泄物等无法循环，物质将被锁在有机质中不能被生产者利用，生态系统的物质循环终止，整个生态系统将会崩溃。还原者的作用不是一类生物所能完成的，不同的阶段需要不同的生物来完成。

微生物分解：微生物把有机物质经过代谢降解，变成简单有机物或无机物质的过程。其主要特征包括：有机化合物分子中的碳原子数目减少，分子量降低；高分子化合物的大分子分解成较小的分子；塑料降解指高分子聚合物达到生命周期的终结，使聚合物分子量下降、聚合物材料塑性下降；是指在热、光、机械力、化学试剂、微生物等外界因素作用下，聚合物发生了分子链的无规则断裂、侧基和低分子的消除反应，致使聚合度和相对分子质量下降。

城市生态系统是以人工生态系统为主的复合型生态系统，这个系统中的“分解者”也是以人为主，包括细菌、真菌等微生物的生物群体。由于人工生态系统中含有大量的人工合成物质和无机物质，因此，分解的手段也应该包括大量的人为技术和工程手段。分解是指某一物质分子的化学键发生断裂，形成其他物质。有许多物质本身不是很稳定，因此容易发生分解。分解反应，是化学反应中常见的四大基本反应类型之一，是化合反应的逆反应，它是指一种物质分解成两种或两种以上单质或化合物的反应。

群落或称为“生物群落”，是指生存在一起并与一定的生存条件相适应的动植物的总体。群落生境是群落生物生活的空间，一个生态系统则是群落和群落生境的系统性相互作用。我们把在一定生活环境中的所有生物种群的总和叫做生物群落，简称群落。组成群落的各种生物种群不是任意地拼凑在一起的，有规律地组合在一起才能形成一个稳定的群落。我们可以把这一思想扩展到工业与农业之间、城市与乡村之间、生产与消费之间去，寻求“恰当的”即最优化的工业活动组合、商业活动组合、社会与城市之间的组合。

分解技术群落是城市新陈代谢系统的重要组成部分，它是指以一种共同需要的工程技术原理来加工处理的，由多种城市废弃物组成，有相应组合规律的有机合作整体。技术群落内的成员彼此通过各种途径、方式相互作用和相互影响，由此形成互利共生、竞争、寄生、捕食、融合等合作状态的人工小生境。

物质分解的工程技术原理

城市生态系统的新陈代谢是一个全新的研究领域。说它新，是因为目前的工业、农业、城市生态系统还没有进行系统化的整合，城市的相关工程建设还处在低水平、各自为战的混乱状态中。有的企业和行业已经注意到了资源综合利用的益处，并已经开始行动，显现了良好的效果，但是这只是局部的成效，不是整体的成效，因此需要更高层次、更大范围的工程技术研究。化学工程学、微生物学、热力学、城市生态学、工业生态学、环境化学等科学是城市新陈代谢体系建设涉及到的基础科学，需要认真借鉴。

化学工程学是研究大规模地改变物料的化学组成和物理性质的工程技术学科，它研究的对象不但包括在化工生产装置中进行的化学变化过程，而且还包括把混合物分离为纯净组分的过程，以及改变物料物理状态和性质的各种过程。

微生物学是在分子、细胞或群体水平上研究各类微小生物，如细菌、放线菌、真菌、病毒、立克次氏体、支原体、衣原体、螺旋体原生动物以及单细胞藻类的形态结构、生长繁殖、生理代谢、遗传变异、生态分布和分类进化等生命活动的基本规律，并将其应用于工业发酵、医学卫生和生物工程等领域的科学。

热力学是研究热现象中物态转变和能量转换规律的学科；它着重研究物质的平衡状态以及与准平衡态的物理、化学过程。热力学是热学理论的一个方面。热力学主要是从能量转化的观点来研究物质的热性质，它揭示了能量从一种形式转换为另一种形式时遵从的宏观规律。

环境化学是应用化学的原理、方法和技术，研究化学物质（尤其是化学污染物质）在生态环境体系中的来源、转化、归宿、控制以及生态效应的一门科学。环境化学除了研究环境污染物的检测方法和原理及探讨环境污染和治理技术中的化学、化工原理和化学过程等问题外，需进一步在原子及分子水平上，用物

理化学等方法研究环境中化学污染物的发生起源、迁移分布、相互反应、转化机制、状态结构的变化、污染效应和最终归宿。随着环境化学研究的深化，为环境科学的发展奠定了坚实的基础，为治理环境污染提供了重要的科学依据。

城市生态学的研究内容主要包括城市居民变动及其空间分布特征，城市物质和能量代谢功能及其与城市环境质量之间的关系，城市自然系统的变化对城市环境的影响，城市生态的管理方法和有关交通、供水、废物处理等，城市自然生态的指标及其合理容量等。城市生态学不仅研究城市生态系统中的各种关系，还注重为城市建设和管理寻求良策，进而使城市变成一个有益于人类生活的生态系统。

城市新陈代谢系统将上述学科的相关原理，按照生态学的“食物链”原理进行归纳和组合，形成了若干个技术群落。每个技术群落以其最核心的技术原理来命名。城市新陈代谢系统目前分污水再生技术群、生物堆肥技术群、物质热解技术群、化学萃取技术群、燃烧气化技术群和物理固化技术群。

污水处理：纯化、浓缩与分离

污水处理技术群是城市新陈代谢系统的一个子系统，其职能是综合运用污水处理技术，对城市生态系统中受到一定污染的、来自生活和生产的废弃水进行处理，使之转化成能够被城市生态系统利用的再生水和固体物质。

污水处理技术群的污水来源比较广，主要包括生活污水、工业废水、城市径流污水、垃圾渗滤液、粪便污水等。生活污水主要来自家庭、机关、商业和城市公用设施，其中主要是粪便和洗涤污水，集中排入城市下水道管网系统，输送至污水处理厂进行处理后排放，其水量水质明显具有昼夜周期性和季节周期变化的特点。工业废水在城市污水中的比重，因城市工业生产规模和水平而不同，可从百分之几到百分之几十，其中往往含有腐蚀性、有毒、有害、难以生物降解的污染物。工业废水必须进行处理，达到一定标准后方能排入生活污水系统。生活污水和工业废水的水量以及两者的比例决定着城市污水处理的方法、技术和处理程度。城市径流污水是雨雪淋洗城市大气污染物和冲洗建筑物、地面、废渣、垃圾而形成的。这种污水具有季节变化和成分复杂的特点，在降雨初期所含污染物甚至会高出生活污水多倍。垃圾渗滤液是指来源于垃圾填埋场中垃圾本身含有的水分、进入填埋场的雨雪水及其他水分，扣除垃圾、覆土层的饱和持水量，并经历垃圾层和覆土层而形成的一种高浓度废水。粪便污水是城市公共卫生间的产物，北京市的粪便污水现在已经由生态厕所收集，粪便消纳站进行固液分离，粪水排入污水处理厂处理，絮凝粪泥在城郊进行堆肥或填埋处理。

城市中的生活污水由于产量巨大，一般由城市的污水处理系统专门处理。对于城市生态系统中建筑、农业、交通、能源、石化、环保、城市景观、医疗、餐饮、生活等各个领域产生的其他污水，则可以运用污水处理技术，确定专门的技术工艺进行处理。污水处理技术群还可以承担附近相关区域排放的生活污水、工业废水、城市径流污水的处理。

污水处理的方法很多，一般可归纳为物理法、化学法、生物法三大类。对于污染比较严重的垃圾渗滤液、餐厨废水、人畜粪尿等一般要采用物理、化学、生物方法综合利用的工艺技术路线。

物理法：主要利用物理作用分离污水中的非溶解性物质，在处理过程中不改变化学性质。常用的有重力分离、离心分离、反渗透、气浮等。物理法处理构筑物比较简单、经济，主要用于村镇水体容量大、自净能力强、污水处理程度要求不高的情况。

生物法：利用微生物的新陈代谢功能，将污水中呈溶解或胶体状态的有机物分解氧化为稳定的无机物质，使污水得到净化。常用的有活性污泥法和生物膜法。生物法处理程度比物理法要高。生物法分为好氧生物处理、厌氧生物处理以及二者的结合。好氧处理包括活性污泥法、曝气氧化池、好氧稳定塘、生物转盘和滴滤池等。厌氧处理包括上向流污泥床、厌氧固定化生物反应器、混合反应器及厌氧稳定塘。

化学法：是利用化学反应作用来处理或回收污水的溶解物质或胶体物质的方法，多用于工业废水。常用的有混凝法、中和法、氧化还原法、离子交换法等。化学处理法处理效果好，多用来对生化处理后的出水作进一步的处理。

垃圾渗滤液、餐厨废水、人畜粪尿是城市中产量仅次于生活污水的特殊污水，由于所用技术的相似性，所以在污水处理技术群里进行专业化处理。垃圾渗滤液的处理方法包括物理化学法和生物法。物理化学法主要有活性炭吸附、化学沉淀、密度分离、化学氧化、化学还原、离子交换、膜渗析、气提及湿式氧化法等多种方法，但物化方法处理成本较高，不适于大水量垃圾渗滤液的处理，因此垃圾渗滤液主要是采用生物法。渗滤液可用生物法、化学絮凝、炭吸附、膜过滤、脂吸附、气提等方法单独或联合处理，其中活性污泥法因其费用低、

效率高而得到最广泛的应用。美国和德国的几个活性污泥法污水处理厂的运行结果表明，通过提高污泥浓度来降低污泥有机负荷，可以获得令人满意的垃圾渗滤液处理效果。

污水处理技术群在城市新陈代谢系统中，与生物堆肥技术群形成互利共生关系。污水处理技术群产生的渗滤液污泥、粪泥、活性污泥输送给生物堆肥技术群作原料，而生物堆肥技术群则把厨余垃圾水、粪便水输送给污水再生技术群作原料。污水再生技术群的主要产品是再生水，主要输送给城市新陈代谢系统中的物质热解技术群、物理固化技术群、燃烧气化技术群。物质热解技术群向污水再生技术群输送活性炭，用于污水处理。

生物堆肥：微生物的神奇威力

生物堆肥技术群是利用微生物对城市新陈代谢系统的有机废弃物进行代谢分解，在高温下进行无害化处理，并生产出有机肥料。这个技术群的主要原料有活性污泥、餐厨垃圾、粪泥、渗滤液污泥，辅助原料有填料（作物秸杆、杂草、树叶、泥炭、垃圾以及其他废弃物）、菌种。

堆肥是在一定条件下通过微生物的作用，使有机物不断被降解和稳定，并生产出一种适宜于土地利用的产品的过程。堆肥一般分为好氧堆肥和厌氧堆肥两种。好氧堆肥是在有氧情况下有机物料的分解过程，其代谢产物主要是二氧化碳、水和热；厌氧堆肥是在无氧条件下有机物料的分解，厌氧分解最后的产物是甲烷、二氧化碳和许多低分子量的中间产物，如有机酸等。厌氧堆肥与好氧堆肥相比较，单位质量的有机质降解产生的能量较少，而且厌氧堆肥通常容易发出臭气。由于这些原因，几乎所有的堆肥工程系统都采用好氧堆肥。

堆肥实际就是废弃物稳定化的一种形式，但是它需要特殊的湿度和通气条件以产生适宜的温度。一般认为这个温度要高于45℃，保持这种高温可以使病原菌失活，并杀死杂草种子。在合理堆肥后残留的有机物分解率较低并相对稳定，堆肥的臭味可以大大降低。堆肥还可以产生明显的干燥效果，这一点对于处理市镇和工业污泥等潮湿物料非常有用。堆肥中有机底物的降解与干燥过程同步进行能够降低后续处理的费用，从而有利于增加堆肥的再利用或处置。

制作堆肥的材料，按其性质一般可大概分为三类：第一类，基本材料，即不易分解的物质，如各种作物秸秆、杂草、落叶、藤蔓、泥炭、垃圾，蔬菜垃圾，厨余等。第二类，促进分解的物质，一般为含氮较多和富含高温纤维分解细菌的物质，如活性污泥、渗滤污泥、人畜粪尿、污水、蚕砂、马粪、羊粪、老堆肥及草木灰、石灰等。第三类，吸收性强的物质，在堆积过程中加入少量泥炭、细泥土及少量的过磷酸钙或磷矿粉，可防止和减少氨的挥发，提高堆肥的肥效。

完整意义上的堆肥，是指在人工控制下，在一定的水分、碳氮比和通风条件下通过微生物的发酵作用，将活性污泥、人畜粪便、渗滤污泥、餐厨垃圾等废弃有机物转变为肥料的过程。通过堆肥化过程，有机物由不稳定状态转变为稳定的腐殖质物质，其堆肥产品不含病原菌，不含杂草种子，而且无臭无蝇，可以安全处理和保存，是一种良好的土壤改良剂和有机肥料。

堆肥的优点：一是可以把令人讨厌的废弃物转变为易于处理的物料；二是能创造有价值的商品即堆肥产品。堆肥的优点主要包括土壤改良、生产可出售的产品、改善粪便处理、提高土地利用、降低污染和卫生风险、杀死病原菌、使用堆肥作垫料替代物、抑制病害以及获得处理或倾倒费。但是不利的方面是，堆肥往往需要时间，也面临众多风险。

物质热解：固体、液体、气体分离

物质热解技术群是城市新陈代谢系统的一个子系统，它所采用的技术主要是热解技术，所处理的物质有园林废弃物、农业废弃物、生活垃圾、橡胶（旧轮胎）等有机物或有机无机复合物，生成的固体物质有木炭、垃圾炭、炭黑，液体物质有木酢液（有机醋酸）、木焦油，气体物质有木煤气、乙烯、烯烃、氢气等。物质热解技术已经成为国际环保界正在推崇的生活垃圾处理技术，我国也有一些科研机构开始进行相应的研究，并取得了一些可喜的成果。

热解是人类很早就熟悉和采用的一种生产过程，如热解木材制木炭，同时得到木精（甲醇）、木醋酸等。在第一次世界大战前，工业上丙酮就是由木材热解所得的木醋酸用石灰中和，再经热解而制得的。最初制得环己酮的方法是热解庚二酸钙。在煤的化学加工中，热解一直是重要的方法。干馏过程除用于煤化工外，还应用于油页岩、木材和农副产品等的加工过程。热解后，原料的成分和聚集状态都将发生变化，产物中固态、气态和液态物质都有。对木材热解可得木炭、木焦油、木煤气；对煤热解，可得焦炭、煤焦油、粗氨水、焦炉煤气。

有工业意义的有机物热解过程很多，常因具体工艺过程而有不同的名称。在隔绝空气下进行的热解反应，称为干馏，如煤干馏、木材干馏；甲烷热解生成炭黑称为热分解；烷基苯或烷基萘热解生成苯或萘常称为热脱烷基；由丙酮制乙烯酮称为丙酮裂解等。烃类的热解过程常区别为热裂化和裂解。前者的温度通常小于 600℃，其目的是由重质油生产轻质油，进而再加工成发动机燃料。后者则温度较高（通常大于 700℃），且物料在反应器中停留时间较短，其目的是获得石油化工的基本原料如乙烯、丙烯、丁二烯、芳烃等。

热解垃圾处理场将主要负责废旧轮胎、塑料、油漆涂料等特殊垃圾的处理。其处理过程是将这些垃圾放置在一个完全密封的炉膛内，并将炉内温度加热至 450℃～750℃。在高温及缺氧情况下，这些垃圾中的有机物将分解成固体垃圾和热气两部分。固体垃圾主要是灰分、矿物质及碳化物。经过冷却清洗，固体垃圾中的各种金属将被分离出来，由此产生的焦炭也可被重复利用。至于热气，其中可凝结部分将被转化为油脂，而剩余热气则将被用于对炉壁进行加热。

物质热解技术群与污水再生技术群、生物堆肥技术群、化学萃取技术群、物理固化技术群、燃烧热解技术群形成“食物链”关系。它所生产的活性炭、园林炭、热解焦油、热解杂物、垃圾炭分别成为其他五个技术群的“原料”。

化学萃取：“地沟油”变成生物燃料

化学萃取技术群主要是对城市代谢过程中的“地沟油”、废机油、废旧塑料等原料进行重新加工，提取出润滑油、生物柴油等产品。目前，国内处理地沟油(废食用油)的方法是采用固定化酶法生产生物柴油，该工艺不仅具有技术创新先进，流程合理可靠，经济环保，节能再生，变废为宝的优势，还具备反应条件温和，对原料无选择性，设备简单，醇用量少，废物零排放等特点。

地沟油，泛指在生活中存在的各类劣质油，如回收的食用油、反复使用的炸油等。地沟油的最大来源为城市大型饭店下水道的隔油池。长期食用可能会引发癌症，对人体的危害极大。地沟油可分为三类：一是狭义的地沟油，即将下水道中的油腻漂浮物或者将宾馆、酒楼的剩饭、剩菜（通称泔水）经过简单加工、提炼出的油；二是劣质猪肉、猪内脏、猪皮加工以及提炼后产出的油；三是用于油炸食品的油使用超过一定次数后，再被重复使用或往其中添加一些新油后重新使用的油。随着废油精炼技术的成熟，把各类废机油、地沟油再生成国标柴油已经不是很大的困难，废机油由于长久使用致使粘度降低，杂质增多，通过高温催化将废机油裂解成柴油重新使用，变废为宝，经济效益可观。

生物柴油作为清洁能源，可代替矿物燃料油，且不含重金属，对于节能减排具有重要意义；生产出来的固废物可以作蛋白饲料添加剂，高温处理过程中产生的沼气可以用来发电，其废水经发酵后转为有机液肥，可以用于蔬菜种植。

化学萃取技术群与生物堆肥技术群、物质热解技术群形成“食物链”关系，生物堆肥技术群将餐厨垃圾中分离出的“地沟油”供给化学萃取技术群作原料，提取生物柴油，同时，还接收物质热解技术群的木焦油进一步加工。除此之外，还将地沟油、废塑料、废机油加工后的沥青输送到燃烧气化技术群、物理固化技术群进行深加工。

燃烧气化：能量物质的再回收

燃烧气化技术群主要处理经过分类分拣后的生活垃圾，所推行的技术有垃圾焚烧和垃圾气化。垃圾焚烧是一种较古老的传统处理垃圾的方法，将垃圾用焚烧法处理后，垃圾能减量化，节省用地，还可消灭各种病原体，将有毒有害物质转化为无害物。现代的垃圾焚烧炉皆配有良好的烟尘净化装置，减轻对大气的污染。但近年来，垃圾焚烧法在国内外已开始进入萎缩期。目前有超过 15 个国家和地区，通过了对焚烧垃圾的部分禁令。

一般炉内温度控制在 980℃左右，焚烧后体积比原来可缩小 50% ~ 80%，分类收集的可燃性垃圾经焚烧处理后甚至可缩小 90%。近年来，将焚烧处理与高温（1650℃ ~ 1800℃）热分解、融熔处理结合，以进一步减小体积。

据多种文献报道，每吨垃圾焚烧后会产生大约 5000 多立方米废气，还会留下原有体积一半左右的灰渣。垃圾焚烧后只是把部分污染物由固态转化成气态，其重量和总体积不仅未缩小，还会增加。焚烧炉尾气中排放的上百种主要污染物，组成极其复杂，其中含有许多温室气体和有毒物。当今最好的焚烧设备，在运转正常的情况下，也会释放出数十种有害物质，仅通过过滤、水洗和吸附法很难全部净化。尤其是二噁英类污染物，属于公认的一级致癌物，即使很微量也能在体内长期蓄积，它对人体的作用至今无法规定出作用阈值。

此外，焚烧法的巨额耗资和对资源的浪费就更不适合我国和众多发展中国家的国情。建设一座大中型焚烧炉动辄要 10 亿元人民币，建成投产后的环保的

处理成本大约需 300 元 / 吨。目前国内一些城市那种几十元焚烧处置一吨生活垃圾的操作方法，是否真是按环保程序处理都是值得怀疑的。环保的焚烧处理方法一般城市是难以承受的。其运行中需要频繁更换过滤吸附材料，也花费大量开支，往往会造成操作随意简化的漏洞。

等离子气化技术已经发展了数十年，这项技术目前广泛运用于各种先进技术加工，如金属精细切割、焊接，甚至运用在军用飞机的隐形上。用这种技术还可以把垃圾中的能量提取出来。这个过程在理论上很简单。当电流穿过封闭容器内的气体（通常是普通空气）时，会产生电弧和超高温等离子体——也就是离子化的气体，温度可达到 7000℃，甚至比太阳表面还热。这个过程如果发生在自然界，就被称为闪电，因此从字面上说，等离子气化其实就是发生在容器中的人工闪电。等离子体的极高温度可以破坏容器中任何垃圾的分子键，从而将有机物转化为合成气（一种一氧化碳和氢气的混合物）。合成气可以用供涡轮机发电，也可以用来生产乙醇、甲醇和生物柴油；熔渣则可以加工成建筑材料。

过去，气化法在成本上还难以跟传统的城市垃圾处理方法相竞争。但逐渐成熟的技术使这种方法的成本不断降低，同时能源的价格也在不断攀升。现在"两条曲线已经相交了——把垃圾送到等离子体处理厂处理变得比堆成垃圾山要便宜了"，美国佐治亚理工学院等离子体研究所所长路易斯·齐尔切奥说。2009 年初夏，美国废物管理公司正在美国的佛罗里达、路易斯安那和加利福尼亚三个州建设大型试验工厂，每个工厂日处理垃圾的能力超过 1000 吨。

燃烧气化技术群的主要产物有电能、燃烧飞灰、烟气余热，电能供给城市使用，燃烧飞灰交给物质固化技术群利用，余热烟气则用于城市供热。

物理固化：钝化、封闭、稳定

物质固化技术群主要对无机垃圾进行加工利用。无机垃圾中，建筑垃圾、垃圾焚烧飞灰、燃煤热电厂烟气回收物是最主要的组成部分。对无机垃圾的加工处理主要是水泥固化法，利用水泥的凝固作用，将无机废物加工成新的建筑材料用于道路、住宅、地铁、城市基础设施方面。由于水泥的稳定性很好，不会发生危害环境方面的问题，因此物理固化技术是无机垃圾最适宜的处理方式。

建筑垃圾对我们的生活环境具有广泛的侵蚀作用，对于建筑垃圾如果实行长期不管的态度，那么对于城市环境卫生，居住生活条件，土地质量评估等都有恶劣影响。大量的土地堆放建筑垃圾后，会降低土壤的质量，降低土壤的生产能力；建筑垃圾堆放于空气中，影响空气质量，一些粉尘颗粒会悬浮于空气中，有害人体健康；建筑垃圾在长期的堆积过程中有害物质渗入到地下水域，污染水环境；如果建筑垃圾在城市中堆放的话，对城市环境，美观度都不利。

建筑垃圾中的许多废弃物经分拣、剔除或粉碎后，大多是可以作为再生资源重新利用的。利用废弃建筑混凝土和废弃砖石生产粗细骨料，可用于生产相应强度等级的混凝土、砂浆或制备诸如砌块、墙板、地砖等建材制品。粗细骨料添加固化类材料后，也可用于公路路面基层。利用废砖瓦生产骨料，可用于生产再生砖、砌块、墙板、地砖等建材制品。渣土可用于筑路施工、桩基填料、地基基础等。对于废弃木材类建筑垃圾，尚未明显破坏的木材可以直接再用于重建建筑，破损严重的木质构件可作为木质再生板材的原材料或造纸等。废弃路面沥青混合料可按适当比例直接用于再生沥青混凝土。废弃道路混凝土可加工成再生骨料用于配制再生混凝土。废钢材、废钢筋及其他废金属材料可直接再利用或回炉加工。废玻璃、废塑料、废陶瓷等建筑垃圾视情况区别利用。废旧砖瓦为烧粘土类材料，经破碎碾磨成粉体材料时，具有火山灰活性，可以作为混凝土掺合料使用，替代粉煤灰、矿渣粉、石粉等。

“组合拳”威力巨大

尽管各个技术群落在处理某一类废水、废渣中技术作用很强，但是这些技术群落的作用还可以得到更大的发挥。这些技术群落之间还可以利用各自的先进适用技术开展协作、打造出一套组合拳，这些组合技术必将发挥出巨大的威力。在循环经济思想的基础上，我们结合中华文化的“天人合一”思想，在系统实践的基础上提出了城市新陈代谢系统建设的“5 条运行铁律”：

（1）“螳螂捕蝉”原则。

“螳螂捕蝉，黄雀在后”这个成语出自刘向的《说苑·正谏》。主要意思是：螳螂想要捕捉蝉，却不知道黄雀在它后面正要吃它。今指人只顾追求眼前的利益，而不顾身后隐藏的祸患。从生态学的角度看：蝉、螳螂、黄雀、人构成了一个“食物链”。从循环经济的角度来说，有些废弃物不可能一次代谢完毕，可以设计出一个人工的食物链，用不同的技术手段实现城市废物的逐级代谢，梯次利用，进而使资源形成较高程度的综合利用和能源利用。城市废弃物资源化有两种：一是

原级资源化，即将消费者遗弃的废弃物资源化后形成与原来相同的新产品。例如，将废纸生产出再生纸，废玻璃生产玻璃，废钢铁生产钢铁等。二是次级资源化，即废弃物变成与原来不同类型的新产品。原级资源化利用再生资源比例高，而次级资源化利用再生资源比例低。

（2）“同流合污”原则。

“同流合污”：同，一起。流，流俗。合，全。污，不好的。思想、言行与恶劣的风气、污浊的世道相合。多指跟着坏人一起做坏事。在城市新陈代谢系统中，活性污泥、餐厨垃圾、渗滤液污泥、粪泥的性质相近，都可以采用生物堆肥技术，把这些废弃物原料按照不同的比例配料、堆肥，可以使产品质量稳定，降低运行成本，提升系统的运行效率。

（3）“吃干榨尽”原则。

“吃干榨尽”是指提高资源利用率，实现“零排放”。例如“秸秆、动物粪便（填料）大型沼气站－沼气利用（生活燃料）－沼渣沼液利用（温室大棚、生物肥）－绿色农产品生产（粮、菜、林、果、鱼）”模式：主要采用“大型沼气站秸秆循环利用技术”，以秸秆和动物粪便为填料投入大型沼气站发酵处理，产生的沼气供应职工家庭、食堂、发电、猪场加温、大棚沼气灯加温，沼渣、沼液等生物肥施用到粮食基地、蔬菜基地、苗木基地、果树基地和水产基地。

（4）“以毒攻毒”原则。

“以毒攻毒”出自《辍耕录》，本是医学用语，指用有毒的药物来治疗毒疮等因毒而起的疾病，后用于实际生活，指利用某一种有坏处的事物来抵制另一种有坏处的事物。城市新陈代谢系统中，有些污染物或废弃物在正常情况是无法利用的，但是，其含有的污染成分恰好可以解决另外一种污染物的问题。例如，垃圾炭中含有比较多的重金属，但是用它来吸附、过滤臭气却很有效。

（5）“煮豆燃萁”原则。

“煮豆燃萁”：豆，大豆；萁，豆秸。本意：制作豆腐时，用豆秸烧火煮豆汁。该成语比喻兄弟间自相残杀。循环经济学的解释是：加工生产一种产品时，用副产品作为加工的能源，可以减少资源浪费，提高经济效益。在城市新陈代谢系统中，生活垃圾和园林废弃物进行热解时需要外加能源，而热解后会有可燃气体产生。先期热解垃圾的可燃气体可为后批次的垃圾热解提供能源。如果在垃圾填埋场建设陈化垃圾热解项目，就可以利用垃圾填埋场的甲烷气体来引燃热解炉，然后再利用垃圾热解时产生的可燃气体作为能源来处理后续的垃圾。

15 第十五章 创新：就是要化腐朽为神奇

工业化生产方式单纯依赖扩大资源投入实现增长，历史和现实都表明，这种长期占据经济发展主导地位的线性增长模式必须进行变革，必然被循环经济发展模式所代替。

循环经济，即物质闭环流动型经济，是指在人、自然资源和科学技术的大系统内，在资源投入、企业生产、产品消费及其废弃的全过程中，把传统的依赖资源消耗的线性增长的经济，转变为依靠生态型资源循环来发展的经济。

城市生态系统中的大量有机废弃物，一直以来是农田生态系统对城市的单方面“奉献”。作为植物营养物质，应该将这些城市新陈代谢废弃物返还给农田生态系统，补偿土地的营养流失。由于这些城市废弃物在消费过程中混入了一定量的重金属、有害细菌、病毒等有害成分，其利用价值受到影响。

对于生活垃圾、活性污泥、人畜粪便、垃圾渗滤液、渗滤污泥、园林绿化废弃物等城市新陈代谢废弃物的资源化利用，必须解决三个问题：有害病菌消除、重金属惰化、规模化利用。园林泥炭、盐碱地改良剂、复合型融雪剂、有机肥料等就是对城市新陈代谢废弃物的创新性利用，实现了化腐朽为神奇。

创新，要遵循“5R理念”

城市新陈代谢系统所遵循的“循环代谢”理念，是现代循环经济的核心价值。城市是人类社会的重要载体，城市经济体系是社会经济体系最重要的组成部分，而循环经济是资源、环

境约束条件下诞生的新经济理论，因此在进行城市新陈代谢体系的功能设计和关键技术选择时，一定要遵循循环经济的“5R 理念”。

循环经济，即物质闭环流动型经济，是指在人、自然资源和科学技术的大系统内，在资源投入、企业生产、产品消费及其废弃的全过程中，把传统的依赖资源消耗的线性增长的经济，转变为依靠生态型资源循环来发展的经济。循环经济是以资源的高效利用和循环利用为目标，以“减量化、再利用、资源化”为原则，以物质闭路循环和能量梯次使用为特征，按照自然生态系统物质循环和能量流动方式运行的经济模式。它要求运用生态学规律来指导人类社会的经济活动，其目的是通过资源高效和循环利用，实现污染的低排放甚至零排放，保护环境，实现社会、经济与环境的可持续发展。

2005 年 3 月，在阿拉伯联合酋长国首都阿布扎比举行的“思想者论坛”大会上，我国著名学者吴季松教授参与了国际循环经济理念从 3R 向 5R 转变的讨论，会上提出了 5R 循环经济的新经济思想，并得到一致认同，循环经济的发展从此有了新的指导原则。5R 理念主要包括：

再思考（Rethink）：新经济理论的重点是不仅研究资本循环、劳力循环，也要研究资源循环，生产的目的除了创造社会新财富以外，还要保护被破坏的最重要的社会财富，维系生态系统，充分挖掘资源节约的潜力。

减量化（Reduce）：除了原有的改变旧生产方式、最大限度地提高资源利用效率，减少工程和企业土地、能源、水和材料投入的概念外，还延伸到减少第二产业的城市化集中，在提高人类的生活水准中合理地减少物质需求。

再使用（Reuse）：除了原有的尽量延长产品寿命、做到一物多用、尽可能利用可再生资源、减少废物排放的概念外；还延伸到企业和工程充分利用可再生资源的领域。如尽可能利用地表水、太阳能和风能等。

再循环（Recycle）：除了原有的企业生产废物利用，形成资源循环外；还延伸到经济体系由生产粗放的开链变为集约的闭环，形成循环经济的技术体系与产业体系。如土地复垦、中水回用和余热利用等。

再修复（Repair）：自然生态系统是社会财富的基础，是第二财富。不断地修复被人类活动破坏的生态系统与自然和谐也是创造财富。科技园区是 21 世纪的新工厂，不仅要减少排污，逐步接近零排放，而且要承担修复周边生态系统的任务，创造第二财富。如建设生态科技园区和循环经济城市等。

城市新陈代谢系统所采用的关键技术，还要满足下面的条件：一是要有较高的资源化处理率，尽量减少次级废弃物；二是处理技术和处理系统本身要实

现清洁生产，绿色生产，达到生产过程的环保；三是经过处理过的废弃物要能够在自身的技术群落和相关的技术群落进行互联互通，实现资源的多级利用和能量梯次使用；四是能够实现规模化和社会化运行，降低生产和运行成本；五是尽可能少用、不用良好原料和新辅料来处理这些废弃物；六是尽可能采用可再生能源，也就是废弃物中产生的能量，如沼气、生物质能、垃圾焚烧余热等。

园林泥炭，化作春泥更护花

园林废弃物是指园林植物自然凋落或人工修剪所产生的植物残体，主要包括城市绿化美化和郊区林业抚育、果树修剪作业过程中产生的树木枝干、落叶、草屑、花败、灌木剪枝及其他修剪物。

随着生态建设和城乡绿化的不断加强，园林绿化废弃物急剧增多。由于经济、技术和认识水平等原因，园林废弃物在中国城市始终没得到很好的开发和利用，大部分进入环卫系统随生活垃圾填埋，每年因此产生大笔的垃圾清运费和填埋费。从发达国家的经验看，园林废弃物禁止焚烧或填埋已是大势所趋，资源化利用是解决这一问题的唯一途径。

城市的土壤由于在漫长的形成期中，受自然因素和人文因素的影响，土壤呈偏碱性，粘结度高，有机质含量低，营养成分缺乏，不适宜种植绿化，由此导致城市绿化生态和景观效果不佳，这一问题已经引起了人们的关注。

为了解决绿化建设用土问题，北京市曾大量使用外省市泥碳。泥炭腐殖质是指在某些河湖沉积低平原及山间谷地中，由于长期积水，水生植被茂密，在缺氧情况下，大量分解不充分的植物残体积累并形成泥炭层的土壤。泥炭具有独特优越的物理性质、化学性质和生物性质，如质轻、持水、透气和富含有机质等。为了保护湿地生态系统，全国各主要泥炭产地已经开始限制泥炭开采。

日前，一项用园林废弃物生产泥炭的技术获得成功。通过园林废弃物的堆肥处理，可将园林有机碳物质降解转化为有机营养物或腐殖质，使其具有提高土壤肥力、促进植物生长、改善土壤物理结构等功能，降低城市绿地维护成本并带动循环经济发展。这种技术所使用的原料全部来源于城市园林绿化生产过程中产生的废弃物；这些园林废弃物通过物理、化学、生物的手段可以实现有效的预处理；经过预处理的原料在合理配比的条件下能够得到有效的利用；这些合理配比的原料在特定工艺条件的控制下能够得到有效的加工；用园林废弃

物生产出的泥炭产品可以达到天然泥炭的标准。

用园林废弃物加工的泥炭物理性稳定，外观呈纤维状，颜色为褐色，有机质含量高，纤维好，透气性好，质地疏松柔软，不黏不重，pH 值呈微酸性，杂质少不含泥土，氮、磷、钾和其他微量元素丰富。

“残羹冷炙”培育“有机果蔬”

餐厨垃圾是由米、面、果蔬、动植物油、肉、骨及废餐具、纸巾、塑料等组成的混合物，但其主要成分为淀粉、蛋白质、脂类、纤维素和无机盐。

餐厨垃圾有机物含量极高，在去除动物骨头、餐巾纸、筷子等少量杂质之后，挥发性固体与总固体含量的比值（VS/TS）达到 90% 以上，其中粗脂肪 21% ~ 33%，粗蛋白 11% ~ 28%，粗纤维 2% ~ 4%，餐厨垃圾中还富含氮、磷、钾、钙、钠、镁、铁等微量元素，具有很高的再利用价值。餐厨垃圾营养成分丰富，配比均衡，是十分理想的厌氧发酵底物。

餐厨垃圾堆肥技术相对成熟且安全，采用高温嗜热菌微生物进行发酵，温度高，发酵速度快，对餐厨垃圾这种富含大量有机物的垃圾具有良好的处理效果。高温好氧堆肥技术能在较短的发酵周期内完成物料熟化并能杀灭病菌。

日前，一项利用餐厨垃圾制取有机肥料的技术获得突破。这项资源型有机垃圾生化处理技术，主要处理餐厨垃圾和城市粪便，所需要的填料主要有花生壳、蘑菇渣等，以及经国家权威机构安全认证的天然复合微生物酵母菌种。上述主辅料经合理配比后，经过 12 小时左右高温好氧发酵，产出物为高能量、高蛋白、高活性的微生物菌群，可作为生产微生物菌肥的原料，快速实现餐厨垃圾“无害化、资源化、减量化”。

该技术的主要特点：一是采用高温复合微生物菌扩培技术，无害化处理率 100%，资源化率 95% 以上。二是处理时间短，单班次处理时间 12 小时左右。三是无污染，处理过程均在中央控制室内完成，彻底消除了味觉污染和视觉污染，噪声、残留物、废水、废气排放均符合环境标准要求。四是占地面积小，相对堆肥等处理工艺节省占地面积大约 70%。五是能耗低，本技术的关键是将稻壳、园林废弃物进行热解，热解产物分别有木炭、木酢液、木煤气。木炭经粉碎后与花生壳粉、蘑菇渣混合作为填料调节水分，并可以作为微生物的增殖空间；木酢液可以用作除臭剂和有机营养剂，起到除臭和促进微生物生长的营养剂；

而木煤气经过纯化后可以用于有机肥料的干燥能源，从而实现了综合利用。

经过上述技术加工的有机肥料有如下特点：有机成分含量高，作物吸收性好；盐类和重金属已经钝化，农作物难以吸收；氮、磷、钾等成分齐全，营养价值高；再生产品符合农业部各项市场准入标准，对农业产业升级具有广泛的市场价值。施入土壤后，还能够对土壤中的重金属进行固化，有利于加快有机类农药的分解，减轻农作物的药物残留，逐步改进作物的生存环境。

城市粪便：固液分离，分别处理

一种城市粪便集中处理技术获得大规模推广。该技术从消除城市粪便无序排放、防止污染水体及周边环境、防止传播病源和危害人（畜）类健康的角度出发，本着经济实用和充分利用已有市政设施资源、投资小、效果佳的原则进行工程设计，对城市粪便采用了固液分离加絮凝脱水工艺处理后，再排到城市污水处理厂中进行进一步处理的方案。

其工程技术方案是：采用“固液分离 + 絮凝脱水 + 堆肥 + 粪水净化 + 整体除臭”的工艺技术及设备，粪渣处理后产出有机肥，粪水达标后再排放。来自公厕和化粪池的粪便，使用罐装运粪车运至粪便处理厂。采用密闭对接的方式卸粪，减少卸粪过程中的空气污染。粪便处理固液分离设备将粪便杂物中粒径为 10 毫米以上的固体物去除，经处理后的滤液中固型物含量低于 5%，COD 浓度去除率约为 20% 左右。分离出的固体物含水率在 55% ~ 70% 之间。固液分离设备对粪便中垃圾的分离率达 95% 以上，出渣含固率达 35% 以上。

粪便处理厂配置有除臭系统，用以去除处理过程中产生的臭气。生产过程中，所有臭源采取密闭或半密闭措施，并对臭气产生点进行排风，然后将臭气引入处理设备净化后经烟囱排放到大气中。整套工艺均采用生物滤床与植物液雾化结合的除臭技术进行综合除臭，消除粪便处理过程中臭气对大气的二次污染。

目前在北京采用此工艺已建成 10 余座粪便处理站，在全国也建成 50 余座粪便处理站。其中主要设备为固液分离机和 GLT 污泥脱水机。此产品集分离、筛滤、传输、压榨脱水等功能为一体。特点是全封闭、故障率极低、易安装、少维护、无振动、无噪声、使用寿命长、占地小、处理能力大、操作简便。设备由不锈钢材料制成，并经过酸钝化处理，耐腐蚀性极强。

污泥炭砖，让河道清澈见底

一种用活性污泥与园林废弃物制造污泥炭砖的技术获得成功。这种技术所使用的原料全部来源于城市污水处理过程中产生的活性污泥和城市园林绿化生产过程中产生的废弃物；园林废弃物中的剪枝、削片通过热能量转化手段可以变成木炭粉，实现有效的预处理；然后与活性污泥进行混合加工，生产出具有活性炭性质的污泥炭砖。

园林废弃物中的剪枝、削片是很好的生物质能源，在进行热解处理时，还产生三类物质：木炭、木酢液、木煤气和余热。木炭经过粉碎后可与活性污泥混合配料作为污泥炭砖的原料；木酢液可以返回到园林绿化行业用于草地、灌木、鲜花、绿植的营养剂，促进园林绿化植物的生长；木煤气经过净化被用作污泥炭砖热解炭化过程的热能，提供给热解窑炉；生产余热可用于污泥炭砖的干燥脱水环节，避免了能源的浪费。

园林废弃物中的木质素是优质的碳源，可以加工成优质的活性炭。而活性污泥中的有机物含量高，含碳量也比较高。两种原料的结合，使最终产品——污泥炭砖具有优良的活性炭性质，将其用于河道污水处理，有助于城市水泥硬化河道内的微生物增殖，使河道的净水能力进一步增强。

这项技术利用活性淤泥和园林废弃物生产节能新型污泥炭砖，不仅技术上可行，而且还不产生二次污染，具有良好的经济效益和社会效益，比被焚烧等处理办法处理淤泥投资少、污染小、效益好，是城市水处理后淤泥综合利用的有效途径，而且在城市河道里使用还有助于整个城市环境的改善。

热解，城市生活垃圾处理的新技术

城市中的新鲜生活垃圾主要成分包括：菜叶、果皮、茶根等构成的厨余垃圾，卫生纸、卫生巾构成的卫浴垃圾，烟蒂、烟灰、瓜子皮、废纸构成的杂物垃圾等三部分组成，由于当前城市垃圾分类方面存在的问题，这些垃圾被混合在一起装入塑料袋里一起倒入垃圾桶中。这些垃圾如果只简单焚烧，不仅因为含水量高需要消耗大量能源，还会产生二噁英等致癌物。而采用以热解为主，综合

利用的方法则可以很好地进行处理，并且实现资源化利用。

这项技术的主要方法是：①新鲜生活垃圾含水量比较高，要经过破碎和挤压脱水处理，挤压脱水可以得到一部分新鲜渗滤液，这部分垃圾渗滤液有害的重金属含量低，可以制成肥料；②把经初步分选、破碎后的城市生活垃圾，经由加料器送入抽屉式热解炉内，发生快速热解反应，热解温度为390℃～420℃，热解产物依次经旋风除尘、换热降温和过滤除尘后，得到粉末状热解残炭和热解气；③将旋风分离器和过滤式除尘器收集的粉末状热解残炭送入炭活化反应器中以制备活性炭；热解气经过冷凝处理后分为不凝的热解气体、热解液体；其中，热解气体经高温防腐风机增压后进入洗涤塔，在塔内HCL被吸收制备成盐酸；剩余的热解液体多为有机成分的木酢液，导入蒸馏器，用热解气体为蒸馏器的能源，将热解液体蒸馏，得到精制木酢液；④将盐酸制成氯化锌，用于活性炭制备；⑤经过热解得到的炭粉经过粉碎处理，送入活化炉，加入氯化锌活化后，制成活性炭，用于污水处理等环保业务。

这项技术通过分离、热解、堆肥等技术将新鲜生活垃圾制成有机肥料、木酢液、盐酸、氯化锌、活性炭等终端产品；在热解过程中产生的热解气体则不断用于后续处理的能源；整个技术过程里盐酸、氯化锌、热解气体为中间产物，在本技术体系内被充分利用，并有一部分可以进入体系外的市场；有机肥料、木酢液、活性炭则面向农业、环保市场。

污泥炭土：变泥为土，回馈大地

污泥是污水处理厂在污水净化处理过程中产生的含水率不同的废弃物，它是污水处理厂的附属产物。近年来，北京市城乡污水处理量大幅增加，污水处理厂产生的污泥也随之增长。由于全市污泥无害化处理和循环利用设施严重不足，致使大量污泥简单堆置于废弃沙坑和沙荒地，易对环境造成二次污染，社会反响强烈。污水处理和污泥处理是解决城市水污染问题同等重要而又紧密关联的两个系统，解决不好污泥的问题就不可能从根本上实现水环境的改善。

我国是一个以农业为主的发展中大国，农业、林业生产还需要大量的肥料和有机质。城市生活污泥中含有大量的氮、磷、钾元素，是一种优异的堆肥原料。如果将污泥进行相应的处理，通过堆肥方式生产土壤改良剂，将为农业、林业提供大量的营养物质，不仅能解决城市的污染问题，也可以节省大量的化肥投入，

改良土壤，优化土壤结构，促进农、林业的发展。

污泥堆肥需要解决的主要问题有：污泥的细菌总数、大肠杆菌、蛔虫卵含量比较高，并且含有一定数量的重金属离子、有毒有害有机污染物及氮磷等元素，这些物质进入土壤，会产生新的污染源，并随降水不断迁移、积累，对当地土壤、地表水、地下水及农作物等将产生严重安全影响，存在污染环境及威胁食物安全的风险。此外，还有臭气、周转场地、干燥能源等问题需要解决。

一种新的污泥、园林废弃物堆制有机肥技术获得成功，为我国的污泥产业化开辟了一条崭新的道路。该技术处理的原料包括污水处理厂产生的活性污泥、垃圾渗滤液处理产生的渗滤污泥、粪便消纳站产生的絮凝粪泥。辅助原料有园林废弃物、稻壳、花生壳、蘑菇渣等。

该技术与其他堆肥技术的显著不同之处是：先将园林废弃物进行分类处理，树木剪枝粉碎成标准规格，与稻壳混合，进行热解，得到热解产物：木炭、木酢液、木煤气；将木炭粉碎成粉末，将木酢液提纯，将木煤气洗涤纯化待用。随后，将活性污泥与各种填料按照一定比例进行混合配料，将上面准备的各种物料，利用混料机、铲车，将鲜污泥、调理剂、炭粉混合均匀，均匀平铺在堆肥槽内；对堆体实施旋耕翻起并沿旋转方向向后抛散，使物料在运动过程中与空气充分接触，同时加热喷头为物料充分发酵补充所需氧气，物料旋翻时，可加速发酵热量蒸发的水分快速挥发，翻堆的过程只是将堆肥物料向后甩，旋翻疏松完成。

在好氧堆肥过程中有臭气产生，主要是氨、硫化氢、胺类等，废气必须进行除臭处理后才能排放；由排气管道和引风机构成的除臭装置，在车间内四周下方的管道上设有密集孔构成的进气口，车间外上方设置排气口，并在车间内上方设置进气口，管道与设在车间外面的引风机连通；管道在车间外的排气孔通入除臭室，在该除臭室的上部设有木酢液除臭剂雾化喷淋装置。

这项技术把园林废弃物作为碳源和能源进行利用，解决了堆肥过程中产生的臭气问题，用热解木煤气烘干污泥可以加快生产周期；用热解炭作为吸附剂不仅使臭气降低，还可以把污泥中的重金属吸附在炭孔内部，减少了重金属对农作物的危害；热解产生的木酢液还可以用于除臭和有机农产品生产。

“渗滤液”变成“腐殖肥”

新鲜垃圾渗滤液包括：在生活垃圾转运站进行压缩处理过程产生的渗滤液，

在垃圾焚烧发电厂控水过程产生的渗滤液。这种渗滤液与垃圾填埋场产生的渗滤液的不同之处在于，产生时间短、发酵程度低、重金属含量少、盐分含量低，适合加工成腐殖肥料。

该技术使用的辅助材料有园林废弃物。园林废弃物首先要进行分类，分成草屑和枝干、干落叶两部分。草屑要进行粉碎处理。枝干、干落叶粉碎后，送入热解装置进行干馏。干馏产物主要有木炭粉、木酢液、木煤气三种。木炭粉经过进一步粉碎，变成木炭粉末。木酢液经过处理可配制成除臭剂。木煤气经过淋洗后变成洁净能源，用于肥料的干燥。

将木炭粉按照一定比例投入到渗滤液池内，进行搅拌，使渗滤液中的有机物吸附在木炭粉上。由于木炭粉中含有大量的孔洞，因此成为微生物繁殖的最佳场所，同时投入的变异菌和酶制剂被固定在木炭粉上，启动曝气系统，使好氧菌大量增殖，消化污水中的有机物。经过曝气处理后的渗滤液被导入离心机，进行脱水处理，脱去污泥的污水需要经过用木炭粉作为过滤介质的过滤槽，然后经过特种集成膜分离设备达标排放或回用。

脱水后的渗滤污泥与草屑粉混合调质，将水分控制在 60% 左右，送入堆肥槽进行好氧发酵。发酵完成后，通过翻堆干燥机向堆肥槽通入热风，同时翻堆，使污泥水分蒸发，当水分降至 35%，即可进行筛分、包装出厂。这种肥料有机质含量高、营养成分丰富，是城市有机农业的好肥料。

从“医疗垃圾”到复合型“融雪剂”

医疗垃圾是指接触过病人血液、肉体等，由医院产生的污染性垃圾。如使用过的棉球、沙布、胶布、废水、一次性医疗器具、术后的废弃品、过期的药品等等。由于医疗垃圾具有空间污染、急性传染、潜伏性污染等特征，其病毒病菌的危害性是普通生活垃圾的几十、几百甚至上千倍，如果处理不当，将造成对环境的严重污染，也可能成为疫病流行的源头。根据研究，医疗垃圾中占总重量 92% 的组分为可燃性成分，不可燃成分仅为 8%，在一定温度和充足的氧气条件下，可以完全燃烧成灰烬。

抽屉热解炉热解法是利用垃圾中有机物的热不稳定性，将医疗垃圾中有机成分在无氧或贫氧的条件下高温加热，用热能使化合物的化合键断裂，使大分子量的有机物转变为可燃性气体、液体燃料和焦炭的过程。这种处理技术与焚

烧法相比温度较低，无明火燃烧过程，重金属等大都保持在残渣之中，可回收大量的热能，较好地解决了医疗垃圾焚烧处理技术的最大难题。病原微生物和有害物质在热解过程中也因高温而被有效破坏，还能有效实现减容和减重。

这项技术主要是在第一段将医疗垃圾热解，第二段将热解产生的含氯可燃气进行洗涤。洗涤后的可燃气体则回流，用作热解的能源。由于一次性医疗器具多为合成塑料材料制造，热解时会产生含氯烟气，将这些气体洗涤后会产生盐酸、醋酸、丙酸等混合型酸性液体，通过加入碳酸钙进行中和，不仅可以消除酸性污染，还可以合成氯化钙、醋酸钙、丙酸钙等盐类物质，而这种混合性盐类物质具有良好的融雪性能，与单纯氯化钙相比，对城市道路、园林绿化的危害更小。由于热解是在 400℃ ~ 500℃的条件下进行，不会产生二噁英等强致癌物质，符合国家相关标准要求。

抽屉热解炉热解技术是具有中国自主知识产权的医疗垃圾处理新技术，可以将医疗垃圾进行无害化、资源化的处理，并利用热解过程产生的氯化氢和木酢液合成新型环保性融雪剂，为医疗垃圾的资源化开辟了一条环保化的新路径。同时，新型复合型融雪剂的研制成功还达到了“化害为利”这一环境保护与循环经济的最高境界。

等离子体技术，消灭二噁英

二噁英，又称二氧杂芑，是一种无色无味、毒性严重的脂溶性物质。二噁英的毒性十分大，是氰化物的 130 倍、砒霜的 900 倍，有“世纪之毒”之称。国际癌症研究中心已将其列为人类一级致癌物。大气环境中的二噁英 90% 来源于城市和工业垃圾焚烧。

垃圾焚烧法已成为城市垃圾处理的主要方法之一。现代的垃圾焚烧炉皆配有良好的烟尘净化装置，减轻对大气的污染。焚烧烟气进人袋式除尘器，绝大部分烟尘都能被收集下来。为了提高除尘效果，须向烟气中加活性炭，以吸附烟气中的二噁英和气态汞等重金属。袋式除尘器中的粉尘包括了大量的活性炭、气态汞、二噁英，是毒性最强的污染物质。

等离子体是物质存在的第四态，是由电子、离子、原子、分子或自由基等粒子组合成的电中性集合体，是部分或全部电离的气体。等离子体中的离子、电子、激发态原子、分子及自由基都是极活泼的反应性物质，使通常条件下难以进行或速度很慢的反应变得十分迅速。等离子体高温焚烧熔融处理技术是近十多年发展起来的一项新技术，因等离子体弧温度极高、能量集中的特性，对污染物有很高的处理效率，尤其适合难处理的污物和有特殊要求的污染物。

当高温高压的等离子体去冲击被处理的对象时，被处理物的分子、原子将会重新组合而生成新的物质，从而使有害物质变为无害物质，甚至能变为可再利用的资源。因此等离子体废物处理是一个废料分解和再重组过程，它可将有毒有害的有机、无机废物转成有价值的产品。由于等离子体在处理废物时温度高，不易形成致癌物质，所以可以达到“零排放”。

当含有二噁英的活性炭粉被送入等离子热解炉后，在极高温度的等离子火炬里，所有的有机物都被分解成氢气及一氧化碳，这些气体可通过一个附属设备提取变成燃料。用这种燃料可以直接推动燃气轮机发电，为城市提供电能。

垃圾填埋场，城市未来的矿藏

垃圾填埋是我国目前大多数城市解决生活垃圾出路的最主要方法，全国85%的城市生活垃圾采用填埋处理。利用坑洼地带填埋城市垃圾，既可处置废物，又可覆土造地，保护环境。虽然城市垃圾填埋投资稍少、工艺简单、处理量大，并较好地实现了地表的无害化，但填埋的垃圾并没有进行无害化处理，残留着大量的细菌、病毒；还潜伏着沼气、重金属污染等隐患；垃圾渗滤液还会长久地污染地下水资源，潜在着极大危害，会给子孙后代带来无穷的后患。这种方法不仅没有实现垃圾的资源化处理，而且还占用大量土地，是把污染源留存给子孙后代的危险做法。最关键的是填埋厂处理能力有限，服务期满后仍需投资建设新的填埋场，进一步占用土地资源。目前许多发达国家明令禁止填埋垃圾。

我国城市生活垃圾的主要组分可分为三大类：可腐有机物（以厨余为主）、可燃有机物（塑料、废纸、橡胶、皮革、竹木、布类等）、无机物（煤渣、砖瓦、地灰、玻璃、金属等）。北京市填埋垃圾中可腐有机物占的比例最高，超过50%。可燃有机物的比例在20% ～ 40%之间，无机物的比例通常低于20%，含水率在40% ～ 60%之间，低位热值在4000 ～ 6000千焦 / 千克范围内。

一种陈化垃圾场的资源开发技术已经试验成功，其主要方法是：选择已经达到使用期限的垃圾填埋场，按照采矿方式进行资源性开发。其技术原理是：将陈化生活垃圾作为原料，通过热解工艺，生产出垃圾生物质气体、垃圾热解

液、垃圾碳、垃圾热解油。生物质气体用于垃圾热解的能源，垃圾热解液经过蒸馏变成无毒无害的农业液体肥料，垃圾热解油作为生物柴油的原料进一步加工，垃圾炭与热解焦油混合用于后续原料的热解、蒸馏用能源。用该技术开发陈化垃圾场最终可获得园林土壤改良剂、生物柴油、盐酸、土壤调节剂、复合融雪剂、农业用液体肥料等多种终端产品。

技术选择，要适应当地的实际情况

城市新陈代谢系统内可应用的技术当然不止上面的10项，还有很多新技术、新发明可以选择应用。例如：生活垃圾等离子处理技术、建筑垃圾再制造生产复合建材技术、地沟油生产生物采油技术、废旧塑料裂解生产汽油技术、废旧轮胎再制造复合建材技术等。

此外，中国专利信息中心的数据库中储存了大量的环保技术信息，很多技术具有独创性、可操作性。国家环境保护部发布了《2012年国家先进污染防治示范技术名录》和《2012年国家鼓励发展的环境保护技术目录》。《示范名录》所列的新技术、新工艺在技术方法上具有创新性，技术指标具有先进性，已基本达到实际工程应用水平，国家鼓励进行工程示范。《鼓励目录》所列的技术是已经工程实践证明的成熟技术，国家鼓励在污染治理工程中推广。同时，西方发达国家实现工业化的时间比较早，环境保护方面也积累了丰富的经验，这些经验和成熟技术也要“拿来”为我所用。

城市新陈代谢系统的关键技术选择要与当地的气候条件、城市人口结构、年龄结构相适应，还要根据城市的垃圾分类状况、城市废弃物的组分、结构来进行技术搭配。对于人口达到百万以上规模的城市，选用上述技术是合适的；如果达不到百万人口的规模，则可以选择其中的若干关键技术，配套选择一些小型化的实用技术，进行技术组合，也可以实现城市新陈代谢系统的技术优化。

城市的发展阶段，建设的项目多，建筑垃圾、装修垃圾比较多，垃圾中的无机成分比较多，经过简单分离后，大部分的建筑垃圾可以填埋处理。城市进入成熟期后，入住的人口数量比较稳定，生活垃圾的产生数量也相对稳定，对生活垃圾的处理量就要提高。当城市中高龄人口增加，进入老龄化时代，生活垃圾的分类水平也相对提高，需要焚烧的垃圾量也会下降。在北上广这样的一线城市，医疗资源丰富，来此治疗疾病的人比较多，医疗垃圾的产生量也会比较大。南方城市的园林绿化水平比较高，园林废弃物也相应比较多，热解、堆肥的填料也会比较多；垃圾场产生的垃圾渗滤液也会很多。西部城市的降水量比较小，太阳能、风能资源丰富，在进行污泥、粪便堆肥时可以选用太阳能、风能作干燥能源。东部城市的降水量丰富，地表植被比较好，园林废弃物资源丰富，在进行污泥、粪便堆肥时可以较多地使用生物质能源。

城市新陈代谢系统所加工利用的资源很多，产品也很丰富。比较大量的产品有污泥活性有机肥、人工复合泥炭、活性炭、盐酸、复合型融雪剂、花卉营养土、腐殖肥料、农用木酢液、复合型除臭剂、植物营养液、叶面肥料、金属非金属复合建筑构件等，还有再生塑料、再生包装材料、再生橡胶制品、废钢铁、稀有金属原料、废旧有色金属、石膏板、玻璃复合保温材料等上百种新型产品，用途也各具特色，市场前景非常好。

根据上面的分析，在设计城市新陈代系统的结构和功能时，一定要把城市新陈代谢基本理论与当地实际情况结合起来，事实求是地选择适用技术，避免技术的过分超前和华而不实。同时，还要根据当地的产业结构、城市的辐射地域、城市的空间布局来设计新陈代谢系统的功能，确保生产出来的新生资源能够被当地完整而有效地利用，从而避免资源的再次浪费。

16 第十六章 自然资源再生产应成为国家战略

人口、资源、环境、发展是当今世界人类关注的主要问题。而资源与环境，是人类生存和发展的基本条件。以最低的环境代价确保经济持续增长，同时还能使自然资源可持续利用，已成为全球经济社会面临的一大难题。人们已经逐渐认识到资源与经济协调发展的重要性，加强自然资源的社会再生产，扩大自然资源再生产的总量已经迫在眉睫。城市环境危机是工业化发展浪费资源的必然结果，自然资源再生产则是化“危”为“机”的突破口。

一、人类对自然资源的消耗模式，经历了无价值表现，价值表现模糊，有价值表现三个阶段，现在到了必须扩大自然资源再生产的历史阶段

自然资源是指具有社会有效性和相对稀缺性的自然物质或自然环境的总称。联合国环境规划署（UNEP）将资源这样定义：“所谓自然资源，是指在一定时间、地点的条件下能够产生经济价值的、以提高人类当前和将来福利的自然环境因素和条件的总称”。包括土地、水、大气、岩石、矿物以及森林、草地、矿产和海洋，以及太阳能、生态系统的环境机能，地球物理化学的循环机能等。在社会发展的不同历史时期，人类对自然资源认识不同，开发利用的强度和范围也有明显的不同。人类社会对自然环境的影响大体分为三个阶段。

第一阶段，人类对自然界有限利用阶段，从人类的产生到 18 世纪中叶。

在原始文明时期，人类对自然规律认识有限，对自然界充满了神秘感和恐惧，作为循环生物链中的一环，人类是自然界的附庸，与自然界处于“相安无事”的“和谐”状态。当人类学会使用各种木器、石器之后，很快登上了食物链的顶端，成为几乎没有天敌可以制约的万物之灵。为了生存，我们的祖先发起了一场能够使动、植物资源不断“再生”的农业革命，由杀鸡取蛋式的猎杀、采摘，转变为养鸡下蛋式的饲养、种植。这一进化结果是一个能够大大提高土地资源利用率的家庭经济、农业文明宣告诞生。

农业文明时期，人类积淀了大量适应自然、利用自然的经验和技能，逐渐增强了驾驭自然的能力。随着生产力水平的提高，人类对自然资源开发利用的范围不断扩大，强度不断增加，虽然在局部地区出现了过度垦殖、乱砍滥伐、

水土流失等环境退化现象，但从总体上讲，人类活动对环境的影响还处在局部范围和较低层次，对自然界原始平衡状态的干扰和破坏力不大。

第二阶段，人类对自然界大幅扰动阶段，从18世纪中叶到20世纪50年代。

18世纪中叶第一次工业革命开始后，西方国家陆续进入了资本主义社会，科学技术的发展，使人类开始具备揭开自然界神秘面纱的能力。工业革命大大提高了人类的科技和生活水平，使地下的矿产资源能够工业化开发利用，同时也产生对自然资源的大肆掠夺和无度挥霍，造成了资源的极大浪费。人类对环境的影响逐渐超过了环境自身的调节能力，环境问题成为世界性的问题。传统工业一方面掠夺式地从自然环境中获取资源，另一方面又将生产、消费过程中产生的废弃物排放到自然环境中。更严重的是，人类对矿产资源的依赖日趋严重，以致于达到离开了各种资源就彻底瘫痪的地步。这种典型的线性经济模式直接威胁人类的可持续发展。

第三阶段，人类对自然界极度破坏阶段，从20世纪50年代至今。

为了争夺迅速枯竭的资源，爆发了空前惨烈的两次世界大战，而消耗了大量资源的世界大战，更加重了资源危机。人类只能依赖加大勘探开发力度、提高资源利用率来缓解这一危机。显然，开采－产品－废弃的线性经济，将人类的生存与地球上有限的矿产资源捆绑在了一起，使人类处于一种与矿产资源共存亡的状态。第二次世界大战结束以来，特别是近些年来随着世界人口爆炸性的增长和物质文化生活水平的不断提高，人类社会对自然资源需求量的急剧增长，对自然资源的开发利用达到了空前的规模，在自然资源开发方面采取了一些急功近利、不计后果的错误做法，带来了一系列危害和灾难。这种人与自然的对抗也终于从人对自然的单面控制走向自然对人的报复，其结果就是生态危机的爆发。

在人类社会的不同发展阶段，自然资源供需关系反映了自然资源的价值变化程度。农业时代里，人类对自然资源没有劳动投入，自然资源没有价值表现。工业时代初期，自然资源长期处于无价或低价状态，促使人类对自然资源过度消耗和浪费。工业时代中期，由于在部分地区和部分领域投入了人类的物化劳动，自然资源的价值就体现出来了。20世纪50年代以后，人类社会对自然资源的开发达到了空前的规模，自然资源的短缺已经成为经济发展的约束性条件，自然资源的价值已经完全体现出来了。

自然资源的价值表现有其社会历史属性，自然资源的价值不是从来就有的，而是社会经济发展到一定阶段后，供需关系变化的自然表现。目前，仅仅依靠

自然资源的自然再生产，已经不能满足人类对自然资源的旺盛需求。

二、工业化发展模式依靠过度消耗自然资源来促进经济增长，其最终结果是全球资源消耗殆尽，全球生态体系崩溃

人类对自然资源的消耗由农业时代的“靠天吃饭”转为工业时代的“向天索取”，根本的转折点是开始于1750年的工业革命。此前的农业文明主要依靠可再生能源驱动发展，此后的工业文明则主要是从燃烧已储存的能源中获得动力向前发展。蒸汽机的发明标志着工业化时代的开端。铁路和蒸汽轮船极大地拓展了人类在陆地和海洋的活动范围，突破了自然环境的极限。机械化为人口的快速增长、城市化进程、重建社会关系以及生活水平的提高做出了贡献。

两个半世纪以来，工业化提高了世界上大多数人的生活水平，为人类带来了巨大的益处。人们的饮食条件更好，医疗水平不断提高，平均寿命不断延长，人口死亡率逐步降低，因此人口规模也越来越大。工业化生产方式改变着人们的生产规模和消费模式，而工业生产力的提升也促进了人均消费的增加。工业化的巨大力量改善了人类的生活，但也对环境造成了巨大破坏。尽管工业化进程出现了很多错误与罪行，但工业文明却是人类进化过程中必须经历的阶段。工业化的负效应很多，最关键一条它是不可持续的发展方式。

一般来说，全球资源是指那些可以直接或间接利用的自然资源。自然资源分为可再生资源和不可再生资源两种基本类型。可再生资源的储藏量可以通过时间的推移逐渐增加。如淡水、太阳能、风能、氧气、森林、鱼类和由可再生资源制造的食物、纸张等产品。不可再生资源包括矿藏、天然气、石油、煤和主要由不可再生资源制造的电缆、塑料等产品。

相对于不断扩大的全球人口规模而言，所有自然资源的供应总体上将处于递减的趋势。一些不可再生资源例如金属，虽然可以循环利用，但是随着循环次数的增加，损失和耗散的数量也会增加，其储藏量只会逐渐减少。可再生资源的储量尽管可以人为地增加，但是其可利用的潜力也存在上限，而且储量会产生一定的波动，有时会增加，有时还会减少，譬如粮食和森林。随着城市化、土壤沙化、环境污染等问题造成的可利用陆地和海洋资源生产能力的减退，目前总的趋势是地球上可再生自然资源的增长速度开始放缓。

如果全球经济发展继续在工业化的道路上疾驰，那么可利用的陆地和海洋面积的增长只能够维持几十年。持续增长的人口将会因为资源的缩减开始残酷的生存竞争，因为全球对自然资源的消耗早已超出地球自身的承载能力。整个20世纪，人类消耗了1420亿吨石油、2650亿吨煤、380亿吨铁、7.6亿吨铝、

4.8 亿吨铜。20 世纪 80 年代以来，随着社会经济的高速发展，出现了资源基础不断削弱、生态破坏、环境污染日益严重的资源空心化现象。截至 2000 年，世界消耗量超出全球自然资源年产出约 25%；如果目前的趋势持续下去，到 2050 年，自然资源的年赤字将会达到 100% 左右。这意味着人类每年要消耗掉相当于两个地球的自然产出的价值。当然，随着能源短缺问题的加剧以及主要自然资源生产系统的崩溃，人类已经没有机会去创造这个新纪录了。

如何解决经济的可持续发展已经成为全球头号课题。无论是中国建设节约型社会的宏伟目标，还是美国开发外星资源和深海矿藏的长远规划，甚至绿色和平组织回归大自然的努力，都试图解决人类的可持续发展问题。然而，经济的可持续发展，取决于资源的可持续供应。无论人类如何的节约、无论外星、深海的资源如何的丰富，都无法避免可工业化开采的矿产资源在 50 年内基本告罄的残酷现实。即便人类完全回归了自然，仅靠地球自身的循环再生能力，也只能养活三亿人。罗马俱乐部的“极限”告警绝非危言耸听！

人类现在的生存方式已经超出了它本应遵循的尺度。我们不仅在消耗所有的自然产出，而且每年消耗的自然资源越来越多，由此陷入了恶性循环。随着人类消耗掉世界上最后的可再生资源，地球主要生态系统将面临崩溃的危险。因为人类的经济体系完全是建立在赖以生存的生态系统上的，生态系统的崩溃将导致全球经济的崩溃。这是我们不想见到的未来！

三、工业化发展模式的缺陷是天生的，各个利己主义主体总是站在自己的角度谋求利益最大化，根本不考虑社会责任，因此无法持续发展下去

资本主义工业化体系的世界观、价值观、社会结构和技术都是为不断增长的物质需求服务的，也就是说在没有彻底颠覆它的前提下，资本主义工业化体系是不可能减少对自然资源的消耗的，也不考虑需要在环境和社会方面付出多大的代价。由于地球的承载能力已无法满足工业化的巨大胃口，所以全球经济体系犹如一列没有制动装置却高速行驶的机车，无法控制地走向末路。

当代环境危机是由资本主义工业化发展模式造成的，因为它的商品性质引导生产不是为了满足需要，而是增加个人利润。这种发展模式从生态的角度来说是不可持续的，这一体系产生的目的就是为持久的不加限制的经济增长服务。这种设计反映出资本主义工业化体系的世界观，其核心是扩张主义。这种世界观强调个体独立性和自我利益追求，容易割裂地认为现实世界是由各自分裂毫无关系的实体而不是由一个个相互联系的系统组成的。如果单纯追求自身利益最大化的个人、公司和国家都以自己作为逻辑的出发点，势必导致对共同利益

毫不关心，对社会责任根本不问。

过分利己主义的世界观指导下的经济运行结果就是：各个经济主体倾向于无限地将自然资源转化成制造产品的原材料和金融资本，而不考虑需要在环境和社会方面付出多大的代价。无论个人还是公司只对短期利益更感兴趣，而对长期的社会利益漠不关心。这些错误的行为都是结构性的：一个公司的体系要求管理者只需要对他们的股东负责，民族国家体系要求政府只需要对本国公民承担责任。这种结构性缺陷引发了共同的灾难：因为没有政府对公共资源和集体问题承担责任，于是空气污染了，河流污染了，垃圾围城了，野生鱼群毁灭了，生物多样性消失了，上百万的难民无家可归！

资本主义工业化发展方式的无限扩张耗费了大量自然资源，在生产财富的同时也产生了污染。资本主义工业化的实践者发现这些问题时，不是更换发展模式，而是高举全球化的大旗，把生态环境危机从发达资本主义世界向全球各个角落输出，进而导致了全球性的生态危机。首先，资本主义通过全球化的资源配置方式，最大限度地抢占和掠夺全球性资源。其次，发达资本主义国家还在欠发达国家开设工厂，把子公司转移到劳动力成本更为低廉、环境控制更加宽松的国家和地区。通过把自身生产方式扩张到欠发达国家，把产品和利润拿走了，却把污染留给别人。更为可恶的是，发达资本主义国家还把欠发达国家当成垃圾场，向那里大量倾倒有毒有害垃圾。

所有环境受到破坏的指数都表明，生态和资本主义是一对不可调和的矛盾。资本主义是建立在赢利的逻辑和积累的基础之上的，采取什么手段实现这一目标无关紧要，对自然资源和生态系统造成破坏也不重要。有人反对这一说法，认为今天资本主义也有生态演说和关心“绿地”。这种情况是存在的，但其背后隐藏着大公司掠夺生态和环境，直到最后将其变成巨大利润的秘密。对人类的生存和生命不同形式的消极影响已经造成。生态帝国主义长期扩张的结果已使这种“灾难性”生态商品遍及全世界。

对于资本主义工业化引发的生态危机，身处其中的西方思想家们进行了深刻反思，发出了严厉批判。福斯特认为，在与环境的关系方面，人类社会已经走到了“极其危险的关口”。从地球为人类服务的意义讲，它被破坏的程度已使自然的大部分难以为继，并已严重威胁着人类社会自身的生存与发展。日本学者岩佐茂更是直言“20 世纪是环境破坏的世纪”。格鲁德曼认为生态问题包括资源耗竭、人口增长和环境污染等问题，生态危机实质上反映了人类的生存危机。

世界各国政府发现很难针对全球变暖、贫困和世界和平问题采取共同行动，因为国家利益经常会与全球利益产生矛盾，而且没有人愿意为我们生存的星球承担责任。联合国是唯一一个承担全球责任的机构，但是它缺乏超政府权力——因为联合国的所有资金都来源于各个国家政府。所谓的可持续首脑会议只能在一些细枝末节问题上达成象征性协议。在现有的资本主义国际秩序下，资金技术援助、贸易义务、保健、教育、债务削减和可再生能源生产等关键议题，不可能取得实质性进展。

工业化时代的扩张主义世界观与工业化时代的社会结构是为地区与国家间联系松散、人口数量少而自然资源丰富的世界经济体系设计的，无法为紧密联系、人口数量庞大而自然资源稀缺的世界经济体系服务。一个相对简单的世界容忍了持久不加约束的扩张，却给充满生机的世界带来灾难。全球经济在环境方面已经是不可持续的了，而且企业和各国政府无法管理全球体系。

四、可持续发展模式要求人类高效利用自然资源，循环经济理论的诞生为人类社会找到了一条切实可行的发展道路

1962 年美国学者蕾切尔•卡尔逊发表了环境保护的开山之作《寂静的春天》，由此引发了 20 世纪 60 年代兴起的国际环境保护运动，也引发了人们对工业化增长方式的反思浪潮。一些发达国家发出了变革经济发展模式的呼声，也由此孕育了循环经济的思想萌芽。

1966 年美国学者 K • 波尔丁提出了“宇宙飞船经济理论”。波尔丁指出，我们的地球像一艘茫茫太空中小小的宇宙飞船，人口和经济的无序增长迟早会使船内有限的资源耗尽，而生产和消费过程中排出的废料将使飞船污染，毒害船内的乘客，此时飞船会坠落，社会随之崩溃。而唯一能使飞船延长寿命的方法，就是实现飞船内的资源循环，尽可能少地排出废物。尽管地球资源系统大得多，地球的寿命也长得多，但是也只有推行对资源循环利用的循环经济，地球才能得以长存。

波尔丁强调人类必须树立一种新的发展观。第一，必须转变过去那种“增长型”经济为“储备型”经济；第二，改变传统的“消耗型经济”，而代之以休养生息的经济；第三，实行看重福利量的经济，摒弃看重生产量的经济；第四，建立既不会使资源枯竭，又不会造成环境污染和生态破坏，能循环利用各种物质的“循环式”经济，以取代过去的“单程式”经济。

人类发展史上，依赖大自然提供的动、植物资源的“狩猎文明”，维持了 300 万年，部落经济是与之相适应的生产方式；依赖土地资源的农业文明维持了 3000 年，家庭经济是与之相适应的生产方式；依赖矿产资源的工业文明只维

持了300年，垄断企业是与之相适应的生产方式。大量消耗原生资源的线性经济、工业文明，随着原生资源的枯竭，正在被一个资源可不断再生的循环经济、生态文明所取代。将运转了300年的线性经济改造为循环经济，不仅是一次脱胎换骨的产业革命，而且是一次深刻的社会革命；不仅涉及到几乎所有的传统产业，而且涉及到为之服务的思想、文化、政治等上层建筑。这是继农业革命、工业革命之后的一次最深刻的革命，它宣告了一个资源掠夺时代即将结束，一个资源再生的时代正在到来。随着这场革命由经济领域扩大到森林、土地、草原、湿地、动植物资源等自然领域，必将催生出一个循环型社会、循环型世界。人类与自然界重新走向和谐相处，将使生态环境重新恢复为收支平衡的循环状态。

世界循环经济的革命性发展，预示着能源已由不可再生的稀缺资源转向可再生的丰裕资源，预示着新文明的出现和人类文明的再次转型，预示着人类物质财富和福利生活的更大改善，预示着人与人的关系更为自由平等，预示着可以从根本上实现人与自然、人与人的双重和谐。但同时，它也意味着旧工业文明的最后一次挣扎，意味着各国可能围绕即将枯竭的自然资源展开最后一次哄抢，意味着人与自然和人与人关系在短期内可能发生一次更大的碰撞。两百多年前，当瓦特蒸汽机和珍妮纺纱机刚开始出现在英国时，没有人会想到一个全面的工业文明时代的来临，更没有人会想到以后的两次世界大战。

什么是循环经济呢？循环经济是一种以资源的高效利用和循环利用为核心，以“减量化、再利用、资源化”为原则，以低消耗、低排放、高效率为基本特征，符合可持续发展理念的经济增长模式，是对“大量生产、大量消费、大量废弃”的传统增长模式的根本变革。

我们认为，循环经济是一种新的经济形态和增长方式，是在生态环境成为经济增长制约要素、良好的生态环境成为公共物品后的一种新的经济形态，是建立在人类生存条件和福利平等基础上的以全体社会成员生活福利最大化为目标的一种新的经济形态。虽然这种新的经济形态并不能与农业经济、工业经济等量齐观，但是，它却是与信息经济、知识经济处于同一层次上，一并成为后工业经济形态的几个子形态。可以这样说，农业经济、工业经济构成了社会经济的物质规模，知识经济增强了社会经济的发展动力，信息经济提升了社会经济的运行效率，而循环经济的最大贡献在于促进人类社会与自然环境的融合程度，使社会经济可持续发展的质量更高、道路更长远。

五、城市新陈代谢系统是模仿自然界新陈代谢的过程，对城市物质代谢功能进行的整体设计，是对循环经济理论的创新与发展

最近几年，国家加大了循环经济建设的力度，也推出了不少相关政策，但是循环经济的发展却仍然步履蹒跚。全国各地先后兴建了许多生态工业园，但是一些园内的产业没有形成完整的生态链，导致虽然推广多年，至今成果不彰。还有一些地方将循环经济看成一种时髦，追逐一阵后就偃旗息鼓了。

究其原因有四：一是缺乏理论的指导，致使循环经济的发展内在动力不足。二是缺乏市场机制的引导，发展循环经济难以成为企业和个人的自发行为。三是缺乏可操作的手段，因而增加了宏观调控的难度。四是缺乏关键技术的创新，使循环经济只停留在制糖、造纸、金属冶炼和再生资源等少数产业领域。

为解决当前循环经济发展面临的困难，我们以北京为对象，运用“产品生命周期评价理论”对生活垃圾、活性污泥、餐厨垃圾、园林绿化废弃物等城市代谢废弃物进行了定性定量的分析，运用“产业共生理论”设计了城市代谢废弃物处理技术路线，运用“零排放理论”将这些城市代谢废弃物加工成自然生态环境可吸收的产品，用于城市河道生态化治理、沙化土壤治理、盐碱地改造、农业耕地养护、有机农业生产、城市森林生态体系建设等自然公共资源的修复和增殖领域，缝合了农田生态系统与城市生态系统的“新陈代谢断裂”。

城市新陈代谢系统是按照生态学的物质循环和能量流动方式，对城市区域内自然、人类、社会产生的新陈代谢废弃物进行分类整理、集中处理、再循环利用的工程技术体系，它实现了群落内部、群落之间、生产生活之间、人类社会与自然界、城市乡村之间的物质循环和能量梯次使用。城市新陈代谢系统是城市生态系统的重要组成部分，它将自然、人类、社会有机联系起来，使城市生态系统处于和谐有序的健康状态。

城市新陈代谢系统的技术重点在废物交换、资源综合利用，以实现系统内产生的污染物低排放甚至“零排放”，从而形成循环型产业集群。它以整个社会的物质循环为着眼点，构筑包括生产、生活领域的全社会大循环。它通过建立城市与乡村之间、人类社会与自然环境之间的物质循环圈，在生物圈范围内建立起生产与消费的物质能量大循环，实现了社会再生产过程由“生产→交换→消费”的线性发展转化为“生产→交换→消费→代谢”的闭合循环发展。城市新陈代谢废弃物最终的处理过程是“代谢”，是物质转化，是物质的“新生”，这是循环的最高境界，是城市新陈代谢理论对循环经济的最新贡献。

在资源流动的组织上，城市新陈代谢系统可以从企业、技术群落、生产基

地等经济实体内部的小循环，产业集中区域内企业之间、技术群落之间的中循环，包括生产、生活领域的社会经济大循环，人类社会与自然环境之间的生物圈循环四个层面来展开。

一是以企业内部的物质循环为基础，构筑企业、生产基地等经济实体内部的小循环。企业、生产基地等经济实体是经济发展的微观主体，是经济活动的最小细胞。要依靠科技进步，充分发挥企业的能动性和创造性，以提高资源能源的利用效率、减少废物排放为主要目的，构建循环经济微观体系。

二是以产业集中区内的物质循环为载体，构筑企业之间、产业之间、生产区域之间的中循环。以生态园区在一定地域范围内的推广和应用为主要形式，通过产业的合理组织，在产业的纵向、横向上建立企业间能流、物流的集成和资源的循环利用，促进废物交换和资源综合利用。以园区内产生的污染物低排放甚至“零排放”为目标，形成循环型产业集群，建立以二次资源的再利用和再循环为核心目标的循环经济产业体系。

三是以整个社会的物质循环为着眼点，构筑包括生产、生活领域的整个社会的大循环。要统筹城乡发展、统筹生产生活，在整个社会内部建立生产与消费的物质能量大循环，构筑符合循环经济的社会体系。

四是以可再生资源的代谢和利用为手段，通过构建人类社会与自然环境之间的物质代谢循环圈，努力建设资源节约型、环境友好型社会，实现经济效益、社会效益和生态效益的最大化，从而最大限度地追求可持续发展，实现人类社会在区域乃至全球范围的和谐发展。

六、城市新陈代谢系统能够把废弃物转化成自然再生资源，有利于人口、资源、环境和发展问题的统筹解决，应该成为国家战略产业

工业化发展模式引发的严重资源环境问题是资本主义独有的吗？答案是否定的。人类的各个发展阶段都存在生产活动，都要走工业化道路，都需要消耗自然资源来维持经济增长和社会运行。可以这样说，无论是西方资本主义，还是我们社会主义，乃至将来的共产主义社会都将存在资源环境问题。

所不同的是，资源环境问题的解决无法在有严重缺陷的资本主义制度中实现，社会主义则可以通过调整、优化、创新相关制度来解决这个问题。西方发达国家都没有在国家层面提出过发展循环经济。在美国，循环经济主要由国家环保署来主管和推动。在德国，主要是行业协会担任主角。在日本，政府提出建设循环型社会。而中国是世界上唯一一个将循环经济作为一种新的经济形态来发展的国家。中国推动循环经济发展的主导权在国家发展和改革委员会，这

个部门是综合性的经济主管部门，这表明中国循环经济被定位到更高的层次。

目前，全世界地下矿产资源经过大量开采，已接近枯竭。但根据物质不灭定律，这些物质并没有消失，而是转变成地上各种不同形态的物质而存在。这些物质成为将来再生资源的来源，“垃圾只不过是放错地方的资源”，“垃圾还是世界上唯一增长的资源”。近 50 年来出现的制造业紧随再生产业转移，哪里再生资源产业发达，哪里制造业就繁荣的现象证明，人类完全可以用非战争手段、用比开采原生资源更经济、更环保的循环经济来获得资源。而能够变废为宝的再生资源产业，则是解决资源危机的关键环节，是循环经济的发动机。

21 世纪中后期，自然资源再生将成为资源需求的主要来源。既然依靠自然资源的自然再生产，已不能满足人类社会的高需求，就必须加强自然资源的社会再生产过程，以扩大自然资源再生产的总量。世界上越来越多的国家和地区已经把自然资源的社会再生产作为发展生产、改善生活、治理环境的义务和责任，并由此界定出新的物质资源生产部门——自然资源再生产业。

自然资源再生产业是通过社会投入进行保护、恢复、再生、更新、增殖和积累自然资源的生产事业，它将自然资源的自然再生产和社会再生产结合起来，为整个社会经济的发展提供坚实的资源基础。大力发展自然资源产业，就可以使人类的生产、生活主要依靠自然资源的“股息”或“增殖”，而不去靠“吃老本”为生，从而使资源得到永续利用。自然资源价值是资源所有权的经济权益的重要体现。自然资源的所有权属于公共权益，在中国属于国家所有，是国民财富的重要组成部分，应当对其进行核算并纳入国民经济核算体系。

城市新陈代谢系统运营的对象是城市自然环境，以及城市相邻区域的自然环境改造，这要涉及到自然公共权益的经营问题。自然公共权益具有特定的生态环境价值，需要按照价值规律经营。什么是公共权益呢？我们身边常见的水、电、气、热、通信、公交等方面的权益都是公共权益，公共权益生产的产品都是公共产品。这些是狭义的公共权益。广义的公共权益，是指我们共同继承并且必须为我们的子孙后代加以保护的自然与社会遗产或共同创造的财富。公共权益所代表的资产都具有两个特性：一是赠予性，二是共享性。赠予，相对于我们所挣得的东西，是我们接受的馈赠；共享，是我们作为社会成员所集体而不是个人所接受的馈赠。公共权益资产还有另一个特性：我们所有人都对其负有共同的保护义务，因为我们的后代也要靠此才能生存，才能生存得更加美好。对于公共权益的资产，无论其本身，还是其投资回报，都必须被保护。人类既然继承了共享的礼物，就有责任保持其价值，最好能增值，至少不贬值，更无

权将其毁掉。

承认公共权益的价值是保护的前提，制定合理的价格体系可以促进公共权益的增殖，也是为公共权益的代际转移创造条件。城市新陈代谢系统是为全体城市人口服务的，它为市民提供清新的空气、整洁的环境，提高全社会的生活质量，它与城市的公共交通系统、通信系统、互联网系统、自然生态系统一样属于公共权益，必须建设好、保护好，遗传给我们的子孙后代。

针对首都经济圈的实际情况，我们提出如下建议：

1. 设立“北京循环城市信托基金”，该基金主要用于京津冀区域内生态环境的治理与保护，是为了保护空气、水源、森林、草原、土地、湿地以及生物多样性而设立的生态信托系统；一个将为全体市民派发红利的共同基金，每人一股，人人有份，包括那些尚未出世的未来公民；这个系统属于未来的子孙后代，也就是说我们替子孙后代来掌管现在的自然环境。

2. 北京循环城市信托基金的关注重点是生态环境问题，其目标是生态环境改善，其核心是围绕生态系统的人类活动。

3. 北京循环城市信托基金的运营项目：城市环境治理，主要包括生活垃圾、活性污泥、餐厨垃圾、人畜粪便、垃圾渗滤液、垃圾渗滤泥、园林绿化废弃物、农村生物质等大规模、集中性的城市代谢废弃物的资源化利用。重大生态治理，包括京津风沙源治理、张北沙化土壤治理、环渤海濒海盐碱地治理、区域内重金属污染土地的治理等。

4. 该基金由北京市政府发起，由全国范围内经营业绩良好、社会知名度较高、公益形象良好的企业投资，由著名的社会人士、企业家组建基金理事会，决定该基金的投资方向和重大事宜。基金设立专门的运营机构，按照市场化原则，负责项目的运营管理。

5. 该基金的收益主要包括：公共权益的租金，自然生态系统的生态溢价，这个溢价由权威第三方机构来评定。这些收益一部分用于公共产品的提供，一部分直接计入每个市民的社保账户。

6. 建立严格的监督管理体制，确保这部分公共资产不被私有化和侵占。每年要进行严格的财务审计，并在互联网等公共媒体进行披露，接受全体市民的监管。每年的市人大会议期间，要专门向大会进行报告，接受审议。

7. 将北京市现有的涉及环境保护的公共产品经营部门进行适当整合，构建一体化的循环城市产业体系。具体是把分散在各个区县的垃圾填埋场集中起来，组建北京循环城市产业集团，专门负责生活垃圾、活性污泥、餐厨垃圾、人畜粪便、垃圾渗滤液、渗滤污泥、园林绿化废弃物的资源化利用。

8. 在北京经济圈内规划出若干区域，作为城市新陈代谢废弃物分解池，这些地点包括张北生态防护林、沿海盐碱地、国道沿线防护林等生态脆弱区域，将经过消毒处理、对土壤和生态环境无害的有机含碳物质用于当地的生态修复和环境保护。修复改造好的大片土地纳入国家级耕地保护体系，也可以交由社会部门有偿耕种和管理。

北京循环城市信托基金的最高信条是：创造绿色财富，造福子孙后代。所谓绿色财富，就是对环境友好的财富。它是指不以浪费乃至破坏资源、污染环境为代价所创造的财富，即用绿色生产方式创造的财富。崇尚绿色财富具有伟大的划时代战略意义，是对人类财富观念的一场深刻变革，必将促使人类追求财富之理念、道德、标准、方式等发生翻天覆地的变化。人类唯有崇尚绿色财富、追求绿色财富、创造绿色财富，才能构建全新的生态文明体系！

第三部分 北京循环圈

城市与自然界的良性循环

循环城市是人、自然、社会高度和谐的人类－自然复合生态系统；是在资源投入、企业生产、产品消费及其分解代谢的全过程中，主要依靠可再生资源支撑的区域经济体系；是用先进生产技术、替代技术、减量技术和共生链接技术、废旧资源利用技术、“零排放”技术构成的工程技术体系；是高度重视自然资本，强调提高资源生产率的新型城市发展范式。

循环城市的资源流动分为四个层面：第一层面是企业、生产基地等经济实体内部的小循环；第二层面是产业集中区域内企业之间、产业之间的中循环；第三层面是包括生产、生活领域的整个社会的大循环；第四层面是城市与周边自然生态系统的生物圈循环。目前，第一层面、第二层面的理论研究、产业实践比较多，也取得了不少成功经验，形成了比较规范的发展模式。放眼全球，整个社会层面的物质大循环还处于摸索阶段，城市与自然环境的生物圈循环还处在理论探讨阶段，这也是我们追求的实践目标。

循环城市的主要特征包括精益生产、便捷交换、合理消费、自然代谢。精益生产要求从设计、加工实现原料无浪费，余料可利用；便捷交换要求缩短交易环节，降低流通成本；合理消费要求节约成美德，物品可交换，精神文化消费是主流；自然代谢要求所有进入城市的原料、产品在生命周期后都得到无害化的分解，成为自然环境的新生物质，便于自然环境吸收利用。

循环城市的物质循环分为两部分：一部分是目前已经开展的资源回收利用，主要包括钢铁、铜、铝、金、塑料、橡胶等不可再生资源和纸张、建筑垃圾，这部分资源经过再加工可以回到城市中重新利用。另一部分是由城市新陈代谢系统分解代谢的生产生活废弃物，主要包括生活垃圾、活性污泥、餐厨垃圾、人畜粪便、园林废弃物等有机垃圾，经过回收处理变成对自然环境有益的新生物质，被城市周围的森林、草原、湿地、盐碱地吸收利用，实现城市向自然界的物质补偿。

第十七章 水循环：开源节流，循环利用

水是生命之源，是人类文明生存和发展的基础，也是城市繁荣兴旺的重要资源和生态要素。尽管北京的降水量不低，但是其水源地却是半干旱地区。两千多万人口常住此地，已经严重超越了城市的环境容量。

北京是没有大河流的都城，人均水资源量不足100立方米，还不到全国平均水平的1/20，开辟水源是城市的重要任务。要保证城市的生产生活用水供应，就要扩大集水区域，增加城市的供水来源。既要向燕山、太行山等河流发源地要水，也要从南方的长江向北方调水，甚至还要从渤海龙王那里借水。

城市的水资源消耗主要集中在市民生活、农业灌溉、火力发电、食品生产、景观绿化等领域。要在这些领域大力推行节水政策，推广节水技术，实行阶梯水价，切实降低水资源的浪费。农业灌溉是节水工作的重中之重。与其他单项生产活动相比，节水灌溉能够显著节约水资源，提高用水效率。

水是可以循环利用的自然资源，扩大再生水的生产和使用量，提高水资源的周转率，也将大大缓解城市水资源的紧张局面。再生水主要用于工业、农业、河湖环境、城市湿地和绿化环卫等用途。

水危机，威胁人类文明

水是人类赖以生存和发展的重要资源，特别是农业需要大量水进行灌溉。人类文明的起源大多都在大河流域，如尼罗河流域的古埃及文明，两河流域的巴比伦文明以及长江黄河流域

的中华文明等。早期城市一般都在水边建立，以解决灌溉、饮用和排污问题。水道同时也解决了运输问题。现代工业农业更是需要大量用水。因此水的分布对经济布局有重要的影响。此外，人类也通过水路运输来载运旅客和货物，发展经济。

玛雅文明是人类文明史上的一朵奇葩，他们仅仅借助新石器时代的原始生产工具，没有铁器和先进的运输工具，便创建了一个辉煌一时的文明，在科学、农业、文化、数学、天文等领域都闪烁着智慧的光芒。玛雅文明在公元 250 年到公元 950 年间达到顶峰，疆土包括现在的危地马拉、洪都拉斯、墨西哥南部以及萨尔瓦多西部等广大地区，8 世纪时玛雅古国的人口达到 1500 万。然而不知什么原因到 9 世纪时玛雅文明却衰落了，几乎在一夜之间消失于美洲热带丛林中。长期以来，玛雅文明的衰落一直是世界的未解谜团之一。

2012 年，《科学》杂志公布了美国加利福尼亚大学戴维斯分校一个研究小组的最新研究结果：持续严重的干旱气候导致玛雅政权出现动荡，之后爆发的战争、饥荒、迁徙，令玛雅人口数量急剧下降，最终使曾经繁华一时的玛雅文明昙花一现。美国国家航天局通过一组测绘图展示了古玛雅人活动给气候和森林带来的影响，也由此推测玛雅文明覆灭的重要原因就是干旱。

无独有偶，在南亚次大陆持续了 1000 多年的印度河文明曾是世界上区域最大的城市文明之一，奇怪的是它在 4000 年前神秘地消失了。研究表明，持久的干旱最终导致该区域农耕文明的崩溃。两河流域的古巴比伦文明非常善于用水，曾经建设了著名的“空中花园”，遗憾的是，它也因为缺水而湮灭了。

没有水，人类就无法生存。随着全球经济一体化，地球上可资利用的水资源日益短缺，国际社会逐渐认识到水资源是一种不可替代的稀缺资源。从全球范围看，许多地区淡水资源的需求量正在增长，甚至超过了当地的供应量。联合国教科文组织发布的《世界水资源发展报告》显示，工业、农业，以及高速增长的城市人口，使得全世界的水资源供应，都处于史无前例的巨大压力之下。

全球很多地区的农村和城市面临水资源匮乏的危机。全球 500 多条大河中，超过半数严重枯竭。全世界每 6 个人中，就有 1 个因无法获得安全的淡水而饱受折磨，总人数超过 10 亿人。全球超过 80% 的废水没有经过收集或处理，导致在发展中国家，每年有数百万人死于水传染腹泻类疾病。目前，粮食生产消耗的水，占全球采出总水量的 2/3。而在各种农业生产中活动中，畜牧业的耗水密集度最大。而仅仅三个国家——印度、中国和美国加在一起，就消耗了全球每年采出水总量（约 4000 立方千米）的 1/3。

联合国教科文组织预计，到 2050 年，全球城镇化人口将达到 63 亿，是现在的两倍，对食物的需求量还将增加 70%。城市化人口的大幅增加，也将加剧污染带来的压力。那时，世界上 3/4 的人口将面临严重的淡水资源短缺。

我国是世界上水资源比较贫乏的国家之一。全国水资源总量为 2.84 万亿立方米，列世界第六位；人均水资源量为 2100 立方米，仅为世界平均水平的 28%；亩均水资源为 1440 立方米，为世界平均水平的一半。目前全国 664 座城市中有 400 多座城市"喊渴"，有 110 多座城市严重缺水；全国约有 3 亿农村人口喝不上符合标准的饮用水；农田受旱面积年均达 3 亿亩，年均减产粮食 280 亿千克。因为缺水，地下水被严重超采；因为缺水，河道断流，湖泊萎缩，地面沉降、塌陷、裂缝，植被退化与荒漠化，滩涂消失，天然湿地干涸，水源涵养能力和调节能力下降，水生态失衡趋势加重。

我国每年因为缺水和水污染而造成的直接经济损失高达 3500 亿元，水资源短缺已经对我国的可持续发展构成严峻挑战。

17

北京：没有大河的都城

人类靠水而居，城市因水而繁荣，文明因水而延续。翻看中国历史，我们不难发现，水对于城市繁荣的重要作用。十三朝古都西安建于渭河南岸，同为十三朝古都的洛阳建在黄河边，六朝古都南京建在长江边，七朝古都开封建在黄河边，五朝古都郑州也建在黄河边，唯独北京没有大河流过。

确实，作为曾经的五朝帝都，中华人民共和国的首都，现代的北京足够灿烂亮丽，有四通八达的宽阔道路，有参天屹立的高楼大厦，有盘旋飞架的立交桥，但却缺少鲜活，缺少碧水盈盈的河流湖泊。再看当今世界各国的首都和重要的大都市，那个没有靠水而居呢？法国巴黎的塞纳河两岸汇聚了法国最美的建筑和风情；美国首都华盛顿的波多马克河两岸矗立着许多纪念性建筑；英国伦敦的泰晤士河上船只浮动往返，令游人断魂的蓝桥不仅仅是一部老旧电影的故事。在世界大国的首都中，北京大约是唯一没有常年河流穿城而过的城市。

如果不了解北京的河流水系，我们对北京城市地理的认识只有一半。可是，仅仅几十年，河流的记忆对北京市民来说已经遥远。伤心城中碧水，难觅御河柳树。无论是昆明湖，还是什刹海、北海、中南海、莲花池，都属于历史。那是古代官员、规划师与水利专家的杰作，把古河道和沼泽"包容"到城内，疏

浚成河流湖泊，建成运河码头景区，是中华文明的智慧。在北京的湖泊中也有一处例外，即奥林匹克森林公园中的人工湖，那是在庄稼地上开挖出来的一泓浅水。昆明湖、北海、什刹海和中南海，北京为数不多的湖面尚有碧波。平常拧开水龙头，并无断水之虑。但这不能掩盖北京严重缺水的现实。北京多年平均降雨量为 595 毫米，1999 年以来降雨量只有以往平均降雨量的 70%。北京人均水资源量不足 100 立方米，尚不及国际公认人均水资源占有量 1000 立方米下限的 1/10，更不到全国平均水平的 1/20。如果放眼世界，这种水资源状况甚至不如以干旱著称的中东、北非等地区。

连续 15 年干旱，北京已是世界上严重缺水的大都市。根据国外经验，一个国家用水超过其水资源可利用量的 20%，就有可能发生水危机。预计 2020 年北京将缺水 22 亿立方米，水资源短缺的形势十分严峻。

北京是世界上少有的以地下水为主要供水源的大都市。自 1972 年以来，北京开始大规模开采地下水，1999 年至 2010 年，超采的地下水超过 56 亿立方米，已形成了 2650 平方千米的沉降区。2012 年地下水供水量 24 亿立方米，缺口仍达 13 亿立方米。不仅如此，地表水污染的状况同样令人担忧。2013 年 5 月 30 日，环保部华北环境保护督查中心公布了《北京市地表水环境现状》，结论为“北京市治污能力依然不足，地表水环境形势不容乐观。”经该中心对 37 条河流现场采样，检测结果全部超标，有的河流污染物超标十分严重。

中国工程院院士、清华大学教授钱易认为，北京的水资源危机，已到了不得不考虑迁都问题的程度。在这样一个缺水地区，北京竟然已经发展成为 2000 万常住人口的巨型城市，我们不能不考虑是否已经超越了环境容量？是否最终会为此付出无法承受的重大代价？是否已经损害了整个国家的均衡发展？

南水北调，远水能解近渴吗？

为了缓解北京用水紧张的局面，自 2003 年起，在《21 世纪初期首都水资源可持续利用规划》协调小组的主持下，海河水利委员会开始组织山西、河北两省大规模向北京市集中送水。从 2004 年开始，河北省赤城县云州水库每年都集中为北京输水，至今已集中输水 11 次，累计输水 1.9 亿立方米，对北京的水资源补给起到了重要作用。山西大同市城区人均水资源仅 81.5 立方米，这座日缺水 20 万立方米、四分之一人口饮水困难的城市，从 2003 年 9 月起正式向北

京开闸放水，九年间向首都北京输水2.6亿立方米，输水量相当于130个昆明湖。但是，山西大同、河北赤城等地也处于半干旱地区，水资源也不丰富。

俗话说，远水不解近渴，这是农耕时代对于水的一种认识。由于生产力水平的限制，农业时代的大型水利工程很少能传承下来，只有中国的京杭大运河是最成功的大型水利工程，今天已经成为南水北调工程东线的重要组成部分。

近现代以来，基于水资源分布和经济发展对水需要的矛盾，世界各国都积极兴建跨流域的大型调水工程，也取得了很好的效果。如美国的联邦中央河谷工程、加利福尼亚州北水南调工程、向洛杉矶供水的科罗拉多河水道工程，俄罗斯的莫斯科运河工程，乌克兰的第聂伯—顿巴斯运河调水工程，西班牙的塔霍—塞古拉调水工程，英国的比尤尔—达维尔调水工程等，都是比较大的调水工程。

世界上最大的调水工程是中国的南水北调工程。南水北调是缓解中国北方水资源严重短缺局面的重大战略性工程。我国南涝北旱，南水北调工程通过跨流域的水资源合理配置，可以大大缓解我国北方水资源严重短缺问题，促进南北方经济、社会与人口、资源、环境的协调发展。南水北调工程分东线、中线、西线三条调水线。中线工程从加坝扩容后的丹江口水库陶岔渠首闸引水，沿线开挖渠道，经唐白河流域西部过方城垭口，沿黄淮海平原西部边缘，在郑州以西李村附近穿越黄河，然后沿京广铁路西侧一路北上，直达北京颐和园的昆明湖。

从2003年12月31日挖起第一铲土，10个春秋过去了。目前，南水北调中线全线1776座建筑物已基本建成，1246千米的渠道已全部成型，2013年底主体工程全部完工。2014年12月，北京人已经喝上甘甜可口的长江水。

南水北调每年调水入京10亿吨，能在很大程度上缓解北京的用水需求。也有人说：南水北调进京不能从根本上解决北京缺水状态，成本极高，用户难以承受，远水难解近渴啊！而按照发展规划，北京市2020年人口将增加到2500万以上，从人均的水资源占有量来说增加了300多万人口，引入南水北调外来水后，人均占有量仍不足300立方米，北京还是处在缺水的窘境。

近在咫尺，向渤海要水喝

如今，缺水是个全球性问题，而且随着社会经济的发展还会进一步加剧。虽然南水北调可以解决北京未来一个时期用水紧张的问题，当北京的城市人口逐渐靠近3000万的极限时，水危机还会再一次“眷顾”北京。

陆地淡水资源是有限度的，向大海要水是人类不得不进行的无奈之举。地球上的水 97.3% 存在于海洋，不能直接用于人类的生产和生活，当人类感觉到淡水短缺的时候，都不自觉地把目光投向了占地表面积 71% 的海洋。从本质上来讲，海水淡化是以能源换水源，因为这个过程是个熵增的过程，海水淡化技术就是根据科学原理，以最少的能源消耗获取最大量的淡水。因为，能源危机也像水危机一样威胁着人类的发展。

40 多年前，时任美国总统的肯尼迪说："如果我们能以低成本从海水中提炼出淡水，那将是对人类的重大贡献，任何其他科学成就都难以与之媲美。"

16 世纪时，英国女王伊丽莎白曾颁布了一道命令：谁能发明一种价格低廉的方法，把苦涩腥咸的海水淡化成可供人类饮用的淡水，谁就可以得到 10000 英镑的奖金。16 世纪末，人类试着用蒸馏器在船上直接蒸发海水来制取淡水，开创了人工淡化海水的先例。1877 年，俄国在巴库建成世界上第一台固定式淡化水装置。人类真正大规模地淡化海水，是在 20 世纪 50 年代后期。近几十年来，海水淡化技术已经有了突破性的进展，很多缺水的国家和地区都采用海水淡化技术来保证水资源的供应。

沙特阿拉伯不仅在石油储藏和出口量上独占鳌头、闻名于世，同时也是世界上海水淡化业非常发达的国家，被誉为世界第一海水淡化工业国。据沙特官方统计，目前沙特有 25 座海水淡化站，分布在东、西海岸的 15 个地区，淡化水日产量达 5.2 亿加仑，满足了全国 70.65% 的饮用水需求，占世界海水淡化总量的 30%；发电量达 3600 兆瓦小时，占沙特发电总量的 25%。沙特海水淡化公司主席阿卜杜 • 拉赫曼对媒体表示，沙特目前在海水淡化方面的投资已达 435 亿美元，预计 2014 年海水淡化水日产量将达 570 万吨。

1950 年，美国人哈斯勒提出了利用"反渗透"原理进行海水淡化的方法，并在 1960 年实现了工程化的应用。1959 年，英国西尔弗博士发明了海水淡化的"闪蒸法"。后来饱受缺水之苦的以色列人则发明了"低温多效蒸馏"的海水淡化法。蒸馏法、反渗透法和电渗析法是应用最多的海水淡化技术。

科威特的海水淡化水平居世界一流，它采用的"多级闪急蒸馏法"装置达到 32 级，能够日产水 18 万吨，当今世界淡水总产量的 70% 是用此法生产的。中国海水淡化技术的研究始于 1958 年，经过 50 多年的科研攻关，中盐度苦咸海水淡化组件和频繁倒极电渗析技术等重大成果已进入国际先进行列。

渤海面积 77000 平方千米，平均深度 18 米，总容量 1730 立方千米，离北京只有 100 多千米。渤海湾有黄河、海河、滦河、辽河等大陆河流注入，含盐量相对较低，得天独厚的地理条件让渤海成为北京海水淡化工程的不二水源。

由于大陆河川大量淡水注入，渤海海水的盐度是中国近海中最低的，加之海湾的地形较为闭塞，海水交流性较弱，渤海因而成为世界上纬度最低的结冰海域。每年冬季，在欧亚大陆冬季风及寒潮的作用下，海水会出现冻结，形成海冰。渤海海冰分为固定冰和流冰两大类，它们是由平整冰、重叠冰、堆集冰、冰脊和冰丘等组成。一般情况下，平整冰的厚度约为 20 厘米至 30 厘米。

每年的 11 月中下旬到翌年的 3 月下旬是渤海的结冰期，平均冰期约为 120 天左右。其中辽东湾冰期最长，大约 140 多天。科研人员据此测算，环渤海地区储存的海冰正常年份平均可开采量 100 亿立方米（淡水转化率为 90%），而这还只是一次性资源的利用。相关研究表明，海冰经开采后还会再生长，如果按年平均生长 4 次至 5 次计算，其可利用资源量更加可观。这对于经济发达、人口众多，而又严重缺水的环渤海地区来说，其作用和影响可想而知。

地处渤海之滨的天津也是缺水的城市，已经首先尝到了淡化海水的甜头。

全市的海水淡化产能已达每天 22 万吨。天津北疆发电厂采用余热法来淡化海水，凉的海水遇热生成蒸汽，盐分被沉淀下来，海水被蒸馏成淡水。该厂每天向社会供应 8000 吨淡化水，并入滨海新区汉沽的市政管网供市民饮用。海滨城市青岛也在 2012 年底建成了日产 10 万吨的海水淡化工厂。

渤海，近在咫尺。北京，不能忽略海水淡化！

沙漠农业，以色列的生存之道

“在所有景色凄凉的地方，这里无疑堪称首屈一指。山上寸草不生，色彩单调，地形不美。一切看起来都很扎眼，无遮无拦，没有远近的感觉——在这里，距离不产生美。这是一块令人窒息、毫无希望的沉闷土地。”这是美国著名作家马克·吐温对以色列南部荒漠的描述。

1906 年，20 岁的年轻人本·古里安第一次巡视这片土地，他预言：以色列的未来在这里。1948 年，本·古里安在特拉维夫宣读了以色列建国宣言，并成为以色列首位总理。1953 年，67 岁的本·古里安暂时辞去以色列总理一职，来到沙漠之城比尔谢巴附近的萨德博克基布兹定居，日出而作，日落而息，立誓“让沙漠盛开鲜花”。

以色列农业用地为 41.1 万公顷，人均耕地比我国还少，仅 0.058 公顷，而

且严重干旱，地下水含盐量很高；农业人口为7.2万，仅占劳动力的2.8%；农业发展的基本条件之差，举世罕见。以色列又是世界上最缺水的国家之一。中南部地区的沙漠旱地占国土面积的60%，年均降水量不到200毫米，许多地区从不下雨。雨水主要集中在北部地区，年平均也只有500毫米，而且基本集中在11月至次年4月间。加利利湖是全国的命根子。1999年，以色列能够使用的水为20.76亿立方米，人均300多立方米；其中约60%用于农业。

水是改造沙漠的命脉，以色列从1952年起耗资1.5亿美元，用11年时间建成了145千米长的“北水南调”输水主管道，然后再以中小口径的管道输送至全国各地，很多地方必须用水泵将水送到山上的居民点。

1962年，一位农民偶然发现水管漏水处的庄稼长得格外好。水在同一点上渗入土壤是减少蒸发、高效灌溉及控制水、肥、农药最有效的办法。这一发现立即得到了政府的大力支持，闻名世界的耐特菲姆滴灌公司于1964年应运而生。滴灌根本改变了传统耕作方式，使每寸土地都融入了高科技，使沙漠城市也照样绿荫浓浓。电脑控制的水、肥、农药滴灌、喷灌系统是以色列现代农业的基础。它巨大的经济和社会效益证明科学灌溉将能够大大缓解全球水资源危机。

沙漠微咸水的科学开发和应用，是以色列科学家对荒漠种植业发展的另一大杰出贡献。研究发现，棉花、西红柿和甜瓜可轻易接受最高浓度达0.41%～0.47%的微咸水浇灌。虽然作物产量会有所下降，但产品质量却得到提高。如微咸水灌溉的甜瓜甜度增加，瓜型更有利于出口；而西红柿的可溶性总物质含量会提高，甜度增加。经多年努力，以色列培育出了适宜内盖夫沙漠地区微咸水生长的棉花、甜瓜、甜椒、西红柿、橄榄、狗牙草、虎尾草等农作物。

干旱缺水是以色列农业生产的大敌，因此“节约每一滴水”、“给植物灌水，而不是给土壤灌水”成为他们的准则。他们根据作物生长需求，最大限度地实行节水灌溉，采用滴灌、喷灌技术和循环利用。滴灌使水的利用率达到95%，城市废水回收再利用率达30%以上。农业需水量约占总水量的60%，其中63%由淡水满足，27%由微咸水满足，其余10%由处理后的污水满足。

以色列使沙漠变成了绿洲，创造了令人惊叹的奇迹。现在，经历了千年荒凉的内盖夫沙漠，有1.2万公顷的沙漠绿洲点缀其间，每公顷温室一季已可收获300万支玫瑰，1公顷温室番茄年产量最高达500吨。农民年收入也从170美元提高到了10000美元以上。这片仅占以色列国土总面积6%的荒漠上生活着近500户人家，但其新鲜水果、蔬菜的出口竟占了以色列全国出口总量的一半，花卉出口也占到了12%。目前，以色列农业产品已占据了40%的欧洲瓜果、蔬

菜市场，成为欧洲第二大花卉供应国，被喻为“欧洲人的花园、果园和菜园”。

水产业，循环利用才是硬道理

北京，作为共和国的首都，任何情况下都不能缺水。南水北调能引来长江之水，海水淡化工程可以调来渤海之水，从而保证总量供应。而水作为千百万人的日常必需品，还要考虑供应价格，要考虑广大市民的承受能力。长江水和淡化海水有一个共同的特点，那就是成本比较高，因而会造成水价上涨。

水是可以循环利用的自然资源，如果能扩大再生水的生产和使用量，提高水资源的周转率，也将大大缓解水资源的紧张局面。

为了保证日益增长的用水需求，“十二五”期间，北京中心城区将新建第十水厂、郭公庄水厂等 7 座水厂，新增供水能力 143 万立方米 / 日，水厂供水能力由现在的 313 万立方米 / 日升至 456 万立方米 / 日，新建供水管网 783 千米、改造供水管网 1912 千米。郊区 10 座新城新建 13 座水厂，扩建 5 座水厂，新增供水能力 166 万立方米 / 日，总供水能力达到 257 万立方米 / 日。新建配套管网 528 千米，改造 170 千米，南水北调市内配套工程也将全面投入运营。

北京市已经认识到再生水利用的重要意义，并付诸行动了。截至目前，北京已经建成高品质再生水厂 23 座，建成再生水利用干线 800 余千米。2012 年全市再生水利用量达到 7.5 亿立方米，城区中 9 座热力电厂全部使用再生水，工业年利用再生水达到 1.4 亿立方米。再生水现已占据全市总供水量的 21%，是名符其实的“第二水源”。北京的再生水资源正用于海淀区、朝阳区部分区域的城市绿化、住宅冲厕等市政杂用，以及河湖水系定期补给、换水。

城市污水的处理是水资源再生利用的关键条件。2000 年至 2012 年底，北京的大中型污水处理厂从 8 座增加到 41 座，小型城镇污水处理厂已建成 50 座，全市污水日处理能力从 149 万立方米增加到 398 万立方米，年污水处理量从 3.7 亿立方米增加到 12.6 亿立方米，年污水处理率从 40% 提高到 83%。

为了进一步保障城市用水，提升污水治理能力，扩大再生水的供应量，2013 年，北京出台了《加快污水处理和再生水利用设施建设三年行动方案（2013 – 2015 年）》。方案提出，建设再生水厂、配套管线、污泥无害化处理设施和临时治污工程四大类，共 83 项任务，全市新建再生水厂 47 座，升级改造污水处理厂 20 座，力争到“十二五”末，全市污水处理率达到 90% 以上。其中，中心城区污

水处理率达到 98%，四环路以内地区污水收集率和处理率达到 100%，新城达到 90%，实现首都水环境的根本好转。

未来北京市还将建设“保水、治水、净水”八大类工程，全面提升城市的用水效率。这些工程包括：统筹南水北调工程，加强流域清水补给工程建设；统筹三年治污工程，加快再生水循环利用工程建设；统筹生态清洁小流域治理，加快源头环境建设；统筹中小河道治理，加快河湖水系连通建设；统筹河湖生态环境建设与治理，加快水质改善工程建设；统筹雨洪控制与利用，加快吸蓄和排水廊道建设；统筹城乡供水工程，加快自备井置换及配水管网建设。

节水：工业与农业是重点

对于不断膨胀的超级大都市来说，供水与用水永远是一对矛盾。一方面，我们要努力开辟新水源，增加供水总量；另一方面，我们还要千方百计地挖掘节水潜力，减少水消耗。当然，我们还要提高水资源的使用效率。

我们来看一下北京的用水消耗。2012 年，北京的常住人口是 2069 万，全年消耗水 36 亿立方米。而 2000 年北京常住人口是 1382 万，全年消耗水 40 亿立方米。12 年的时间，人口增长了近 700 万，新水使用却减少了 10 亿立方米。对于严重缺水的北京来说，这几乎是不可能完成的任务。

其实，城市用水总量的减少并不意味着城市对用水的需求减少了，因为人口仍在增加，刚性需求仍在增加。那么用水量是如何降下来的呢？除了全市范围内大规模推广节水改造之外，调整产业结构，再生水利用是最主要的办法，也就是说用水效率提高了。这些年北京用水总量基本稳定的办法概括起来就是三句话：“农业用水负增长”，“工业用水零增长”，“生活用水适度增长”。

农业是北京的一个用水大户，用水最多的是上世纪 80 年代，年用水量是 30.5 亿立方米，现在的农业用水已下降到 10 亿立方米以下，这主要得益于农业种植结构的调整。北京东南部地区 30 多万亩的稻田都改成了旱田，由此减少了大量的农业用水。工业用水的减少也是调整产业结构的结果。北京市工业用水的年耗水量最高曾达到 13 亿立方米，2000 年为 10.5 亿立方米，2012 年则下降到 5 亿立方米。北京市近年来淘汰了很多耗水型的工业企业，比如首钢。首钢是典型的用水大户，它的搬迁一下子节省了 7000 万立方米的工业用水。

从 2000 年到 2012 年，新水使用减少了 10 亿立方米，这主要得益于再生水的利用。在2012年全市36亿立方米用水量中，有7.5亿立方米是再生水。再生水主要用于工业、农业、河湖环境和绿化环卫等市政用途。其中用再生水替代工业用冷却水的效果最为明显。以前，工业用的冷却水都是使用地表水，改用再生水后，一年可以减少使用地表水近2亿立方米。

北京要继续提升用水效率，关键还是盯住用水大户。在这方面，工业的节水重点仍然是大量使用再生水，实现多次再生利用。农业灌溉是节水工作的重中之重：与其他单项生产活动相比，节水灌溉能够显著地节约水资源。根据国际水资源管理研究所的研究，假设不改进农业灌溉技术，为满足2050年全球粮食需求，农民需要大幅增加农业灌溉用水，将从目前每年的2700立方千米增加到4000立方千米。

反过来说，即使将农业灌溉效率提高10%，节约的水也会超过其他所有用途耗水量的总和。采用防渗漏输水设施、使用低损耗储水设备、推广滴灌技术、提高农作物用水效率等，就可以实现这一节水目标。如果北京的农业灌溉效率提高10%，每年就可以节水9000万立方米。

缺少湿地，城市缺少灵秀之气

对于生活在北京市内的人来说，春夏季节的周末去野鸭湖湿地度假是个不错的选择。在一望无际的湖面上，成群结队的绿头鸭、斑嘴鸭、秋沙鸭、大天鹅戏水飞翔，还有迎风摇曳的芦苇荡、水中挺立的香蒲棒，好一派自然风光。

湿地常常被人们誉为"地球之肾"、"物种的基因库"、"生命的摇篮"和"文明的发源地"等，这是由于湿地在物质生产、能量转化、气候调节、水源供给、蓄水调节、水质净化、防止土壤侵蚀等方面具有重要功能和价值。湿地造福了人类，人们也逐渐意识到了湿地的重要性。

湿地与海洋、森林一起被称为全球三大生态系统。数据显示，中国湿地维持着约2.7万亿吨淡水，保存了全国96%的可利用淡水资源，是中国淡水安全的生态保障。目前，污染、围垦、基建占用、过度捕捞和采集、外来物种入侵是中国湿地面临的五大主要威胁。在注重生态建设的时代里，北京不能缺少湿地。

历史上的北京是一个河流纵横、坑塘遍地的湿地城市，湿地面积曾占到城市总面积的15%。20世纪60年代，北京尚有湿地12万公顷；到了80年代初期，湿地面积减少到7.5万公顷，占全市总面积的3.13%；到了1998年，湿地

面积仅有不到 5 万公顷；2007 年北京中心城区湿地面积仅占 2.08%。最新的研究成果显示，北京市的湿地面积仅剩 510 平方千米，约占全市总面积的 3%。随着城市扩张，北京湿地生态系统正面临着巨大的压力，原始或天然湿地基本消失，自然湿地面积严重萎缩，形成了以人工湿地为主的湿地格局。

北京的湿地主要包括河流湿地、沼泽湿地、蓄水区、水塘、水渠、采掘区、灌溉地和废水处理场所。其中，水渠担负着城市供水的重任，是城郊及城市外围地带水资源进入城区的重要通道。北京地区在上游水库与平原区、城市之间修建有京密引水渠、永定河引水渠、潮河总干渠、白河引水工程等，引水渠总面积为 29.7 平方千米。京密引水渠原来的设计用途是农业灌溉供水，但是随着城市的扩张，逐步转变为城市生活、工业、河湖供水。

作为重要的湿地资源，北京的河道却在几年之内失去了净化水体的功能，逐渐成为“一潭死水”。1988 年，北京在京密引水渠、清河等河道的治理中，采用了令人不可思议的“河道衬砌”法，犯下了无法挽回错误。水草疯长的事实给决策者们敲了个警钟:河道固化处理是行不通的,城市建设搞人工湖要慎重。

如何让这些已经“硬化”的河道“软下来”，恢复应有的生态活力呢？办法是有的。1985 年，日本东京都八王子市的市民在南浅川的河底放入木炭，结果河道里的污水变清了，臭气消失了，水质得到了净化。不久，鱼儿又回到了这条曾经被污染的河道里了。

木炭净化水质的作用是由它的各项物理化学特性决定的，特别是其中的多孔性，把 1 克木炭中的孔全部铺开面积可达 250 平方米。炭孔对水中的臭气和污染物的吸附能力很强。炭孔还可以过滤水中的污物，而炭孔里的微生物则依靠分解有机性污染物而大量繁殖，因此木炭还具有提高微生物群活性并使其增殖的作用。自然界的河流、湖泊也是依靠这种原理进行自我净化的。当河道底部变成了没有孔洞的光滑水泥砖时，微生物失去了繁殖的场所，河道污染加剧也就不可避免了。

我们可以把污水处理厂的活性污泥、园林废弃物中的剪枝加工成鱼巢炭砖，把鱼巢炭砖铺在河床底部和河岸上。水面以下可以让鱼栖息产卵，水面以上的部分可以填上泥土种植草木，木炭中的孔洞则成为微生物的家，这样就可以最大限度地恢复河道的自我净化能力。

当城市中的河道里缓缓流动的是洁净的河水，水里面游动着一群群的小鱼儿、蝌蚪，水岸边长着一片片的荷花，空中飞舞着闪闪的萤火虫、荷花上站立着轻盈的小蜻蜓，河道不就变成湿地了吗？治理河道，净化污水，建设湿地，美化城市这些事情，也许只需要一点点智慧就能成！

第十八章 碳循环：控制排放，大力埋藏

全球科学界普遍认为，人类生产生活排放的大量二氧化碳等温室气体是全球变暖的罪魁祸首。地球变暖会引发两极冰川融化，海平面上升，沿海城市被淹，干旱洪涝频发，湖泊干涸，土地荒漠化等全球性灾难。

减少和消除二氧化碳及碳颗粒物是一个漫长的过程。首先，要减少燃煤的消耗量，加紧开发碳捕捉和碳埋藏技术。其次，大力推广富氧燃烧技术，提高化石能源的燃烧效率。第三，要大规模开展植树造林活动。第四，大力使用和埋藏“生物炭”，也就是农业废弃物和其他生物质制成的炭。

生物炭是人类目前最可行，而又最安全的有机碳化物。生物黑炭是化石燃料或生物体不完全燃烧产生的一种非纯净碳的混合物，具有优良的生物化学和热稳定性，能与土壤中的矿物质形成有机无机复合团聚体。土壤微团聚体的物理保护使生物黑炭在土壤中的周转时间很长。生物黑炭施用于土壤能快速提升土壤稳定性碳库，改善土壤质量，提升农作物生产力。

城市中的黑炭原料很多，包括园林废弃物、农作物秸秆、农产品加工下脚料、禽畜粪便、生活垃圾、餐厨垃圾、活性污泥、垃圾渗滤泥等有机物质。用这些城市代谢废物加工生物炭，可以达到碳减排和改良土地的双赢效果。

CO_2：全球变暖的罪魁祸首

地球表面的温度来源于太阳，太阳光照射到地球上，使地

球变暖，科学家把这种为地球加热的能量叫太阳辐射。这些太阳辐射并不能全部被地球吸收，其中会有一部分被反射，散佚到宇宙空间去。这样，还有很大一部分能量留在地球上，使地球可以保持一定的温度。如果不考虑大气的作用，根据计算，地球表面的温度将是 -18 摄氏度。最早计算出这个结果的是法国科学家约瑟夫·傅里叶。他认为，实际上地球要温暖得多，这是因为本来会逃逸到宇宙空间的地球辐射被大气吸收了，大气的这种保温效应类似于栽培农作物的温室。1824 年，约瑟夫·傅里叶把这种大气保温作用命名为“温室效应”。

关于温室效应气体与地球变暖之间的关系，1903 年诺贝尔化学奖得主瑞典化学家斯万特·阿伦纽斯早在 1896 年就给出了解释——CO_2 对于白天给地球加热的太阳可见光来说是透明的，对于晚上试图将热量从地球上辐射出去的红外线来说则不透明的。大气层和地表共同构成了一个巨大的“玻璃温室”，使地表始终维持着一定的温度，产生了适合人类和其他生物生存的环境。他指出，如果大气中的二氧化碳增加 1 倍，地球的气温将升高 5 摄氏度。

为了证实阿伦纽斯的理论，美国加利福尼亚大学的查尔斯·基林从 1958 年开始，在夏威夷的冒纳罗亚火山连续监测大气中的二氧化碳浓度，结果显示，二氧化碳在大气层中平均浓度由 1958 年约 315ppm 升至 1997 年约 363ppm。

科学界的基本共识是，温室气体大量排放所造成的温室效应加剧是全球变暖的基本原因。在过去的 1 万年里，大气中的二氧化碳、甲烷和一氧化二氮的浓度基本保持稳定，直到最近 200 年才迅速增加。二氧化碳的浓度在过去 10 年里的增长速度，比自 20 世纪 50 年代开始有大气监测以来的任何 10 年都要迅速，如今的浓度已经比工业化前高出大约 35%；甲烷的浓度，大约是工业化前的 2.5 倍；一氧化二氮的浓度，大约高出工业化前 20%。

全球气候变暖的速度取决于大气温室气体增加的速度。2013 年 9 月 27 日，联合国政府间气候变化专门委员会（IPCC）公布的第五次评估报告指出，人类影响“极其可能”是 20 世纪中期以来全球气候变暖的主要原因，可能性在 95% 以上。这份报告估算了不同情形下全球地表平均温度的上升幅度，在温度升幅最低的情形下，到 21 世纪末气温将比 1850 年至 1900 年间上升 1.5 摄氏度以上。而在温度升幅最高的情形下，气温将上升 2 摄氏度以上。在对极为脆弱的南亚地区的中期（2046 – 2065 年）温度预估中，最高升温部分将分布在尼泊尔、不丹、印度北部、巴基斯坦以及中国南部的地区，升温幅度为 2 至 3 摄氏度，而这些地区的长期（2081 – 2100 年）预估为升温 3 至 5 摄氏度。如果化石燃料燃烧量保持不变，而碳捕获技术又没有实质性进步，那么到 2400 年，大气温度将

大约上升 8 摄氏度。科学家们比以往任何时候都更加确信，是人类影响了气候，而人类导致的气候变化正在进一步加剧。

IPCC 第一工作组联合主席、中国科学院院士秦大河说，科学评估发现温室气体浓度升高导致大气和海洋变暖、冰雪融化、全球平均海平面上升。而海洋升温、冰川和冰盖融化将使海平面继续上升，其速度比过去 40 年来更快。另一位联合主席托马斯•斯托克说，全球变暖将使热浪出现得更频繁、持续时间更长，湿润地区的降雨增加，而干燥地区的降雨更少。斯托克强调，遏制气候变化需要大幅度和持续地削减温室气体排放。

碳颗粒物，不能忽视的变暖因素

尽管这份报告指出一些即将发生的变化是不可避免的，但它的分析也明确告诉我们，地球的将来，尤其是更加长远的未来，在很大程度上仍然掌握在我们自己手里——气候变化的程度，取决于人类如何对待温室气体的排放。

詹姆斯・汉森是美国航空航天局戈达德空间研究所的所长，著名的气候科学家，长期致力于碳排放的研究，350ppm 这个大气碳排放的临近值就是他提出的。汉森等研究者通过钻取格陵兰、南极的古代冰芯，分析其中所含有的二氧化碳含量来追踪过去 80 万年的全球气候变化，取得了令人信服的数据。汉森的许多观点起初并不为人们所接受，随着越来越多的研究成果和证据的公布，人们逐渐接受了汉森等人的观点。

毫无疑问，自 1975 年以来，地球表面平均温度上升 0.5 摄氏度的事实，使温室效应导致的全球变暖已成了全球科学界的共识。对于导致全球变暖的罪魁祸首，科学界的共同指向是人类燃烧煤、石油、天然气等化石燃料产生的二氧化碳。然而，经过几十年的进一步观察研究，汉森又提出新的观点，认为温室气体主要不是二氧化碳，而是碳粒粉尘等物质。

日本工学院教授坂本哲夫等人开发出了能逐粒分析细颗粒物 PM2.5 的新型显微镜。这项技术的关键之处是将离子束细化至 0.04 微米，利用离子束照射细颗粒物，即可弄清其表面以及组成成分；如果用离子束切断颗粒物，还可以分析其内部成分。研究团队在日本长崎县内采集到了被认为由中国飘来的 PM2.5，并利用新显微镜进行了分析。结果发现，表面多为作为废气主要成分的硫酸盐，但内部则包含烧煤时释放的“黑炭”。这正是汉森指出的碳粒粉尘。

碳粒粉尘是一种固体颗粒状物质，主要是由于燃烧煤和柴油等高碳量的燃料时碳利用率太低而造成的，它不仅浪费资源，更造成了环境的污染。众多的碳粒聚集在对流层中导致了云的堆积，而云的堆积便是温室效应的开始，因为40%至90%的地面热量来自于云层所产生的大气逆辐射，云层越厚，热量越是不能向外扩散，地球也就越变越热了。

汉森等人对于各种温室气体的含量变化都做了整理记录，发现在1950至1970年间，二氧化碳的含量增长了近两倍，而从70年代到90年代后期，二氧化碳含量则有所减少。用流行的理论很难解释仍在恶化的全球变暖的现象。

汉森认为，除了CO_2、碳粒粉尘之外，大气层中能够升高气温的气体还有甲烷（CH_4），一氧化二氮（N_2O），氯氟碳化合物（CFCs）及臭氧（O_3），这些气体统称为温室气体。其中，甲烷的温室效应是二氧化碳的20倍。但这些污染源的治理就相对困难些了。可喜的是，近几十年来非二氧化碳的温室气体含量已经有了一定的下降，如若甲烷和对流层中的臭氧含量也能逐年下降趋势，那么再过50年，地球表面平均温度的变化将近乎零！

温室气体的排放不仅与工业化的水平有密切关系，还与城市和区域性的产业结构相连，诸如能源和矿物的消耗、食品供给、市区的水与交通、信息与通讯服务、运输过程等，都从生产与消费两个方面影响着城市和区域产业的新陈代谢过程，其结果必然影响到大气质量和加速全球和区域气候的变化。事实上，无论是二氧化碳，还是碳粒粉尘，其核心物质都是碳，要想解决全球变暖这一问题，必须从降低碳排放方面下功夫。

对付碳排放，寻求可行之道

“全球碳计划”是在人类—环境系统框架内，运用跨学科和跨区域的科学方法与集成手段开展的联合研究工作，这项跨国科学行动希望获得对碳循环演化趋势及其应对措施方面的认识。

《全球碳预算》是“全球碳计划”定期发布的研究报告。2013年的《全球碳预算》显示，全球化石燃料燃烧产生的二氧化碳排放量在2013年再次上升，将达到创纪录的360亿吨，预计将上涨2.1%，这意味着全球燃烧化石燃料造成的排放比《京都议定书》规定的排放基准年即1990年的水平高出61%。2012年化石燃料最大的排放源包括中国（27%）、美国（14%）、欧盟（10%）及印度

(6%)。从排放的种类看，大部分碳排放来自煤炭（43%），然后是石油（33%）、天然气（18%）、水泥（5.3%）等。2012 年 54% 的化石燃料排放增长来自煤炭。毁林和其他土地使用变化所导致的二氧化碳排放量为化石燃料燃烧排放贡献了额外的 8%。自 1870 年以来的累积二氧化碳排放量将在 2013 年达到 20150 亿公吨，其中 70% 来自化石燃料燃烧，另外 30% 来自毁林和其他土地使用变化。

如果要避免未来极端气候变化带来的危害，无论工业化国家还是非工业化国家都需要共同做出更多努力。尽管减少大气中的二氧化碳含量，在大多数人看来似乎是不可想象的，科学家们还是提出了各种可能的策略。

第一，要在 2030 年完全消除来自煤炭的二氧化碳排放。煤炭是最大的单一化石燃料碳库，而且由于它只在发电厂燃烧，因此，在发电厂等少数源头就能捕获它排放的二氧化碳。

固碳技术的技术原理是十分清楚的，它是指把燃烧气体中的二氧化碳分离、回收，然后深海弃置和地下弃置，或者通过化学、物理以及生物方法固定。固碳技术可分为碳捕获、碳埋藏两个步骤。对于碳捕获而言，人们已掌握了三种安全可行的技术路径：燃烧后捕获、燃烧前捕获和富氧燃烧捕获。

碳埋存技术的现实应用则需要首先寻找到适宜封存二氧化碳并使其与大气完全隔绝的地质层。从地质学角度看，有三类地质层均能用来埋存二氧化碳，其中，第一类是现有的油田和气田。第二类地质层是不含碳氢化合物的圈闭，但它具有和含油层，含气层和煤层类似的结构。第三种就是海洋的底水——深度蓄水盐层，由于盐层的分布面积广大，因而被推举为一种长久的碳埋存解决方案。

遗憾地是，大多数碳捕获与封存技术仍然停留在示范阶段，距离大规模应用还很遥远。无论是碳捕获还是碳埋存，其实际应用的成本都是巨大的。如果没有能力在二氧化碳被排出烟囱之前进行捕获，任何新工厂都不应该开工建设。现有工厂必须在 2030 年前进行二氧化碳捕获技术改造，否则就进行淘汰。

第二，进行大规模的植树造林。人类过去几百年来的森林砍伐造成了 60±30ppm 的二氧化碳净排放量，其中约 20ppm 依然留在今天的大气中。植树造林能够吸收砍伐造成的二氧化碳排放，甚至吸收更多的二氧化碳。

第三，大力使用“生物炭”，也就是农业废弃物和其他生物质制成的木炭。如果燃烧这些生物质或者让它们自行腐烂，就会释放二氧化碳。把它们转化成生物炭并施入土壤实际上是一举两得：生物炭异常稳定，至少能把碳固定好几百年；生物炭还能提高土壤肥力，因为它能吸收营养素，留给新作物利用。汉森认为，用这种方式能够在半个世纪内把二氧化碳浓度降低大约 8ppm。

森林，生态系统的固碳者

在陆地生态系统中，植物光合作用固定的大气二氧化碳，50% 用于自身呼吸作用，而另外的 50% 则通过凋落物的形式归还给土壤，其经过土壤微生物的作用释放到大气中，这个平衡称之为“碳中性”。如果树木、农作物的凋落物经过高温热解，可产生 25% 的生物黑炭归还土壤，由于生物黑炭的化学和微生物惰性以及土壤团聚体的物理保护使得其成为土壤的惰性碳库，只有 5% 的碳经过土壤微生物的作用重新释放到大气，而土壤多固定了 20% 的碳，这样就产生净的碳吸收，这个平衡称之为“碳负性”。森林是陆地生态系统的重要调节体系。

森林生态系统作为吸收二氧化碳释放氧气的一个大碳汇，在碳循环中起着非常重要的作用。当人类认识到温室气体尤其是二氧化碳浓度的升高会使全球气温变暖，从而带来一系列严重生态环境问题时，就展开了对碳素循环的研究。

森林里的树木和土壤中禁锢着大量的碳。这些碳本来是包含在大气中的二氧化碳里面，当树木等植物吸收了二氧化碳之后便被蓄积起来。全球森林面积为 41.61 亿公顷，其中热带、温带、寒带分别占 32.9%、24.9% 和 42.1%。全球陆地生态系统地上部分的碳为 5620 亿吨，森林生态系统地上部分的含碳量为 4830 亿吨，占了 86%。全球陆地生态系统地下部分含碳量为 12720 亿吨，而森林地下部分含碳约 9270 亿吨，占整个世界土壤含碳量的 73%。

树木在进行光合作用时利用大气中的二氧化碳合成糖和淀粉。树木的枝叶和根干就是以这些糖和淀粉作为材料构成的。树木只有树叶能够进行光合作用，枝干和根只进行呼吸。在森林所吸收的全部二氧化碳中，一般来说，只有 30% ~ 40% 会被树木通过呼吸而重新释放，有 50% ~ 60% 成为树木的枝叶，剩下的 10% ~ 20% 则用来生长树干和根系。分析干燥树木的构成元素，按质量计，通常是碳占约 49%，氧占约 44%，氢占约 6%，剩下的 1% 是其他元素。如果燃烧树木，它们又会变成二氧化碳被释放到大气中。

树木的枝叶凋落，树干倒在地上，就会被微生物分解。这些植物体被分解以后变成氨基酸和蛋白质，最后成为土壤的一部分。正是通过这种机制，大气中的二氧化碳借助植物而被森林禁锢。微生物在分解树叶、树枝时，还会呼出二氧化碳。因此，树木吸收的二氧化碳中，实际上有 50% ~ 60% 最终会通过微生物而返还到大气中。

树木除了进行光合作用，还会把糖和淀粉用作“燃料”进行呼吸，以此来获得能量。植物的这种呼吸同动物的呼吸相同，而动物是吸入氧气，呼出二氧化碳。此外，土壤中的微生物也要呼吸，也要释放二氧化碳。近年来，科学家对森林同二氧化碳浓度和气温的关系进行了大量研究。在全世界进行的调查表明，现在森林对二氧化碳的“吸收”和“释放”，两方面基本上能维持平衡。科学研究显示，森林在“减尘、滞尘、吸尘、降尘、阻尘”五个方面对PM2.5等颗粒物具有调控作用。在生长季节，每公顷柳树每月可吸收二氧化硫10千克，每公顷槐树林每年可吸收氟42千克、氟化物12千克。树木还可以分泌挥发性物质，有效杀灭和抑制细菌。一般情况下，绿化区空气中的飘尘浓度比非绿化区少10% ～ 20%。

森林生态系统的生物量贮存着大量的碳素，如按植物生物量的含碳量为45% ～ 50%计，那么整个森林生态系统的生物量将近一半是碳素含量。森林的生物量与其成长阶段的关系最为密切，一般森林据其年龄可分为幼龄林、中龄林、近熟林、成熟林 / 过熟林。其中碳的累积速度在中龄林生态系统中最大，而成熟林 / 过熟林由于其生物量基本停止增长，其碳素的吸收与释放基本平衡。

18

亚马孙黑炭肥土，热带雨林的特殊贡献

巴西的亚马孙河流域属于典型的热带雨林气候，在高温高湿的条件下，土壤中的有机质分解十分强烈。但是，在亚马孙盆地却出现了一种反常的现象，在呈斑块状分布于强风化景观下的非常贫瘠的氧化土和老成土景观中，土壤中的有机质在森林砍伐几个世纪后还能长期存在，这种奇特的现象引起了土壤学家的好奇。人们发现这种有机质保持稳定的土壤是一种叫做Terra Preta（TP）的黑色碳化土，这种土壤实质还是燃烧树木产生的。

进一步的研究发现：在TP表土层中，每千克土壤中含有100 ～ 350g黑炭；在氧化土的表土层中，每千克土壤中含有50 ～ 150g黑炭。很显然，黑色碳化土中蕴藏的黑炭是这一奇特现象的根源。

生物黑炭是化石燃料或生物体不完全燃烧产生的一种非纯净碳的混合物，它含有60%以上的碳，生物黑炭因碳组分的高度芳香化而具有生物化学和热稳定性，因此施进土壤后难以被土壤微生物利用；同时，由于其复杂成分中丰富的碳水化合物、长链烯烃等有机大分子，具有与土壤中的矿物质形成有机无机复合团聚体的功能活性。正是由于团聚体的物理保护作用而降低了土壤微生物

对施入生物黑炭的作用。

土壤微团聚体的物理保护以及生物黑炭本身的生物化学和热稳定性，使得生物黑炭在土壤中的周转时间很长。如巴西亚马孙河流域的（TP）土壤中黑炭经过几个世纪的氧化分解其含量仍高达35%。而大田和室内试验则表明生物黑炭在土壤中的更新周期至少在百年尺度。尽管生物黑炭的土壤周转时间还存在不确定性，但由于其生物化学和热稳定性、抗降解性、以及对微生物的惰性，比通常的有机添加物更为稳定，因此施进土壤后对提高土壤碳库、减缓温室气体的排放、改善土壤的质量、提高作物产量等方面有重要的作用。

如何减少土地利用中温室气体排放、增加陆地生态系统碳汇是当前减缓气候变化研究的热点之一。农田减排增汇在减缓气候变化中具有极其重要的作用。通过生物质同化二氧化碳制成“生物黑炭”，并把它储存于土壤，正在成为一种有效的二氧化碳减排增汇途径。

中国农业每年产生5亿多吨作物秸秆生物量，其中露天焚烧量大约为1.6亿吨，其产生的黑炭、挥发性有机物、有机碳、一氧化碳和二氧化碳等排放分别可以占全国总排放的11%到6%不等。因此，发展生物黑炭制备及其土壤处置技术，不但是减少甚而控制秸秆露天焚烧，促进生态系统物质循环，而且是减少陆地温室气体排放、提升土壤碳库的急迫需求。

亚马孙河引发的黑炭土壤风暴，使国内外科学家普遍认识到农业黑炭是改良土壤、增加粮食产量、提高质量、节约水资源的最佳材料。生物黑炭技术已经引起世界先进国家的广泛关注：美国政府对此事高度重视，已把农业黑炭列入农业科技重点开发项目。日本政府为保持地力，促进粮食增产，于1986年颁布了《地力促进法施行令》，指定木炭当做土壤改良材料。

2008年，美国联邦众议院通过了2008食物与能源安全的农业法案，首次在联邦层面建立了对生物黑炭研究、生产、应用与推广的激励机制，专门设立了农业基金支持生物质炭转化及生物黑炭的研究与示范。2009年6月美国国会举行了生物质炭转化与生物黑炭农业应用的听证会，全面论证了生物黑炭农业应用减缓全球变暖的研究、推广与政策问题。美国等西方发达国家正在组织黑炭联盟，努力抢占生物质炭化技术制高点。

生物黑炭，一个节能减排的新宠儿

生物质是指利用大气、水、土地等通过光合作用而产生的各种有机体，即一切有生命的可以生长的有机物质通称为生物质。它包括植物、动物和微生物。从可再生能源的角度看，生物质主要是指农林业生产过程中除粮食、果实以外的秸秆、树木等木质纤维素、农产品加工业下脚料、农林废弃物及畜牧业生产过程中的禽畜粪便和废弃物等物质。

目前，我国的生物质利用主要停留在锅炉燃烧、与煤混合燃烧、压缩成型直接燃烧等技术上；小型户用沼气池、大中型厌氧消化等生物转化技术也有了一定的规模；提炼植物油、制取乙醇、甲醇等技术还在探索中；生物质气化、干馏、快速热解液化技术已经有了初步的成功；有机垃圾能源化处理技术还停留在实验室阶段。而生物质制造黑炭已经显示出光明的前景，无论是热解液的应用，还是热解设备的制造均已经有所突破。

北京市的城市人口未来将达到3000万人的规模，这就意味着将产生大量的城市新陈代谢物质。园林废弃物、生活垃圾、农作物秸秆等都是碳水化合物，蕴藏着巨大的碳汇价值，可以多方面利用。

园林废弃物是城市中最大的“碳源”。2007年，北京市共产生园林废弃物鲜重520.87万吨。预计到2025年，这一数字将达到850万吨的规模。如果回收率达到80%的水平，总量也将超过680万吨，经过自然干燥后的干重也将达到350万吨。如果这350万吨的园林废弃物通过高温热解，可以获得大约87.5万吨的生物黑炭。把这些黑炭全部埋藏在土壤，也是实现了碳埋藏。假设其中5%的碳经过微生物利用会重新释放到大气中去，剩余的20%的碳将留在土壤里，那么全市每年的碳埋藏量将达到70万吨的规模。

城市的生活垃圾中也含有大量的有机物，也是一个巨大的“碳源”。2011年，全市生活垃圾产生量634万吨。预计到2025年，北京市生活垃圾的总量将突破1000万吨/年大关。城市生活垃圾中，厨余垃圾大约占总量的62%；可回收垃圾占12.9%；不可回收的垃圾占25%。而其中的厨余垃圾经过垃圾转运站的挤压、破碎、脱水，脱水率达到60.2%，所脱除的水分占垃圾总量的37.4%。这就意味着1000万吨的生活垃圾经脱水处理后，可变为500万吨，可以获得80万吨的垃圾热解炭。

农业生产中也产生了大量的生物质，是一座巨大的“碳源”。北京的粮食作物以玉米和小麦为主，因此玉米秸秆和小麦秸秆是主要的农业生物质。2010年，北京市的玉米产量为84.2万吨，可回收玉米秸秆约189.5万吨，而小麦秸秆可回收量约为24.3万吨。两项合计农业生物质总量为213.8万吨。这一部分生物质经过热解按照25%的转化率，可以获得大约53.5万吨的生物黑炭。

此外，城市活性污泥、垃圾渗滤泥也是重要的“碳源”。未来北京每年的活性污泥量将达到208万吨、垃圾渗滤泥量将达到60万吨，这两种泥的总量为268万吨，其中干物质含量约为67多万吨，其中含生物碳21万吨。

仅仅上面这些“碳源”，总量就超过了2163万吨，如果全部进行加工，就可以生产238万吨生物碳，其中可以长期埋藏在土壤里的碳汇总量达到190万吨，相当于埋藏570万吨二氧化碳。不仅如此，生物黑炭在改良土壤、固化重金属、提高农作物营养利用率方面都有很好的作用。

垃圾炭，城市森林生态的“碳汇”

土地利用引起的土壤碳库损失是大气温室气体浓度不断升高的主要驱动力，而陆地生态系统包括土壤增汇是《京都议定书》中接受的减排机制之一。运用生物黑炭技术增加土壤中的黑炭埋藏，不仅减少了大气中的碳排放，也可以改善城市土壤的品质，有利于城市新陈代谢物质的良性循环。

城市的生物碳埋藏可以在城市内部、城市郊野、郊区农田、山区生态林、水土流失地点开展。城市内部的碳埋藏地点有城市生态公园、道路绿化带、室内或屋顶的花园。城市郊野的碳埋藏地点有城市森林公园、公路绿化带、河道绿化带。郊区农田和山区的水土流失地都是生物黑炭大显身手的舞台。

北京市作为首都，更是重视植树造林工作，城市绿化率和平原绿化率都有较大的提高。2013年北京市完成平原造林35万亩，山区造林10万亩，新增城市绿地1000公顷，全市的森林覆盖率达到40%。全市形成了10处万亩以上大片森林、多条生态通风廊道。在北京山区，以京津风沙源治理、太行山绿化、三北防护林建设等国家生态工程为重点，完成了荒山绿化10万亩，同时实施封山育林54.5万亩、森林健康经营抚育60万亩。全市完成了重点绿色通道绿化1.2万亩，彩叶树种造林2万亩，公路河道绿化300千米。还与河北省合作，在密云水库、官厅水库上游的张家口、承德地区，建设10万亩生态水源保护林，从源头净化水质。

北京市森林覆盖面积达到67万公顷，在林下土壤埋藏生物黑炭，可以实现森林凋落物的回归，不仅改良土壤，更可以实现“碳负性”。如果林下土壤每年埋藏1厘米厚的生物黑炭，每公顷就可以埋藏25吨，每年可埋藏1675万吨，相当于埋藏5000万吨的二氧化碳。如果连续埋藏10年，就可以形成良好的林

地生态环境，大大强化城市森林的生态服务功能。

北京市的耕地面积随着城市建设规模的扩大，正在逐年下降。到 2012 年底，北京市的耕地面积大约为 23 万公顷。这些宝贵的耕地还面临着违法侵占的威胁，如何在面积不减的基础上，实现土壤质量的提升，是一个需要认真思考的问题。由于生物黑炭具有的化学和微生物惰性以及土壤团聚体的物理保护，使得其成为土壤的惰性碳库。

有关的研究表明，适量施用生物黑炭可以改善土壤的理化性质，提高土壤肥力。对于肥力较低的土壤，生物黑炭的最佳用量在 5 ～ 20 吨 / 公顷之间，其对土壤的水稳定性，团聚体数量、容重和饱和持水量均产生明显影响。以 10 吨 / 公顷为施用标准，北京市一年生产的生物黑炭就可以基本上满足全市 23 万公顷耕地的改良任务。土壤中的生物黑炭可以达到 0.4 厘米的厚度。

由于生物黑炭是从农村向城市输送的有机物质的转化产品，其产量终究会超出城市的埋藏极限。因此，北京市的生物黑炭可以向周边的生态恶化地区输出，支援当地的生态环境建设，从而实现城市与农村之间有机物质的有效循环，破解马克思主义理论的“物质代谢”难题。

回馈坝上，让后花园缤纷多姿

2012 年以来，中央电视台等媒体报道，张北防护林杨树出现大面积枯死现象，这引起了中央政府的高度重视。在 2013 年 12 月 18 日召开的国务院常务会议上，李克强总理听取了京津风沙源治理工程汇报，并作出了工作部署。会议明确指出，实施京津风沙源治理工程，对于巩固我国北方防沙带，遏制沙尘危害，至关重要。要进一步推进二期工程实施，继续提高中央造林补助标准。统筹推进防护林更新改造，在河北张家口坝上地区开展试点。

张北地区的风沙治理是一项长期而复杂的生态工程，需要植树造林、种植灌木、草皮，恢复草原生态。对于坝上尤其是林业立地条件极差的坝西地区而言，植树挡风是治表之举，种草固沙才是治本之策。对于半干旱地区的生态建设，防风固沙，改良土壤是核心，合理用水是关键。

生物黑炭作为土壤改良剂，具有很高的稳定特性，不容易被微生物分解，可有效提高土壤肥力，服务于生态系统。生物黑炭对土壤物理性质改善可以归纳为提高土壤孔隙度和表面面积，降低土壤的拉伸强度进而提高根部容深，降

低土壤容重，在重力排水平衡上可以保持更多的水，有更大水截留潜力和表面积。生物黑炭进入土壤后，其芳香结构边缘在生物和非生物的氧化作用下能形成羧基官能团，进一步增加对阳离子的吸附值。土壤阳离子交换量的形成主要与土壤中有机质含量和黏粒含量有关，因此在有机质较低的土壤中，施用生物黑炭对提高土壤阳离子交换量的作用特别明显。有实验表明，将生物黑炭加入到美国中西部典型农业土壤中可以持续降低该土壤的养分淋洗量，生物黑炭是减少养分淋洗的良好土壤改良剂。

张北地区的坝上高原地带性土壤主要是栗钙土，土层薄，有机质含量低，质地疏松，一旦失去了林草的保护极易蚀沙化。沙化土壤的持水能力差，土壤肥力低，必须加以改良，而生物黑炭则可以解决沙化土壤改良的难题。

我们设想，将京津风沙源治理工程与北京城市新陈代谢系统结合，在张北坝上地区建设北京的“碳汇池”。“碳汇池”包括张北、沽源、康保三县全部、尚义大部和承德市丰宁、围场二县局部，土地面积 1.77 万平方千米。其中，沙化土地面积 5800 平方里，盐渍化面积 2593 平方千米，二者合计占其总面积的 47% 左右。现有耕地面积 1100 万亩、草场面积 850 万亩、生态林面积 160 万亩。

“碳汇池”将用北京生产的生物黑炭来改良土壤。按照耕地每亩埋藏 10 吨、草原每亩埋藏 6 吨，生态林地每亩埋藏 15 吨的标准计算，1100 万亩耕地可埋藏 1.1 亿吨生物黑炭，形成 40 厘米厚的优质表土层；850 万亩草原可埋藏 5100 万吨生物黑炭，形成 25 厘米厚的优质表土层；200 万亩生态林地可埋藏 3000 万吨生物黑炭，形成 60 厘米厚的优质表土层。整个坝上地区总计可以形成 1.91 亿吨的巨型“碳汇池”。按照北京未来每年 190 万吨的生物黑炭生产量，可以连续埋藏 100 年。

此项工程完成后，土壤的保水能力、有机质含量将会发生根本性的转变，坝上地区的土壤质量将达到优良水平，坝上地区的生态系统也将恢复到自然生态系统的原生状态。历史上那个林草繁茂的森林草原，“风吹草低见牛羊”和“棒打狍子瓢舀鱼”的自然景象也将会重现。通过治理，工程区防风固沙、水源涵养、净化空气、控制水土流失的功能将明显提升，首都绿色生态屏障的作用将更加凸显。坝上高原，将再一次显现北京后花园的神奇魅力。

对于破解北京的生态环境危机，中国农业大学张仲威、李志民、赵竹村提出了“京津冀”林业生态一体化发展的建议。他们估算，京津冀地区的国土生态化体系，约 21.6 万平方千米；京津冀的农业生产用地，包括种植业、林果业、鱼池（塘）绿化的农业生态体系，约 10479.5 万亩；京津冀的农家庭院的绿化、美化、香化的农家生态体系，约2500万户庭院，每户有0.25亩可以利用，约625万亩；蕴藏着巨大的生态价值。他们建议，可由国家林业局与北京市、天津市、河北省的林业部门开展植树造林的顶层规划设计，建设“三横七竖”的林业绿化带。主要包括：沿太行山山脉绿化带；沿京深铁路、京包铁路河北、北京段绿化带；沿渤海湾河北段绿化带。“七横”林业绿化带包括：沿坝上高原绿化带；沿燕山（军都山）山脉绿化带；沿京津铁路绿化带；沿津保公路绿化带；沿石家庄市东西向铁路绿化带；沿邢台市东西向公路绿化带；沿邯郸市东西向公路绿化带。

这个规模庞大的林业生态项目蕴藏着极大的生态环境价值，不仅可以阻挡风沙，净化水源，吸收二氧化碳，而且可以实现大范围的碳埋藏，进而改良土壤，提高土地的粮食产出率。

第十九章 土壤循环：解毒修复，改良养护

中国成语有：国以民为本，民以食为天；西方战略家基辛格说：谁控制了粮食，谁就控制了世界；粮食问题是一个国家，乃是全球安全的基石。

中国用占世界不足9%的耕地，养活了世界近1/5的人口，关键是三条：一靠政策，二靠科技，三靠投入。更重要地，这是在对耕地高强度利用的前提下实现的。随着城市化进程的加快，耕地流失成为当前中国粮食安全面临的最大威胁。不仅如此，耕地质量的下降更增加了粮食安全的风险。

导致土壤退化，耕地质量下降的因素很多。耕地水土流失、次生盐渍化、土壤酸化、重金属污染、过量施用化肥、过度翻耕土地、超量使用农化用品是主要因素。保持耕地面积，消除农药毒害，补充有机质，提高持水能力是改良土壤，提升粮食、食物产量和质量的重要任务。

城市生活垃圾、园林废弃物、餐厨垃圾是从土地上产生的有机质，是土壤中流失的营养素，对这些资源的再利用，是实现土壤营养平衡的重要途径。提高粮食安全水平，还要推广“农业工厂”等现代农业技术手段。

莱斯特·布朗：谁来养活中国？

1994年9月，美国世界观察研究所所长莱斯特·布朗出版了《谁来养活中国——来自一个小行星的醒世报告》一书。该书被迅速译成中文、日文、德文等多种文字，在世界上引起强烈反响，布朗也被邀请到世界各地进行演讲。

布朗这篇文章的主要观点是，中国日益高速的工业化进程加深了对农田的大量破坏，环境污染导致水资源严重短缺，每年新增加上千万人口，而且随着人均收入水平的提高，人们的食物会从大米等淀粉主食转向肉类牛奶和禽蛋，较多的肉食意味着需要更多的粮食。在粮食需求急剧增长的同时，工厂、住房、道路都在争夺土地资源，中国耕地面积将急剧减少。例如，最近几十年韩国农田减少了42%，台湾减少了35%。中国以极“危险”的速度从农业社会向工业社会转变，到21世纪初就得从国外进口大量粮食，由此引起世界粮价上涨。于是布朗提了两个问题：一是中国将来是否有支付能力大量进口粮食。答案是肯定的。二是若中国大量进口粮食，是否有哪个或哪几个国家能够足额提供。布朗的答案是否定的，即世界上没有谁能够提供如此多的粮食。

这篇文章一经发表，就得到西方舆论界的大力追捧。《纽约时报》、《华盛顿邮报》、《洛杉矶时报》、《华尔街日报》等纷纷报道，一些报刊还发表了评论。几乎所有重要的国际性报刊和新闻机构都在显要位置上作了转载和报道，中国政府和学术界也迅速作出了强烈反应。这篇文章在中国最早引起的反应是直截了当的反感，高官和学者几乎人人义愤填膺。这么居高临下盛气凌人不怀好意的口气，果然帝国主义亡我之心不死，又开始制造新一轮反华舆论。

布朗的文章引起了激烈争论。美国农业部经济研究局科鲁克发表了文章《中国真能使世界挨饿吗？》，日本农林水产省农业综合研究所研究室长白石和良发表了《中国养活中国》，北大林毅夫教授于1996年10月9日在香港《明报》发表了《中国人有能力养活自己》，都对布朗的观点在学理上提出质疑，认为布朗的预测忽略了市场经济中自我校正机制，预测依据不十分准确。国情专家胡鞍钢也指出，布朗的分析既不科学更不可信。布朗的观点不免让人联想起第二次世界大战后初期，当时的美国国务卿艾奇逊的一番话：新中国将难以养活其5亿人口。

在一片热烈争论中，1996年10月24日，中国国务院新闻办公室发表了《中国粮食问题白皮书》。文章从新中国解决了人民的吃饭问题；未来中国的粮食消费需求；中国能够依靠自己的力量实现粮食基本自给；努力改善生产条件，千方百计提高粮食综合生产能力；推进科教兴农，转变粮食增长方式；综合开发利用和保护国土资源，实现农业可持续发展；深化体制改革，创造粮食生产；流通的良好政策环境等7个方面论述了中国人完全有能力养活自己。

铁的事实：中国养活自己！

“谁来养活中国？”1994年布朗提出的问题就像是一个紧箍咒，时刻刺激着中国农业领域的从业者。二十年过去了，中国人用谁来养活了呢？

事实胜于雄辩，中国没有让别人养，反而养活了世界上很多人。在几代人的努力下，中国的粮食生产保持了快速增长，用占世界不足9%的耕地，养活了世界近1/5的人口。2004年以来，中国粮食连续10年保持高速增长，粮食总产量从2002年的4.57亿吨增长到2013年的6.19亿吨，十年间增加了1亿多吨的粮食产量。从1978年到2013年的35年来，中国的粮食产量增长了近一倍，世界主要农产品增长份额20%以上来自中国。联合国开发计划署官员发出了“中国在全球千年发展目标中所做的贡献，给予再高评价也不过分”的赞誉，同时让所谓“中国粮食威胁论”不攻自破。中国前总理温家宝说：“一个拥有13亿人口的大国依靠自己解决吃饭问题，就是对世界最大的贡献。”

从2006年1月1日开始，联合国不再对华进行粮食援助了，其理由是：中国政府在解决贫困人口温饱方面已经取得巨大成果，不再需要联合国的援助，这标志着中国26年的粮食受捐赠历史画上句号。2006年9月，世界粮食计划署的报告称，中国在2005年成为仅次于美国和欧盟的世界第三大粮食援助捐赠国，中国2005年提供的对外粮食援助比上一年增长2.6倍。

邓小平说，解决农业问题的最终出路靠科技，实践证明确实是这样。中国的农业科技成果最有代表性的当属袁隆平开创的杂交水稻技术和李振声的小麦育种技术。袁隆平培育出的杂交稻品种，使水稻亩产获得大幅度增长，到目前杂交稻累计推广种植面积超过45亿亩，增产稻谷4亿多吨。目前世界上已有20多个国家和地区在研究或引种杂交水稻。多亏了袁隆平院士和李振声院士相继解决了中国水稻、小麦单产增加的难题，使得中国取得了前所未有的粮食大丰收。而未来，科技依然是中国解决粮食安全最重要的依靠。

习近平主席指出：“粮食安全要靠自己。”这句话抓住了粮食安全问题的关键。中国人民大学农业与农村发展学院副院长郑风田说，继中央经济工作会议上“粮食安全”被前所未有地放在首要地位后，2014中央一号文件再次强调完善国家粮食安全保障体系，更加注重粮食品质和质量安全。文件指出，“把饭碗牢牢端在自己手上，是治国理政必须长期坚持的基本方针。综合考虑国内资源环境条

件、粮食供求格局和国际贸易环境变化，实施以我为主、立足国内、确保产能、适度进口、科技支撑的国家粮食安全战略。任何时候都不能放松国内粮食生产，严守耕地保护红线，划定永久基本农田，不断提升农业综合生产能力，确保谷物基本自给、口粮绝对安全。更加积极地利用国际农产品市场和农业资源，有效调剂和补充国内粮食供给。在重视粮食数量的同时，更加注重品质和质量安全。”

2013 年中国粮食产量首次突破 6 亿吨大关，连续第十年实现增产。但在“十连增”的背后，却是化肥超量使用的事实，中国拥有地球上 9% 的耕地，但化肥和农药的使用量却是全球总量的 35%。环保部生态司司长庄国泰指出，65% 的化肥都变成了污染物，留在了环境当中。

耕地质量：威胁粮食安全

土壤是生态环境系统的有机组成部分，是人类生存与发展最重要和最基本的综合性自然资源，也是人类生态环境的重要组成部分。中国用占世界不足 9% 的耕地，养活了世界近 1/5 的人口，就是在这 18.26 亿亩耕地上实现的人间奇迹。但是由于现代工农业生产的飞速发展，高强度的耕地利用，严重的工业污染，使耕地质量持续下降，这已经成为影响我国可持续发展的重大障碍。

首先，耕地 18 亿亩的红线不断被冲撞，土地失控成为当前中国粮食安全面临的最大威胁。中央农村工作领导小组副组长陈锡文推算：“按照中国目前的农业生产能力，至少需要 30 亿亩以上的播种面积才能满足需求。但我们 18.2 亿亩耕地转化成播种面积，大约只有 24 亿亩。随着城镇化继续发展，缺口还会越来越大。”根据国土资源部的统计数据，1996—2006 年，全国耕地减少了 1.24 亿亩。这些减少的耕地大部分发生在南方，其中一多半是珠江三角洲、长江三角洲地区快速的工业化和城市化占用的稻田。

其次，土壤退化也限制了粮食的增长潜力。在中国耕地资源中，70% 属于中低产田，且耕地质量呈下降趋势。耕地水土流失、次生盐渍化、酸化等问题比较严重，由此导致的耕地退化面积占耕地总面积的 40% 以上。现在最大的问题是耕地的质量，这对我们粮食安全是一个很大的风险。好的土地往往用来城镇化，在良田被占用之后，我们能不能改造出土地资源跟水资源相匹配的良田来？现在看来，耕地与水资源不匹配的矛盾很难解决，土地和水资源的问题始

终是制约中国农业产量增长最主要的因素。

第三，土壤的污染也对粮食安全构成了极大威胁。中国是全球最大的农业国，与此同时，中国也是全球土壤污染最严重的国家之一。根据《2013—2022年农业展望》报告中引用的最新数据，中国受不同程度污染的耕地已占到耕地总面积的近 20%。该报告描述，城郊农田遭受污水、生活垃圾等污染物污染，矿区周边农田遭受矿渣和有害采矿排水污染，工厂周边农田遭受工厂排放污水污染等问题相当严重。2013 年 12 月，国土资源部副部长王世元在介绍第二次全国土地调查结果时表示，全国污染土地 1.5 亿亩，其中中重度污染耕地已达到 5000 万亩左右。土壤污染使全国农业粮食减产已超过 1300 万吨，因农药和有机物污染，放射性污染，病原菌污染等其他类型的污染所导致的经济损失难以估计。由于污染，土壤的营养功能，净化功能，缓冲功能和有机体的支持功能正在丧失。2013 年广州市公布了第一季度餐饮食品抽验结果，发现 44.4% 的大米及大米制品抽检产品镉超标。

第四，过量的化肥使用也对土壤造成了污染。化肥污染是农田施用大量化肥而引起水体、土壤和大气污染的现象。农田施用的任何种类和形态的化肥，都不可能全部被植物吸收利用。化肥利用率，氮为 30% ～ 60%，磷为 2% ～ 25%，钾为 30% ～ 60%。未被植物及时利用的氮化合物，若以不能被土壤胶体吸附的 NH4-N 的形式存在，就会随下渗的土壤水转移至根系密集层以下而造成污染。可导致河川、湖泊和内海的富营养化；土壤受到污染，物理性质恶化；食品、饲料和饮用水中有毒成分增加。联合国前秘书长安南在《秘书长千年报告》中指出，增加化肥和农药的施用量，大大提高了农作物产出率，阻止了全球饥荒的来临，但是，人类为此付出了沉重的代价。我国是世界上化肥和农药施用量最大的国家，两者的单位面积用量分别是世界平均水平的 3 倍和 2 倍。

第五，过度的翻耕土地导致了土壤有机质的大量流失。全世界大多数农民都会在农作物播种前耕地。播种前耕地，可以掩埋作物残茬，动物粪便以及妨碍作物生长的杂草，还可以使土壤透气和升温。但是这种清理和干扰也使土壤容易遭受风雨的侵蚀，造成农田表层土壤的流失，农业土地退化是全球最严重的环境问题之一。全世界大约三分之一的耕地，表土侵蚀速度快于新土形成速度。这层植物必须的，薄薄的营养物质，是文明的基础，需要经过漫长的地质年代才能形成，但通常只有 15 厘米厚。自然恢复 1 厘米厚的土壤需要上万年的时间；而人工治理也至少需要几十、上百年的时间！

不能忽视：污泥里的磷肥矿

植物的生长作为一种复杂的生命化学过程，其生长旺盛的条件却可以被归结为三个数字：19、12、5。这是氮、磷、钾含量的百分比，被醒目地标注在每个化肥包装袋上，这三种营养元素提高了农业生产力，供养了增长6倍的农业人口。据联合国粮农组织（FAO）统计，化肥在农作物增产的总份额中约占40% ~ 60%。中国的粮食增长，化肥起到举足轻重的作用。

但是它们从哪里来的呢？我们从空气中获得氮，而磷和钾必须开采矿石获得。地球上的钾足够未来几个世纪使用，而磷则不同：到本世纪末，全球可利用的磷矿资源可能就会枯竭。为了保证中国的粮食生产，我们必须加大化肥生产力度，积极开拓海外磷肥和钾肥资源，持续增加磷肥和钾肥的供应，同时推动自然界磷肥和钾肥的循环利用，最大限度地提升磷肥和钾肥的循环水平。

1987年国际地质对比计划估算，全球约有1630亿吨的磷酸盐矿石，由于含量、开采成本、技术水平等因素的影响，实际的磷资源储量为150亿吨。现在全球每年进入循环的磷累计达3700万吨，其中2200万吨来自磷矿开采。按照目前的利用率可以足够使用90年，但是90年以后人类该怎么办呢？随着全球人口的增加和生活质量的提高，磷的消耗必然会增加。

现代农业使陆地磷自然消耗的速率提高了3倍，而且过度的水土流失将磷带进水体，造成了无法控制的藻华，破坏了水生生态系统的平衡，磷已经成为这个时代最严重的可持续问题之一。除了肥料流失以外，生活污水中的磷也成了公害，因为它会使藻类疯长，耗尽当地水体里的氧气。另一方面，人们也越来越清楚地意识到，未来几十年内便宜的供应会逐渐稀缺，甚至有的国家已经考虑对磷资源进行保护。瑞典已经要求，到2015年，废水中的磷酸盐要有60%被回收利用。中国也在2008年对磷酸盐出口征收了135%的关税。

自然界是通过风化作用、生物作用、沉积作用，以及几千万年后地质抬升来循环利用磷。现代农业对化肥贪婪的需求，已经使陆地磷的消耗速率提高到原来的3倍，但是一系列搭配使用的技术措施能够缓解这个问题。可以用于磷资源保护的标准方法无非是：节约、循环和再利用。我们可以通过更加有效的农业措施，比如梯田和免耕，来减少土壤侵蚀，从而减少化肥的使用。收获的农作物中无法使用的部分，如秸秆也要还给土壤。我们还要处理生活污水，并

利用固体废弃物中的磷。人类和动物的尿液中也含有磷，它的总量占我们排泄磷的一半，也是相对容易循环利用的。最可持续的磷流动是自然界本来就有的磷循环，即每年循环 700 万吨磷。

全球每年有约 550 万吨的含磷牲畜粪便流入海洋，而人类大约会排放 330 万吨磷。它们可以送回农田，加以利用。人类粪便，经过技术改造，可将利用率从 50% 提高到 85%，相当于每年节省 105 万吨磷。污水处理厂出来的污泥也含有人类粪便、洗涤的含磷废水，也是可以利用的城市磷矿。

在美国俄勒冈州威拉米特河谷里隐藏着 3 个巨大的锥形金属容器，这是波特兰市德拉姆高级污水处理厂的磷回收装置。这个装置能将污水中的磷捕获，生产出可用于农业的磷肥。这个“捕获器”将污水和氯化镁注入一个 7.3 米高的反应器。这个锥形容器的作用就是产生一团湍急的“雷雨云”，剧烈摇晃注入的粒子，直至它们成为粒状肥料。

2008 年，北京市共产生污泥 1057908 吨，污泥中养分含量氮、磷、有机物、钾（TN、TP、TOM、K）含量分别为 3.64%、2.16%、65.98%、0.31%。相对应的，氮的总含量为 38507.8 吨，磷的总含量为 22850 吨，钾的总含量为 3279.5 吨。三项合计氮磷钾纯养分总量达到了 64637.3 吨。这表明，北京市城市污泥的肥分很高，如果经过适当的提取工艺处理，并且污染物不超标，完全可以实现再循环利用。仅以磷为例，如果回收率达到 80%，可以生产磷肥 18280 吨。

新型腐殖液肥，改造濒海盐碱地

盐碱地是盐类集积的一个结果，是指土壤里面所含的盐分影响到作物的正常生长。土地盐碱化是构成土地荒漠化的重要组成部分，严重威胁着当地农业生产，经济的繁荣与发展，以及生态环境的改善等一系列重大问题。根据联合国教科文组织和世界粮农组织不完全统计，全世界盐碱地的面积为 9.5438 亿公顷，其中我国为 9913 万公顷，折合 14.87 亿亩。我国盐碱地主要分布在包括西北、东北、华北和滨海地区在内的 17 个省。有农业利用潜力的盐碱荒地和盐碱障碍耕地面积近 2 亿亩，近期可利用的盐碱地面积达 1 亿亩。

盐碱地的农业高效利用是公认的技术难题。中国农业科学院土壤与肥料研究所程宪国研究员认为，近 20 年来，我国在盐碱地的利用与治理改良等方面还缺乏针对不同区域、不同类型盐碱地的农业高效利用配套技术及其应用模式，

急需可规模化应用的盐碱地治理利用实用新技术。

黄淮海平原又称华北平原，是由黄河、淮河、海河等多沙性河流冲积而成的，是我国农业的核心区。20 世纪 80 年代中期，在针对黄淮海平原中低产田改造的国家科技攻关中，来自中国科学院、中国农科院及相关省的农业机构和大专院校的科技人员各展身手，在深刻认识自然规律的基础上，提出了综合配套、切实可行的盐碱地改造技术、发展模式和增产措施，实现了黄淮海平原农业的持续增长，由此创造了人类农业史上的奇迹。

盐碱土的改良一般分三步进行，首先排盐、洗盐、降低土壤盐分含量；再种植耐盐碱的植物，培肥土壤；最后种植作物。具体的改良措施是：排水，灌溉洗盐，放淤改良，种植水稻，培肥改良，平整土地和化学改良。

增施有机肥料是改良盐碱地，提高土壤肥力的重要措施。盐碱地一般有低温、土瘦、结构差的特点。有机肥经微生物分解、转化形成腐殖质，能提高土壤的缓冲能力，并可和碳酸钠作用形成腐殖酸钠，降低土壤碱性。腐殖酸钠还能刺激作物生长，增强抗盐能力。腐殖质可以促进团粒结构形成，从而使孔隙度增加，透水性增强，有利于盐分淋洗，抑制返盐。有机质在分解过程中产生大量有机酸，一方面可以中和土壤碱性，另一方面可加速养分分解，促进迟效养分转化，提高磷的有效性。

神农宝土壤改良剂是一种专门用于盐碱地改良的腐殖类液体肥料。它是利用热解原理处理生活垃圾得到的复合类有机酸物质集团，主要成分以腐植酸、黄腐酸并添加多种微量元素组成。由于经过高温热解，生活垃圾中的有害物质被完全分解，重金属被分离，因此可以放心地用于农作物的种植，不会对人类及生态环境造成影响，是安全有效的。

神农宝盐碱地改良剂可以快速降低土壤的含盐量和酸碱度，改善土壤的理化性状，大幅提高作物的产量和品质。其改良原理是：利用阴离子有机酸聚合物的络合增溶作用，提高土壤中硫酸钙、碳酸钙的溶解度，激活土壤中被固化的钙离子，被激活的钙离子通过离子交换作用大量置换与土壤胶体吸附的钠离子，被置换出的钠离子与负价的官能团结合成溶于水的络合物，随灌溉水进入到耕作层以下，不再危害作物生长。神农宝土壤调理剂中所富含的氢离子与土壤中引起碱性升高的碳酸根离子、碳酸氢根离子发生反应，生成水和二氧化碳，直接降低了土壤的碱性。

利用生活垃圾热解制取盐碱地改良剂，为城市生活垃圾的资源化利用找到了一条既环保，又经济的利用途径，也为盐碱地的改良与养护提供了可靠的物

质保障，是城市可持续发展的新探索。环渤海地区盐碱地有 800 万公顷，河北省秦皇岛市、唐山市、沧州市、天津市静海县是离北京较近的盐碱区。以北京为例，每年热解 300 万吨生活垃圾，可获得 5 万～ 6 万吨的土壤调理改良剂，可以改造盐碱地 30 万亩。如果将这些土壤调理改良剂用于北京市的耕地改良，则可以使 100 万亩的农田得到很好的调理养护，其经济、环境、社会效益十分可观。

木酢液：农作物的保健品

木酢液是什么东西？人们把木材放到封闭的容器里，然后加热容器，就会有浓浓的烟雾冒出来，把这些烟雾冷凝下来之后就得到了黑褐色的液体，这些液体静置沉淀一段时间后，就会自然分为三层，上面是一层轻质焦油，下面黑色的粘稠状物质是木焦油，中间棕红色透明的液体就是木酢液，也叫木醋液。大规模的木酢液主要来自木炭生产过程，木炭与木酢液就好象是一对兄弟。木酢液是木材热解过程中提取的没有经过化学处理的纯自然物质，它含有 200 多种有机成分，是一个天然的有机活性物质集团。

木酢液在有机农业、园林花卉、蔬菜栽培方面有着广泛的应用。日本是木酢液应用最早的国家，从 1905 年开始生产木酢液，上个世纪 60 年代开始木酢液应用研究，其中在水稻栽培、有机蔬菜种植、有机水果、花卉园艺方面的研究已经取得了很多成果。日本出版的木酢液相关书籍超过上百种，日本还有木炭木酢液协会等会员机构。

我国的木酢液研究起步于上世纪 90 年代，当时黑龙江、江苏、浙江的一些机构和木酢液爱好者利用木炭生产来提取木酢液，并开始在农业上应用。2000 年，中国农业科学院蔬菜花卉研究所率先在番茄、黄瓜等蔬菜上使用木酢液，取得了良好的效果。随后，山东花生研究所、中国农业大学、莱阳农学院、北京农林科学院等一批科研机构开始深入研究木酢液的生产、应用，中国的木酢液产业开始进入较快的发展阶段。迄今在国内专业期刊上发表的木酢液研究文献已经有数百篇之多，有些研究者还获得了相应的硕士、博士学位。2002 年，神农宝牌农用木酢液获得了“有机产品”认证。北京昌平区已经生产出了“木酢草莓”“木酢苹果”“木酢西瓜”等有机产品，相关企业获得了很满意的经济效益。木酢液在中国已经开始生根发芽，迎来了它的春天。

木酢液在有机农业、园艺、花卉、食用菌、粮食作物栽培方面的应用，取得了很多令人称奇的效果：

(1) 促进土壤中有益微生物的增殖。在土壤中生存着很多眼睛看不见的微生物，其中有对植物生长产生促进作用的，就叫做有用微生物。木酢液能增加有用微生物，并保持植物的健康。

(2) 激发植物的生理代谢。植物是从根吸取水分和养分并利用光合作用而造出新的细胞。在这个过程当中植物体内发生了各种各样的反应，这种反应叫做生理代谢。木酢液可以激活这种反应。

(3) 可以促进肥料中有效成分的吸收。腐叶土中含有有机成分，是植物生长非常重要的营养。浓缩成分的化学肥料没有速效性，而木酢液的有机成分能快速溶解这化学肥料，并能让植物很好地吸收。

(4) 提高农药的效果。在耕种各种各样的农作物时，木酢液与农药一起稀释使用，农药用量可以减少一半。例如 1000 倍稀释使用的农药；如果适当搭配使用木酢液，同稀释 2000 倍的农药浓度可以得到相同的效果。

如果很好地使用木酢液，肥料的吸收性和土壤的营养环境也就随之变好了，病虫害减少了，植物也就健康了。这个奥秘是因为木酢液含有 200 多种发挥作用的天然成分。它们是综合的、复杂的、紧密结合的、加倍发挥效果的。木酢液不含人工合成化学物质，是纯自然的浓缩精华，蕴涵着神秘的力量。

综合来看，木酢液对于农作物的根本作用在于提高其抗病能力，预防霜霉病、灰霉病等菌类病害的发生。农作物的抗病能力增强了，就可以不用或少用农药了。这对于饱受农药残留困扰的消费者们来说，是最大、最现实的福音。北京市城六区每年有 100 多万吨的园林废弃物，其中约有 20 万吨的剪枝适合提取木酢液，产量可达到 8000 吨，如果应用于蔬菜、水果、粮食作物的灌根、叶面喷施，将使农作物的品质得到根本性提高，使市民的餐桌更加安全。

新型活性有机肥，助推都市现代农业

化肥是现代农业丰收的保障，但是过量使用也会引起水体、土壤和大气的污染。农田施用的任何种类和形态的化肥，都不可能全部被植物吸收利用。未被植物及时利用的氮化合物，若以不能被土壤胶体吸附的 NH4-N 的形式存在，就会使土壤受到污染，物理性质恶化，造成土壤板结。

有机质的含量是土壤肥力和团粒结构的一个重要指标，有机质的降低，致

使土壤板结。土壤有机质是土壤团粒结构的重要组成部分，土壤有机质的分解是以微生物的活动来实现的。向土壤中过量施入氮肥后，微生物的氮素供应每增加 1 份，相应消耗的碳素就增加 25 份，所消耗的碳素来源于土壤有机质，有机质含量低了，影响微生物的活性，从而影响土壤团粒结构的形成，导致土壤板结。

怎样才能消除土壤板结呢？有三种解决办法：第一种办法是向土壤中施入微生物肥料，微生物的分泌物能溶解土壤中的磷酸盐，将磷素释放出来，同时，也将钾及微量元素阳离子释放出来，以键桥形式恢复团粒结构，消除土壤板结。第二种办法是增加碳素的供应，使微生物消耗的碳素满足供应。第三种办法是大量使用有机肥料，调整土壤中有机、无机成分的结构比例，消除土壤板结，进而提高土壤的营养品质。

神农宝牌活性有机肥是以城市餐厨垃圾为主要原料，添加了活性微生物菌种、园林废弃物热解炭，经过混合发酵，制成的活性有机肥料。这种肥料中的有机质含量高达 70% 以上，碳含量超过 15%，氮、磷、钾营养丰富而均衡。该肥施入土壤后，肥料中的微生物在木炭的巨大空间里迅速增殖，其分泌的酸性物质以键桥的形式恢复了土壤的团粒结构，消除了土壤的板结。肥料里的碳成分又成为微生物的营养剂，促进了细菌的繁殖。而肥料里的餐厨垃圾成分经过腐熟、发酵，变得更加易于农作物的吸收，有利于农作物的生长。土壤的团粒结构经过改良优化后，微生物的活性增强，可以大大促进土壤内部的良性发展，便于有机农产品的生产。

北京每年产生的餐厨垃圾达到 80 万吨，加工成活性有机肥后，总量也在 40 万吨以上，如果能够在蔬菜、水果、花卉方面大规模应用，对于改良土壤，提高作物品质，保证农产品安全具有十分重要的意义。

北京农业革命：500座“垂直农厂”

20 世纪中期以来，农业革命和创新极大地增加了粮食产量。第一次绿色革命，通过大量使用肥料、农药、水资源和杂交水稻技术，促使农业产量获得戏剧性的突破，绝大多数发达国家因此获得了稳定的食物供应，消除了饥饿的威胁。不幸的是，世界人口也呈爆炸式增长，饥荒仍在蔓延。为了满足人类食品需求，提升生活质量，国际社会对第二次绿色革命寄予极大的期待。

如果说第一次绿色革命依靠的是几十亿吨原材料的话，第二次绿色革命依靠的则是几十亿兆字节的原始数据，精细化的栽培技术，集约化的生产管理，高品质的有机理念，靠近消费者的本地化生产，而这就是“工厂农业”。

在北京北三环内，中国农业科学院的高新技术园区里有一座1600平方米的智能型植物工厂。走进晶莹剔透的日光温室里，工作人员按了一下遥控器，墙面上的百叶窗缓缓升起，映入眼帘的是一排排铁架上长势旺盛的奶油生菜。它们被“关”在一个密闭的房间里，外面的人只能透过玻璃墙看到里面的情况。一排排的白色泡沫板上被挖开了许多小孔，每个小孔有一颗植物，完全采用水培方式，用营养液代替土壤提供植物所需要的养料。

“植物工厂是一种通过计算机对设施内温度、湿度、光照、二氧化碳浓度以及营养液等环境条件进行自动控制，不受自然条件制约的全新生产方式。它可以做到全年生产，也就是一直不断地生产，循环往复，没有停止。”中国农业科学院农业环境与可持续发展研究所杨其长研究员介绍，早在1957年，丹麦就发明了小型的植物工厂。1974年，日本也逐步发展起来，正在研究建设稻米工厂。我国20多年前开始从事这项研究，目前已经小有成果。山东、江苏、广东等省已经开始建设植物工厂。

美国哥伦比亚大学的迪克森·德斯坡米尔教授，针对现代农业高污染、低效率的问题，创造性地提出了集约化、高效益工业化农作方式——垂直农场项目。垂直农场，就像人们居住的房屋从平房向高楼进化一样，耕地也从田地向多层建筑式的楼层化农场发展，在人工修筑的多层建筑物里模拟农田的农作物生长环境，使其适合于农作物的生长发育成熟条件，从而有效扩大农作物生产面积和生产产量的一种农业发展模式、途径和方法。

北京作为中国的首都，当然不能止步于1600平方米的小型“植物工厂”，也不必羡慕30层的“垂直农场”，设计一座适合于本地气候、空间、环境条件的“立体农厂”应该是可能而又可行的实际选择。

北京的“立体农厂”的建筑标准是：占地1万平方米，高度20米的六层建筑，总建筑面积6万平方米。室内采用2层栽培与立体栽培方式，总的栽培面积可以达到15万平方米，相当于100栋标准日光温室的种植能力。室内主要采用滴灌、水培、气培三种栽培方式，种植品种有西红柿、黄瓜、辣椒、胡椒、茄子、油菜、生菜、莴苣、韭菜、芹菜等生长较快的蔬菜。这些蔬菜将按照有机农业标准进行生产，不使用农药、杀虫剂。每座“立体农厂”可年产有机蔬菜2400吨，可供1.6万名市民的全年需要。

“立体农厂”的蔬菜实行“工厂到餐桌”的直接供应方式，也可以实行会员制，每座工厂与5个居民社区对接，消除中间环节，降低营销成本。所有蔬菜产品实行“净菜”出厂，避免储运过程的损失。

“立体农厂”主要建设在北京六环路的两侧，这里是北京的绿化带，到市区的距离适中，可以降低运输过程的成本，一年四季都可以及时有效地供货。建在这里的另外一个主要原因是，按照我们的规划，“北京热海”项目中的190千米的“热水隧洞”就建设在地下100米，可以为“立体农厂”提供丰富的能源和水资源，而这恰恰是“立体农厂”可以建设的主要原因。

沿着北京近190千米的六环路两侧可以建设500座“立体农厂”，总建筑面积为3000万平方米，总栽培面积7500万平方米，每年可产有机蔬菜120万吨，可保证800万市民的全年供应。不仅如此，全部“立体农厂”项目还可以创造4万个就业岗位，实现100亿元以上的农业总产值。如此美好的未来，不是梦想，我们都有机会去实现！

第二十章 纸循环：城市里的大森林

纸是现代城市中流通速度最快的人工物质，它从许多方面影响着人类的生产生活。如果没有纸，人类文明的历史也许还停留在蒙昧时代。现代城市里，种类繁多的纸张、纸制品充实着人类生活的方方面面。

纸张最主要的用途是书写和印刷，记录和传播人类文明。由于纸具有独特的物理性质，既有柔韧性，还有一定的机械强度，逐渐成为广泛使用的包装材料。在世界范围内，用量最多的纸制品是瓦楞纸、纸板纸、新闻纸、卫生纸等。

纸浆是造纸的主要原料，纸浆是由植物纤维制成的，而植物纤维是从木材、芦苇、麦秸、稻草中提取的。由于纸张的天然性能，纸张可以回收再利用，这样就可以减少一定的木材消耗，相应地减少了森林采伐。

城市里面有森林，废纸就是城市里的森林。大量回收利用废纸有效弥补了我国森林资源的不足。2013年全国纸浆消耗总量9600多万吨，其中，国内回收废纸4600多万吨，相当于节约1.38亿立方米木材，那是整整一大片森林！

蔡伦先生的巨大贡献

1978 年，美国应用物理学家普林斯顿大学天文学博士麦克·哈特所著的《影响人类历史进程的 100 名人排行榜》一书出版发行。中国东汉时期的发明家蔡伦，紧随穆罕默德、牛顿、

耶稣、释迦牟尼、孔子、保罗等思想家、科学家、宗教体系创始人之后，名列第七位。他发明的纸和造纸术为人类思想、文化、宗教、科学的传播与传承提供了重要的载体，至今仍在影响着我们的生活。

纸是用于书写、绘画、印刷、包装方面等的片状纤维制品，是汉族劳动人民的一个伟大发明。造纸术是汉族劳动人民长期经验的积累和智慧的结晶，与指南针、火药、印刷术一起并列为中国古代四大发明。纸的发明结束了古代简牍繁复的历史，给中国古代文化的繁荣提供了物质技术的基础，大大地促进了人类文化的传播与发展。

蔡伦发明造纸术在《后汉书·蔡伦传》有明确的记载。书上说：自古以来都是把字写在或刻在竹片上，再编成册，那种用来写字的丝绸叫做纸。丝绸很贵而竹简又太笨重，并且不便于人们使用。蔡伦于是想出一种方法，用树皮、麻头以及破布、鱼网造成纸。元兴元年（汉和帝年号，公元 105 年）上奏皇帝，皇帝夸赞他的才能，从此都采用他造的纸，所以天下都说“蔡侯纸”。

甘肃天水放马滩出土的西汉时期绘有地图的纸，是目前世界上发现最早的纸。这表明，在蔡伦之前纸就已经在中华大地上出现了。蔡伦及其工匠们是在前人漂絮和制造雏形纸的基础上总结提高，从原料和工艺上把纸的生产提升到一个独立行业的阶段，由此开创了人类的造纸产业。蔡伦的贡献就在于使皮纸生产在东汉发展起来。麻纸及皮纸是汉代以后 1200 年间中国纸的两大支柱，中国文化有赖这两大纸种的供应而得以迅速发展。

诚然，“蔡伦纸”不会是蔡伦一手制作，但没有他的“造意”，单凭尚方工匠也制造不出这种植物纤维纸来。蔡伦在促进麻纸及皮纸生产方面起了很大作用，其作为技术革新者和组织推广者的历史地位是毫无疑问的。因此，把蔡伦评为我国造纸术的发明者或代表人物是有充分历史根据的。

公元 8 世纪，我国已经广泛使用纸，之后的几个世纪中，我国将纸出口到亚洲各个地方，并严保造纸秘密。公元 751 年，唐朝和阿拉伯帝国发生冲突，阿拉伯人俘获了几名中国造纸工匠。他们将这些工匠带到中亚重镇撒马尔罕，让他们传授造纸技术，并建立了阿拉伯帝国第一个生产麻纸的造纸场。从此，撒马尔罕成为阿拉伯人的造纸中心。没过多久，造纸技术便逐渐在阿拉伯世界各地传开，后又经阿拉伯诸国传到北美和欧洲。

1797 年，法国人尼古拉斯•路易斯•罗伯特成功地发明了用机器造纸的方法，从蔡伦时代起中国人持续领先近 2000 年的造纸术终于被欧洲人超越。

造纸技术经过 2000 多年的不断演化，已经形成了非常发达的现代造纸工业，

纸的品种也达到了几千种，但其基本原理仍跟蔡伦造纸的方法相同。现代造纸原料主要有木材提取的植物纤维和无机纤维、化学纤维、金属纤维等非植物纤维两大类。制造高级印刷纸、卷烟纸、宣纸和打字蜡纸所用的原料，仍不外乎蔡伦所用的破布、树皮、麻头、废鱼网等原料。

1990 年 8 月，在比利时马尔梅迪举行的国际造纸历史协会第 20 届代表大会一致认定，蔡伦是造纸术的伟大发明家，中国是造纸术的发明国。

2000 多年过去了，纸张早已走出皇宫进入寻常百姓家，其用途也不仅仅限于书写、绘画了，纸以及纸板已经构成了一个崭新的世界。造纸术的发明和推广，对于世界科学、文化的传播产生的深刻影响，对社会进步和发展起到的重大作用，是蔡伦先生做梦也想不到的。

城市：丰富多彩的纸世界

纸张有很多用途，最主要的用途是书写和印刷，记录和传播人类文明。要读书看报，就不能缺少纸。尽管在数字时代，电子媒体的兴起冲击了传统书刊和报纸的“领地”，纸媒体仍然占有十分重要的地位。

不仅在文化方面，纸在生产、生活方面也有许多用途。由于纸具有独特的物理性质，既柔韧，又有一定的机械强度，逐渐成为广泛使用的包装材料。从药盒、手机盒到大件家用电器几乎都是用纸板包装的。

我们天天都在和纸打交道，所看到的纸也是多种多样。这些纸中有坚硬如钢的钢纸，有柔软如棉的餐巾纸，有厚如木板的电器绝缘纸，有薄如蝉翼的电容器纸等。其实，造纸的原料是纸浆，纸浆除了能做各种纸外，还可以做成人造丝、人造毛，照相底片、电影胶片。在和平时期可以用纸浆做的炸药开山、修路、开矿，也可以制成电器开关、电闸把手、收音机盒子等胶木零件，纸浆和树脂配合还可制成杯盘、管件等。如果把烟炭或木素掺在纸浆内压成纸板就能盖房子，做成机器上的底座、配件等。纸浆也可以制成仿象牙筷子、钢笔杆等日用品，纸浆和纸的用途非常多。

按照生产方式纸张分为手工纸和机制纸。手工纸以手工操作为主，利用帘网框架、人工逐张捞制而成。质地松软，吸水力强，适合于水墨书写、绘画和印刷用，如中国的宣纸，其产量在现代纸的总产量中所占的比重很小。机制纸是指以机械化方式生产的纸张的总称，如印刷纸、包装纸等。

按纸张的厚薄和重量分为纸和纸板。两者尚没有严格的区分界限。一般将每平方米重200g以下的称为纸，以上的称为纸板。纸板占纸总产量的40%～50%左右，主要用于商品包装，如箱纸板、包装用纸板等。国际上通常对纸和纸板分别进行统计，从环境保护的角度看，二者都是纤维素制品，都可以再生利用。

按照用途纸张可分为：包装用纸、印刷用纸、工业用纸、办公文化用纸、生活用纸和特种纸。目前，我国的产量和消费量最大的纸和纸制品是：新闻纸、包装纸、包装纸盒、包装纸袋、卫生用纸、办公文化用纸等。

在世界范围内，用量最多的纸是新闻纸。新闻纸也叫白报纸，是报刊及书籍的主要用纸，适用于报纸、期刊、课本、连环画等正文用纸。新闻纸的纸质松轻、弹性较好，吸墨性好，这就保证了油墨能较好地固着在纸面上。2012年，中国新闻纸的产量达389.6万吨，消费量达508万吨。

人类很多伟大的发明都是在无意识中创造出来的，卫生纸的发明就是如此。二十世纪初，美国司考特纸业公司买下一大批纸，因运送过程中的疏忽，造成纸面潮湿产生皱折而无法使用。公司负责人司考特成功地将这批没用的皱折纸改制成“桑尼”卫生纸巾，卖给火车站、饭店、学校等放置于厕所中，因为相当实用方便而大受欢迎，并慢慢普及到一般家庭中，由此开辟了纸类的生活化用途。1995年，司考特纸业并入金佰利，成为《财富》全球100强之一的消费品公司。目前，中国卫生纸产量约560万吨，消费量约480万吨。

报纸，能挡住互联网的冲击吗？

报纸是以刊载新闻和时事评论为主的定期向公众发行的印刷出版物，是大众传播的重要载体。报纸也是城市中流通量最大，流通速度最快的特殊纸制品。

报纸从诞生到今天已经走过了漫长的历史。1450年，德国人谷登堡发明了金属活字印刷技术，于是印刷的报纸开始发行。1609年，德国率先发行定期报纸，并于1660年发行了世界上第一张日报。法国1631年才出现报纸。美国的第一张报纸诞生于1704年，是波士顿邮局局长发行的《波士顿通讯》。

近现代的报纸从初创到成熟，大约经历了400年时间。19世纪末到20世纪初，报纸实现了从“小众”到“大众”的蜕变过程；报纸的发行量直线上升，由过去的几万份增加到十几万份，几十万份乃至上百万份；读者的范围也不断

扩大，由过去的政界，工商界等上层人士扩大到中下层人士。这种由量的积累而产生的质的飞跃，宣告了一个时代——大众传播时代的来临。

20 世纪初期，随着自由资本主义向垄断资本主义的过渡，报业资本迅速集中，出现了报业垄断组织“报团”，由此形成了媒介产业化的格局。20 世纪末，这些报业集团更是滚动发展成为财力雄厚，多角延伸，跨国经营的媒体集团。

进入 21 世纪之后，越来越多的人使用互联网，订阅报纸的人开始减少。于是人们猜测，报纸不久将会从地球上消失？在全球拥有 175 家报纸的媒体大亨鲁珀特·默多克曾对报纸的前途给出一个量化的预言：40 年后消失。也许是为了证实这个预言，他在 2005 年花费 5.8 亿美元买下了社交网站 MySpace。

很多人也许认为，默多克先生开始从传统的纸媒体抽身了，因为报纸即将消亡。然而，就在 2007 年 8 月 1 日，默多克的新闻集团却以 50 亿美元巨资高调地收购了有 125 年历史的道琼斯公司。消息传来，人们感到大吃一惊。明知报纸没有前途，还投巨资买报纸，难道说这位 76 岁的老人失去了理智？

不，默多克先生并没有失去理智，他的真实意图是道琼斯公司下属的《华尔街日报》——报纸产业里最耀眼的明珠之一。默多克理智地审视着互联网与报纸的关系：互联网虽说红火无比，但红火的下面并非没有隐忧；报纸的处境确实令人感到失望，但失望过后却显露出一线生机。

当下，读报纸的人确实正在减少。人们减少读报的理由也很充分——互联网里到处都是新闻，不仅数量多，而且还是免费的，为什么要花钱去订报纸？但是，当互联网上鱼龙混杂的免费新闻泛滥成灾的时候，高价值的新闻报道和分析就显得尤为珍贵了，人们当然愿意花钱去购买的一种有价值的内容。这也就是为什么收费的《华尔街日报》网络版订户能达到 93 万份的原因。

有了这个判断后，默多克下定决心从自己 54 亿美元的现金存款中，取出 50 亿美元去买下《华尔街日报》的母公司——道琼斯公司。

其实，在全球进入互联网时代的大背景下，传统报纸信息丰富、广告精美的特点仍对许多人保留着强大的吸引力。国际发行量审计局联合会（IFABC）的一项研究表明，截至 2011 年底，全球有 25 亿人定期阅读印刷版报纸；有超过 22 亿人使用因特网或者通过手机阅读新闻；有 5000 多万人既阅读印刷版报纸，又阅读电子版报纸；有 1000 多万人只阅读电子版报纸。

也许，这样一组数据能带给我们更多的信心：2012 年，中国共出版报纸 1918 种，平均期印数 22762 万份，总印数 482 亿份，总印张 2211 亿印张，定价总金额 434 亿元。这样看来，互联网未必能终结报纸的命运！

瓦楞纸，立体的纸更有力量

1855 年，英国的爱德华兄弟为了使他们制作的礼帽能吸汗，便在帽子里边放入了一种类似于瓦楞的纸内衬，这项小小的改进于 1856 年在英国获得了世界上第一个制造瓦楞纸的专利，而这项发明距今已有近 160 年的历史了。

瓦楞纸随后进入了快速发展的年代。1871 年，美国人艾伯特·琼斯在爱德华兄弟专利的基础上，将单一的瓦楞纸贴上一层衬纸用于灯泡、灯罩、玻璃瓶、罐头等易碎产品的包装，并第一个在美国获得了瓦楞纸包装技术的专利。

1907 年，美国纽约曼哈顿的印刷商罗伯特·盖尔在歪打正着的情况下发现了瓦楞纸箱这个有利可图的行当。他的一名印刷工在纸袋表面印字时，偶然间将纸整齐地切断了。盖尔马上意识到这是一种可以批量生产纸板的方法，也就是做成箱子。盖尔的纸箱既便宜又轻便，成了木箱的替代品，这是瓦楞纸箱发展最关键的一步。瓦楞纸箱因其重量轻，价格便宜，用途广泛，制作简易，且能回收甚至重复利用，使它的应用有了显著的增长。很快，瓦楞纸箱开始代替木箱，成为世界包装的主要容器。当美国国立饼干公司推出了第一批用密封纸盒保持其脆度的饼干之后，成千上万的制造商也群起效仿。

到 20 世纪初，由于用瓦楞纸板制成的包装容器对美化和保护内装商品有其独特的性能和优点，因此，在与多种包装材料的竞争中获得了极大的成功。迄今为止，瓦楞纸一直长用不衰并呈现迅猛发展趋势，成为包装容器的主要材料之一。除不断扩大在各种包装材料中所占的份额之外，瓦楞纸包装正向高质量、高强度、轻量化、多功能性、新工艺、新设备及拓宽应用领域等方向发展。

瓦楞纸和箱板纸主要应用于包装行业，是中国消费量最大的两类纸品。2013 年中国 9930 万吨的纸及纸板产量中，箱板纸和瓦楞纸分别占了 20.0% 和 19.9% 的比重；9752 万吨的消费量中，箱板纸和瓦楞纸则分别占了 21.3% 和 20.4% 的比重。有关部门预测，“十二五”末，中国瓦楞、箱板纸总产量将达到每年 4500 万吨以上，瓦楞纸会越来越多地改变、妆点我们的生活。

在中国江南水乡的周庄古镇里，有这样一个地方，它把人文空间融入纸箱的创意特色里，将“纸”的创意无限地延伸……这个地方就是“纸箱王”。

在纸箱王创意园区中，摆放着纸做成的巴黎铁塔、比萨塔等立体纸艺作品，不但美观、防水、还可以作成七彩夜灯。“纸箱王餐厅”以纸为布置主题，椅子、吧台、舞台、柜子也都是纸做的，光文具类品项就高达 300 多种。这里有纸做的帽子、纸做的手提包、创意灯纸、手工书、音乐屋、立体铺满球、纸球编织拼图、纸飞机等上千种纸商品，制作精美，让生活充满想象与趣味……

目前，瓦楞纸箱已经成为现代包装中使用最广泛的包装容器，也是当今世界各国所采用的最重要的包装形式之一。在我国，包装纸制品产值占包装工业总产值的 40%；而在经济发达国家这个比例是 45% 以上，其中，瓦楞纸箱产值占纸包装制品总产值的 60% 以上。不可否认，近几年我国纸箱行业发展速度较快，但是与国民经济发展的需求和与先进国家同行的水平相比，还有一定差距。可以肯定的是，纸箱行业是一个可以预见其光明前途的行业。

纸包装，站在电商的翅膀上起飞

2012 年 12 月 12 日，央视中国经济年度人物评选现场，阿里巴巴集团董事局主席马云与万达集团总裁王健林两位著名商业思想家，进行了一场“电子商务能否取代传统实体零售”的辩论。

马云认为电子商务一定可以取代传统零售百货，而王健林则认为电子商务虽然发展迅速，但传统零售渠道也不会因此而死亡。王健林当场约下赌局，“到 2022 年，即 10 年后，如果电商在中国零售市场份额占到 50%，我给马云一个亿。如果没到，他给我一个亿。”“豪赌”引发了网友恐慌：如果将来电商真的替代了传统行业，马云赢了，年轻人却哭了：中国将会有更多的人下岗，大街将空无一人。

2013 年 11 月 11 日，注定会成为人类商业史上一个值得铭记的时间点。因为，起始于 2005 年的中国电子商务终于迎来了令人骄傲的一天。“双 11 购物节”活动开场 55 秒，支付宝交易额成交达 1 亿；6 分 7 秒成交破 10 亿；1 小时成交破 67 亿；6 小时不到破百亿，13 小时就刷平了上年同一天 191 亿元纪录。到 11 月 12 日零点，天猫数据直播室的支付宝成交额数据最终定格在了 350.19 亿元，刷新了中国乃至全球网络购物的新记录。“双 11 购物节”当天，羽绒服、牛仔裤均卖出 500 多万件，靴子售出近 800 万件，文胸售出 300 多万件，手机卖出 170 万台。创维酷开电视 24 小时卖出 56272 台，销售额突破 1.8 亿元，创造了新的吉尼斯世界纪录。

“双 11 购物节”创造了中国物流快递行业的最新记录。国家邮政局发布的

监测信息显示，2013 年 11 月 11 日至 16 日“双 11”期间，全国快递业务总量为 3.46 亿件，比 2012 年“双 11”同期增长 73%。快件单日最高业务量出现在 11 月 13 日，为 6517 万件，比 2012 年增长 85%。

电子商务发展的高歌猛进，促进了中国物流快递业的高速发展。工信部信息化推进司副司长董宝青指出：“2013 年中国电子商务交易额超过 10 万亿元，成为世界第一大电子商务总额，中国电子商务已经到一个临界点和引爆点。以淘宝、京东、苏宁为代表的 B2C 更是达到 1.3 万亿元，占全部商品零售总额 10% 以上。”国家邮政局的数据显示，2013 年，我国快递业务量完成 92 亿件，居世界第二，仅次于美国，按 13.5 亿人口计算，平均每人约 6.8 个包裹，人均费用约 106 元。2008 年，全国快递业 35% 业务量由电子商务牵动完成。到了 2013 年，这一比例已经超过 50%。电子商务已成为我国物流快递业发展的巨大推动力，

面对汹涌的电子商务大潮，王健林坐不住了。时过一年，王健林在“央视财经论坛”夜话现场表示：“亿元豪赌就此作罢！我和马云很快合作！”王健林笑称：“关于打赌，那是开玩笑的，我根本不相信，亿元豪赌纯粹只是个笑话。”他还透露很快会和马云合作，正在进军电商新模式，不会把房子放在网上卖，是一个实体店和网店相结合的商业形式。

其实，不管是电商还是传统商铺，都有自己的传递传播方式，有各自的市场、目标受众。电商的发展非常迅猛原因有三：第一，年轻人成为电商的主力，越来越多的年轻人是在网络环境下长大的；第二，商品成本的下降是最直接的原因，使很多购物的人来到网络上；第三，电子商务给许多个性化的从业者创立了更大的舞台，“长尾效应”更加明显。第四，电商品种丰富、价格灵活、交货及时的优势将吸引更多的年轻人在这里交易购物。

疯狂的网购，也带来疯狂的包裹。在关注网购快捷、方便的同时，人们也在关注随即而来的大量包装。为了保护邮购物品，或者为了体现企业文化，大家收到的包裹，往往是塑料袋包塑料袋再包塑料袋，纸盒套纸盒再套纸盒……在快速增长的电商业务背后，是中国包装纸、箱板纸、瓦楞纸产业的巨量增长！

回收1吨纸，等于少砍17棵大树

现代城市快节奏的生活方式下，大量的一次性用品被广泛使用，一次性纸杯就是这种生活方式的代表产品。一次性纸杯使用方便、安全卫生，广受人民

的喜欢，但是这种产品消耗了大量的优质木浆，造成了巨大的浪费。

当连锁餐厅不断提高业绩时，如何处理大量的餐盒纸杯垃圾就成了问题。咖啡连锁品牌蒂姆·豪斯顿包揽了加拿大80%的咖啡生意，但随之而来的是被丢弃的纸质咖啡杯，仅在多伦多市，每年就要处理365万只空咖啡纸杯。为了解决这些副产品，蒂姆·豪斯顿公司在两年前开始了一项“闭环回收”活动，将那些吃完后被丢弃的纸杯纸盘收集起来重新加工制成店内使用的纸餐盘，并将那些在大街小巷随手丢弃的纸杯也100%地回收。从目前的效果看，尽管它还存在一些隐性成本，但却为快餐连锁企业提供了可借鉴的资源循环利用模式。

在城市中，除了纸杯纸盘这些一次性纸制品，报纸、书刊、快递信封、礼品包装盒、复印的办公用纸、服装购物手提袋、鞋盒、学生的作业纸、商品快递纸箱等，都是可以大量回收的纸制品，拥有巨大的回收价值。

有专家统计，一吨废纸可以再造好纸850千克，相当于少砍17棵大树，节水100吨，节煤1.2吨，节电600千瓦时，还可以减少35%的水污染……如果把今天世界上所用办公纸张的一半加以回收利用，就能满足新纸需求量的75%，相当于800万公顷森林可以免遭砍伐。据绿色和平组织计算，相比使用1吨全木浆纸张，使用1吨100%再生纸可减少11.37吨二氧化碳排放！

据第一届中国国际废纸利用大会介绍，日本的废纸回收率为78%；德国的废纸回收率为83%；芬兰回收率接近100%；而中国的废纸回收率只有30%。

在世界范围内，循环再生纸的使用已经愈来愈普遍，而各生产商也不断地在色域、印纹清淅度、品质等方面进行研究，务求得出较好的纸张特性。例如，在化学浆内加入添加剂或用化学处理步骤增加纸张强度。但由于纸张内油墨和污体没有完全被除去，所以光亮度会随着再生纤维的增多而减少。有鉴于此，生产商会加入一些填充颜料，或用不同的漂白步骤，令光亮度提升。循环再生纤维的特性绝非都不好，它可增加纸张的不透光度，减少映现，改良印品品质。

再生纸与节约森林资源密切相关，这可以从造纸工业排放二氧化碳的数量及节约森林资源两方面来看。商品生命周期评估法的估算表明，废纸浆配合比例越高，就越能降低二氧化碳的排放量。但与此相反，对于来自化石燃料的二氧化碳排放，却是原木浆的配合比例越高，就越能降低化石燃料的二氧化碳排放量。因为制造原木浆阶段产生的黑液通过干燥后，可以当做燃料来利用。

再生纸制浆过程中对大气、水质等造成的环境污染比起一般纸张大大降低。造纸行业废水量大、分布广，是我国污染最为严重的行业之一。生产1吨纸浆需要100吨至400吨的水，而这些污水大部分要处理后排出，其中含有大量的

碳水化合物、蛋白质、油脂和木质素等。造纸产生的黑液污染最为严重，每生产 1 吨纸浆排出 10 吨黑液。而再生纸在制造过程中可以使废水排放量减少 50%，尤其是可以省去造纸前期的几道工序，不会产生污染最为严重的黑液。

国家商务部的数据显示，2013 年全国纸浆消耗总量 9600 多万吨，较上年增长 3% 左右。其中，国产废纸浆占 40% 左右，估计国内回收废纸 4600 多万吨，相当于节约 1.38 亿立方米木材，整整一大片森林！

废纸，如何才能重生

纸的原料是纸浆，纸浆按原料来源又可分为：木浆、草浆及废纸浆等。制造木浆的木材由纤维素和木质素构成。其中，纤维素占干燥木材重量的一半左右，它是植物细胞壁的主要成分，大量纤维素集合在一起形成了树干和树枝。木质素则起到增强的作用，它像黏合剂一样，把细胞壁与相邻的细胞壁粘在一起。

纤维素是纸浆中纤维的来源，纤维的长度因树种而异，针叶树约 3 ～ 5 毫米，阔叶树约 1 毫米。针叶树的纤维当然更优异。从木材中得到的纤维是凌乱的，要造纸就必须把纤维分散到水里，使无数纤维均匀分布在一层，之后还要进行抄纸和脱水工艺。分散在水中时，纤维与纤维之间有水分子进入。脱水处理后，氢键的结合作用使纤维互相连接在一起，这种结合并非仅是纤维之间的缠绕接触，而是由于氢键的化学作用使纸具有了一定的机械强度。

造纸厂的造纸流程是：如果不掺杂废纸，就先把木材加工成小碎片；然后添加化学药品，再施以高温和高压，使纤维之间起粘合作用的木质素溶解，所有纤维素分散开来，这时产生的废液叫做“黑液”，脱水处理后可以作为燃料等。将剩下的纤维漂白后就成为白色的纸浆，叫做“化学纸浆”，可以用来制造白纸。把纸浆过滤、抄制、脱水、干燥，纤维间由于氢键的作用就形成了有一定强度的纸。有的造纸法，在制浆阶段不用化学药品处理，而保留木质素，产生的纸浆叫做“机械纸浆”，机械纸浆可以迅速吸收油墨，用于制造新闻纸。

再生纸是一种以废纸为原料，经过分选、净化、打浆、抄造等十几道工序生产出来的纸张。不论是用 100% 废纸浆，还是在原木浆中混合一定比例的废纸浆制造的纸都叫再生纸。

用废纸制造纸浆，需要先把废纸泡在水中使纤维分离，然后再进行脱油墨处理。脱油墨时，在水中加入表面活性剂，表面活性剂能像肥皂一样发挥去污作用，

使油墨与纤维分离。废纸纤维经过除杂、脱墨和干燥后，只有 80% 的氢键得以保持下来。经过四五次回收利用后，纤维素就无法再牢固地结合在一起了，成为名符其实的“废纸”。

对此，工程师们无计可施，几乎找不到一种经济可行的办法，来突破这一物理极限。于是，降低可用纤维的再处理成本，就成为科研的重点。在邮票、标签、信封封口、胶带、书脊以及其他废纸上面，都有一些乱七八糟的黏合剂，如何更好地清除黏合剂成了一大难题。这些黏性物质具有高度可塑性，很容易从专门设计的筛网中漏过，堵塞机器，因此必须通过一个费时耗能的“细筛”工序才能清除掉。另一个问题是，如何在废纸处理过程中，减少用水量，降低水污染程度，使这些被污染的水也得经过净化和重新利用。

最近，国际上的一些先进设备制造商开始推出废纸自动分拣机，而能够提高机器性能的传感器正在处于研发阶段。美国北卡罗来纳州立大学林业与纸业科学副教授理查德·A·文迪蒂说，更精良的设备不但能降低各种生产成本，而且还能将更加均匀的废纸浆送进再处理线，这样就能降低化学制剂的使用量，节约更多的水和能源。

再生纸的质量由制造时的废纸浆与原木浆的配比决定。废纸浆的比例越高，再生纸的质量越差。同时，废纸浆本身的质量也影响再生纸的质量。例如多次回用的报纸、杂志、纸箱，与只利用一次的牛奶盒相比，质量当然相差很大。对于中国来说，从节约森林资源的角度看，再生纸中废纸浆的比重以 60% 为宜，这个比例与黄金分割数 0.618 大致吻合。

废纸，城市森林里的财富神话

提起玖龙纸业的张茵，人们就会联想到“包装纸女王”、“废纸大王”。玖龙因废纸而生，因废纸而崛起，废纸就是玖龙纸业无边无际的原料森林。

张茵 1990 年前往美国建立中南控股有限公司，10 年后成为美国废纸回收大王。当时，美国人每年要用掉大约 3000 万吨硬板纸，超过了其他任何纸型的用量，这样大的用量足足可以将马萨诸塞州的每寸土地覆盖起来还有余。这种纸的原料来自树木以及旧瓦楞纸箱。在美国，全部旧瓦楞纸箱中有 3/4 是从废物中筛选出来并回收再利用的，而这个过程便是张茵盯住的最终目标。

张茵刚到美国时，制造业正在加速外迁，这是一个千载难逢的好机会。那

些来自中国的货船抵达加利福尼亚的时候总是载满货物，返航的时候却留下价格便宜的空仓位。张茵利用了这种贸易不平衡产生的运价折扣来运输废纸，美国中南控股公司因此飞黄腾达。到 2001 年底，张茵的公司达到了一个非同寻常的高度，在出口量上，中南控股成为美中航线上一枝独秀的出口商，连杜邦和宝洁这样的全球巨头都不是对手。

1995 年回国后，张茵决定从废纸贸易向包装业发展，落脚点选在广东东莞——这个珠江三角洲的新兴小镇，是中国资本拓荒者迁移的主战场。截至 2013 年 8 月末，玖龙纸业的总设计年产能达到了 1290 万吨。目前，玖龙纸业已成为亚洲最大的箱板原纸生产商，主要生产及销售包装纸板产品，包括卡纸、高强瓦楞芯纸、涂布灰底白板纸及白卡纸，同时从事环保型文化用纸、木浆和特种纸的生产和销售业务。

玖龙的成功经验也是可以借鉴的。北京每年消费的纸张、包装材料有 200 多万吨，加上河北、天津的消耗量，京津冀区域内的纸张、纸类包装、瓦楞纸箱的数量相当可观，估计在 500 万吨以上，完全可以支撑一个城市的经济发展。

燕赵自古多豪杰。1984 年 3 月 28 日，石家庄造纸厂门前突然出现一份《向领导班子表决心》的“大字报”：我请求承包造纸厂！承包后，实现利润翻番！工人工资翻番，达不到目标，甘愿受法律制裁。我的办法是：“三十六计”和“七十二变”，对外搞活经济，对内从严治厂……“大字报”的作者是该厂 46 岁的业务科长马胜利，河北保定人。石家庄市领导拍板鼓励马胜利承包。业务科长出身的马胜利很了解市场，他把工作重点放在调整产品结构和市场开拓上。造纸厂生产的是家庭用的卫生纸，马胜利根据市场需求，把原来的一种“大卷纸”规格变成了六种不同的规格，颜色也由一种变成三种，还研制出“带香味儿的纸巾”。一系列措施让厂子顿时有了活力。结果，承包第一年工厂就盈利 140 万元，承包 4 年，利润增长 21.94 倍。1988 年，马胜利荣获中国首届企业家金球奖。

马胜利的勇闯精神和他创造的生活纸品营销模式，至今影响着许多造纸企业。在河北保定市，许多家造纸企业正从事着马胜利曾经的事业，它们生产的生活用纸行销全国，成为全国重要的生活用纸基地。保定市位于华北平原北部、河北省中部，与北京、天津构成黄金三角，并互成犄角之势，自古是“北控三关，南达九省，地连四部，雄冠中州”的“通衢之地”。保定是京津冀地区中心城市之一，保定即“永保大都（元大都北京）安定”之意。《河北省新型城镇化规划》2014 年 3 月 26 日发布，规划明确：以保定、廊坊为首都功能疏解的集中承载地和京津产业转移的重要承载地，与京津形成京津冀城市群的核心。

“华北明珠”白洋淀大部分位于保定境内，连片浩荡的芦苇丛为保定的造纸工业提供了丰富的原料，奠定了保定造纸业的原料基础。近年来，京津冀区域的废纸回收业也为保定提供了大量原料。在北京环路上装满废纸箱的大卡车，其目的地主要是保定。如果在北京周边的纸箱厂打听一下箱板纸的来源，十有八九会得到一个答案：保定。保定已经成为京津冀废纸再生的主要基地。

玖龙纸业的成功源于对废纸的独到眼光，保定造纸基地的崛起则是顺天时、应地利，背靠着京津冀强大的供应能力和消费能力。按照区域分工，将保定市建设成为首都经济圈的造纸基地，既利用了区域的资源优势，也实现了合理的产业分工。关键是要建设好相关的水处理设施和环保设施，实现水资源的循环利用，探索出造纸行业可持续发展的新路子。

第二十一章 金属循环：从深山向城市富集

人类的生产和生活离不开金属。自然界中的绝大多数金属以化合态存在于金属矿藏中，金属矿藏在地壳中的含量是有限的。如果人们今天浪费或者不合理地使用这些宝贵的矿藏，实质上是在吃子孙饭，堵塞后代的发展之路。

经过几十年的强化开采，我国的金属矿藏资源逐渐枯竭，探明储量呈下降趋势，后备储量严重不足。由于选矿工艺、技术、装备方面的原因，导致有用矿物的回收率低，产生大量的尾矿，大量的有价元素遗留在固体废弃物中。

经过工业革命300年的掠夺式开采，全球80%以上可作为工业原料的矿产资源，已从地下转移到地上，并以“垃圾”的形态堆积在我们周围，总量高达数千亿吨，而且每年以100亿吨的数量在增加。人类社会在经济发展过程中还产生了大量现代工业废弃物，在城市周围堆成巨大的“城市矿山”。

人类能够从“尾矿堆”和“城市矿山”中提取出可以循环利用的钢铁、有色金属。要通过开展“城市矿产”资源的多元化回收、集中化处理、规模化利用，优化完善废旧资源回收网络体系，科学延长产业链条，实现产业规模化。

城市化与工业化的钢筋铁骨

铁是地球上分布最广的金属元素之一，约占地壳质量的5.1%，居元素分布序列中的第四位。古代小亚细亚半岛的赫梯人在公元前1500年前第一个从铁矿石中熔炼出铁。铁的发现

和大规模使用，把人类从石器时代、铜器时代带到了铁器时代，成为人类发展史上的一个光辉里程碑。

在我们的生活里，钢铁可以算得上是最有用、最价廉、最丰富、最重要的金属了。工农业生产和城市建设中，钢铁更是扮演了不可或缺的重要角色，无论是装备制造、铁路车辆、道路桥梁，还是轮船码头、高楼大厦均离不开钢铁构件，钢铁产量代表着一个国家的现代化水平。

中国也是最早发现和掌握炼铁技术的国家之一。在中国，铁的总产量在唐代就已经达到每年 1200 吨，宋朝为 4700 吨，明朝则达到 4 万吨的规模。在 13 世纪，中国就已经是世界上最大的铁生产国和消费国，这个领先地位一直保持到 17 世纪，直到现代钢铁冶炼技术在西方诞生。

新中国的钢铁工业从 1949 年的 15.4 万吨起步，用 50 年的时间，达到了年产 1.24 亿吨的生产规模。进入新世纪以来，中国钢铁工业跨进了发展的黄金时代，在速度、规模上均创造了世界钢铁发展史上的奇迹。钢产量连续跨越 2 亿吨、3 亿吨、4 亿吨的台阶，到 2008 年超过 5 亿吨，2010 年超过 6.3 亿吨，2012 年中国钢产量更是突破 7.16 亿吨，继续领跑全球钢铁工业。中国钢铁工业的全球占比也从 2001 年的 17.8% 跃升至 2012 年的 46.3%。中国已经成为世界最大的钢铁生产、消费和出口国。

中国钢铁工业的发展得益于改革开放，得益于加入世贸组织，得益于工业化道路。强大的钢铁工业助推了中国的铁路建设、公路交通、远洋运输、装备制造、国防建设，以及大规模的城市化建设，还将支撑起宏伟壮阔的中国梦。

铁路是用钢铁建设的道路，在中国这是铁一般的事实。改革开放以来，中国铁路路网规模和质量显著提升。2000 年底，中国铁路营运里程达到 6.8 万千米；2013 年底，中国铁路营运里程突破 10 万千米大关；根据调整后的《中长期铁路网规划》，到 2015 年，中国高速铁路运营里程将达到 1.9 万千米；到 2020 年，中国铁路营运里程将达到 12 万千米以上。

没有强大的钢铁工业，就无法建设现代化的城市。在城市化建设中，从道路桥梁、轨道交通、供水管网、污水处理、燃气管道等基础设施，到高耸入云的摩天大楼、城市综合体、高层住宅楼，都展现了钢铁的强大力量。

人类文明的进步，是在对大自然的挑战中实现的。中国钢铁工业的发展让一大批超级工程不断冲击人们的视觉和心灵，带给我们更多的自豪感。没有钢铁，我们便无法建设北京地铁网络、杭州湾跨海大桥、苏通长江大桥、首都国际机场 T3 航站楼、长江三峡工程这样的超级工程；没有钢铁，我们就不敢启动京沪高速

铁路、国家电网工程、南水北调工程、西电东送工程、渤海湾海底隧道、国道主干线工程这样的跨地区、跨流域、跨省际的国家级系统工程；没有钢铁，我们同样不可能开展亚洲公路网、新欧亚大陆桥这样的国际性工程规划。

人类的城市化是从平面向立体发展的过程，越来越高的城市建筑，已经不能用秦砖汉瓦来构建，钢材、水泥、新型建材才能占领越来越高的城市天空。中国已经步入了城镇化的加速阶段和工业化后期，未来将有 3 亿农村人口进入城市。人类历史上规模最庞大的新型城镇化，承载着“最大内需所在和结构调整的重要依托”，需要强大钢铁产业的巨量支撑。

以少胜多，有色世界更精彩

人类已发现蕴藏在自然界的 103 种天然元素中，凡具有良好导电、导热和可煅性的天然元素称金属，如铁、铜、铝、钛、镁等。通常把金属分为黑色金属和有色金属两大类。黑色金属包括铁、铬、锰和它们的合金。除铁、铬、锰以外的 83 种金属（包括 13 种人造超铀元素）都叫有色金属。与黑色金属相比，更具有耐蚀性、耐磨性、导电性、导热性、韧性、高强度性、放射性、易延性、可塑性、易压性和易轧性等特殊性能。

有色金属是国民经济发展的基础材料，在人类发展中的地位愈来愈重要。众所周知，材料、信息、能源是当代文明的三大支柱，而材料又是一切技术发展的基础。从工业到农业，从军用到民用，都需要各种各样的有色金属，没有数量足够、品种齐全、质量合格的有色金属，就没有一个国家的现代化。

有色金属中，铝、铜、锌、铅、镍、锡、锑、镁、钛、汞是我国产量最多且最常用的 10 种有色金属，每一种都有特殊的功能与用途。

铝是地壳中含量最丰富的金属元素。世界铝产量从 1956 年开始超过铜产量一直居有色金属之首。当前，铝的消费量仅次于钢材，成为第二大金属。

纯铝材料比较软，但是铝合金却轻便坚固，是航空、建筑、汽车三大工业的基础材料。铝合金广泛应用于飞机结构及蒙皮、汽车结构及发动机、高速列车车体、豪华游轮的制造。铝合金材料在消费电子方面可以作为受力构件，如笔记本电脑、照相机外壳；在建筑方面为门、窗、管、盖、壳等材料；作为家居装饰方面用于生产铝合金扣板、集成吊顶等。铝的导电性能仅次于银、铜和金，在电器制造工业、电线电缆工业和无线电工业中有广泛的用途。铝是热的良好导体，工业上可用铝制造各种热交换器、散热材料。

在城市家庭中，我们能找到许多用铝做的东西，如铝合金的暖气片、采暖用的铝塑复合管、电饭煲中的铝制内胆、铝制的压力锅等。最常见的铝制品是用于啤酒、饮料包装的铝制易拉罐，用于香烟、糖果包装的铝箔等。

铜在有色金属消费量中占第二位，被广泛地应用于电气、轻工、机械制造、建筑工业、国防工业等领域。铜在电气、电子工业中应用最广、用量最大，占总消费量一半以上，主要用于各种电缆、导线、电机、变压器、开关以及印刷线路板的制造。在机械工业用于制造工业阀门、配件、仪表、滑动轴承、模具、热交换器和泵等。在化学工业中用于制造真空器、蒸馏锅、酿造锅等。在国防工业中用来制造子弹、炮弹、枪炮零件等，每生产 300 万发子弹，需用铜 13 ~ 14 吨。在建筑工业中，用做各种管道、管道配件、锁具、合页、门把手等。

与铝、铜相比，其他有色金属的生产、消费往往是辅助性的，主要是提高铁、铝、铜类金属的机械、物理、化学性能。例如，锌能与多种有色金属制成合金，其中最主要的是锌与铜、锡、铅等组成的黄铜等，还可与铝、镁、铜等组成压铸合金。铅主要用作电缆、蓄电池、铸字合金、巴氏合金、防 X 射线、β 射线等的材料。镍的抗腐蚀性佳，主要用来制造不锈钢和其他抗腐蚀合金。锡富有光泽、无毒、不易氧化变色，具有很好的杀菌、净化、保鲜效用，主要用于制造合金。锑最大的用途是与铅和锡制作合金，以及铅酸电池中所用的铅锑合金板。镁是最轻的结构金属材料之一，又具有比强度和比刚度高、阻尼性和切削性好、易于回收等优点，主要以镁合金形式应用于汽车行业。

有色金属的生产和消费量虽然远不如黑色金属多，但是其丰富的品种和各具特色的优越性能，确实是黑色金属无法相比的。有色金属与黑色金属的共同作用，构建了人类工业文明的材料基础。

“大国”怎么没有“话语权”？

2008 年中国超过德国成为世界第一机械制造大国。2013 年中国贸易总额首次超过美国，成为世界最大贸易国。这个时刻的来临是历史的必然。

事实上，世界最大贸易国这个总量，也是由许多世界第一构成的。2013 年，中国还在许多领域保持这世界第一的排名：黄金消费首次突破 1000 吨；10 种主要有色金属的消费总量达到 4029 万吨；钢铁产量 7.16 亿吨；汽车产量

2211.68 万辆；全国造船完工 4534 万载重吨。此外，中国还在家用电器生产量、智能手机出货量、专利申请量、电子商务成交量等方面占据首位。

对于中国的诸多世界第一，国人们“喜大普奔”。但是外媒却传出了另外的声音：这意味着中国将在世界寻求更多的资源。

西方的声音不是没有道理。尽管中国是一个地大物博、资源丰富的国度，许多资源的储量都在世界占有重要地位。但是，按照目前的矿山开发力度和冶炼需求，中国的资源保障程度依然较低，大宗有色金属矿产对外依存度很高。目前，我国每年消耗 50 亿吨的矿产资源，超过美国成为全球第一“资源消耗超级大国”。专家估计，中国要达到发达国家的水平，需要 3 个地球的资源，高消耗、高污染的经济发展模式已难以为继。

我国的矿产资源还能消耗多长时间？《2012 中国矿产资源报告》显示：我国是全球消耗矿产资源的“超级大国”。未来 10 ～ 20 年，是我国工业化、城镇化、农业现代化进程的重要时期，矿产资源需求呈现刚性上升态势。据对 45 种主要矿产可采储量保证程度分析预测，到 2020 年，有 25 种矿产将出现不同程度的短缺，其中 11 种为国民经济支柱性矿产。按照现有查明资源储量与预测需求量分析，我国石油、铁、铜、铝、钾盐等大宗矿产品对外依存度仍将处于高位，大多数有色金属矿产资源的保障年限只有 10 ～ 20 年。

大量进口铁矿石、氧化铝、铜精矿、铅锌精矿等原材料，加剧了全球原料供应紧张。由于钢铁、有色行业的原料存在现货价、长协价两种价格，国内企业众多，原料需求巨大，而国际原料又集中在巴西淡水河谷公司、澳大利亚必和必拓公司、英国力拓集团三个矿石巨头手里，因此极易受到国际市场冲击。近年来，我国在铁矿石价格、铜加工费的国际谈判中就屡屡受挫。

2008 年 10 月，受全球钢铁市场需求持续下降的影响，铁矿石现货价格出现了 7 年以来首次低于长协价格的局面，到 2009 年年初，铁矿石现货价跌至长协价的 60%。高昂的长协矿价格和愁云惨淡的钢材市场，让中国大中型钢厂自 2008 年年底陷入了集体巨亏之中。与铁矿石相同境遇的还有铜加工费谈判。伴随着中国市场的扩大，中国铜冶炼行业在与矿业巨头的谈判中却愈显被动：中国铜精矿加工费不断被压缩，价格分享条款也被取消。

为了维护自身的利益，中国相关行业协会与国际矿业巨头进行了艰苦的较量和对峙。作为全球第一大钢铁生产国和铁矿石进口国，中国铁矿石进口量占据了世界铁矿石的 50%。作为世界第一大铜生产国，中国也占据全球铜消费的近 40%。拥有如此优越地位的中方理应在进口价格谈判上拥有话语权。令人遗憾的是，这些年在与国际矿业三巨头的博弈中，中国钢铁、有色企业基本上处于弱势地位。丧失话语权的根本原因是我们自己不能步调一致，没有成为一个利益共同体，因此国际矿业巨头很轻松地就将中国企业各个击破。

中国钢企作为全球铁矿石最大的买家，因 2012 年生存艰难而开始限产，迫使进口矿商们不得不低下“高昂的头”。有专家指出，如果没有国家对落后产能的大力淘汰和对新上产能的限制，中国有色企业也将重蹈覆辙。

好矿，原来就在城市里

为了满足不断扩大的原料需求，我们要加强国内找矿，增加资源供应；要加强团结，形成合力，在对外谈判中争取主动；还要积极开拓新兴的原料市场，扩大供货来源；更要眼睛向内，积极开发“城市矿山”。

联合国环境规划署发布的一份报告显示：经过工业革命 300 年的掠夺式开采，全球 80% 以上可作为工业原料的矿产资源已从地下转移到地上，并以“垃圾”的形态堆积在我们周围，总量高达数千亿吨，而且每年以 100 亿吨的数量在增加。人类如果不减少废弃物的排放，我们的生存空间就会被“垃圾”堆满。其实，我们所在城市周围的垃圾山，恰恰就是巨大的“城市矿山”。

“城市矿山”概念由日本东北大学的南条道夫教授于 1988 年最早提出，是对废弃资源再生循环利用的形象比喻。人类社会在经济发展过程中产生了大量现代工业废弃物，它包括蕴藏于城市各个角落的废旧机电设备、电线电缆、通信工具、汽车、家电、电子产品、金属和塑料包装物等，通过技术手段能够从中提取出可以循环利用的钢铁、有色金属、贵金属、塑料、橡胶等资源。据测算，目前日本国内的“城市矿山”蕴藏的黄金约 6800 吨，白银约 6 万吨，钽约 4400 吨，相当于全球黄金储量的 16%，白银储量的 22%，钽储量的 10%。

目前，城市矿产产业已成为全球发展最快的产业之一，蕴藏着无限商机。据统计，全球再生资源行业的市场规模，1990 年约 100 亿美元，2000 年增长到 3000 亿美元，2010 年发达国家再生资源产业规模约为 1.8 万亿美元。在今后的 30 年内，其规模将超过 3 万亿美元。同时，各国再生资源加工业发展加快。以再生金属业为例，目前西方发达国家的再生金属产量约占总产量的 40% ～ 70%，废金属的平均回收率（指回收量占总消费量的比重）为 40% ～ 50%，废钢铁为 60% ～ 70%，废铜为 60%。以美国为例，2004 年，全国共有 5.6 万家企业涉及

再生资源回收利用产业，其产业规模已经与汽车业相当。

当前我国仍处于工业化和城镇化加快发展阶段，对矿产资源的需求巨大，但国内矿产资源不足，难以支撑经济增长，铁矿石等重要矿产资源对外依存度越来越高。与此同时，我国每年产生大量废弃资源，如有效利用，可替代部分原生资源。2010 年，我国废钢回收利用量为 8310 万吨，占生铁产量的 13.2%，节能 3600 万吨；主要再生有色金属产量为 775 万吨，占有色金属总产量的 26.7%。

在全社会高度重视环境保护的大背景下，开发“城市矿山”还是减轻环境污染的重要措施。原生资源开发、生产、加工、利用消耗大量能源、水、原材料，而且严重污染环境。开发“城市矿产”，充分利用废旧产品中的有用物质，可产生显著的环境效益。据测算，每回收利用 1 万吨再生资源，可节约自然资源 4.12 万吨，节约 1.4 万吨煤，减少 6 万～ 10 万吨垃圾处理量；每利用 1 万吨废钢铁，可炼钢 8500 吨，节约铁矿石 2 万吨，节能 0.4 万吨标煤，少产生 1.2 万吨废渣。2010 年，仅回收利用的废钢就相当于减少废水排放 8 亿吨、固体废物排放 2.6 亿吨、二氧化硫排放 183 万吨、二氧化碳排放 8642 万吨。

随着我国全面建设小康社会任务的逐步实现，“城市矿山”的资源蓄积量将不断增加，资源循环利用产业发展空间巨大，这将有助于形成“资源－产品－废弃物－再生资源”的循环经济发展模式，是循环经济“减量化、再利用、资源化”原则的最好体现。

国家战略，布局城市矿山

纵览世界主要发达国家，无不将“城市矿产”的开发利用作为发展循环经济的重要内容，在制度、政策、技术、资金等方面给予大力支持。再生资源行业的发展已经成为全球范围内破解资源短缺矛盾、实现资源可持续利用、参与资源大循环的重要途径，成为发展绿色经济的重要举措。

我们国家历来重视再生资源的回收工作。早在新中国成立之初，面对一穷二白百业待兴的局面，就开始了再生资源回收事业。当时，中华全国供销合作总社在全国的每一个县都有废品回收公司，在每一个建制镇都设有废品回收站。收购的废品包括废铁丝、废铁片、废铜烂铝、塑料鞋底、胶鞋底等废旧物质，这些废旧物资为国家经济恢复、改善人民生活、加强国防建设起到了重要作用。

改革开放以后，国家放开了再生资源回收市场，允许个人、企业进入这一领域开展经营，使再生资源回收产业越做越大。目前，全国再生资源回收的从业人员已经超过1800万人。仅在北京市就有从业人员20多万人，占北京常住人口的1%。再生物资回收的范围也扩大到废家电、旧家具、废报纸、易拉罐、废塑料、废纸箱、饮料瓶、植物油桶、废硒鼓、废轮胎、废汽车、报废船舶等方面。2012年，全国再生资源回收量达到4079万吨，较上年同期增加678万吨。再生资源产业已经成为国民经济的一个重要组成部分。

进入新世纪以来，我们国家已经把再生资源行业列为战略性新兴产业的一个重要组成部分。为了缓解资源瓶颈对经济发展的束缚，中央制定了加快转变经济发展方式的指导方针，国家把“城市矿山”资源的循环利用提高到战略高度。2010年10月国务院发布的《关于加快培育和发展战略性新兴产业的决定》把节能环保产业作为战略性新兴产业，提出“加快资源循环利用关键共性技术研发和产业化示范，提高资源综合利用水平和再制造产业化水平”、“加快建立以先进技术为支撑的废旧商品回收利用体系”。

根据国家“十二五”规划纲要，国家发展和改革委会同有关部门编制了《循环经济发展战略及近期行动计划》。规划提出，“要树立新的资源观，推动废旧机电产品、电线电缆、通讯设备、汽车、家电、手机、铅酸电池、塑料、橡胶、玻璃等再生资源利用的规模化、产业化发展。”

2010年5月，国家发展和改革委、财政部又联合下发了《关于开展城市矿产示范基地建设的通知》，标志着我国城市矿产开发成为国家项目。到“十二五”末，我国将在全国建成50个左右技术先进、环保达标、管理规范、利用规模化、辐射作用强的城市矿产示范基地。同时提出，到2015年，主要再生资源利用总量达到2.66亿吨，产值达到1.2万亿元。

为此，国家发改委和财政部首批选择了7家区域性资源循环利用园区开展“城市矿产”示范基地建设，包括天津子牙循环经济产业区、安徽界首田营循环经济工业区、湖南汨罗循环经济工业园、广东清远华清循环经济园、四川西南再生资源产业园区、宁波金田产业园、青岛新天地静脉产业园。到2015年，这7家示范基地将形成年加工利用再生铜190万吨、再生铝80万吨、再生铅35万吨、废塑料180万吨的能力。“十二五”期间，我国有望通过“城市矿产”开发实现节能11.55亿吨标准煤，减排7.2亿吨二氧化碳。

按照“成熟一批、开展一批”的原则，国家发展改革委、财政部目前累计批复了三批共29个“城市矿产”示范基地，根据29个国家“城市矿产”示范

基地建设实施方案确定的建设目标，全部建成后将形成每年约 3500 万吨的再生资源聚集加工能力。

废旧汽车，复合型的金属矿

汽车是人类文明进步的一个重要标志，汽车是代步工具、运输机械、旅行工具，也是身份象征，汽车寄托了人们许许多多的情感。从卡尔·本茨的第一辆三轮汽车起步，经过一个多世纪的进化，汽车已经成为一个大众消费品。

现代的汽车，不管品牌是什么，生产商是谁，从结构、造型、材料、能源消耗，舒适度等方面来看，其主要功能已经基本稳定。一辆中级轿车大约由 70 多个部件，30000 多个零件组成，最小最常用的零件是紧固用的螺丝钉、铆钉、垫片。制造汽车所用的材料也有很大的扩展，包括钢铁、有色金属、木材、橡胶、塑料、碳纤维、合成纤维、天然织物、皮革等几十种。汽车工业辐射、影响、关联着许许多多的行业，影响着几亿人的生计。

伴随着国家整体实力的提升，人民生活水平的稳步提高，以及汽车工业的快速发展，中国已经进入了汽车消费普及期。2013 年，中国汽车产销 2211.68 万辆和 2198.41 万辆，再次刷新全球记录，连续五年蝉联全球第一。

尽管汽车工业连年增长，但我国的千人口汽车保有量只有 100 辆，仍显著低于美国的 993 辆、日本的 624 辆、韩国的 377 辆的水平。基于经济平稳增长的预期，考虑到基数和市场需求，预计未来 10 年左右，我国的千人汽车保有量可望达到 270 辆的水平。预计到 2025 年，我国汽车的保有量可以达到 3.8 亿辆左右，接近 2013 年的 1.37 亿辆的 2.8 倍。

如此庞大的保有量和需求规模，意味着汽车市场将逐渐进入更新换代高峰期，报废汽车回收拆解在汽车产业和循环经济发展中的地位将更加重要。按照汽车平均 13 年的产品寿命周期，我国目前使用中的 1.37 亿辆汽车将在 2025 年全部报废，平均每年报废量 1000 万辆。

汽车社会成熟的一个重要标志是旧车报废率。目前，我国每年有 200 多万辆汽车达到报废年限，应该退出市场。而事实上，2012 年我国只有 60 万辆汽车进入了报废回收程序，汽车报废率只有 0.5%。我们再看美国的情况，据美国汽车经销商协会发布的 2012 年报显示，2011 年，美国旧车报废量约为 1200 万辆，占当年新车注册量的 94.5%，美国汽车保有量继续维持在 2.49 亿辆左右。多年来，美国的旧车报废率一直保持在 5% 左右的水平。

在西方发达国家，废旧汽车拆解行业是整个汽车社会的一个重要组成部分，汽车制造业高峰之后的 10 年左右，是废旧汽车拆解的高峰。目前，美国共有 1.2 万多家报废汽车拆解企业、2 万家零部件再制造企业和 200 家拆后报废汽车粉碎企业。2012 年，韩国有 509 家汽车拆解企业。再看我国，根据商务部发布的消息，截至 2012 年底，全国报废汽车回收拆解企业 522 家，与韩国数量相近。这个规模与日益增长的汽车保有量相比，极不相称。

美国的汽车拆解企业多数与汽车生产企业联合经营，将有再利用价值的发动机、电机和其他零部件拆卸翻新后，重新出售。韩国报废汽车回收拆解主要由专门的废车回收拆解公司负责。除废车回收外，拆解、压块及废钢铁加工等都在拆解企业完成。拆解下来的旧零部件继续流通销售，车身压块及经过初加工的废钢铁则销售给钢铁企业。日本的汽车拆解以精细化处理为主，对每种金属、每种塑料，甚至每个元件都能进行分类。而在欧盟，尤其是德国，则是以集中粗加工为主，不如日本精细，但是效率更高。

如果我国的汽车保有量达到 3.8 亿辆的稳定规模，年汽车报废率与美国 5% 的比例持平，每年的报废车辆总数将超过 1900 万辆，可回收废钢铁、废有色金属、废塑料、废橡胶等各类资源 3000 万吨。其中。仅废钢铁的回收量就能达到 2000 万吨以上。汽车拆解产业将成为未来“炙手可热”的“淘金地”。

电子垃圾，稀有金属共生矿

这是一个快速多变的时代，我们身上的服装和手里拿的手机很快就落后了。在美国拉斯维加斯，一年一度的消费电子展览会上，全球各大厂商不断推出新的电子消费品，不厌其烦地宣传、炫耀令人眼花缭乱的产品新功能。

你能知道全球每年都会消费数十亿部手机吗？还有上亿部的卡片式相机，以及数不尽的笔记本电脑、游戏机、电视机、音乐播放器，这些被我们淘汰的旧电子产品，大多葬身于城市周边的垃圾场。美国环保局的数据显示，美国人在 2007 年总共扔掉了 225 万吨的电子产品，其中 82% 被送进了垃圾填埋场。这可是一大堆你绝对不想让它们渗入供水系统的毒性化学物质和有毒金属。

电子垃圾中包含使用寿命到期的电冰箱、电视机、手机、计算机、显示器、电子玩具以及其他带电池或电线的产品。

2014 年 1 月 5 日，英国《泰晤士报》网站报道“随着新富家庭处理第一代电子产品，中国面临电子垃圾海啸”。文章称，中国人总共拥有 8 亿部手机、5 亿台电视机、2.3 亿台计算机和 3.4 亿台冰箱。而中国每年丢弃 4000 万台电视机、1000 万台冰箱、2000 万台空调和 1 亿台计算机。2012 年，中国产生的电子垃圾达到 1110 万吨，数量全球第一，人均 8 千克。国家发改委数据显示，我国家电报废率年增 20%，预计“十二五”末期年报废量将达 1.6 亿台。

专家警告称，中国还必须为旧的手机、计算机显示器和任何带有电路板的东西大量进口做好准备。有研究表明，中国已成为世界上其他国家高科技垃圾的最大非法倾倒地。国际消费者组织官员卢克 • 厄普秋尔奇对此评论说：“如同哈利•波特的魔法般玄妙，每年数百万吨电子垃圾从发达国家神秘蒸发。但最终，您总能在发展中国家找到它们。”

“解决电子垃圾问题倡议”是由联合国部门、行业内机构、政府、非政府组织和科研机构共同发起的一个项目。该组织的一份最新报告显示，2012 年，全球共产生了近 4890 万吨电子垃圾，人均 6.8 千克。报告预计，到 2017 年全球电子垃圾产量将达到 6540 万吨，这一重量接近于 200 座纽约帝国大厦。

其实，“电子垃圾”是潜力巨大的绿色产业，从中提炼的钢铁、贵金属、橡胶等仍可再利用。据联合国环境规划署发布的《回收——化电子垃圾为资源》报告推测：每吨线路板和每吨手机分别含大约 200 克和 300 克黄金，而金矿石的平均品位只有每吨 5 克。这意味着，同样是一吨量，电子垃圾的“含金量”是金矿石的 40 ～ 60 倍。按我国每年废弃 1 亿部手机估算，这些废旧手机总重达 1 万吨，若回收处理，将能提取出 3 吨黄金、30 吨银、2500 吨铜、4500 吨塑料。

电子垃圾处理与资源化利用已成为我国循环经济产业的一个关键难点，必须下大力气加以解决。否则，它带来的环境问题、资源利用率问题将接踵而至，成为下一轮环境危机的爆发点。可喜的是，我国的科研人员已经解决了一批相关难题，电子垃圾规模化处理已经具备条件。

浙江丰利公司在吸收国内外先进技术的基础上进行自主创新，成功研发以废旧电子电路板超微粉碎机和废旧电子线路板高压静电分离机为关键设备的回收处理成套设备，从而有效地解决了废旧线路板的金属与非金属集体的分离、多金属的分离回收这一技术难题，使金属回收率达到 98%。上海第二工业大学研发的“微生物浸出 PCB（印制电路板）及电子产品中贵金属”的技术，采用微生物方法处置电子废弃物，确保处置过程的绿色环保。

北京，开发城市矿山

北京是一座拥有2100万常住人口的特大型消费城市，每年的电器电子垃圾、报废汽车数量十分惊人，连续不断地为“城市矿山”增加蓄积量。这些“城市矿产”的循环利用，将为城市可持续发展提供保障。

北京市按照减量化、再利用、资源化的原则，在资源循环利用等重点领域大力开展试点工作，依托再生资源产业龙头企业的发展壮大，首都资源循环利用产业基地雏形渐显。目前，产业基地年再生资源回收处理总能力达55万吨。其中，报废汽车4.5万辆，废旧家电140余万台，废塑料7.8万吨，废钢材30万吨，初步形成了废塑料资源化利用、废旧家电与电子产品拆解加工等“回收→分拣（拆解）→利用→再生”资源循环利用产业链。

为了进一步提升城市的资源再利用能力，推动循环经济和节能环保产业，北京市已制定“城市矿产”示范基地建设实施方案。示范基地建设以华星环保、盈创等再生资源利用龙头企业为主体，成立北京市再生资源绿色产业联盟，探索建设“政府指导、企业主导、分散布点、联盟协作”的虚拟型“城市矿产”示范基地。示范基地建设投资估算约10亿元，新建一个废饮料瓶分拣中心及一级回收网络，完善废旧家电长效回收体系，新建废塑料与废钢回收处理中心，并建设七大加工处理项目，其中包括3.5万吨废塑料再利用项目、新增10万台废旧家电拆解项目和12.5万辆报废汽车拆解项目。

建设“城市矿产”示范基地，将缓解固体废弃物大量产生给城市运行管理和生态环境带来的巨大压力，促进首都经济社会可持续发展。预计到2015年，北京将实现回收利用再生资源90万吨，比2010年增加50万吨；产值将达50亿元以上，比2010年增加44亿元以上。

要保证城市矿产产业健康发展，首先就要有一个完善的、科学的回收体系。通过开展“城市矿产”资源的多元化回收、集中化处理、规模化利用，优化完善废旧资源回收网络体系，扩大废旧家电拆解加工规模，发展报废汽车拆解加工利用，科学延长产业链条，实现产业规模化、产业链条合理化。

在回收体系建设上，要通过政府引导，实现回收网络广泛性、回收体系的先进性。要按照减量化优先原则，科学布局废旧资源回收网点、分拣中心和集散中心建设，以源头分类投放、小区分类收集、区域分类集散三级分类回收为

主轴，构建可再生资源分类回收体系，形成种类齐全、覆盖度广、分类率高的现代化回收网络体系。到2015年，全市将形成以5000个再生资源回收站点为主、定时定点和网上预约相结合的再生资源回收网络体系；再生资源回收网点连锁化率从现有的50%提高到70%；废纸、废塑料和废金属的回收利用率达到90%。

华新绿源环保产业公司是北京市具有资质的两家家电拆解企业之一，占全市总拆解能力的80%以上。3年前，为配合家电“以旧换新”政策行动，华新绿源把原有每年20万台的处理规模提升到每年120万台，通过把回收来的报废家电放到流水线上进行无害化拆解，分选出铜、铁、铝等不同资源再回收利用。目前，该公司月均拆解量保持在1600吨以上，二手配件也销售到50多个国家。

第二十二章 聚合物循环：分解后获得新生

人类社会利用天然高分子材料是从养蚕、种棉、剪羊毛，加工织物开始的。1870年，美国人海厄特合成赛璐珞塑料，标志着人类进入合成高分子时代。到现在，人类已经合成了成千上万种自然界从未有过的有机高分子材料。

高分子合成材料的出现，给人类社会带来了前所未有的繁荣和兴盛，也由此产生了许多意想不到的烦恼。塑料管、塑钢窗用在建筑里，寿命可以达到50年。塑料结构件用在汽车上，寿命可以达到20年。塑料饮料瓶的平均寿命是几个月。地膜用在农田里，寿命不超过100天。而塑料袋的寿命平均只有12分钟。

人类对于合成高分子材料的困惑，主要是怎样合理使用并且能重复利用，因为它的生命周期很长，远远超过了人的寿命。塑料管、塑钢窗、塑料瓶、塑料汽车零件报废后还可以循环利用。塑料袋、发泡餐盒、农用地膜与土壤、垃圾混合在一起，使回收再利用变得十分困难。

人类社会是在发现问题、解决问题的过程中前进的，高分子材料的利用也是如此。对待高分子合成材料，人类还是要多下一些功夫。化学反应中，"合成"的逆反应就是"分解"，充分认识到这一点，离问题的解决就不远了。

聚合物创造的"第八大陆"

学过《世界地理》的中学生都知道，地球上有非洲、亚洲、南美洲、北美洲、大洋洲、欧洲、南极洲七块大陆，这是经过几亿年的地质活动才形成的。至于说起"第八大陆"，很多人

都会觉得莫名其妙。

查尔斯·摩尔是美国加利福尼亚州长滩人，受父亲影响，他从小就热衷于海上运动。1997 年，摩尔驾驶着“阿尔加利塔”号船，从夏威夷参加完游艇比赛回家，为了抄近路，他选择了平时几乎没有人驶入的无风带海域，结果却意外陷入一个从未被人发现的“垃圾带”。摩尔用了一周时间，才从这个巨大的垃圾堆里闯出来。回到美国，摩尔根据从这个“垃圾堆”带回的样本，检测出那里塑料垃圾颗粒的含量，竟是海洋浮游生物的 6 倍。

据科学家们粗略估计，这片“垃圾带”由 400 万吨塑料垃圾组成，面积达 140 万平方千米，这相当于两个美国得克萨斯州，约 4 个日本大小，是中国香港特区的 1000 倍。目前，这个“垃圾带”的面积还在不断扩大。科学家们把它叫做“太平洋垃圾大板块”，也有人叫它“第八大陆”。中国科幻作家迟卉在其作品《人类的遗产》中创造了一个新词：拉比利亚垃圾大陆，这也是书中人物瑞文·李对这片垃圾的讽刺命名。

“第八大陆”存在于太平洋最人迹罕至的地方，具体地说，是在北纬 35° 及北纬 42° 之间，美国夏威夷和加利福尼亚之间的洋面，夏威夷群岛的东北方向，距离加利福尼亚沿海 1000 英里的位置。

汇集如此众多的垃圾，跟气候条件密切相关。这块海域被北太平洋环流环绕在中央，又笼罩在副热带高气压带下，属于无风带，很少下雨。北太平洋环流的一股股洋流有规律地流动，循环不息，将来自陆地或船只航行中产生的塑料垃圾聚集起来。再通过向心力，将垃圾逐渐带到第八大陆所在的位置。没有了风，水静止不动，垃圾也就没有继续推进的动力。按照这个模式，越来越多的垃圾停留在这里，第八大陆就此形成，并不停息地扩张。在这里，人们可以发现来自中国的塑料袋包裹着美国的耐克球鞋，也会看到日本的渔网碎片缠绕着加拿大集装箱外壳。据估计，这里的塑料垃圾 10% 来自渔网，10% 是海上航行的货船丢弃的，其余 80% 的塑料垃圾则来自陆地，它们通过城市排水管道等途径进入海洋。

2009 年，摩尔在著名的知识共享年度大会上讲述了他进入这片海域的情景：“我眼里所能看到的，是无数的洗发水瓶盖、肥皂液瓶、塑料袋和钓鱼浮标。此刻我正在大海中间，却找不到一块没有塑料的地方”。摩尔相信，身处北太平洋的垃圾数量很可能已经超出了人类的想象，接近 1 亿吨。由于难以降解，甚至 50 年前的塑料玩具也可能留存到今天，成为“古董”垃圾。

专家们警告，“垃圾板块”给海洋生物造成的损害将无法弥补。这些漂浮在

洋面上的塑料制品的平均寿命超过 500 年，不能被生物降解，随着时间的推移，它们只能分解成越来越小的碎块，而分子结构却丝毫没有改变。于是就出现了大量从表面上看好像是动物食物，实际上却是塑料的“沙子”。这些无法消化、难以排泄的塑料在鱼类和海鸟的胃里越积越多，最终导致它们因营养不良而死亡。另外，这些塑料颗粒还能像海绵一样吸附高于正常含量数百万倍的毒素，其连锁反应可通过食物链扩大并传至人类，最终被端上人类的餐桌。据绿色和平组织统计，至少有 267 种海洋生物受到这种“毒害”的严重影响。

城市里的高分子聚合物

城市的生活和建设离不开材料，除了钢铁、水泥、玻璃、陶瓷等无机材料之外，人类还发明了有机合成材料、有机无机复合材料，丰富和发展了城市的生产和生活。合成材料又称人造材料，是人为地把不同物质经化学方法或聚合作用加工而成的材料。

在我们的家庭里可以随意找到很多合成材料：走进厨房，电饭煲的外壳是塑料的，调味瓶是塑料的，冰箱的密封条是橡胶的，垃圾桶是塑料的，食用油桶、可乐瓶、饮料瓶也都是塑料的，拉开抽屉，保鲜膜是塑料的，食糖、食盐、淀粉包装是塑料的。我们从饭店里打包的剩菜也用塑料盒、塑料袋来包装。再看我们的其他生活用品：电视机、洗衣机、加湿器、空调机的外壳是塑料的，手机、剃须刀的外壳也是塑料的，窗户上的窗帘、布艺沙发、床罩是用合成纤维布缝制的，打开衣橱，很多衣服也是合成纤维制成的，室内的电线、水管也是塑料的。当我们出行时，驾驶的汽车上也有许多合成材料，轮胎是橡胶的，座套是合成纤维的……合成材料妆点了我们生活的每一个方面。

由于高分子化合物大部分是由小分子聚集而成的，所以也常被称为聚合物。当小分子连接构成高分子时，有的形成很长的链状，有的由链状结成网状。链状结构的高分子材料加热熔化，冷却后变成固体，加热后又可以熔化，因而具有热塑性。这种高分子材料可以反复加工，多次使用，能制成薄膜，拉成丝或压制成所需的各种形状，用于工农业生产和日常生活。

塑料、合成纤维和合成橡胶被称为 20 世纪三大有机合成材料，它们都是人工合成的高聚物。近年来，中国合成材料行业迅速发展，高分子聚合物产品产量和消费量都已站上了世界第一的位置。2012 年我国塑料制品总产量达 5781

万吨，合成纤维的总产量达 3494.5 万吨，合成橡胶产量为 378.6 万吨。

塑料是城市中流通和消费量最大的高分子聚合物，在城市中生产，又在城市中消费，绝大部分沉积在城市。塑料是以单体为原料，通过加聚或缩聚反应聚合而成的高分子化合物，俗称塑料或树脂。塑料具有很多优点：大部分塑料的抗腐蚀能力强，不与酸、碱反应，制造成本低，耐用，防水，质轻，容易被塑制成不同形状。废塑料回收后可以重新利用，既可以生产再生制品，还能制备燃料油和燃料气，这样就可以降低原油消耗量。

合成纤维是与天然纤维相对应的高分子合成材料。它是将人工合成的、具有适宜分子量并具有可溶性的线型聚合物，经纺丝成形和后处理而制得的化学纤维。与天然纤维相比，合成纤维的原料是由人工合成方法制得的，生产不受自然条件的限制。合成纤维除了具有化学纤维的一般优越性能，如强度高、质轻、易洗快干、弹性好、不怕霉蛀等外，不同品种的合成纤维还各自具有某些独特性能，与天然纤维混合纺织后可以使织物呈现出新的性能。

合成橡胶是由人工合成的高弹性聚合物，也称合成弹性体。合成橡胶具有高弹性、绝缘性、气密性、耐油、耐高温或低温等性能，因而广泛应用于工农业、国防、交通及日常生活中。由于合成橡胶的物理性能，加工性能及制品的使用性能接近于天然橡胶，有些性能如耐磨、耐热、耐老化及硫化速度较天然橡胶更为优良，而且可以与天然橡胶及多种合成橡胶并用，因此被广泛用于轮胎、胶带、胶管、电线电缆、医疗器具及各种橡胶制品的生产领域。

高分子合成材料的优异性能在人类社会的进步中大放异彩，它的出现凝结了人类的高度智慧和无穷的创造力，是材料发展史上的一次重大突破，使人类摆脱了只能依靠天然材料的历史。

塑料是个大家族

塑料是人工合成材料中最有代表性的产品，其产量最大，应用领域最广，加工制品的种类最多，从城市到乡村，从工厂到家庭，处处都可以见到塑料。

2007 年伦敦科学博物馆举办了塑料诞生 100 年的专题展览，展览呈现了 400 件经典塑料制品，既有 1938 年用酚醛塑料制成的棺材、塑料外壳的 Ekco 收音机、装饰艺术风格的壁钟、精致的烟盒，也有 60 年代的聚氯乙烯雨衣和靴子、1968 年荷兰建筑师马蒂·祖诺伦设计的太空风格“未来住房”，还有聚亚安酯

制成的2006年世界杯足球、极轻的高弹性滑雪服、可生物降解的汽车，以及能制作三维塑料模型的打印机。科学博物馆馆长苏珊·莫斯曼说："塑料的故事是过去百年材料世界的核心线索之一。有了塑料，才有消费革命，收音机、电视、计算机、合成纤维、一次性用具才得以大量生产。"

在塑料中的，产量最大的是聚乙烯、聚丙烯、聚氯乙烯和聚苯乙烯四种，简称"四烯"。2012年我国塑料制品总产量达5781万吨，其中，聚乙烯产量为1326.2万吨，聚丙烯产量为1121.6万吨，聚氯乙烯的产量达1317.76万吨，聚苯乙烯产量210.14万吨。"四烯"产量合计为3975.7万吨，占全年塑料制品种产量的68.77%。从产品类别上看，塑料管道、塑料薄膜、塑料门窗、塑料瓶产量最大，分别达到1100万吨、970万吨、500万吨和400万吨。

据统计，每年建筑业消耗塑料约占塑料总产量的1/4，位居应用塑料的首位，建筑塑料与水泥、钢材、木材并称为四大建筑材料。建筑塑料的主要应用是塑料门窗、塑料管道、塑料地板等方面。

塑料管材与传统的铸铁管、镀锌钢管、水泥管等管道相比，具有节能节材、环保、轻质高强、耐腐蚀、耐压强度高、内壁光滑不结垢、卫生安全、水流阻力小、施工和维修简便、使用寿命长等优点，广泛应用于建筑给排水、城乡给排水、城市燃气、电力和光缆护套、工业流体输送、农业灌溉等领域。

塑料门窗是采用聚氯乙烯型材制作而成的门窗。塑料门窗具有抗风、防水、保温等良好特性。在各类建筑窗中，PVC塑料窗在节约型材生产能耗、回收料重复再利用和使用能耗方面有突出优势，在保温节能方面有优良的性能价格比。

塑料薄膜是用聚氯乙烯、聚乙烯、聚丙烯、聚苯乙烯以及其他树脂制成的薄膜，主要用于包装，以及用作覆膜层。从产量看，聚乙烯薄膜占据塑料薄膜的最大份额。塑料包装及塑料包装产品在市场上所占的份额越来越大，特别是复合塑料软包装，已经广泛地应用于食品、医药、化工等领域，其中又以食品包装所占比例最大，比如饮料、速冻食品、蒸煮食品、快餐食品等，这些产品都给人们生活带来了极大的便利。

塑料瓶（PET瓶）源自上个世纪80年代初期，由于它质量轻，成型容易，价格低廉易于大规模生产，自问世后便以不可阻挡的势头迅猛发展。短短20年左右的时间便发展成为全球最主要的饮料包装形式。它不仅广泛用于碳酸饮料、瓶装水、调味品、化妆品、白酒、干果、糖果等产品的包装，而且经过特殊处理的热灌装瓶还可用于果汁和茶饮料的包装。

塑料工业的迅猛发展，也带来了废弃塑料及垃圾废塑料引起的一系列社会

问题。人们开始发现，塑料垃圾已经悄悄地向我们涌来，严重影响着我们的身体健康和生活环境，如一些农用土地因废弃地膜的影响而开始减产，废塑料引发的“白色污染”开始让人们头痛，不腐烂不分解的餐盒无法有效回收，生活用塑料垃圾无从下手处理。塑料废弃物剧增及由此引起的社会和环境问题摆在了人们面前，摆在了全世界人们生活生存的地方。

地膜覆盖技术与“白色污染”

地膜覆盖是一项农业栽培技术，具有增温、保水、保肥、改善土壤理化性质，提高土壤肥力，抑制杂草生长，减轻病害的作用，在连续降雨的情况下还有降低湿度的功能，从而促进植株生长发育，提早开花结果，增加农业产量。

20 世纪中叶，随着塑料工业的发展，尤其是农用塑料薄膜的出现，一些工业发达的国家利用塑料薄膜覆盖地面，进行蔬菜和其他作物的生产，均获得良好效果。地膜覆盖技术的发源地是日本，从 1948 年开始研究利用，1955 年首先应用于草莓覆盖生产，1965 年开展了全面研究工作。1977 年日本全国 120 万公顷的旱田作物，地面覆盖面积已超过 20 万公顷，占旱地作物栽培面积的 16%。保护地内地面覆盖的面积占 93%。随后，法国、意大利、美国、前苏联也开展了地膜覆盖的研究应用与技术推广。

我国于 70 年代初期利用废旧薄膜进行小面积的平畦覆盖，种植蔬菜、棉花等作物。1978 年进行试验，1979 年开始在华北、东北、西北及长江流域一些地区进行试验、示范、推广。由于覆盖生产的效果显著，薄膜覆盖生产迅速推广至全国。目前，不但应用于蔬菜栽培，也相继用于大田作物、果树、林业、花卉及经济作物的生产。群众称它为“不推自广”的措施。

很多事物都具有两面性，地膜覆盖技术也不例外。地膜覆盖栽培中也产生一些不良影响，如多年覆盖地膜，残膜清除不净，造成土壤污染，由于盖膜后有机质分解快，作物利用率高，肥料补充的少，使土地肥力下降或因覆盖膜的管理不当也会造成早熟不增产，甚至有减产现象。重黏质土地在干旱时坷拉多，整地时难以耙碎，盖膜后很难与地面贴紧，大风天气下地膜很容易吹破、撕碎、刮跑，漫天飞舞，非常难看。

大量的废旧农用薄膜、包装用塑料膜、塑料袋和一次性发泡塑料餐具在使用后被抛弃在环境中，给环境造成很大的破坏。由于废旧塑料包装物大多呈白色，人们称之为“白色垃圾”，因此造成的环境污染被称为“白色污染”。

新疆是我国最大的节水农业区，也是最大的产棉区。为了在降雨稀少，蒸发量极大的气候条件下栽培棉花，新疆大力推广地膜覆盖技术，由此使棉花生产连年丰收，屡创新高。但是，新疆农田中的地膜残留量已经达到了每亩16.88千克，是全国平均水平的四到五倍。其恶果是，当土壤中残膜量达到每亩3.5千克时，棉花至少减产15%。农业生态专家指出，“白色污染”已经超过了新疆农田生态环境所能承受的上限，如不加快治理和防范，农田生态将进一步恶化。2012年，全国农用薄膜的产量达162.7万吨，同比增长7.74%。如此数量的农膜进一步加剧了白色污染。

“白色垃圾”到底有哪些危害呢？首先，会造成视觉上的污染。“白色垃圾”破坏了城市、农村和风景区美丽的风景。其次，造成对生态环境的破坏。一次性的塑料制品由于其原料——高分子树脂，具有极强的稳定性，在自然环境状态下难以降解，可以生存几百年，甚至上千年。而这些“白色垃圾”日积月累，不仅影响农作物的生长，而且还对家畜、家禽、野生动物的生存造成一定的隐患。近年来，科学家发现一些一次性塑料餐盒中残留有苯乙烯单体，这会对人们的健康造成一定伤害。

近年来，我国“白色污染”形势日益严峻。资料显示，中国已成为世界上最大的塑料制品生产和消费国。其中，全国塑料袋年产量已经超过300万吨，消费量在600万吨以上，形成的“白色污染”危害程度更是难以估计。

22 令人尴尬的“限塑令”

1902年10月24日，维也纳工厂主马克斯·舒施尼发明了一种制造简单、使用方便的塑料袋，它有两个提手、一个坚实的底衬。一百年后的今天，这种塑料袋已经成为人们购物的好帮手，也成为许多商家印制广告宣传自己的好手段。

舒施尼绝对想不到，当初这项简单的发明会风靡全球。目前全世界每天消耗塑料袋33亿个左右，每年消耗塑料袋超过1.2万亿个。这意味着每个成年人平均使用300个/年，相当于全球每分钟消耗100万个。大部分塑料袋从购买到丢弃的平均使用时间为12分钟。更有意思的是，这项在当时被视为“一次革命性的解放运动”的发明，竟然在100年后，被评为20世纪“人类最糟糕的发明”。

按照英国《卫报》一位女记者的推算，如果将世界上所有的废弃塑料集合，

足够把中国的土地包起来，而且“还是每年包一次”。绝大部分塑料垃圾无法降解或循环利用，人们将它们与其他垃圾一起，堆填在垃圾场的深处，或是就地焚烧，任由有毒气体散发、释放。

中国占有全球五分之一的人口，却消耗了全球三分之一的塑料袋。2007 年末，中国连锁经营协会和商务部联合发布报告，全国超市每年消耗塑料袋约 500 亿个，价值高达 50 亿元人民币，其中以塑料购物袋为主。另据中国塑协塑料再生利用专业委员会统计，我国每天对塑料袋的使用量高达 30 亿个，其中仅用于买菜的薄塑料袋就达 10 亿个。当前，仅北京每年废弃的塑料袋就达 23 亿个，生成废旧塑料包装垃圾 21 万吨，占生活垃圾总量的 3%。

塑料袋引起的环境污染问题受到了中国政府的高度重视。2008 年国务院办公厅下发了《关于限制生产销售使用塑料购物袋的通知》，也就是业界所称的“限塑令”。《通知》明确规定：从 2008 年 6 月 1 日起，在全国范围内禁止生产、销售、使用厚度小于 0.025 毫米的塑料购物袋；所有超市、商场、集贸市场等商品零售场所实行塑料购物袋有偿使用制度，一律不得免费提供塑料购物袋。

2013 年，国家发改委会同有关部门对全国各地的督导检查表明：塑料购物袋的使用量和丢弃量明显减少，“白色污染”问题得到一定程度遏制。5 年来，全国主要商品零售场所塑料购物袋使用量累计减少 670 亿个，超市、商场的塑料购物袋使用量普遍减少了 2/3 以上。累计减少塑料消耗 100 万吨，相当于节约石油约 600 万吨，约占大庆油田年产量的 1/6，可供 280 万辆汽车行驶一年，折合标准煤 850 多万吨，减少二氧化碳排放量约 2000 万吨。其中，北京市五年来减少使用塑料袋 20 亿个，相当于节约石油 30 万吨，可供 14 万辆汽车行驶一年。

对于“限塑令”的执行结果，食品包装专家董金狮这样评价：“我国每年生产塑料袋消耗塑料 200 万吨，2008 年‘限塑令’实施至今，5 年间减少量仅是消耗量的 10%，而减少的部分，绝大多数是超市有偿使用的效果。”

尽管中国“限塑令”的执行效果有限，却引起了欧盟的注意，也准备进行推广。2013 年 11 月，欧盟委员会环境委员波托奇尼克递交了一份包装法修改草案，要求所有欧盟国家有义务降低塑料袋消耗量。波托奇尼克表示，欧盟范围内每年的塑料袋消耗量预计为 1000 亿只，随意丢弃已经造成极大的环境问题。

令人意想不到的是，在尝试了各种失败后，塑料袋反而成为欧盟一些国家眼中最环保的购物袋。塑料袋有三个优势：塑料袋是所有材料中最轻的，生产时消耗的资源最少；塑料袋结实、防水防油，符合食品包装要求；塑料袋的回收利用率也是所有材料中最高的。看来，消除“白色污染”，道路依然漫长。

“瓶to瓶”与“塑料银行”

塑料饮料瓶是城市中流通量最多的包装物，这些饮料瓶都印有中间是数字1的三角循环标识，表明这个瓶子使用聚酯（PET）材料制造，用于灌装矿泉水、碳酸饮料等。这些塑料饮料瓶数量巨大，且能循环再生，很受回收者青睐。

根据美国加利福尼亚州卡尔弗城的容器循环再生研究所的资料，仅在2010年第一季度，美国就有大约240亿个塑料饮料瓶被烧毁、倾倒掩埋，或者被当做垃圾丢弃掉。与美国不同，日本塑料饮料瓶的回收利用开展得有声有色，颇有效果。在三得利公司的带头之下，一种名为“瓶 to 瓶”的回收模式正在日本饮料业普及开来。通过“机械回收”技术，回收的废瓶先后经过粉碎、特殊乙醇清洗、真空高温处理以及再缩聚反应后可被再次制成饮料瓶使用。

在中国，塑料饮料瓶回收的数量比较大，成效更为明显，只是由于回收的渠道比较混乱，重新利用在饮料瓶包装方面的比例不太高。不过，这种低水平的回收方式正在被一种创新的回收利用模式冲击。

2012年12月起，北京地铁10号线芍药居站和劲松站各安装了两台塑料饮料瓶回收机，这个机器能让废瓶进入工厂的过程更可控。步履匆匆的地铁乘客最多只需要耗费30秒，就可以把一个瓶子扔进回收机，并得到0.05元到0.15元的收入，钱会充到一卡通或者手机号里，也可以累计到一定金额后再充值。

回收机可以装满400到500个瓶子，机器即将满箱时，会把预警通过短信发给物流人员，第二天，物流人员会开车将瓶子运到回收企业——盈创再生资源。这家公司拥有国内唯一的食品级再生瓶生产工厂。盈创再生资源会将瓶子加工成聚酯碎片，销售给饮料瓶生产商。北京每年至少能产生22亿只废瓶，大约15万吨，盈创目前所处理的不过占10%。盈创还计划在北京的交通、学校、社区、商场4个渠道投放约2000台机器，这将在很大程度上缓解原料不足的情况，并使每年有7亿多瓶子，大约5万吨原料进入循环市场。让瓶子循环起来的意义在于减少石油消耗和碳排放，因为每吨瓶子要消耗6吨石油和41棵树，制造3吨碳排放，中间还有其他的有毒污染物产生。

塑料的回收方式多种多样，最近在美国成立了一家“塑料银行”，用以鼓励回收废旧塑料，帮助穷人。对于贫困地区的人们来说，只要收集废旧塑料再送到该银行回收，就可以得到不同的积分作为回报。这些积分可以用来换取不

同的服务，例如教育和工作机会，或者换取生活必需品等。而废旧塑料将被回收，制成 3D 打印的塑料。塑料银行的一位创办人米克•比德尔发明了一种技术，可以将塑料切割成小颗粒，然后再进行分类，便于循环利用。塑料银行 2014 年已率先于秘鲁首都利马试行，若是成功，将在全球得到普及。

目前，我国有超过 30% 的饮料采用“1 号瓶”包装，而且这一比例正在逐年上升，消耗的聚酯数量十分惊人。2012 年全国饮料行业总产量为 13024 万吨，其中，碳酸饮料 1311 万吨，果蔬汁类 2229 万吨，包装饮用水 5562 万吨，“非三大”饮料 3920 万吨。有关专家对聚酯原料在各种饮料上的消耗情况将进行了估算：果蔬汁为 94 万吨，包装饮用水为 195 万吨，碳酸类饮料为 59 万吨，“非三大”饮料为 106 万吨，总计消耗聚酯原料 454 万吨左右。中国每年消费 2600 万吨的食用油，520 万吨小包装食用油需要消耗聚酯原料 16.9 万吨。

保守估计，2013 年中国食品包装行业聚酯原料的消耗量接近 500 万吨，可生产约 220 亿只饮料瓶，而且以年均 10% 的速度递增。

突破循环再生的障碍

或许是塑料袋给人们生活带来的方便与实用，让“限塑令”成了一句空话。但白色污染还要这样持续下去吗？好在新材料领域不断传来福音，研发机构和企业正在加快开发各种聚合物再生技术、降解技术、炼油技术，以及新型聚合物合成技术，并朝着产业化方向加速推进。

在我国，塑料瓶的回收正在走向规范化，显现了良好的产业前景。在福建泉州市百川资源再生科技有限公司的生产车间里，废饮料瓶经过清洗后，被粉碎成颗粒状的结晶，再经过干燥、熔溶、计量、挤压，均匀地从喷丝板的毛细孔中“喷”出液态细流，并迅速在空气中固化成丝条。这些丝条经再加工，就生成规格不同的涤纶丝。在企业的产品展示柜里，绿、蓝、白、咖啡色的涤纶布摆放得井井有条，质地细密，手感滑润。

再生聚酯纤维是利用回收的废旧聚酯瓶片、聚酯块料、涤纶废丝等原料加工成的纤维。目前，我国再生聚酯纤维产业技术进步明显，国产化设备工艺趋于成熟，产品质量水平提升，新产品开发速度加快，正向多样化、差别化和高技术含量等方向发展。其产品种类已有近百种，能生产如仿大化短纤、再生长丝、超细纤维、仿羽绒纤维、阻燃纤维等高端产品，应用市场覆盖非织造布、地毯、

家纺、汽车用纺织品等领域。这些产品的规模化生产可替代原生产品，有利于资源的循环利用。2010 年，我国再生聚酯纤维产能 620 万吨，实际产量近 400 万吨，约占全球总产量的 80%，中国已成为再生聚酯纤维的第一生产大国。

通常情况下，软饮料瓶和矿泉水瓶是最容易回收和再利用的塑料垃圾。然而，回收的第二代废旧饮料瓶却很难加工出新的饮料容器。原来，在生产饮料瓶的过程中，常常需要加入金属氧化物或金属氢氧化物作为催化剂。这些催化剂残留在回收材料中，使材料随着时间的流逝而慢慢老化。如此一来，用这些材料制造第三代塑料制品就不太可能了。第二代聚酯材料的用处也乏善可陈，它们只能用来做地毯，或者变成合成纤维棉絮塞在冬衣、露营的睡袋和救生衣里。

如今，研究者已经开发出了一种塑料再生的新方法，可以增加循环再利用的次数。美国加利福尼亚州圣何塞 IBM 阿尔马登研究中心和斯坦福大学的科学家组成的课题组已经制造出一类有机催化剂，能使塑料达到可被生物完全降解和循环再生的程度。这些有机催化剂可以与金属催化剂相媲美，同时相当环保。这项研究可以催生出一种新的循环再生方式，也就是将聚合物分解为组成它们的单体后再重新利用。

这些号称能减轻对环境影响的可降解塑料，现在看来或许没那么出色。瑞典皇家理工学院的聚合材料学家阿尔伯特森发表的一则综合文献指出，没有任何证据显示“可分解塑料”能如他们声称的一样被分解。塑料多长时间能被分解成碎片，主要取决于热及光照。2010 年英国环境食品和农村事务部的一份报告指出，在英国境内，可分解之羰基塑胶，会在二到五年内分解成小碎片，接下来的分解过程就“非常缓慢”。报告作者诺瑞·托马斯说：“我们认为，可分解羰基塑料对环境没有益处”。

废旧塑料混合了许多不同的物质，例如金属、纤维、颜料及多种不同成分，经过多次循环利用之后，最终只能采取炼油方式进行利用。废塑料通常采用热解油化技术加以回收，即通过加热或加入一定的催化剂使废塑料分解。获得聚合单体、菜油、汽油和燃料油气、地蜡等。废塑料的热解油化不仅对环境无污染，又能有效地回收能源。

废旧轮胎，橡胶再用的大商机

1886 年 1 月 29 日，德国工程师卡尔·本茨为其机动车申请了专利，这就

是公认的世界上第一辆现代汽车。1895 年，首批充气汽车轮胎样品在法国出现。1908 年，美国福特汽车公司生产出世界上第一辆属于普通百姓的汽车——T 型车，世界汽车工业革命就此开始。

汽车轮胎的发明使人们获得了舒适的驾乘感受，促进了汽车工业的发展。而汽车工业的发展又反过来带动了汽车轮胎工业的发展，汽车轮胎也因此形成了一个单独的工业门类。2012 年，全球汽车产量达到了 8414 万辆。其中，中国的产量就达到了 1927 万辆，占有 22.9% 的份额。自 2010 年以来，我国汽车轮胎产量稳居世界第一，2012 年的产量更是高达 8.92 亿条，继续保持领先优势。

目前，我国已经成为世界上橡胶资源的最大消费国，橡胶的消费量已经接近世界橡胶消费总量的三分之一。每年我国橡胶工业所需 70% 以上的天然橡胶、40% 以上的合成橡胶来自进口，供需矛盾十分突出，橡胶资源短缺对国民经济发展的影响日益显现。因此，大力开展废旧轮胎回收翻修和循环利用，对降低进口橡胶依赖程度，缓解橡胶资源短缺局面，促进我国废旧轮胎循环利用，搞好节能减排和环境保护具有重要意义。

中国橡胶工业协会废橡胶综合利用分会秘书长曹庆鑫表示，我国 2012 年产生废旧轮胎为 2.83 亿条，重量达 1018 万吨，这个数量还在以 5% 的速度逐年递增。预计 2020 年全国废旧轮胎产生量将超过 2000 万吨。这还不包括每年报废的几百万吨的胶管胶带、摩托车胎、电动车胎、自行车胎、胶鞋等众多废旧橡胶制品。目前我国已经成为世界废橡胶（含废旧轮胎）产生量最大的国家。

国家发改委的研究报告显示，2011 年我国废旧轮胎产生量达 1000 万吨，无害化利用率 60%，低于发达国家 90% 的利用率。其中翻新轮胎 1600 万条，再生橡胶产量 300 万吨，胶粉产量 30 万吨。我国的废旧轮胎基本利用方式有如下几种：原型利用，如山坡固土、码头靠垫等占 8%；翻新利用占 5%；再生胶、胶粉利用占 46%；热裂解利用占 10%；非法土炼油占 25%；其他利用占 6%。

废旧轮胎的翻修和循环利用，首先是“旧”轮胎的回收。旧轮胎可以进行翻新利用，即旧轮胎的“再制造”。经过“再制造”生产出的轮胎基本可以达到新胎的水平，可以跟新胎一样使用。

废旧轮胎原料的循环利用有三个途径。第一是用来制造胶粉。将废轮胎磨碎以后做成的胶粉可以改善沥青道路，降低噪音、降低成本，而且很环保；胶粉还可以用于制造防水材料。第二是生产再生胶。现在我国再生胶的产量每年有 300 多万吨，仍然不够我国的消耗，还要依赖进口。第三是用于低温裂解炼油。废旧轮胎投放到高温常压裂解釜中，加入催化剂后就可以通过加热催化裂解和

净化提取方式，生产出初级柴油，副产品有可以再利用的炭黑、钢丝等。

为了促进废旧轮胎综合利用产业的发展，工业和信息化部印发的《废旧轮胎综合利用指导意见》提出，到 2015 年国内旧轮胎翻新水平有较大提高。载重轮胎翻新率提高到 25%，巨型工程轮胎翻新率提高到 30%，轿车轮胎翻新实现零的突破，废轮胎资源加工环保达标率达到 80%。同时，稳定发展再生橡胶产品，年产量达到 300 万吨；橡胶粉年产量达到 100 万吨；热解达到 12 万吨。

第二十三章 建筑循环：继承传统，有序更新

西方谚语“罗马不是一天内建成的”说明，城市建设是一个漫长的历史过程。在城市的演化进程中，更新、循环是永远的主题。城市更新是对城市中衰落区域进行拆迁、改造、投资和建设，使之重新发展和繁荣的过程。

城市的发展，既有外延式的扩张、疏散，如建设卫星城；也有内涵式的更新，如提高建筑密度、容积率，扩大城市的环境承载力。城市是一个地区发展的内核，是增长极，它不仅吸收周围的资源、资金，还要发挥辐射和带动作用，促进整个区域的繁荣与发展，它与卫星城共同构建起协调有序的城市群。

城市的更新既有区域布局的变化，街区的合并与分割，功能的赋予和删减；也有区域内建筑实体的新建、改造、装饰装修；还有拆迁改造过程中建筑垃圾的回收、再生、重新利用；也还有城市生态环境、空间环境、文化环境、视觉环境、游憩环境的改造与延续；不仅如此，城市精神、心理定势、情感依恋、社会结构等人文软环境也是城市更新的重要内容。

那些历史久远的文明古城，不仅经风历雨，承受过地震、火灾、战争的洗礼，是人类重要的文化遗产，所承载的历史积淀、文化精神、社会品格，是其重要的身份与标签，也是城市傲然于世的灵魂。

老棋盘与新格局

在前门东大街老北京火车站的东侧，有一座包豪斯风格的

现代玻璃建筑，这就是首都城市规划展览馆。展馆分别以展板、灯箱、模型、图片、雕塑、立体电影等形式展示了北京悠久的历史和首都城市规划建设的杰出成就。

进入一层大厅，一件长 263 厘米、宽 205 厘米、高 157 厘米的半球形青铜雕塑呈现在眼前，这件名为《北京湾》的青铜雕像以 1:60000 的比例真实再现北京小平原三面环山，形如海湾的地理环境特征。三层的主展区里，在声、光、电等技术配合演示下，302 平方米的北京城市规划模型与周边 1000 平方米的正摄影图像交相辉映，站在这个目前世界上最大的城市规划模型上，观众犹如在高空鸟瞰北京，四环以内的北京城市格局一览无余。

北京的核心区是老城墙内的古城区，它将城市的文化精华和历史遗存统统围在里面，纵横交错的街道构成了一盘三千多年仍未完结的大棋局。从金中都、元大都、明都城、大清国都，再经历民国到新中国，这盘棋中演绎了许多惊人的历史活剧。这个棋盘是按照《周礼·考工记》来规划的，书上说："匠人营国，方九里，旁三门；国中九经九纬，经涂九轨，左祖右社，面朝后市。"这种棋盘格的城市规划反映了古人"天人合一"、"天圆地方"的哲学思想和世界观，是中国古代城市规划的"铁律"，西安、南京、洛阳、开封等古都无不按"律"营建。

新中国成立后，北京城的建设也围绕着这盘"棋"来展开。1992 年 9 月，全长 32.7 千米的二环路竣工通车。1994 年，全长 48.3 千米的三环路建成通车。2001 年 6 月，全长 65.3 千米的四环路胜利竣工。2003 年 10 月，全长 98.6 千米的五环路投入使用。2009 年 9 月，全长 187.6 千米的六环路实现全线贯通。2013 年底，北京市的轨道交通总里程已经达到 465 千米。城市环路与轨道交通系统共同构建了北京的城市脉络，为北京市的发展创造了更有利的条件。

在北京的大格局上，两条直线最重要。一条是以长安街向东向西延伸形成的东西中轴线；另一条是南起永定门，经正阳门、天安门、紫禁城、景山、地安门、鼓楼、钟楼、再到奥林匹克公园的南北中轴线。这两条纵横交叉的轴线构成了北京面向未来的坐标系，而长安街与南北中轴线则分别被赋予了传承北京当代发展脉络和印证北京 800 年建都史的文化和地理标志。以这两条轴线为骨干形成的"两轴－两带－多中心"城市总体规划，已经在 2005 年获得国务院批准，成为未来北京城市发展的基本格局。

当我们把目光投向更远的地方，会发现北京的定位还要提升，因为北京是中国的首都，是迈向世界城市的东方文化中心。其实，这个雄心早已化作更加雄伟的规划了。2013 年国庆前夕，吴良镛先生主持的《京津冀地区城乡空间发展规划研究三期报告》发布。三期报告在一期报告"世界城市"、"双核心"，二

期报告“一轴三带”等观点的基础上，又提出了“四网三区”的新构想。

所谓“四网”，是指京津冀应共同构建整体的城镇网络、交通网络、生态网络和文化网络，实现人居环境“四网协调”。所谓“三区”，一是以修建北京新机场为契机，选择机场周边京津冀部分地区，共建跨界的“畿辅新区”。二是以天津滨海新区为龙头，京津冀共建沿海经济区。三是在河北张家口、承德、保定和北京昌平、怀柔、平谷等地设立国家级生态文明建设试验区。

从1153年张浩、苏保衡完成金中都的营建任务，到2013年吴良镛“京津冀规划三期报告”发布，860年过去了，北京正在从小棋盘向大格局发展，从平面城市向立体城市进化，不断展示出大国都城的雄心与豪情。

从秦砖汉瓦到钢筋水泥

城市的发展与变迁不仅体现在城市的格局与规划上，还表现在建筑风格和建筑材料上，建筑材料的变化反映了城市建设的工程技术水平。

在北京火车站的南侧，伫立着一段青砖建造的老城墙，这就是北京明城墙遗址公园。历史上的明城墙全长24千米，始建于公元1419年，距今已有590多年的历史。由于历史原因，北京原有的城墙在整体上已经不复存在。现存的崇文门至城东南角楼一线的城墙遗址全长1.5千米，是原北京内城城垣仅存的一段，也是北京城的标志之一。

城墙是城市抵御外侵的防御性建筑，按照建筑材料可分为板筑夯土墙、土坯垒砌墙、青砖砌墙、石砌墙和砖石混合砌筑多种类型。木料、夯土、土坯、青砖、陶瓦、石条是北京古代城市建设的代表性材料。这些材料不仅建设了城墙，还建设了四合院、小胡同等普通民居。即使是故宫、天坛、颐和园等皇家宫廷的建设也离不开这些材料，只是增加了琉璃瓦、汉白玉等特色材料。

北京2008年奥运会专用色彩系统有中国红、琉璃黄、国槐绿、青花蓝、长城灰五种颜色。其中，“琉璃黄”是北京城市风光特有的颜色，代表着北京独特的自然景观及人文历史的精彩和辉煌；“长城灰”则是万里长城和四合院民居的灰色，是北京城传统建筑景观中重要的标志色。这两种颜色恰恰代表了中国传统建筑材料“秦砖汉瓦”。

历史上颇负盛名的秦代砖瓦，是以其颜色青灰、质地坚硬、制作规整、浑厚朴实、形制多样而著称于世。砖有空心砖、条形砖、长方形转、楔砖、曲尺砖、券砖等多种规格。秦代砖瓦带有文字，汉代瓦当纹饰精美，“秦砖汉瓦”是对中华民族古代历史上建筑装饰辉煌艺术的赞美和褒扬。

清末民初，北京的建筑受到西方工业革命的影响，开始使用水泥。这一时期的代表性建筑是北京大学红楼和北京饭店。北京大学“红楼”的整座建筑通体用红砖水泥砌筑，红瓦铺顶，1918 年落成。北京饭店楼群中间的一幢米黄色老楼是 1917 年建成的七层砖混大楼。此后，红砖、钢材、水泥、玻璃成为北京城市建设的主要材料，秦砖汉瓦逐渐成为历史遗迹。

新中国成立后，北京的城市建设进入了大发展的阶段。1959 年，人民大会堂、中国革命和历史博物馆、中国人民革命军事博物馆、民族文化宫等北京十大建筑落成。20 世纪 80 年代建成了北京图书馆新馆、中国国际展览中心、中央彩色电视中心、北京国际饭店、长城饭店等高大建筑。20 世纪 90 年代建成了中央广播电视塔、国家奥林匹克体育中心与亚运村、北京新世界中心、北京恒基中心、首都图书馆新馆等新建筑。这一时期，钢筋混凝土、钢材成为主要建筑材料。

进入新世纪后，北京又建设了首都机场 3 号航站楼、国家体育场、国家大剧院、北京南站、国家游泳中心、国家体育馆等一批令人瞩目的“超级建筑”。钢材取代钢筋混凝土成为这些超大型建筑的主要结构材料。而钢筋混凝土则继续在民用建筑、道路、桥梁、地铁建设中大放光彩。

随着材料科学的进步，现代建筑材料已经分化成结构材料、装饰材料和专用材料三个大类。结构材料包括木材、竹材、石材、水泥、混凝土、金属、砖瓦、陶瓷、玻璃、工程塑料、复合材料等；装饰材料包括各种涂料、油漆、镀层、贴面、各色瓷砖、具有特殊效果的玻璃等；专用材料包括用于防水、防潮、防腐、防火、阻燃、隔音、隔热、保温、密封等功能材料。

“有机疏散论”与“有机更新论”

城市的发展是在不断更新中实现的，这种更新不是对过去的斩断和否定，而是在继承传统基础上的有序更新。除非地震、战争等强烈因素的影响，城市的演化都是在一定理论指导下的有序更新。

在城市更新领域，有一位不得不说的人物，芬兰的规划学家沙里宁。他认为，所有的世界级大城市都必须走一条“有机疏散”的道路，即在大城市的外围建设

一批“卫星城”来疏散主城区的人口。第二次世界大战结束前夕，时任英国首相丘吉尔想到，英国的人口是3600万，而参战的军人就有500万；战争结束后，这些英国军人就要结婚、生孩子、找工作，如果这些人全部涌到伦敦来，伦敦就会“爆炸”。受沙里宁的启发，丘吉尔请了一批规划学家推出“新城计划”，在英国伦敦之外布局了30多个卫星城市。后来，英国的“新城计划”发展成“新城运动”，影响了整整一代人。随后，“大巴黎”的新城规划也紧随其后。而这些规划无一不遵循沙里宁的“有机疏散论”。

基于西方城市更新的历史和经验，1980年代初期，我国城市规划专家陈占祥把城市更新定义为城市“新陈代谢”的过程。在这一过程中，更新途径涉及多方面，既有推倒重来的重建，也有对历史街区的保护和旧建筑的修复等。当中国城市经历了1980年代的飞速发展后，很多城市问题开始显现，譬如历史街区的特色与地方文化在城市改造中的快速消失。

上世纪80年代，建筑大师吴良镛先生为了保持北京城的传统肌理、历史环境的有序继承，开始了传统街区的规划工作，提出了城市有机更新理论。在设计菊儿胡同危房改造工程时，吴良镛考虑到北京城的胡同与四合院是构成历史文化名城的基本单位，于是用二、三层的单元楼来围绕原有树木作为庭院，形成“类四合院”格局。这种设计既与传统文脉相承，又结合现代功能与技术要求，青砖红檐的建筑与典雅古朴的园林交相辉映，体现着天人合一的哲学思想和传统的伦理观念。菊儿胡同住宅改造，获得了联合国世界人居奖。

进入新世纪以来，国内学者们开始注重城市建设的综合性与整体性，提出了许多“城市更新”新理念。通常情况下，人们常常将城市更新理解为物质性改造和物质磨损的补偿，如房屋的修缮、改建与重建，道路的拓宽与修建等。

事实上，城市更新有着更为丰富和深刻的内涵。城市发展的全过程是一个不断更新、改造的新陈代谢过程。城市更新与城市发展相伴相随，往往作为城市自我调节机制存在于城市发展之中，其积极意义在于阻止城市衰退，促进城市发展。现代城市更新的动因首先不在于建筑、道路等有形磨损，更多的在于功能性和结构性衰退导致的无形磨损，有形磨损的速度往往落后于城市不断增长的需要，而后者直接决定着是否有必要对旧城进行更新改造。

城市更新是对城市中某一衰落的区域进行拆迁、改造、投资和建设，使之重新发展和繁荣的过程。它包括四方面的内容：一是区域布局的变化，街区的合并与分割，功能的赋予和删减；二是区域内建筑实体的新建、改造和装饰装修；三是城市拆迁改造过程中建筑垃圾的分类回收、再生和重新利用；四是各种生

态环境、空间环境、文化环境、视觉环境、游憩环境等改造与延续，包括邻里的社会网络结构、心理定势、情感依恋等人文软环境的延续与更新。

当今的北京，也正面临着与伦敦、巴黎同样的问题。随着经济的发展，城市化进程的加快，大批外来人口涌进北京，使北京处于“人口爆炸”状态。加快城市的“有机更新”，提高城市的人口承载力，成为一道大难题。

蚁族，搬走唐家岭

城市的疏散理论在伦敦、巴黎是成功的，但北京就不那么容易了。

针对城市核心区人口过于密集导致的诸多问题，北京进行了“疏散”方面的尝试。回龙观、天通苑是北京比较大的卫星城，居住的人口都在20万～30万。建设这两个卫星城的主要目的是为了疏散主城区的人口，事与愿违的是，新城区里很少有就业岗位，大部分人早上涌到老城里来，晚上又涌回新城，造成巨大的钟摆式城市交通，这两个地区也就有了“睡城”的名号。实践证明，采用这类“疏散”方式的新城是失败的。因为城市的疏散具有无限扩张性，却缺乏与疏散地域的有机统一，当代世界大城市的发展已经证明了这种结局。

对于城市的更新，北京还从另外的角度进行了积极探索，那就是城市边缘地区的升级改造。这些边远地区就是通常所说的“城中村”，指在经济快速发展、城市化不断推进的过程中，位于城区边缘的农村被划入城区，在区域上已经成为城市的一部分，但在土地权属、户籍、行政管理体制上仍然保留着农村模式的村落。将城中村进行整体改造，不仅可以改善当地的环境质量、社会治安、居民生存状态，还可以使城市的更新节奏加快。

2009年，社会学者廉思的《蚁族——大学毕业生聚居村实录》问世。书中讲述了漂泊在外为梦想打拼的年轻人，他们尽管像蚂蚁一样弱小，内心却有着强大的力量，在“蚁族”中演绎着笑中有泪的人生。有关数据显示，2010年北京地区的“蚁族”就有10万人以上。“蚁族”主要聚居于城乡结合部或近郊农村的“城中村”，人均居住面积不足10平方米。

“蚁族”现象引发了更多思考：尽管大城市基础设施不断完善，城市扩张速度不断加快，但快速推进的城市化也引发了种种“大城市病”——拥堵的交通，拆不完的城中村……一个城市怎样才能真正实现包容性发展？城市的扩张如何让更多中低收入者获益？如何构建可持续发展的社会保障体系，让“蚁族”切实享

受到城市发展的成果？

唐家岭，位于北京市区西北五环外的西北旺镇，与上地信息产业基地和中关村软件园只有一路之隔，属于比较典型的城乡结合部。唐家岭村之所以被称为“蚁族”集聚地，是因为本地人口不足3000人，外来人口却超过5万，其中大学毕业生就占三分之一。2006年以来，该村很多村民都在新建和扩建新房，以出租给更多的人赚取房租。本地人大都以出租房屋为生，为获利更多，私搭乱建现象十分严重，违规建筑是合法建筑的5倍；楼房之间的过道狭窄，火灾隐患突出；上班高峰期公共交通拥挤不堪。唐家岭这一状况引起了北京市政府的高度重视。

为了改变唐家岭的现状，北京市于2010年3月启动了唐家岭地区整体腾退改造工程——唐家岭新城建设。此次改造共涉及2099户，共4816人；需要新建农民回迁安置房34.74万平方米，共18栋住宅及多栋公建，住宅最高17层；建筑布局采用园林式交错布置，中心设集中绿地，沿街设置商业及住宅配套用房，还布置了社区管理、商业配套服务、文体活动、社区医疗等功能用房。

唐家岭的搬迁改造不仅改变了该地区的区域规划和格局，提升了建筑品味，更重要的是调整了当地的社会生态、人文环境，为城市的有机更新找到了一条可行之路，标志着北京城乡结合部的发展进入到城市化发展的新时期。“蚁族”挥手告别唐家岭之后，马上走进下一个“城中村”，他们任劳任怨、不怕辛苦、工作敬业、团结协作，是城市精神的新象征。

陈光标，破旧立新的“带头大哥”

2008年5月12日，四川省阿坝藏族羌族自治州汶川县发生里氏8.0级地震。汶川大地震波及大半个中国及亚洲多个国家和地区，是新中国成立以来破坏力最大的地震。瞬间发生的大地震，造成山崩地裂，房倒屋塌，城市陷落，使人类辛勤建设的文明在瞬间毁灭，变成了1.15亿吨建筑垃圾。

地震发生后，党中央、国务院以及各级政府、社会各界迅速行动起来，全力投入抗震救灾。在这场全民族的救灾行动中，有一个人的表现极为突出，温家宝总理称赞他是“有良知、有灵魂、有道德、有感情、心系灾区的企业家”，并向他表示致敬，他就是江苏黄埔再生资源利用有限公司的董事长陈光标。

5月12日下午地震发生时，陈光标正在武汉开董事会，得知消息后，他随即将董事会变成救灾部署会，立即将60台准备派往北京等地的工程机械派发到四川救灾，每辆工程机械配备两名操作手，共120人火速赶往前线。5月13日下午3点，陈光标就赶到都江堰市，几乎与救援部队同时到达，速度之快连军事专家都大为惊诧。陈光标在灾区整整41天，救回131个生命，其中他亲自抱、背、抬出200多人，救活14人，还向地震灾区捐赠款物过亿元。2009年4月24日，“2009中国慈善排行榜”给陈光标颁发了中国慈善的政府最高奖项——“最具号召力的中国慈善家”称号。

如果说陈光标热心慈善是在帮助身处困境的人们解决现实的燃眉之急，那么他所倡导和从事的循环经济则是造福子孙后代的更具长远意义的事业。陈光标对于环境保护工作十分关注，他经常通过各种特立独行的举动，提醒全社会必须清醒地认识到保护自然生态环境的重要性与紧迫性。

陈光标主要从事可再生资源回收、加工和再利用，重点从事建筑垃圾处理和再生的业务。江苏黄埔再生资源利用有限公司主要承担大型厂房建筑、桥梁道路、高大烟囱的拆除作业，一般采用定向爆破、大型机械化拆除等复杂施工，是全国最大的专业拆除公司。

对于拆除后的建筑垃圾，传统拆迁公司将钢筋剥离后建筑废渣外运到城市郊区填埋，这样不仅占用了大量土地、还严重污染了环境。而陈光标则采取了与前者截然不同的理念和技术流程。在拆除过程中，他们采用国际先进设备和水压、液压、静力、爆破拆除法等拆除工艺，有效降低了噪音，减少了扬尘，使拆除过程实现环保化。他们还采用国际先进的移动式破碎筛分机组，对拆除下来的废旧混凝土现场破碎，加工成商品混凝土骨料、建筑砌块集料、道路填铺料、三合土集料等不同用途的再生集料，使加工后的建筑垃圾成为商品。这大大提高了废旧混凝土的利用效率，有效实现了拆除工程的无污染、零排放。汶川地震灾后重建过程中，他们还联合科研机构成功开发出了泡沫塑料的负压处理技术，有效解决了活动板房无害化处理等问题。

多年来，陈光标他们先后参与了江苏、上海、北京、广州等十多个省市的废旧拆除工程，拆除面积累计达2亿平方米，回收废旧钢材数百万吨，拆除下来的混凝土作为道渣使用，可供四车道的沪宁高速公路由南京铺设到上海。

陈光标的独到眼光使他的企业在建筑拆除行业异军突起，成为“破旧先锋”，他的高调亮相为公益慈善事业树立了道德榜样，属于“全新形象”。他是这个社会极为稀缺的独行侠，是破旧立新的“带头大哥”。

建筑垃圾，城市代谢的碎片

城市是一个动态的有机体，在一座座高楼大厦拔地而起的同时，数量巨大的建筑垃圾也被遗撒在城市的各个角落里，污染着城市环境。北京市拆迁和新建规模不断扩大，导致建筑垃圾数量不断攀升，产生量持续上升与处理设施建设滞后、处理方式简单之间的矛盾也日显突出。

建筑垃圾指人们在从事拆迁、建设、装修、修缮等建筑业的生产活动中产生的渣土、废旧混凝土、废旧砖石及其他废弃物的统称。按产生源分类，建筑垃圾可分为工程渣土、装修垃圾、拆迁垃圾、工程泥浆等；按成分分类，建筑垃圾中可分为渣土、混凝土块、碎石块、砖瓦碎块、废砂浆、泥浆、沥青块、废塑料、废金属、废竹木等。

进入新世纪以来，随着北京申奥成功和奥运工程的相继启动，北京市建筑垃圾在 2001 年进入排放高峰期，当年总量达 3300 万吨，到 2013 年，这一数据已经超过 5000 万吨。北京市的建筑垃圾是城市垃圾的 3 大组成部分之一，年产量约为同期全市生活垃圾量的 7 倍。过去 50 多年里，中国至少生产了 300 亿立方米的黏土砖制品，未来 50 年大都将转化为建筑固体废弃物；中国现有 500 亿平方米建筑，未来 100 年大都将转化为建筑固体废弃物。

北京市的建筑垃圾主要分为工程槽土、拆除垃圾和装修垃圾。每年产生的建筑垃圾中工程槽土占 85%，剩下的 15% 为拆除垃圾和装修垃圾。目前北京市建筑垃圾中被行业内称为“好土”的工程槽土，每年产生量与需求量已经达到了无需处理的内部平衡。需要通过建设建筑垃圾处置设施进行资源化处理的部分主要是拆除垃圾和装修垃圾。这就是说，目前北京市每年需要进行综合处置的建筑垃圾量为 700 万～ 800 万吨。也有的专家估算，北京市建筑垃圾产生量实际上已达到每年 1000 万吨，其中，拆除性建筑垃圾 800 万吨、装修垃圾 200 万吨。这一数字远高于北京每年 700 万吨的生活垃圾产出量。2013 年，北京拆除的违章建筑的总面积达到 1400 万平方米。

目前北京市处理建筑垃圾的主要方式是简易填埋，每年要用掉土地 3000 亩。其中，只有 10% 的建筑垃圾被运往指定的消纳场所，其余的或被随意倾倒，或被运往非法运营的填埋地进行处理。目前北京在五环至六环之间有 21 个垃圾填埋场。但是这 21 个正规垃圾填埋场的容量有限，只能简易填埋 4337 万吨生活、建筑垃圾。有关部门坦言，即便每年的建筑垃圾产量不再增加，用不了几年，这 21 个大坑就将填满，建筑垃圾将无处可埋。

北京市市政市容委环境卫生处有关负责人说，这些大坑填满后，只能用于修建道路，不能再用于耕地，而且，沥青等防水材料填埋后也会影响环境。这些建筑垃圾又未经任何处理，就被施工单位运往郊外或乡村露天堆放或填埋，不但长期占用了大量宝贵的耕地，而且还耗用了大量的征用土地费、垃圾清运费等建设经费。同时，在清运和堆放过程中尘土飞扬，污染了空气；在堆放和填埋中，由于长期的雨水冲刷，建筑垃圾中含有的有害化学物质会随着水循环被带入地下水和土地之中，这些又都造成了严重的环境污染。

如此大量的建筑垃圾严重影响了首都市容市貌、百姓生活和生态环境。如何科学处置和利用这些建筑垃圾，已经成为各级政府和垃圾排放单位面临的重要课题。这个问题不解决，北京的可持续发展就无法实现。

建筑垃圾，回到“建筑”

建筑垃圾并不是真正的垃圾，而是放错了地方的“资源”，建筑垃圾经分拣、剔除或粉碎后，95% 以上可成为工程建设的原材料并能应用到新建设工程中。建筑垃圾的资源化利用不是短期行为，而是一项有前途的新兴产业。建筑垃圾资源化处理方式分为三类：低级、中级、高级利用。

“低级利用”是简单分选处理、一般性回填等。建筑垃圾分选主要将砖瓦、混凝土、沥青混凝土、渣土、金属、木材、塑料、生活垃圾、有害垃圾分离。其中，砖瓦、混凝土、沥青混凝土可进行中级和高级利用。而金属、木材、塑料也可以回收利用。一般性回填主要适用砖瓦、混凝土、渣土等惰性且土力学特性较好的建筑垃圾。

“中级利用”是加工成骨料生产新型墙体材料。新型墙体材料的生产工序主要包括粗选、破碎、筛分、磁选、风选等过程。主要骨料产品包括 0 ~ 15 毫米砖再生集料，0 ~ 5 毫米混凝土再生砂，5 ~ 15 毫米、15 ~ 25 毫米、25 ~ 40 毫米的混凝土再生集料。这些骨料具有空隙率高的特点，适合生产混凝土砌块，建筑隔声、保温、防火、防水墙板及建筑装饰砖等墙体材料。砖、石、混凝土等废料经粉碎后，可以代砂，用于砌筑砂浆、抹灰砂浆等，还可以用于制作铺道砖、花格砖。

“高级利用”是将建筑垃圾还原成水泥、沥青等再利用。由于成本较高，技

术尚未完全成熟，目前还没有在国内大规模推广应用。日本在建筑垃圾还原水泥方面做得比较好，应用领域比较多。

建筑垃圾中数量最大的是混凝土块、碎石块、废砂浆、砖瓦碎块等，这些材料有一个共同特点，都是无机材料。这些材料都是硅酸盐类物质，耐酸、耐碱、耐水性好，化学性质比较稳定；同时也具有稳定的物理性质：颗粒大、透水性好、不冻涨、塑性小，在自然界中非常稳定。因此，这些材料粉碎筛分后的物理性能并没有改变，回收利用的价值很大。建筑垃圾经过处理将会是一种很好的建筑材料，可再次应用于工程建设，做到物尽其用，变废为宝。

城市基础设施是建筑垃圾再生资源利用最大的市场。城市周边的公路由于常年高负荷的使用，需要经常性的维修。公路工程具有工程数量大、耗用建材多的特点。建筑废渣透水性好，遇水不冻涨，不收缩，是公路工程难得的水稳定性好的建筑材料。建筑废渣在铁路建设方面也是大有可为的，作为良好的路基加固材料，可以广泛用于软弱土路基、粉土路基、粘土路基、淤泥路基和过水路基等方面。此外，建筑废渣还可用于建筑工程地基与基础的稳定土基础、粒料改善土基础、回填土基础、地基换填处理和楼底垫层等。

一年如果能回收利用 100 万吨建筑垃圾，就可节约石灰石 50 万吨，节约水泥、石灰等胶凝材料 10 万吨，节约原煤 2 万吨以上。目前，韩国、日本等发达国家对建筑垃圾的资源利用率已经达到 90%。北京、深圳等地建筑垃圾利用率已经达到 40% 左右，如果再提高到 80% 的水平，效益会相当可观。

要从根本上解决我国建筑垃圾存在的问题，应采取建筑周期全过程的管理模式。要改变传统的建筑原料 - 建筑物 - 建筑垃圾的线性模式，形成建筑原料 - 建筑物 - 建筑垃圾 - 再生原料的循环模式，从而形成高利用、低排放的新型建筑模式，使城市更新处在有序、有利、节能、环保的循环状态。

第三个圈，首都经济圈

1979 年初，袁庚带着蛇口开发工业区的蓝图，专程前往北京。改革开放的总设计师邓小平在这张蓝图上轻轻地划了一个圈儿，说到“就在这里杀出一条血路”。于是蛇口工业区，成为中国改革开放的“试管婴儿”，深圳成为中国改革开放以来所设立的第一个经济特区。

三十多年过去了，深圳已成为中国改革开放的窗口，中国对外交往的重要国际门户，有相当影响力的国际化城市，创造了举世瞩目的“深圳速度”。深圳经济特区已成为中国四大一线城市之一，中国国家区域中心城市，国际重要的空海枢纽和外贸口岸，中国南方重要的高新技术研发和制造基地，中国重要的经济和金融中心。

进入 90 年代，深圳经济特区引领珠江三角洲异军突起的 10 年里，作为“共和国长子”的上海，步履蹒跚，昔日远东最大的经济、贸易和金融中心上海，显得有些黯然失色了。美国著名智库兰德公司的专家说：中国的经济中心已出现南移的趋势，广东将取代上海。

1990 年春节，大年初一，时任中共上海市委书记、上海市市长的朱镕基向在上海过春节的邓小平拜年，并汇报开发开放浦东的设想。小平同志说，这是个好事，早该如此，可惜迟了 5 年。他还强调指出，要做几件事情，一下子把开放的旗帜打出去，要有点儿勇气。

1990 年 4 月 18 日，国务院总理李鹏宣布：“中共中央、国务院同意上海市加快浦东地区的开发，在浦东实行经济技术开发区和某些经济特区的政策。”2005 年，国务院正式批准浦东进行国家综合配套改革试点，浦东改革开放进入了新阶段。在党中央、国务院坚强领导下，在中央各部委、全国各省市大力支持下，浦东开发开放取得举世瞩目的成就，初步建立了外向型、多功能、现代化新城区框架，浦东已成为“中国改革开放的窗口”和“上海现代化建设的缩影”。

2014 年 2 月 26 日，中共中央总书记、国家主席、中央军委主席习近平在北京主持召开座谈会，专题听取京津冀协同发展工作汇报，强调实现京津冀协同发展，是面向未来打造新的首都经济圈、推进区域发展体制机制创新的需要，是探索完善城市群布局和形态、为优化开发区域发展提供示范和样板的需要，是探索生态文明建设有效路径、促进人口经济资源环境相协调的需要，是实现京津冀优势互补、促进环渤海经济区发展、带动北方腹地发展的需要，是一个重大国家战略，要坚持优势互补、互利共赢、扎实推进，加快走出一条科学持续协同发展的路子来。中央的战略决策给京津冀的发展注入了强劲的动力。

1979 年那个春天，一位老人在中国的南海边画了一个圈，此后便神话般地崛起了珠江三角洲经济圈；1990 年，又是这位老人在中国的东海边画了一个圈，把改革开放的大门向全世界打开，由此造就了西太平洋岸边的长江三角洲经济圈；2014 年早春，新一届中国领导人在中国的渤海湾画下了第三个圈，以京津冀为主体的首都经济圈，将在人类共同居住的蓝色星球上打造亿万中国人民繁荣富强的中国梦。

24 第二十四章 建设生态社会主义的循环城市群

北京的环境危机已经严重制约了自身的发展，其根源在于内部生存空间的限制、外围生态环境的压迫、城市新陈代谢功能的失调。破解城市发展的困局需要对外有机疏散、对内调整功能，还要强化城市的新陈代谢功能，唯有如此，才能挣脱工业化的桎梏，迈开大步，跃上生态文明的巅峰。推进京津冀协同发展，打造新的首都经济圈，需要建立生态社会主义的循环城市群，使城市群之间形成良好的分工与互动，并与整个区域的生态环境实现和谐统一，进而把北京建设成为国际一流的和谐宜居之都。

一、要以生态文明建设为目标，运用循环经济思想，建立由农业循环、工业循环、城市循环、人类与自然循环构成的循环城市群，实现区域可持续发展

在中国东部的华北平原，太行山、燕山、渤海环抱的地理单元上，北京、天津、河北三个行政区并肩而立。三者地缘相接、人缘相亲，地域一体、文化一脉，历史渊源深厚、交往半径相宜，本应该相互融合、协同发展，却由于多种因素的影响，造成了迥然不同的发展结果："城市病"与贫困区并存，利益藩篱与经济潜力同在，环境危机与发展诉求两难……京津冀的发展矛盾已成为中国城镇化进程问题的缩影。

从微观层面来看，作为中国对外形象的窗口，首都北京的环境问题、功能疏解，以及首都周边的经济塌陷现象，已经到了非解决不可的程度，区域协作是解困所需。京津冀协调发展是特大城市的"减肥"过程，是省际间突破行政藩篱的协作过程，同时也是在严峻的资源环境问题下处理发展与环境关系的过程。

从宏观层面来看，中国未来参与国际竞争需要倚重沿海三大城市群，京津冀作为其中的短板必须补齐。京津冀的巨大潜力使其最有可能成为中国经济提升的"第三极"和新引擎。长三角、珠三角经济圈的辐射范围在中国东部、南方，而中国需要京津冀经济圈的崛起，带动北方经济，连接南北发展。更深远的战略意义在于，京津冀经济圈连接东北亚，背靠亚欧大陆桥，它还能带动中国向北、向西开放，并在一定程度上减弱一些国家通过海洋通道对中国发展的牵制。

在中国东部沿海三大城市群中，当前中国着力推进京津冀协作，建设首都经济圈无疑是国家战略的必然选择。

从全球发展的角度看，人口、资源、环境、发展是人类面临的主要问题。京津冀区域内，人口在空间分布的不均衡问题，水资源、矿产资源、土地资源的短缺问题，空气污染、水体污染、垃圾围城等环境问题，京津高度发展与周边贫困带的落差问题，无一不是当今世界的热点问题，具有高度的代表性。可以说，京津冀区域的问题是当今中国发展过程中的焦点，具有牵一发而动全身的作用，把这个问题解决好就可以使中国的发展进步迈上更高的台阶。

中央对首都及首都经济圈的强力推动，标志着多年来从民间层面的调研、呼吁，终于变成国家层面的战略行动，为首都及京津冀的区域发展注入了强大的发展动力，为首都经济圈规划了更大的发展空间。

由于京津冀区域地理环境的统一性和复杂性，决定了破解北京的发展困局，实现京津冀协同发展，必须用系统化方法进行整体规划，要从人类社会进步的历史进程来确定未来的发展方向。要确立更高的经济、社会发展目标，从区域内现存的农业文明、工业文明形态的融合、升级方面下功夫。要通过对传统农业文明的合理继承，现代工业文明的转型升级，共同融合孕育出现代生态文明的发展理念、社会制度、商业模式，实现可持续发展。

北京的世界城市建设不能走伦敦、巴黎、纽约、东京等世界城市发展的老路。北京应该在生态文明理念的指导下，运用生态规律，将首都经济圈内的城市按照内在功能和区域分工，构建起一个人员、信息、资金、技术、资源有机循环的超级循环城市群。这是伦敦、巴黎、纽约、东京都无法实现的宏伟目标。因为北京有 3000 多年的建城史，800 多年建都史；因为北京有社会主义国家中央政府的强力支持；因为北京正在构建人类历史上最具生态功能的城市新陈代谢系统。

从人类历史发展进程看，生态文明是农业文明、工业文明之后的一种更进步更高级的人类文明形态，是人类文明演进的一个新阶段。生态文明为北京世界城市建设提供了目标和参照系，首都经济圈建设为中国特色生态社会主义理论提供了最佳实践平台，社会主义制度为生态文明实现提供了制度保障，循环城市理论则为这个文明形态在北京的率先实现提供了手段。循环城市是生态文明时代的主要城市形态，是人类社会的未来发展方向。北京有理由成为生态文明时代的新地标。

京津冀循环城市群是按照区域布局和产业分工构成的区域城市网络。循环

城市群不仅要求城市内部实现资源高效利用和能源梯次利用，还要在城际之间实现再生资源、再生能源的交换与利用。这种交换与利用通过农业生态循环、工业生态循环、城市资源循环、人类与自然循环四个层次来实现。这样就可以实现能源利用的低碳化、资源利用的循环化、空间利用的集约化，从整体上解决人口、资源、环境、发展问题，使整个社会进入良性发展的生态文明时代。

二、从农业生态循环入手，重新确立区域农业发展战略、农村生态模式、农民增收途径，破解农业环境污染、生态破坏、资源耗竭问题，探索出一条农业可持续发展、农村与城市共同进步的新型城镇化发展道路

农业生态循环是首都经济圈的子系统，是粮食、蔬菜、肉类、鱼类、禽类等食物来源地，还是城市有机物质代谢分解池，是上一次循环的终点，也是下一次循环的起点，是人—自然生态大循环系统的重要组成部分。

农业是国民经济和全面建设小康社会的基础，农业生态循环是国民经济体系全面发展循环经济、建设循环社会的基础环节。大力发展农业生态循环，是建设社会主义新农村，实现农业和农村可持续发展，促进农民增收，实现首都经济圈协调发展的基本途径和必然选择。现代常规农业所面临的环境污染、生态破坏、资源耗竭的问题，都有待于运用循环经济原理与方法来解决。京津冀农村落后的生态环境状态，如秸秆焚烧、垃圾焚烧导致“遍地狼烟”，致使区域大气环境污染十分严重，也必须运用循环经济方式来处理。

农业产业是一个半人工、半自然的生态系统，这个大生态系统中包括大农业范畴内的农业种植、林业、渔业、牧业、农产品加工业，农业 - 工业循环，种植 - 养殖 - 加工 - 营销，农业 - 工业 - 旅游业等众多子系统。各子系统之间有着天然的互为关联、共生共存的紧密关系，构成不同形式的生态产业循环链，这是发展农业产业链和建设循环经济的基础。农业大产业的物质循环载体是有机可代谢物质，是自然界中微生物可以参与的物质代谢过程，这是由农业大产业自身特点和发展规律决定的，是农业生态循环最关键的科学基础。可以这样说，农业是现代循环经济的榜样。

农业生态循环要遵循减量化、再利用、资源化和废弃物“零排放”原则。减量化原则要求在农业生产的全过程、产品生命周期和产业链中减少稀缺或不可再生能源与资源的投入量。再利用原则要求资源或产品以初始的形式被多次循环利用。资源化原则要求对生产或消费过程产生的废物进行循环利用，使生产出来的产品在完成其使用功能后能重新变成可以利用的资源，而不是无用的垃圾。“零排放”原则要求避免和最大限度减少废弃物产生造成的资源浪费和环境污染。此外，农业生态循环还要坚持顺应自然原则、人与自然和谐原则、因地制宜原则、生物共生原则、最大绿色覆盖原则、最小水土流失原则、土地资源用养保结合原则及综合治理原则。

我国是农业文明最久远的国家，在漫长的农业发展历史上，各地人民综合运用农业生态理论与技术，紧密结合各地的经济、地理、气候等不同特点与实际，进行了不懈试验与实践，探索出了许多形式多样、内涵丰富、多姿多彩、成效显著、适合我国国情的农业生态循环模式。

我国的农业生态循环模式有：能源驱动模式，包括以农户为单元开发利用沼气，农业园区开发利用沼气；种植型循环模式，包括庭院型、种植养殖型、复合共生基塘养殖型、生态农业园型；环保型模式，包括环保养殖型、废弃物综合利用型、绿色无公害型；生态农业系统模式，包括山区生态农业系统型、都市现代生态农庄型；节水农业型式等。事实上，各种模式的农业生态循环可以结合起来，构建起复合型的系统化区域农业生态循环系统。

农业循环经济是可持续发展的农业体系，已被越来越多的国家和地区认可。1991 年，联合国粮农组织发布的《关于农业和农村发展的丹波宣言和行动纲领》指出，农业可持续发展是采取某种使用和维护自然资源的基础的方式，以及实行技术变革和机制性改革，集中解决重大的稀缺农业资源和重大自然资源问题。以确保当代人类及其后代对农产品需求得到满足，这种可持续的发展（包括农业、林业和渔业）维护土地、水、动植物遗传资源，是一种环境不退化、技术上应用适当、经济上能生存下去以及社会能够接受的农业体系。

三、大力推进循环经济在工业生产中的应用，以清洁生产、精益生产为手段提高工业企业的资源利用率，以生态产业园形式提高工业生产的整体效率

京津冀地区是我国工业最发达的地区，也是工业污染最集中最严重、环境负荷最大的地区。尽管首钢、北京焦化厂等一批工业污染大户已经迁出北京，但由于大气污染具有随空气扩散的特点，这些污染源距离北京并不遥远。而且本区域内还在继续进行大规模的城市建设，钢铁、水泥、建材、火电等行业也将继续保持较大的生产规模，节能减排的任务依然很重。

循环经济最成功的领域是工业制造业。以工业为基础的循环经济，牵涉到国民经济的各个行业以及社会的各个层面，是一个庞大的系统工程，其中一条主线就是工业生态链。工业生态循环的内涵是根据生态全息链的原理，从信息角度建立一种生态整体观，对所有工业层次进行的有机整合。这种整合包括从企业层次的“清洁生产”，到区域工业生态系统内“企业间废弃物的相互交换”，

再到产品消费过程中和消费结束后物质和能量的循环。生态工业是循环经济实践的重要形态，它是按照循环经济原理组织起来的、基于生态系统承载能力，具有高效经济过程及和谐生态功能的网络化、进化型工业组织模式，它直接决定着循环经济发展的步伐和质量。

生态工业在企业层面的实践属于小循环范畴，又叫杜邦化学公司模式，是以单个企业内部物质和能量的微观循环作为主体的企业内部循环体系。它以清洁生产为导向，用循环经济的思想设计生产体系和生产过程，以此促进本企业内部原料和能源的循环利用。企业通过推行清洁生产工艺、废料回收技术和污染零排放的生产全过程控制，全面建立节能、节水、降耗的现代化生产工艺，以达到少排放甚至零排放的环境保护目标。

清洁生产是循环经济在单个企业最为合理的工业生态循环模式。1989 年联合国环境署工业与环境规划活动中心（UNEP/PAC）将清洁生产定义为："清洁生产是一种创新思想，该思想将整体预防的环境策略持续运用于生产过程、产品和服务中，以提高效率，并减少对人类和环境的风险性。"我国《清洁生产促进法》定义：清洁生产是指不断采取改进设计、改进管理、综合利用等措施，从源头削减污染，提高资源利用效率，减少或者避免生产、服务和产品使用过程中污染物的产生和排放，以减轻或者消除对人类健康和环境的危害。

清洁生产包括三方面内容：一是清洁的能源。包括常规能源的清洁利用；可再生能源的利用；新能源的开发；各种节能技术的创新和运用等。二是清洁的生产过程。主要内容有：尽量少用、不用有毒有害的原料；减少或消除生产过程的各种危险因素；采用少废、无废的工艺；使用高效的设备；物料的再循环；简便可靠的操作和控制等。三是清洁的产品，包括：产品在使用过程中以及使用后不含对人体健康和生态环境不利的因素；易于回收和再生；合理包装；合理的使用功能和合理的使用寿命；产品报废后易处理、易降解等。

对于规模适中的企业和产业来说，推行清洁生产技术是可行的，也是经济的，但是有些企业推行清洁生产存在合理却不经济的情况，影响了企业推行的积极性。这就需要推行生态工业的另一种典型模式——生态工业园，它是依据循环经济理念和工业生态学原理设计建立的一种新型工业组织形态。生态工业园通过模拟自然生态系统建立产业系统中"生产者－消费者－分解者"的循环途径，实现物质闭路循环和能量多级利用，使不同企业之间形成共享资源和互换副产品的产业共生组合，使上游生产过程产生的废弃物成为下游生产过程的原料，实现综合利用，达到相互间资源的最优化配置，从而使经济发展和环境保护走向良性发展的轨道。

首都经济圈要大力推行清洁生产和生态工业园模式。建材、水泥、火力发电等物质流动量比较大的企业可自建生态工业园。关联度比较大的企业则可以采取共生型生态工业园模式建立废物交换机制。中小企业可以向大型企业靠拢，建立互利共赢的生态共生体。粉煤灰、钢渣、脱硫烟灰、建筑垃圾等大宗硅酸盐系列工业废弃物比较适合用这种模式来加工利用。

四、按照既分工、又协作的原则，组织城际再生资源的有序流动，创建中心城市统一收集，卫星城市专业化再生产的再生资源循环生产体系

城市生态系统是消费品的交换场所和集中消费地。城市生产生活消费过程会产生大量的失去使用效用而被弃置的城市生活废弃物。这些废弃物回收之后能够再生利用就有了资源化的性质，就是再生资源。北京的再生资源主要有：纸制品，包括废旧报纸、书刊、纸箱、纸质手提袋等；废旧金属，包括废钢铁、废铜、废铝等；废旧塑料，包括饮料瓶、植物油包装瓶、塑料门窗、废旧灯箱、塑料包装桶等；报废汽车；废旧家用电子产品；废旧家具；废旧轮胎等。

再生资源的回收利用，是发展城市循环经济的重要组成部分和载体，是循环经济增长模式的核心内容之一。与原生资源相比，使用再生资源可以节约能源、节约水、减少矿产资源的开发，减少环境污染，而且把产业链末端的废品还原成最初的资源，使之进入循环利用，较好地体现了循环经济“减量化、再利用、资源化”的原则。再生资源的回收利用，对于提高国民经济生产总值中绿色 GDP 的比例，建设节约型社会，实现人与自然的和谐发展，意义重大而深远。再生资源回收行业是一个劳动密集型行业，可以大量吸纳城乡富余劳动力。大力发展再生资源回收不但能够解决大量人口的就业问题，而且大大缓解经济建设对资源和生态环境产生的压力和破坏，为经济的可持续发展提供重要物质保障。

搞好再生资源的回收与利用，必须做好以下几项工作：

一是要加快建立健全相关法律法规体系，加大经济政策的支持力度。发达国家资源再生产业发展的经验表明，制定和完善有利于产业发展的法律法规，为产业创造良好的外部条件，是产业发展的重要保障。要借鉴国际经验，抓紧制定再生资源产业相关的法律及配套办法和标准，将产业纳入到法制化、规范化轨道。对再生资源回收综合利用企业，在有关技术政策和市场准入、信贷、税收、筹措资金方面明确给予倾斜，为其创造宽松的外部条件。

二是要积极推动建立分工明确、布局合理的再生资源区域回收体系。把建立再生资源回收体系纳入京津冀一体化的发展布局中去。积极倡导城市社区建

立再生资源分类回收网点及配套设施，引导各地建立以社区回收网点为基础的回收网络，形成回收和集中加工预处理为主体、为工业生产提供合格再生原料的再生资源回收体系。可以借鉴德国经验，在一些主要领域分别组建由生产厂家、商业企业、运输企业和行业协会组成的京津冀区域中介组织，建立起类似德国“绿点”标识的行动计划，与绿色消费相呼应。

三是要调整优化产业布局，构建集约有效的静脉产业园。集中大量的再生资源加工企业，充分利用园区内不同类型企业之间的互补性，发挥园区集贸易流通、回收加工、综合利用、污染治理，处理处置一体化、公共设施、科技开发、信息服务配套共享等优势，进行集约化经营，取得规模效益。

四是要利用产业分工原则在京津冀范围内设立集中的专业化再生资源产业基地，由这些基地集中处理区域内的再生资源。河北省雄县是全国四大塑料包装基地，可以在雄县设立京津冀塑料再生循环基地。保定市是全国闻名的造纸基地，可以在此设立京津冀纸资源再生基地。在唐山建立金属、有色金属资源再生基地。在北京郊区设立报废汽车拆解基地。在天津子牙循环经济园区里设立电子产品拆解加工基地。这些专业化基地将使区域内再生资源回收利用行业向高回收率、高利用率、高技术含量和全方位利用方向发展。

五是要加大对再生资源回收利用的投入，特别是加大对相关科研和教育的投入。首都经济圈应该设立再生资源回收利用科技开发专项基金，以资助有影响、有带动作用的关键项目。对于社会效益显著、量大面广的再生资源回收项目，即使不能一次性处理且生产成本高，经济效益低，也可以重点投入专项扶持。

六是要加大对再生资源回收利用重要性的宣传力度。要利用各种媒体广泛开展再生资源回收利用的宣传教育，将再生资源回收利用知识列入中小学教育课本，在大中专院校设立再生资源专业课程，培养专业技术人才，提高全社会节约资源、保护环境的意识。要通过长期的宣传教育使全体公民养成垃圾分类的良好习惯，提升全社会的再生资源综合利用水平。

五、以城市新陈代谢系统为核心，将城市代谢废弃物加工转化成可安全吸收的营养物质，输送到自然生态环境中，建立由城市生态系统向自然生态系统的物质补偿回路，实现区域生态圈的物质循环

城市生态系统中代谢废物主要有无机代谢废物、有机代谢废物两种，无机代谢废物主要是金属、硅酸盐系列的建筑垃圾、工业废物，有机代谢废物主要是生活垃圾、活性污泥、餐厨垃圾、垃圾渗滤液、人畜粪便、园林废弃物等。这两类废弃物中的钢铁、铜、铝、纸类、塑料、橡胶、废旧家电、报废汽车由再生资源回收系统进行处理，其余的城市代谢废弃物由城市新陈代谢系统处理。

城市新陈代谢系统是按照生态学的物质循环和能量流动方式，对城市区域内自然、人类、社会产生的新陈代谢废弃物进行分类整理、集中处理、再循环利用的工程技术体系。它通过内部的泥水分离技术群、生物堆肥技术群、物质热解技术群、化学萃取技术群、气化燃烧技术群、物质钝化技术群之间的技术组合，把生活垃圾、活性污泥、餐厨垃圾、垃圾渗滤液、人畜粪便、园林绿化废弃物等大宗城市代谢废弃物加工转化成为自然生态环境可吸收的产品。它实现了群落内部、群落之间、生产生活之间、城市乡村之间、人类社会与自然界的物质循环和能量梯次使用，使环境治理和生态保护实现了完美的结合。

城市新陈代谢系统是城市生态系统的重要组成部分，它将自然、人类、社会有机联系起来，使城市生态系统处于和谐有序的健康状态。城市新陈代谢系统的产品将用于沙化土壤治理、盐碱地改造、农业耕地养护、有机农业生产、城市河道生态化治理、城市森林生态体系建设等自然公共资源的修复和增值领域，它所代谢的物质元素是氮、磷、钾，是碳、氢、氧构成的有机物质，它将是世界上首次实现的农田生态系统与城市生态系统的生物圈物质循环。

一是土壤生态系统的修复。在中国耕地资源中，70% 属于中低产田，且耕地质量呈下降趋势。耕地水土流失、次生盐渍化、酸化、重金属污染、有机质下降等问题比较严重，由此导致的耕地退化面积占耕地总面积的 40% 以上。要通过园林废弃物的堆肥处理，将园林有机碳物质降解转化为有机营养物或腐殖质，使其具有提高土壤肥力、促进植物生长、改善土壤物理结构等功能，逐步改善生态环境，提高土壤质量。这对于京津冀区域的土壤修复具有重要意义。

二是濒海盐碱地的生态化治理。利用生活垃圾热解制取盐碱地改良剂，为城市生活垃圾的资源化利用找到了一条既环保又经济的利用途径，也为盐碱地的改良与养护提供了可靠的物质保障，是城市可持续发展的新探索。环渤海地区盐碱地有 800 万公顷，河北省秦皇岛市、唐山市、沧州市、天津市静海县是离北京较近的盐碱区。如果将这些土壤调理改良剂用于上述盐碱地改良，可以增加大量的耕地资源，其经济、环境、社会效益十分可观。

三是城市有机农业生产。以城市餐厨垃圾为主要原料，经过混合发酵，制成的活性炭基有机肥料中的有机质含量高达 70% 以上，碳含量超过 15%，氮、磷、钾营养丰富而均衡。该肥施入土壤后，肥料中的微生物在木炭的巨大空间里迅速增殖，其分泌的酸性物质以键桥的形式恢复了土壤的团粒结构，消除了土壤的板结。肥料里的碳成分又成为微生物的营养剂，促进了细菌的繁殖。而肥料

里的餐厨垃圾成分经过腐熟、发酵，变得更加易于农作物吸收，有利于农作物的生长。土壤的团粒结构经过改良优化后，微生物的活性增强，可以大大促进土壤内部微生物的良性发展，便于有机农产品的生产。

四是退化草原的修复养护。草原属于地球生态系统的一种，位于干旱半干旱地区。由于过度放牧、开荒，我国的草原退化极其严重。禁牧、休牧、轮牧、退牧还草、风沙源治理等重点工程使部分草原生态逐渐恢复。目前，京津风沙源区还有严重荒漠化土地 1.7 亿亩亟待治理，退牧还草工程还有 1.1 亿亩建设任务待安排。把城市活性污泥制成的有机碳源用于退化草原和荒漠化治理，可提升草原的牧草产量，进而提高牧场的牲畜承载量。

五是森林生态系统的碳埋藏。土地利用引起的土壤碳库损失是大气温室气体浓度不断升高的主要驱动力，而陆地生态系统包括土壤增汇是《京都议定书》中接受的减排机制之一。运用生物黑炭技术增加土壤中的黑炭埋藏，不仅减少了大气中的碳排放，还可以改善城市土壤的品质，有利于城市新陈代谢物质的良性循环。城市的生物碳埋藏可以在城市郊野、郊区农田、山区生态林、水土流失地点开展。城市内部的碳埋藏地点有城市生态公园、道路绿化带、室内或屋顶的花园。城市郊野的碳埋藏地点有城市森林公园、公路绿化带、河道绿化带。森林碳埋藏也是京津冀区域共同创建安全健康“生态网络”的重要工程技术手段。

六、建设首都经济圈循环城市群，不仅是解决北京环境危机，建设世界城市的需要，从更加长远的意义上讲，我们不仅是要提供一个工程技术角度的解决方案，而是要改变现有的发展观念，我们需要找到与自然和谐相处的正确方式，并把这种循环代谢、生生不息的文明遗传给子孙后代

首都经济圈的规划、设计、建设是一个面向未来的宏大课题，众多专家学者已经进行了多次研讨和设计，也发布了不少饱含真知灼见的研究报告。

吴良镛先生主持的《京津冀规划三期报告》提出：“探索‘共同路径’，需要建设有秩序的、多中心的、相互协调、相辅相成的‘城镇网络’、‘交通网络’、‘生态网络’、‘文化网络’。通过“四网协调”，突出人居环境建设的质量，而不是数量；促进生态文明，而不是‘GDP 文明’；促进区域间、城乡间的公平和均衡发展，而不是过度重视大城市、大项目和短期效率；成为京津冀协作的新平台，而不是过度竞争。”这个规划方案充分体现了面向未来的博大胸襟和广阔视野，特别是建立大范围的生态保护与修复实验区的战略构想更加值得称道。

我们认为，如果在这个规划方案中再加入一个“循环网络”，形成“五网协调”就更加完美了。因为，无论是“城镇网络”、“交通网络”、“生态网络”，还是“文

化网络”都需要整合到一个更加宏大的社会-经济-自然人工复合生态系统中去，而“循环网络”的加入将有助于城镇、交通、生态、文化等网络的融合，推动生态保护与修复实验的成功，促进这个人工复合生态系统的良性运行。

首都经济圈建设要用更长远的眼光更宽广的视野来审视，因为未来社会是生态文明理念指导下的新型社会，未来城市也是生态文明主导下的城市，是循环代谢、生生不息的循环城市，是生机勃勃、欣欣向荣的生态城市。

生态城市，是一种趋向尽可能降低对于能源、水或是食物等必需品的需求量，也尽可能降低废热、二氧化碳、甲烷与废水排放的城市。从广义上讲，生态城市是建立在人类对人与自然关系更深刻认识基础上形成的新文明观，是按照生态学原理建立起来的社会、经济、自然协调发展的新型社会关系，是有效利用环境资源实现可持续发展的全新生产和生活方式。狭义上讲，就是按照生态学原理进行城市设计，建立高效、和谐、健康、可持续发展的人类聚居环境。生态城市概念是在 20 世纪 70 年代联合国教科文组织发起的“人与生物圈（MAB）”计划研究过程中提出的，一经出现，立刻受到全球的广泛关注。

城市生态系统是城市居民与其环境相互作用而形成的统一整体，是人类对自然环境适应、加工、改造而建设起来的“社会-经济-自然”人工复合生态系统。由于城市生态系统需要从自然生态系统中输入大量物质和能量，同时又将大量废物排放到自然生态系统中去，这就必然会对自然生态系统造成强大的冲击和干扰。如果人们在城市建设和发展过程中，不能按照生态学规律办事，就很可能会破坏自然界其他生态系统的生态平衡，最终危及到城市自身的安全。

自然生态系统服务功能包括：有机质的合成与生产、生物多样性的产生与维持、调节气候、营养物质贮存与循环、土壤肥力的更新与维持、环境净化与有害有毒物质的降解、植物花粉的传播与种子的扩散、有害生物的控制、减轻自然灾害等许多方面。而城市人工生态系统的重要服务功能包括：净化空气、调节城市小气候、减低噪声污染、降雨与径流的调节、废水处理、废物处理和文化娱乐价值。由于城市生态系统包含自然生态系统和人工生态系统两部分，因此更复杂更特殊，在城市建设和发展中需要格外小心，谨慎处理。

城市新陈代谢系统是按照生态学原理建设的人工生态服务系统，兼具自然、人工生态系统两方面的功能，是人类与自然之间的桥梁与纽带，使城市与自然之间的物质代谢由“断裂”状态变更为“循环”状态，因此城市就有了循环功能，可以顺利升级为“循环城市”。一方面，它把城市里的废水、废物加工处理，变成了好水、营养物质，消除了大量废物对自然生态系统的冲击与危害。另一方

面，这些营养物质进入自然生态系统后可以促进：有机质的合成与生产、营养物质的贮存与循环、土壤肥力的更新与维持、环境净化与有害有毒物质的降解。因此城市新陈代谢系统具有极高的生态价值和经济价值。

由于城市新陈代谢系统所特有的物质“代谢”与“循环”功能是工业文明背景下的城市所缺失的，因此对未来生态城市的建设而言，具有格外重要的意义。当工业化推动起来的现代城市拥有了新陈代谢功能后，建设可持续发展的生态城市就不再是遥不可及的宏伟目标，而是顺理成章的现实道路了。

首都经济圈是由众多城市及其所属自然生态环境有机结合的区域生态环境，是天然就有的，也是无法选择的。因此要合理保留农业文明的田园风光，与自然亲近的天然环境；要合理继承工业文明的社会结构，讲求整体效率的运行方式；要在城镇、乡村建设不同规模的新陈代谢系统，使人类代谢废物能够集中处理，便于就近输送到生态保护区，保持对森林、草原、湿地、农田生态系统的养料供给；要通过循环城市群的构建，合理规划产业分工，使各种城市代谢废弃物，最终变成各个城市都能加工利用的“原料”和自然生态系统能吸收的“养料”，实现废弃物“零排放”和“全利用”。

在高度工业化的超级大城市基础上建设一个新文明状态下的生态城市，实际上是一场史无前例的世纪大挑战。况且，京津冀区域内的经济发展水平极不平衡，既有高度发达的大都市，也有亟待脱贫致富的偏远乡村；既有自然生态条件优越的田园小镇，也有钢筋水泥造就的城市森林……这样宏大复杂的超级工程建设需要一种全新的世界观和文明观来指导。

生态哲学是从广泛联系的角度研究人与自然相互作用的，是从人统治自然的哲学发展到人—自然和谐发展的哲学，是一种全新的世界观。生态世界观把世界看成是相互联系的动态网络结构，超越了机械论的世界观，催生了整体性、系统性、动态性的宇宙观，形成了对人和自然相互作用的生态学原理的正确认识：我们是自然界的一部分，而不是超乎自然之上；我们赖以进行交流的一切群众性机构以及生命本身能否生存下去，取决于我们和生物圈之间的明智的、平等相待的相互作用；忽视这个原则的任何社会经济制度，最终都会导致人类的灭亡。生态世界观决定了生态城市是在人与自然关系和谐统一、整体协调的基础上建设和发展的，遵循这个客观规律，我们就能把北京建设得更加美好！

方向已经明确，道路已经选定，让城市循环起来吧！

第二十五章 城市、城镇、农村新陈代谢模式设计

城市、城镇、乡镇是我国的主要行政区划形式，是政府施政的重要载体。2010年，我国中小城市数目已达2160个，56%的地级以上城市为中小城市。最新的城市划分标准为：市区常住人口50万以下的为小城市，50万～100万的为中等城市，100万～300万的为大城市，300万～1000万的为特大城市，1000万以上的为巨大型城市。按照上面的划分，到2020年我国将形成由20个城市群、10个超大城市、20个特大城市、150个大城市、240个中等城市、350个小城市组成的6级国家城市空间布局新格局，城市总数量由现在的657个增加到770个左右。其中，中小城市大约为590个。中国的国情决定建设全社会的新陈代谢系统必须以城市、城镇、农村乡镇为基础，科学设计，统筹规划，分步实施。

城市生物质新陈代谢技术模式

城市是一定区域范围内政治、经济、文化、宗教、人口等的集中之地和中心所在，伴随着人类文明的形成而发展的一种有别于乡村的高级聚落。当今世界有一半人口居住在城市，预计到 2050 年还将有 30 亿人加入城市市民的行列。2011 年，中国城市人口第一次超过农村，标志着中国城市化进程进入快车道。中国社会科学院预测，到 2030 年将有 5 亿农村人口在中国史无前例的城市化过程中实现向城市居民的身份转换。到 21

世纪末期，中国的城市人口将占总人口的80%。要在仅占全国2%面积却消耗全国80%以上资源的城市之中实现可持续发展，实在是一项很难解决的课题。

根据北京2013年城市人口新陈代谢废弃物的产生水平，就可以估算出未来一个50万人口的小城市每年的生物质废弃物总量。其中，生活污水350万吨，活性污泥3万吨，生活垃圾15万吨，垃圾渗滤液3.75万吨，垃圾渗滤泥7500吨，城镇粪便3.75万吨，餐厨垃圾2万吨。此外，城镇相邻的农、林业区域还会产生大量的农业、林业废弃物。粗略估算，除了生活污水，一个小城市区域每年需要处理的生物质总量超过30万吨。这些物质进入城镇时是各种食物、日用品，经城市人口消费代谢后变成废弃物。这些物质既是农田生态系统向城市生态系统转移的物质，又是城镇与农村物质代谢断裂的产物。如果这些有机代谢废弃物不能得到有效处理，堆积在城镇周围，将造成无法估量的生态环境灾难。

生活污水、垃圾渗滤液、渗滤污泥、生活垃圾、垃圾渗滤液、餐厨垃圾、城市粪水、园林废弃物等都属于生物质范畴，是可以循环利用的资源和能源。生物质是指通过光合作用而形成的各种有机体，包括所有的动植物和微生物。而所谓生物质能，就是太阳能以化学能形式贮存在生物质中的能量形式，即以生物质为载体的能量。它直接或间接地来源于绿色植物的光合作用，可转化为常规的固态、液态和气态燃料，取之不尽、用之不竭，是一种可再生能源，同时也是唯一一种可再生的碳源。有机物中除矿物燃料以外的所有来源于动植物的能源物质均属于生物质能，通常包括木材及森林废弃物、农业废弃物、水生植物、油料植物、城市和工业有机废弃物、动物粪便等。依据来源的不同，可以将适合于能源利用的生物质分为林业资源、农业资源、生活污水和工业有机废水、城市固体废物、畜禽粪便等五大类。

在中国城市化的浪潮中，生活垃圾的爆发性增长已经成为令政府头痛的大问题。在土地日益短缺、垃圾围城的严峻形势下，垃圾焚烧已经成为不得已的选择。以北京为例，近几年的反焚烧“浪潮”迫使六里屯、阿苏卫垃圾焚烧工程被停建、缓建。而在北京西部建成投产的鲁家山循环经济（静脉产业）基地，也存在着许多技术、经济上的不足。

目前，全球范围内，对于生活垃圾、活性污泥、餐厨垃圾、园林垃圾、建筑垃圾、餐厨废弃油脂、建筑垃圾集中于一个循环经济产业基地的建设模式还在探索之中，如何把这些平行建设的环保项目连通起来，形成一个有机的生物质循环体系更是一个前所未有的大课题。也是工程科学、环境保护学、城市生态学面临的重大挑战，值得认真研究和探索。

本技术模型将充分发掘城市生物质的资源、能源潜力，提供一种以生活垃圾焚烧为主，辅之以生物化学转化、生物质热解、污水处理、化学萃取、物理固化等技术构成的生物质资源化利用技术体系。这种技术体系可将生活垃圾、活性污泥、餐厨垃圾、园林垃圾、建筑垃圾、餐厨废弃油脂、建筑垃圾等城市生物质废物集中于一个循环经济工程系统内，加工成土壤改良剂、盐碱地改良剂、焦油、中水、污泥活性黑炭、轻体保温建材等产品，从而为城市生物质的资源化开发利用提供了一种成本较低，效益较好的产业模式，进而实现“以废治废，化害为利”的目的。这个技术模式的核心是生物质热解、消毒、再循环利用。生物质在本技术体系中有两种用途，一是作为生产原料用于产品制造，二是在生产过程中通过热解气化变为能源用于自身生产过程，这样就使整个生产过程尽量不使用或少使用外来能源。经过焚烧、热解、生化处理，这些生物质中的有毒有害物质得到了分解，危险性得到了消除；重金属被提取或钝化，不能被植物、微生物吸收利用，危害得到了有效控制；系统中的废热烟气经过净化，也得到了综合利用，提高了资源利用率。

本技术模型由生活垃圾焚烧、新鲜垃圾渗滤液堆肥、活性污泥热解制造植物黑炭、园林废弃物热解、餐厨垃圾好氧堆肥、餐厨废弃油脂制造生物柴油、焚烧飞灰生产轻体保温建材、环保消石灰生产、中水循环利用、热能综合利用等 10 个工作系统组成。在本技术模型中，生产能源是煤炭和生物质；主要生产原料是生物质，包括生活垃圾、活性污泥、餐厨垃圾、园林垃圾、建筑垃圾、餐厨废弃油脂等，中间产物有垃圾渗滤液、污泥黑炭、园林活性炭、废热能、中水等，终端产品有电能、土壤改良剂、盐碱地改良剂、焦油、污泥活性炭、轻体保温建材、腐殖肥土、生物柴油等。

25 城镇生物质新陈代谢技术模式

城镇，通常指的是以非农业人口为主，具有一定规模工商业的居民点。中国规定，县及县以上机关所在地，或常住人口在 2000 人以上，10 万人以下，其中非农业人口占 50% 以上的居民点，都是城镇。

城镇有如下特征：城镇是以从事非农业活动的人口为主的居民点，在产业构成上不同于乡村；城镇一般聚居有较多的人口，在规模上区别于乡村；城镇有比乡村要大的人口密度和建筑密度，在景观上不同于乡村；城镇具有上下水、

电灯、电话、广场、街道、影剧院、博物馆等市政设施和公共设施，在物质构成上不同于乡村；城镇一般是工业、商业、交通、文教的集中地，是一定地域的政治、经济、文化的中心，在职能上区别于乡村。预计到2020年我国将涌现出2000多个人口10万人的小城镇。

城镇化在工业化时代通常被视为污染与环境破坏的同义词。大量的人口、工业、汽车聚集在城镇，自然会消耗大量的自然资源和能源，也会对水、大气和土地造成严重污染。中国的城市化并没有同步解决环境污染问题，许多城镇垃圾分类工作推进缓慢，垃圾处理水平很低。目前，全国垃圾堆存侵占土地总面积已达5亿平方米，约折合75万亩耕地。

参照北京2013年城市人口新陈代谢废弃物的产生水平，就可以估算出未来一个10万人口城镇每年的生物质废弃物总量。其中，生活污水90万吨，活性污泥7200吨，生活垃圾29000吨，垃圾渗滤液7500，垃圾渗滤泥1500吨，城镇粪便4500吨，餐厨垃圾2800吨。此外，城镇相邻的农、林业区域还会产生大量的农业、林业废弃物。粗略估算，除了生活污水，一个城镇区域每年需要处理的生物质总量超过60000吨。这些物质进入城镇时是各种食物，经城镇人口消费代谢后变成废弃物。这些物质既是农田生态系统向城市生态系统转移的物质，又是城镇与农村物质代谢断裂的产物。如果这些有机代谢废弃物不能得到有效处理，堆积在城镇周围，将造成无法估量的生态环境灾难。

生活污水、活性污泥、生活垃圾、垃圾渗滤液、渗滤污泥、餐厨垃圾、城市粪水、园林废弃物等都属于生物质范畴，是可以循环利用的资源和能源。有机物中除矿物燃料以外的所有来源于动植物的能源物质均属于生物质能，通常包括木材、森林废弃物、农业废弃物、水生植物、油料植物、城市和工业有机废弃物、动物粪便等。依据来源的不同，可以将适合于能源利用的生物质分为林业资源、农业资源、生活污水和工业有机废水、城市固体废物和畜禽粪便等五大类。

生物质能的利用主要有直接燃烧、热化学转换和生物化学转换等3种途径。生物质的直接燃烧在今后相当长的时间内仍将是我国生物质能利用的主要方式。生物质的热化学转换是指在一定的温度和条件下，使生物质汽化、炭化、热解和催化液化，以生产气态燃料、液态燃料和化学物质的技术。生物质的生物化学转换包括有生物质——沼气转换和生物质——乙醇转换等。

城镇是人口集中，资源消耗的集中地点，也是治理污染的最佳地点。目前，中国的大中城市已经建立了一定规模的污水处理设施、生活垃圾处理设施，城市的生态环境问题有了一定的缓解。但是绝大多数小城镇没有生态环保设施，这些设施的建设还会占用大量宝贵的土地资源，如何在有限的空间内建设符合生态原理的公共环境设施，是中国城镇化进程需要亟待解决的重要课题。

本技术模式将在于充分发掘城镇生物质的资源、能源潜力，提供一种以污水处理、生物化学堆肥、热化学转换、化学萃取等 4 个技术群组成的城镇生物质资源化利用技术体系。这个体系由农林废弃物热解、生活垃圾分类处理、畜禽粪便堆肥、生活污水处理、餐厨垃圾处理、稻壳炭与沸石加工炭基絮凝剂等 6 个工作系统构成，可将生活污水、生活垃圾、活性污泥、餐厨垃圾、垃圾渗滤液、餐厨废弃油脂、农业废弃物、林业废弃物、建筑垃圾等城镇新陈代谢废弃物集中于一个循环经济工程系统内，加工成有机肥料、发酵床垫料、定型燃料炭、木煤气、木酢液、中水等产品，从而为城镇生物质的资源化开发利用提供一种成本较低，效益较好的产业模式，实现“以废治废，化害为利、就近利用”的目的。

农村生物质新陈代谢技术模式

农村是以从事农业生产为主的农业人口居住的地区，是同城市相对应的区域，具有特定的自然景观和社会经济条件，也叫乡村。农村是自然经济和农业产业的载体，广义的农业是指包括种植业、林业、畜牧业、渔业、副业五种产业形式。狭义农业是指种植业，包括生产粮食作物、经济作物、饲料作物和绿肥等农作物的生产活动。乡镇是农村的中心地带，是乡村与城镇的连接点，人口相对集中，又具有养殖业、林业、副业等产业活动，因此也就成为对周围土地影响较大的地点。据百度文库介绍，截止 2014 年，我国共有 19522 个镇，14677 个乡，181 个苏木，1092 个民族乡，1 个民族苏木，总计 35473 个乡镇。

由于“绿色革命”的兴起，农业（种植业、畜牧业和水产养殖业）的集约化程度不断提高，客观上带来了化肥、农药、农膜等农用外部投入品使用量的增长以及畜禽粪便、秸秆等农业废弃物的增加，由此导致了大范围的农业面源污染。与点源污染相比，面源污染的时空范围更广，不确定性更大，成分、过程更复杂，更难以控制。当前，在我国农业活动中，非科学的经管理念和落后的生产方式是造成农业环境面源污染的重要因素，如剧毒农药的使用、过量化肥的施撒、不可降解农膜年年弃于田间、露天焚烧秸秆、大型养殖场禽畜粪便不做无害化处理随意堆放等。这些污染源对环境的污染，尤其对水环境的污染

影响最大，农业面源污染占河流和湖泊富营养问题的60%～80%。同时，由于城乡发展不平衡，农村公共卫生基础设施长期滞后，日益增多的农村生活垃圾、生活废水不能得到及时、有效处理，也给农村生态、农业生产、农民生活带来了负面影响。农村乡镇的生态环境治理，最关键的就是顺应自然规律、结合本地实际情况，选择符合生态循环原理的技术模式。

农村乡镇的生活污水、生活垃圾，养殖小区的畜禽粪便，周围农田里的农作物秸秆是农村乡镇最大的环境影响因子，也是最大的生物质资源。生物质能是人类赖以生存的重要能源，是人类利用最早、最多、最直接的能源，目前仅次于煤炭、石油、天然气而居世界能源消费总量第四位，在世界能源总消费量中占14%。当今世界上仍有15亿以上的人口以生物质作为生活能源。有机物中除矿物燃料以外的所有来源于动植物的能源物质均属于生物质能。

生物质资源按其来源分类可分为六类：一是木材及森林；二是农业废弃物；三是水生植物；四是油料植物；五是城市和工业有机废弃物；六是动物粪便。农村生物质资源包括：农作物秸秆、畜禽粪便、农产品加工业副产品、生活污水、林业废弃物、水生植物等。其中农产品加工副产品又包括稻壳、玉米芯、甘蔗渣等，多来源于粮食加工厂、食品加工厂、制糖厂和酿酒厂等。

我国农业废弃物数量大，已经对环境造成很大的污染，资源化利用对农业循环经济具有特别重要的作用。2005年，全国主要农作物产量约为5.1亿吨，按草谷比计算秸秆产量约6亿吨。2010年我国主要农作物秸秆产量达到7.8亿吨，其中约4亿吨可作为农业生物质能的原料。预计到2015年我国主要农作物秸秆产量将达到9亿吨左右，其中约一半可作为农业生物质能的原料。

目前，我国的利用生物质能方式主要有：一是热化学转换技术，获得木炭焦油和可燃气体等高品位的能源产品，分为高温干馏、热解、生物质液化等方法；二是生物化学转换法，主要指生物质在微生物的发酵作用下，生成沼气、酒精等能源产品；三是利用油料植物所产生的生物油；四是直接燃烧技术，包括炉灶燃烧技术、锅炉燃烧技术、致密成型技术和垃圾焚烧技术等。但是，将农村生活污水、生活垃圾、农作物秸秆、畜禽粪便集中于一个循环体系的建设模式还没有出现，如何在有限空间内实现农村生物质的资源化利用，是工程科学、环境保护学、农业生态学面临的重大挑战。

本技术模型将充分发掘农村生物质的资源、能源潜力，提供一种综合运用生物质热解、稳定塘污水处理、厌氧发酵、好氧发酵等生物质资源综合利用技术体系。这种技术体系可将农村生活污水、生活垃圾、农作物秸秆、畜禽粪便

集中于一个循环体系中，加工出混合燃气、木酢液、发酵床垫料、定型燃料炭、有机肥料等生物质产品及中水，从而为农村乡镇的环境治理、生态保护、生物质资源化利用提供了一种“以废治废，化害为利、就地利用”的产业模式，进而实现农村生态环境的整体优化和永久保护。

这个技术模式的核心是生物质热解。生物质在本技术模式中有三种用途，一是作为生产原料用于产品制造，二是在生产过程中通过热解气化变为能源用于自身生产过程，三是用于农田面源污染的治理，消除土壤环境污染，改善农村生态环境。经过热解、生化处理，这些生物质中的有毒有害物质得到了分解，危险性得到了消除；重金属被钝化，不能被植物、微生物吸收利用，危害得到了有效控制。植物黑炭可应用于生活污水处理、畜禽粪便堆肥及除臭、土壤消毒；木酢液可应用于农药增效、畜禽养殖除臭、有机蔬菜栽培等。

参考文献

一、参考书目

1. [德]马克思著．资本论：第1卷．中央编译局译．北京：中国人民出版社，2004．
2. [美]蕾切尔·卡尔逊著．寂静的春天．吕瑞兰，李长生译．上海：上海译文出版社，2011．
3. [美]奥尔多·利奥波德著．沙乡年鉴．侯文蕙译．长春：吉林人民出版社，1997．
4. [美]霍奇斯著．环境污染．北京：商务印书馆，1981．
5. [美]艾伦著．拯救世界——全球生物资源保护战略．北京：北京科学出版社，1984．
6. 高辉清著．效率与代际公平．杭州：浙江大学出版社，2008．
7. [美]马克·特瑟克，乔纳森·亚当斯著．大自然的财富．王玲，侯玮如译．北京：中信出版社，2013．
8. [美]彼得·巴恩斯著．资本主义3.0．吴士宏译．海口：南海出版公司，2007．
9. [美]爱德华·格莱泽著．城市的胜利．刘润泉译．上海：上海社会科学院出版社，2012．
10. [加]杰布·布鲁格曼著．城变——城市如何改变世界．董云峰译．北京：中国人民大学出版社，2010．
11. [英]彼得·霍尔著．明日之城．童明译．上海：同济大学出版社，2009．
12. [美]理查德·瑞吉斯特著．生态城市．王如松等译．北京：社会科学文献出版社，2010．
13. [加]道格·桑德斯著．落脚城市．陈信宏译．上海：上海译文出版社，2012．
14. 周其仁著．城乡中国．北京：中信出版社，2013．
15. 黄亚生，李华芳．真实的中国．北京：中信出版社，2013．
16. [英]迈克·詹克斯，伊丽莎白·伯顿，凯蒂·威廉姆斯编著．紧缩城市．周玉鹏等译．北京：中国建筑工业出版社，2004．
17. [英]布雷恩·威廉·克拉克著．工业革命以来的英国环境史．王黎译．北京：中国环境科学出版社，2011．
18. [英]R.R.帕尔默，乔·科尔顿，劳埃德·克莱默著．工业革命——变革世界的引擎．苏中友等译．北京：世界图书出版公司，2010．
19. [美]彼得·卡尔索普著．气候变化之际的城市主义．彭卓见译．北京：中国建筑工业出版社，2012．

20. [美]格雷姆·泰勒著．地球危机．赵娟娟译．海口：海南出版社，2010．
21. [法]皮埃尔·雅克，拉金德拉.K.帕乔里，劳伦斯·图比娅娜．城市：改变发展轨迹．潘革平译．北京：社会科学文献出版社，2010．
22. [澳]詹姆斯·穆迪等著．第六次浪潮：一个资源为王的世界．张婧斯译．北京：中信出版社，2011．
23. [美]约翰·贝拉米·福斯特著．马克思的生态学——唯物主义与自然．北京：高等教育出版社，2006．
24. 钟功甫，邓汉增，吴厚水著．珠江三角洲基塘系统研究．北京：科学出版社，1987．
25. 杨士弘等著．城市生态环境学．北京：科学出版社，2003．
26. 宋永昌，由文辉，王祥荣等著．城市生态学．武汉：华东师范大学出版社，2013．
27. 杨小波，吴庆书等著．城市生态学．北京：科学出版社，2006．
28. 黄兴华，邱江等著．固体废弃物收运物流系统导论．北京：化学工业出版社，2010．
29. [美]约翰·贝拉米·福斯特．生态危机与资本主义．耿建新译．上海：上海译文出版社，2006．
30. [日]岩佐茂著．环境的思想．韩立新等译．北京：中央编译出版社，1997．
31. 陈云浩，蒋卫国等著．基于多元信息的北京城市湿地价值评价与功能分区．北京：科学出版社，2012．
32. 张一帆，刘娟，张峻峰著．北京：走向世界城市，农业当伴行．北京：中国农业科学技术出版社，2010．
33. [美]麦克·哈特．影响人类历史进程的100名人排行榜．海口：海南出版社，2008．
34. [德]阿尔弗雷德·申茨著．幻方：中国古代的城市．北京：中国建筑工业出版社，2009．
35. 新京报社编．大城记：北京60年城市生活史．北京：中国建筑工业出版社，2009．
36. 于今著．城市更新：城市发展的新里程．北京：国家行政学院出版社，2011．
37. [美]伊利尔·沙里宁著．城市：它的发展、衰败与未来．北京：中国建筑工业出版社，1986．
38. [美]刘易斯·芒福德著．城市发展史：起源、演变和前景．北京：中国建筑工业出版社，2005．

39. 李国平，陈红霞著．协调发展与区域治理：京津冀地区的实践．北京：北京大学出版社，2012．
40. 文魁，祝尔娟著．京津冀区域一体化发展报告（2012）．北京：社会科学文献出版社，2012．
41. 顾朝林著．首都经济圈发展研究规划．北京：科学出版社，2012．
42. 吴良镛等著．京津冀地区城乡空间发展规划研究三期报告．北京：清华大学出版社，

2013.
43. 余维海著. 生态危机的困境与消解. 北京：中国社会科学出版社，2012.
44. 赵洗尘著. 循环经济文献综述. 哈尔滨：哈尔滨工业大学出版社，2010.
45. 徐云等编著. 循环经济：国际趋势与中国实践. 北京：人民出版社，2005.
46. 王军锋. 循环经济与物质经济代谢分析. 北京：中国环境科学出版社，2008.
47. 李建珊. 循环经济的哲学思考. 北京：中国环境科学出版社，2008.
48. 慈福义著. 城市与区域循环经济发展研究. 北京：中国经济出版社，2010.

二、参考论文

1. 梁晓军，耿思增，薛庆林等. 餐厨垃圾就地脱水处理技术. 农产品加工学刊，2010(2).
2. 王丹阳，弓爱君. 北京市餐厨垃圾的处理现状及发展趋势. 环境卫生工程，2012 年 2 月 20 日.
3. 严太龙，石英. 国内外厨余垃圾现状及处理技术. 城市管理与科技，2012 年 5 月 28 日.
4. 胡新军，张敏等. 中国餐厨垃圾处理的现状问题和对策. 环卫科技网，2012 年 5 月 23 日.
5. 谷庆宝，郑丙辉，李发生. 国内外餐饮垃圾的管理. 环卫科技网，2010 年 9 月 14 日.
6. 傅涛，肖琼，成杨. 中国污泥处理处置市场的困惑与徘徊. 中国水网，2012 年 11 月.
7. 李季，吴为中. 国内外污水处理厂污泥产生，处理及处置分析. 中华园林网，2007 年 6 月 2 日.
8. 王煦. 城镇污水处理的终端污泥去向何方. 环卫科技网，2011 年 11 月 4 日.
9. 张鹏. 老北京的河道. 北京档案，2010（5）.
10. 陆瑞良. 城市垃圾渗滤液处理工艺综述. 环卫科技网，2012 年 6 月 14 日.
11. 顾嘉嘉. 浅谈我国城市垃圾填埋场渗滤液的处理. 资源与环境，2008（3）.
12. 徐新燕. 垃圾渗滤液的深度处理技术研究. 上海交通大学硕士研究生学位论文，指导教师贾金平，2007 年 1 月 29 日.
13. 楼紫阳，柴晓利，赵由才. 垃圾填埋场渗滤液性质研究进展. 环境污染与防治，2005（5）.
14. 高定，沈玉君，陈同斌等. 污泥好氧发酵过程中臭味物质的产生与释放. 中国给水排水，2011（10）.
15. 简放陵，刘洁萍，叶新方等. 垃圾渗滤液物化处理研究. 环境工程学报，2007（3）.
16. 陈石，王克虹等. 城市生活垃圾填埋场渗滤液处理中试研究. 中国给水排水，2006（10）.
17. 于鑫，孙向阳，徐佳等. 北京市园林绿化废弃物现状调查及再利用对策探讨. 山东林业科技，2009（4）.
18. 吕子文，方海兰，黄彩娣. 美国园林有机废弃物的处置及对我国的启示. 中国园林，

2007（8）.
19. 吴卫红，米锋等．园林绿化废弃物资源化利用产业发展模式——以北京市为例．世界林业研究，2010（5）.
20. 吕子文，方海兰，杨宇清．绿化植物废弃物堆肥场地建设剖析．中国园林，2012（2）.
21. 梁晶，方海兰．有机废弃物在城市绿地上的利用与对策．中国环保信息网，2009年12月28日．
22. 何晟．浅析餐厨垃圾利用处置不当产生的危害．环境卫生工程，2010（4）.
23. 蒋苏淮，程亮．工业固体废物走私防控中的制度机制风险分析．江苏警官学院学报，2012（6）.
24. 张子云，于武．关于设立首都特别行政区的设想．网易论坛，2006年7月25日．
25. 吴殿廷．京津冀一体化中的生态环境问题．领导之友，2004（5）.
26. 杨连云等．坝上草原生态农业建设与改善京津环境质量研究．河北学刊，2000（2）.
27. 邱玉珺，牛生杰等．北京沙尘天气成因概率研究．自然灾害学报，2008（2）.
28. 赵琳娜，赵思雄．一次引发华北和北京沙尘暴天气的快速发展气旋的诊断研究．大气科学，2004（5）.
29. 吴绍洪，姚华荣，杨勤业．首都圈防沙治沙水土资源空间优化配置研究——以大兴，怀来，张北为例．自然资源学报，2003（6）.
30. 李瑞敏．海河平原北部地区水土地质环境研究中的若干问题．地质通报，2010（8）.
31. 陈学明．马克思“新陈代谢”理论的生态意蕴——J.B.福斯特对马克思生态世界观的阐述．中国社会科学，2010（2）.
32. 邹晶．卡伦堡工业共生体系——工业生态学实践者．世界环境，2012（12）.
33. 刘晓玲，田军．从系统哲学的角度看丹麦的卡伦堡工业共生体．中国集体经济，2007（12）.
34. 徐大伟，王子彦，谢彩霞．工业共生体的企业链接关系的分析比较．工业技术经济，2005（1）.
35. 王凡夫．新加坡靠新生水救国．环境与生活，2012（2）.
36. 段宁．城市物质代谢及其调控．环境科学研究，2004（5）.
37. 王兆华，朱方伟，武春友．基于工业生态学的我国工业可持续发展问题研究．中国地质大学学报，2005（5）.
38. 周书征，郝丽君等．污泥堆肥后处理系统初探．机电产品开发与创新，2013（1）.
39. 董玉平，景元琢．生物质热解气化技术．中国工程科学，2011（2）.
40. 李慧娟，赵俊学等．以干馏煤气为介质的半焦干熄焦技术研究．煤炭转化，2011（1）.
41. 田贵全．德国固体废物热解技术现状与原理．环卫科技网，2010年7月21日．
42. 潘新潮，马增益，王勤．等离子体技术在处理垃圾焚烧飞灰中的应用研究．环卫科技网，2009年5月14日．
43. 刘向群．生态文明取代工业文明，是不可抗拒的历史潮流．中国包装联合会网站，2006年8月16日．

44. 曾文婷．生态学马克思主义的生态危机理论评析．北方论丛，2005（5）．
45. 王效科等．中国森林生态系统的植物碳储量和碳密度研究．应用生态学报，2001（12）．
46. 王典，张祥等．生物质炭改良土壤及对作物效应的研究进展．中国生态农业学报，2012（8）．
47. 张阿凤，潘根兴等．生物黑炭及其增汇减排与改良土壤意义．农业环境科学，2009（12）．
48. 王莉．北京城市森林生态服务功能及价值评价．北京林业大学硕士学位论文，指导教师张颖，2009 年 6 月．
49. 郭晓慧，司慧等．北京市农业生物质资源量及利用方式．黑龙江农业科学，2012(8)．
50. 刘景洋，乔琦，昌亮等．轮胎使用年限及我国轮胎报废量预测研究．中国资源综合利用，2011（10）．
51. 吴良镛．从“有机更新”走向新的“有机秩序”：北京旧城居住区整治途径．建筑学报，1991（2）．
52. 陈刚，苏磊，陈扬．国外建筑垃圾再生骨料的应用情况．中国环保产业，2005（7）．
53. 唐沛，杨平．中国建筑垃圾处理产业化分析．江苏建筑，2007（3）．
54. 刘秋霞，赵军等．大城市建筑垃圾产生特征演变及比较．中南大学学报，2013 年 3 月．
55. 孙楠．城市建筑垃圾的循环再利用研究．延安大学学报(自然科学版)，2012 年 9 月．
56. 左浩坤，付双立．北京市建筑垃圾产生量预测及处置研究．环境卫生工程，2011 年 4 月．
57. 韩东辉．海淀区建筑垃圾现状与资源化利用设想．区域经济，2011（2）．
58. 王雷，许碧君，秦峰．我国建筑垃圾处理现状与分析．环境卫生工程，2009 年 2 月．
59. 李颖，郑胤，陈家珑．北京市建筑垃圾资源化利用政策研究．建筑科学，2008 年 10 月．

三、参考资料

1. 方晨．PM2.5 到底有多可怕？．科学世界，2012（6）．
2. 方晨．雾霾缘何频袭？．科学世界，2013（3）．
3. 尹若雪．世卫机构首次指认大气污染致癌．南京日报，2013 年 10 月 21 日．
4. 李秋萌．北上广居民呼吸系统异常率上升 PM2.5 是主因．京华时报，2013 年 12 月 14 日．
5. 孙秀艳．机动车污染是灰霾重要成因黄标车成祸首．人民日报，2014 年 1 月 28 日．
6. 车贵远．淘汰黄标车要多管齐下．羊城晚报，2014 年 1 月 30 日．
7. 肖磊．雾霾给中国带来了什么．新浪财经，2014 年 2 月 27 日．
8. 白琥．中科院专家：北京灰霾主要形成于周边燃煤排放．中国新闻网，2014 年 3 月 1 日．

9. 于丽爽．北天堂垃圾场年内不再飘异味．北京日报，2013 年 4 月 4 日．
10. 丁文亚，张楠．北京地下水源受垃圾污染专家建议实行科技治理．北京晚报，2004 年 8 月 29 日．
11. [美] 克里斯托弗 • 米姆斯．垃圾填埋．环球科学，2010（10）．
12. 文静．北京治理垃圾围城 523 亿投资垃圾处理．京华时报，2013 年 4 月 27 日．
13. 王天羿．全国每年浪费的食物能养活 3 亿人．人民政协报，2010 年 3 月 10 日．
14. 马维辉．北京地沟油“游击队”明收暗卖潜规则难破．华夏时报，2012 年 5 月 26 日．
15. 赵喜斌． 北京每年产九万吨地沟油仅 1 万吨被规范回收．北京晚报，2012 年 4 月 18 日．
16. 周铮．中国生物柴油技术获得新突破．农民日报，2007 年 12 月 31 日．
17. 姜葳．北京全市宾馆餐厅将装餐厨垃圾油水分离装置．北京晨报，2012 年 1 月 6 日．
18. 崔筝，刘志毅．污水白处理了．财新网，2013 年 7 月 22 日．
19. 易蓉蓉，郝俊．污泥的中国式处理．科学时报，2010 年 12 月 15 日．
20. 王皓．北京市 34 条重点治理河道全开工．北京日报，2013 年 5 月 3 日．
21. 李皓．我不赞同硬化河道．中国青年报，2000 年 9 月 26 日．
22. 陈君．专家：水泥硬化河道行不通．生活时报，2002 年 5 月 21 日．
23. 章轲．民间环保组织：北京五大水系不同程度污染．第一财经日报，2012 年 6 月 14 日．
24. 姚伊乐．垃圾渗滤液处置行业急需加强规范科学发展．中国环境报，2012 年 4 月 5 日．
25. 王东坡．走进小武基大型固废分选转运站．中国环卫网，2012 年 8 月 2 日．
26. 杨纯．北京建成首家园林废弃物处理场．科技日报，2008 年 7 月 15 日．
27. 李纪锋，胡丽娟．北京园林绿化废弃物利用受关注．科技日报，2009 年 3 月 17 日．
28. 夏阳．垃圾回收率仅为 10% 如何变废为宝成难题．人民日报，2013 年 7 月 3 日．
29. 杨晓红．北京垃圾分类僵局分类践 13 年化解垃圾危机为何仍寄望于焚烧炉？．南方都市报，2010 年 1 月 20 日．
30. 金熙德．极致的日本垃圾分类．世界知识，2008（11）．
31. 姚敏．实施垃圾分类遭遇多重尴尬．中国消费者报，2011 年 8 月 19 日．
32. 李铁，范毅，王大伟等．北京怎解人口结．财经杂志，国家发改委城市和小城镇改革发展中心课题组，2013 年 1 月 2 日．
33. 任敏．北京人均生态足迹最高．北京日报，2010 年 11 月 16 日．
34. 李文．北京城市体量急剧膨胀饱受“大城市病”困扰．经济参考报，2011 年 2 月 9 日．
35. 朱竞若，王明浩．北京探讨中国特色世界城市建设路径．人民日报，2011 年 4 月 6 日．
36. 李文．体验北京地铁：人是怎么被挤成“照片”的．经济参考报，2011 年 2 月 14 日．
37. 王书利，薛广武．河北省未来生态环境发展战略思考．河北经济信息网，2011 年 3 月 1 日．
38. 王静雯．正在死去的渤海湾．环境保护，2012 年 8 月 5 日．
39. 原二军．修补这面挡风的墙．中国环境报，2013 年 10 月 25 日．
40. 徐剑，赵际沣，王彦峰．张家口坝上生态保护与经济发展．全球品牌网，2013 年

10 月 24 日.
41. 姜刚.河北大气污染最严重"环首都雾霾圈"谁之责.经济参考报,2013 年 7 月 16 日.
42. 赵嘉妮.报告称煤炭燃烧是京津冀雾霾主因.新京报，2013 年 12 月 4 日.
43. 陈军君，冯飞勇.贵糖：奇妙的循环经济链.中国经济时报，2008 年 1 月 16 日.
44. 姚芳沁.造纸厂，不一样.第一财经周刊，2013（1）.
45. 刘化冬.干旱导致玛雅文明没落？.北京日报，2012 年 11 月 28 日.
46. 孙莹莹.气候变化导致 4000 年前印度河文明消失.凤凰科技，2012 年 5 月 31 日.
47. 谢新民.应对水短缺——人类面临的共同挑战.科学世界，2007（3）.
48. 闫平.渤海污染不影响海冰淡化水质.经济参考报，2010 年 3 月 26 日.
49. 李珊珊.向大海要水喝.环球科学，2007（3）.
50. [美]彼得•罗杰斯.决战淡水危机.环球科学，2008（9）.
51. [美]迈克尔.E. 韦伯.无法选择的恐慌:要水,还是要能源？.环球科学,2009（5）.
52. [美]莱斯特.R. 布朗.粮食危机，毁灭全球文明？.环球科学，2009（6）.
53. 曹国厂，白旭，张硕.北京水源地的意外收获.新华网，2011 年 9 月 25 日.
54. 朱宛玲.我国湿地十年减少 340 万公顷 相当于两个北京.国际在线,2014 年 2 月 2 日.
55. 舒圣祥.谁来养活中国.南方都市报，2006 年 1 月 4 日.
56. 郭芳，王红茹，陈海东等.中国粮食地图：谁来养活中国？.中国经济周刊，2013 年 7 月 6 日.
57. 降蕴彰.一号文件框定粮食安全战略 自给率要保持在 80% 以上.经济观察报，2013 年 12 月 20 日.
58. [美]戴维.R. 哈金斯，约翰.P. 雷德加诺.免耕法保护土壤.环球科学，2008（8）.
59. [美]考夫曼.绿色革命Ⅱ.科技新时代，2011（3）.
60. 叶小婷，季天也.走进中国植物工厂.环境与生活，2012（12）.
61. [美]迪克森•德斯坡米尔.在摩天大楼里种粮食.环球科学，2009（12）.
62. [美]约翰•雷加诺尔德.农业的下一场革命.环球科学，2010（10）.
63. [美]理查德•康尼夫.农业的微生物革命.环球科学，2013（10）.
64. 马维辉.我国粮食产量十连增背后：地下水抽上来能当肥料.华夏时报，2014 年 3 月 14 日.
65. [美]威廉•柯林斯等.证据确凿，是人类活动让地球变暖.环球科学，2007（9）.
66. 周凯.报告称 2013 年全球碳排放量将创纪录.中国青年报，2013 年 11 月 21 日.
67. 于文静.我国采取四措施实现森林面积蓄积量两"确保"目标.新华网，2012 年 11 月 5 日.
68. 徐剑，赵际沣，王彦峰.张家口坝上生态保护与经济发展.全球品牌网，2013 年 10 月 24 日.
69. 杜远足.报纸的前途攥在互联网手里吗.中国青年报，2007 年 6 月 24 日.
70. [美]赫芬顿邮报.大多数经济大国报纸读者数量大幅度下降.斯年译.赫芬顿邮报网站，2013 年 2 月 26 日.

参考文献

71. 阮晓琴．2013 年中国电商交易额超 10 万亿元．中国证券网，2014 年 1 月 13 日．
72. 常志鹏．2013 年“双 11”期间快递业务总量 3.46 亿件．新华网,2013 年 11 月 19 日．
73. 孙秀艳，宋亚迪．快递包装，如何避免污染．人民日报，2014 年 1 月 25 日．
74. 奚琳玲．在周庄，与“纸箱王”相遇．解放网，2012 年 8 月 24 日．
75. [美] 马克・菲谢蒂．废纸重生．环球科学，2007（2）．
76. 王石．废纸就是森林．空中阅读之三十，2006 年 10 月 12 日．
77. 王树谷．废纸就是城市里的森林．中国循环经济，2012 年 12 月 10 日．
78. 张奕．我国钢铁产量稳居全球第一．新京报，2010 年 11 月 19 日．
79. 戴志雄．有色金属，会步铁矿石后尘吗？．国土资源部网站，2005 年 4 月 26 日．
80. 夏冰．必和必拓等矿业巨头业绩低迷中国需求缓成主因．凤凰财经，2013 年 2 月 26 日．
81. [美] 戴维・波格．消费电子废品．环球科学，2011（6）．
82. 李丽．2017 年全球电子垃圾将超 6000 万吨．新浪科技，2013 年 12 月 23 日．
83. 韩春苗．洋垃圾：跨越国境的生态灾难．人民日报（海外版），2009 年 7 月 23 日．
84. 姚湜．“电子垃圾”变身“城市矿产”．新华网（广州），2012 年 12 月 28 日．
85. 高子新．开发“城市矿产”是实现美丽中国的重要途径．创意城市,2013 年 3 月 11 日．
86. 朱蒙雪，俞陶然．“城市矿藏”还是“环境毒药”．新闻晚报，2013 年 5 月 28 日．
87. 赵英淑．城市矿产，隐藏在身边的“超级金矿”？．科技日报，2012 年 12 月 7 日．
88. 谢玮，白朝阳．城市矿产迈向产业化专家呼吁尽快设立游戏规则．中国经济周刊，2013 年 12 月 10 日．
89. 原诗萌．城市矿产成环保投资新热点．科学时报，2012 年 5 月 17 日．
90. 王青．城市矿产利用还有何难题？．中国环境报，2012 年 5 月 24 日．
91. 赵春晖，宿传义．新疆实施“净土工程”向白色污染“开战”．新华网，2013 年 6 月 13 日．
92. 梁萍．第八大陆的扩张．重庆时报，2013 年 3 月 31 日．
93. 迟卉．人类的遗产．科幻世界，2008（6）．
94. 陈思．30 秒卖掉废瓶：与小作坊抢活干的盈创回收机．第一财经周刊，2013 年 10 月 25 日．
95. 于悦．“限塑”五年少用塑料袋 670 亿个．人民日报，2013 年 6 月 1 日．
96. 王云立．美丽中国呼唤降解材料．中国化工报，2013 年 3 月 22 日．
97. 林冠华编．塑料的 100 年．三联生活周刊，2011 年 6 月 10 日．
98. 刘利芳．欧委会提议新规降低塑料袋消耗量．驻欧盟使团经商参处网站，2013 年 11 月 12 日．
99. 胡佳逸等．旧轮胎变身“黑色黄金”．中国环境报，2013 年 7 月 2 日．
100. 徐沛雨．废旧轮胎利用待掘金．中国石化新闻网，2013 年 7 月 9 日．
101. 吴玮．缓解供需矛盾 废旧轮胎综合利用优势彰显．中国工业新闻网，2011 年 3 月 29 日．

102．吴斯．汽车消费大国，废旧轮胎该怎么翻新．中国经济导报，2012 年 8 月 18 日．
103．李慧．大城市梦与大城市病 数万“蚁族”无处安放的青春．光明日报，2011 年 7 月 28 日．
104．田国垒．挥别唐家岭：北京蚁族寻找下一站．中国青年报，2010 年 3 月 24 日．
105．卢曦．汶川周年祭特稿——陈光标篇．人民网，2009 年 5 月 12 日．
106．潘岳．以马克思主义生态观指导生态文明建设．中国环境报，2012 年 12 月 27 日．
107．潘岳．社会主义与生态文明．中国环境报，2007 年 10 月 19 日．
108．[西] 雷南•坎托尔．当代全球环境危机是帝国主义和资本主义生产方式造成的．魏文编译．西班牙《起义报》，2006 年 6 月 9 日．

四、政策法规

1．“十二五”节能环保产业发展规划．国发〔2012〕19 号，2012 年 6 月 16 日．
2．《北京市园林绿化废弃物资源化利用及林业生物质能源产业“十二五”发展规划》．
3．《中国资源综合利用年度报告（2012）》，国家发改委，2013 年 4 月．
4．《北京市生活垃圾处理设施建设三年实施方案（2013—2015 年）》．

五、网络资料

1．大气污染防治进入新阶段 呼吁绿色转型．中国城市低碳经济网，2012 年 11 月 29 日．
2．固体废弃物处理简介．中国报告大厅，2013 年 1 月 16 日．
3．注重低碳环保开辟新型建筑垃圾处理体系．中国城市低碳经济网，2012 年 12 月 5 日．
4．废旧轮胎无害化利用率调查分析．中国行业研究网，2013 年 5 月 7 日．
5．5 年小包装食用油销量将破千万吨．中国粮油信息网，2013 年 1 月 28 日．
6．2012 年中国农用薄膜产量统计分析．中商情报网，2013 年 3 月 1 日．
7．废饮料瓶变身再利用．中国废旧物资网，2013 年 3 月 29 日．
8．2012—2016 年中国废塑料市场调研报告．中国产业投资决策网．
9．2015 年韩国报废车回收利用率将达 95%．网易汽车，2013 年 9 月 10 日．
10．新中国钢铁业 60 年发展回顾．中国钢铁新闻网，2012 年 6 月 11 日．
11．2013 年中国快递业务量完成 92 亿件．北京物流公共信息平台摘编，2014 年 1 月 8 日．
12．全国出版报纸总量 1918 种 同比下降 0.52%．必胜网信息中心，2013 年 8 月 28 日．
13．等离子体技术．中国固废网，2009 年 12 月 24 日．
14．汽车报废有哪些衡量标准．世纪精英汽车培训网，2013 年 1 月 18 日．
15．医疗废物与生活垃圾混放现象严重．中国城市低碳经济网，2012 年 9 月 12 日．

16. 北京市城市生活垃圾分类收集调查．科技创新与品牌，2011 年 9 月．
17. 北京迎来人口极限专家称按照3000万人口做规划．中国经济周刊，2011 年 4 月 26 日．
18. 河北坝上百万亩国营林场衰死京津面临沙尘威胁．中国政府网，2013 年 9 月 6 日．
19. 河北坝上探索农业节水机制保生态安全．《经济参考报》微博，2012 年 10 月 8 日．
20. 水体的主要污染物．中国环保网，2007 年 4 月 16 日．
21. 注重低碳环保开辟新型建筑垃圾处理体系．中国城市低碳经济网，2012 年 12 月 5 日．
22. 汽车报废有哪些衡量标准．世纪精英汽车培训网，2013 年 1 月 18 日．
23. 废旧汽车回收在国外．中国经济导报，2009 年 3 月 12 日．
24. 发展循环经济的创新作用机制探析．中国城市低碳经济网，2012 年 9 月 15 日．
25. 刘瑞博．2013—2017 年中国污水处理行业市场前瞻与投资战略规划分析报告．2013．
26. 华师大新技术污泥变成有机肥，中国科学院网，2013 年 4 月 9 日．
27. 中国节能政策的节水效果评价．清华大学能源环境经济研究所，2013 年 5 月 28 日．
28. 北京市已制定“城市矿产”示范基地建设实施方案．新华社，2012 年 4 月 4 日．
29. 2012 年再生资源行业分析报告．商务部流通业发展司，2013 年 6 月 24 日．